北京理工大学“双一流”建设精品出版工程

人工智能基础

Fundamentals of Artificial Intelligence

周志强　缪玲娟　编著

北京理工大学出版社
BEIJING INSTITUTE OF TECHNOLOGY PRESS

图书在版编目(CIP)数据

人工智能基础 / 周志强，缪玲娟编著. --北京 ：北京理工大学出版社，2023.4（2025.3重印）
ISBN 978-7-5763-2259-0

Ⅰ. ①人… Ⅱ. ①周… ②缪… Ⅲ. ①人工智能 Ⅳ. ①TP18

中国国家版本馆CIP数据核字(2023)第060210号

责任编辑：封 雪　　文案编辑：封 雪
责任校对：刘亚男　　责任印制：李志强

出版发行 / 北京理工大学出版社有限责任公司
社　　址 / 北京市丰台区四合庄路6号
邮　　编 / 100070
电　　话 / (010) 68914026（教材售后服务热线）
　　　　　(010) 68944437（课件资源服务热线）
网　　址 / http://www.bitpress.com.cn

版 印 次 / 2025年3月第1版第2次印刷
印　　刷 / 廊坊市印艺阁数字科技有限公司
开　　本 / 710 mm×1000 mm 1/16
印　　张 / 18.25
字　　数 / 337千字
定　　价 / 69.00元

前言

PREFACE

自古以来，人们就幻想着制造出具有智能的机器，来代替人的部分脑力劳动，并做了一些早期的尝试和探索性工作。然而直到二十世纪中期，以图灵为代表的科学家才开始系统性研究和探讨有关机器智能的理论问题。其中，图灵在1950年发表的《计算机器与智能》(*Computing Machinery and Intelligence*)中详细探讨了“机器能思考吗”这一问题，引导人们向真正的人工智能领域迈进。同时期，控制论和信息论分别作为一门新兴学科而创立，为智能系统中控制与通信科学的研究奠定了理论基础。与此同时，现代电子计算机的发明也为机器智能的研究与实现提供了物质基础。随后在1956年，一群初出茅庐的年轻科学家组织了达特茅斯会议，意图在机器上模拟和实现人类智能，并正式提出“人工智能”这一术语，标志着人工智能这门学科的正式诞生。可以说，人工智能学科的诞生是时代发展的潮流所致，更离不开人为的积极推动。这些人工智能先驱们在研究伊始雄心勃勃、满怀热情，使得人工智能学科在诞生之初就取得了一系列令人欣喜的成果。然而相关研究很快也遇到了挫折，致使人工智能的发展在20世纪60年代后期开始遭遇第一个低谷。此后，人工智能又历经几次大起大落，其曲折的发展过程充分说明了该门学科的复杂性。

进入21世纪，特别是2010年以后深度学习与大数据时代的来临使人工智能再次迎来新一轮发展热潮。其中，深度神经网络在ImageNet大规模视觉识别挑战赛（ILSVRC）中获得超过人类的识别准确率；AlphaGo多次战胜人类围棋世界冠军；近年来大语言模型和多模态大模型的发展，更使得人工智能系统开始具备可处理各种复杂问题的通用智能。毫无疑问，人工智能已经取得了巨大的成就，离大多数人心中预期的目标越来越近。然而，人工智能学科的复杂性可能决定其今后发展未必一帆风顺，像其曲折的历史发展过程一样，在每一个阶段都可能遇到新的瓶颈问题需要解决，特别是当人工智能发展到一定高度后还有可能涉及安全风险问题。尽管人工智能大模型展现出越来越高的智能水平，但其目前还近乎一个“黑箱”，人们需要在人工智能可解释性研究和可信人工智能系统发展方面获得更多突破。总之，人工智能发展中的各种问题还需要人类智慧去解决，需要一代又一代学者的持续努力，使人工智能技术在高度发展的同时更好地服务和造福人类社会。

本书作为人工智能的基础和入门性教材，主要介绍人工智能研究中最基本及最经典的理论和方法。人工智能是一个多学科交叉、涉及内容较为广泛的学科，难以在有限的篇幅和教学时长内涉及覆盖该领域内的所有方法和技术。因此，本书将该学科领域的主要内容做了细致的精简整理，梳理和选取出其中一些经典和代表性的方法，采取突出基础、注重理解的方式进行介绍、阐述和分析，使得仅通过对这些代表性、基础性内容的学习，就能够较好地理解与掌握各种人工智能方法背后的思想和原理，为今后更进一步的学习、研究和应用打下坚实基础。

人工智能的作用简单来说就是使计算机能够更好地求解问题，帮助人们完成需要人类智能才能完成的工作。因此，发展和增强人工智能对各类问题的求解能力一直是人工智能研究过程中的切实目标。围绕这一目标，人工智能的发展历史大致可以分为推理期、知识期和学习期。其中，在推理期主要强调发展机器的逻辑推理能力，以解决逻辑推导和自动定理证明等问题；在推理期的研究遇到困境后，人们意识到人工智能系统不能仅依赖推理规则和方法，而没有人类的知识，于是人工智能研究进入知识期，知识表示和知识推理等成为核心内容；随着人类专家的知识获取和表示困难等问题日益突显，人们又将重点转向发展机器学习技术，通过学习获得内在知识并完成指定任务，其中传统机器学习和深度学习都属于学习期的内容。

本书在内容组织上依据上述人工智能发展脉络，分别关注不同历史时期人工智能重点解决的问题以及不同类型的机器推理和问题求解方法。除第1章对人工智能进行总体概述外，第2章至第7章的具体内容分别为机器自动逻辑推理、知识表示与推理、问题的搜索求解策略、机器学习理论与方法、仿生智能计算、神经网络与深度学习。每部分都精选一些具有代表性的基础方法和技术进行介绍，透过它们掌握和理解各类人工智能方法的基本原理和技术路线。其中部分内容虽然属于较为传统的人工智能范畴，但它们具有基础性、经典性等特征，相关思想或方法在现实中仍有应用，或后续方法发展是建立在它们基础之上。特别地，通过这些内容可以更好地了解人工智能逐步发展的过程，培养分析和解决人工智能领域问题的思维能力。本书也在第1章概述部分重点介绍和梳理了人工智能发展简史，加深读者对人工智能发展过程全貌和不同技术路线的理解，有利于后面章节具体内容的学习。

本书在编写过程中，参考了大量国内外相关著作、教材、报告、论文资料及开源算法程序，在此一并表示感谢。由于作者水平和时间精力所限，书中难免有疏漏和不妥之处，恳请读者批评指正。

编著者

2023年2月

于北京理工大学

目 录
CONTENTS

第1章

人工智能概述

1.1 人工智能的基础概念

1.1.1 人工智能的概念和定义

人工智能正越来越多地深入人们的日常生活中，如语音助理、智能监控、辅助/自动驾驶以及各种智能机器人等都运用了人工智能技术。“人工智能”一词用于区别自然界人类或其他动物所具有的智能，其中的“人工”意为“人为制造的”，其主要目的是使机器具备类似于人类的智能。根据其智能的程度，人工智能在概念上又有“弱人工智能”和“强人工智能”之分。“弱人工智能”是试图使机器具有一定程度的智能水平，以分担和减轻人类的智力劳动，或进一步帮助提升智力劳动的效率和成果；“强人工智能”主要指的是具有类人智能，甚至超过人类智能水平的人工智能，这样的人工智能被认为具有思维和自我意识，能够独立思考并根据自己意图开展行动。

在人工智能发展进程中，人工智能技术所取得的进展和成就大多是源于弱人工智能的研究，尽管在很多特定任务中人工智能超过了人类，如AlphaGo在围棋上能战胜世界冠军，AlphaStar在即时战略游戏《星际争霸Ⅱ》中能够赢过高水平人类玩家，但是它们都只局限于特定的场合并依赖于特定算法，没有人类全面的思维能力和自主创造力，不属于通用或强人工智能。目前人们对强人工智能的认识大多源于科幻影片，其中的人工智能可以非常聪明、强大，甚至超过人类。随着技术的发展，人类也许在不远的将来就能够实现强大的通用人工智能。然而，在人工智能研究中始终不能忽视相关的社会和伦理问题，应始终秉持使人工智能技术造福人类的理念。

人工智能研究的主要目的是尽可能在机器上模拟和实现类似于人的智能，或使机器能够完成需要人类智能才能完成的任务。关于人工智能有很多不同的具体定义，例如贝尔曼（R. E. Bellman）认为人工智能是对那些人类思维相关活动

（如决策、问题求解和学习等）的自动化；温斯顿（P. H. Winston）认为人工智能研究的是使机器感知、推理和行为成为可能的计算过程；里奇（E. Rich）等人认为人工智能研究如何使计算机能做那些目前人比计算机更擅长的事情；沙尔科夫（R. J. Schalkoff）认为人工智能是一门通过计算过程力图理解和模仿智能行为的学科。

众多不尽相同的具体定义代表着人们对于人工智能研究的不同理解，其中一种偏重于从研究和模仿人的智能出发实现人工智能，强调机器要像人一样思考和行动；另一种则不强调机器智能非要像人一样，只要用合理的方法或计算模型使机器具备智能即可。前者多受心理学、认知科学和神经科学等研究的启发；后者的研究主要受益于数学和逻辑学、计算机科学和控制论等方面的成果。两者的区别与人类对飞行器的研究有些类似，即其中一种试图通过研究和模仿自然界的鸟类来飞行，另一种则依靠人类对机械和空气动力学的了解制造不同于鸟类的飞机。尽管人造飞机后来取得巨大成功，但是并不意味着模仿鸟类行不通。事实上目前已经可造出逼真度相当高的仿鸟类飞行器，其飞行更加轻盈、安静和省力。对于人工智能的研究，很难说哪种方式一定更好，它们的优劣性可能更多地体现在特定的场合和历史阶段，并常出现两者的交叉融合和相互借鉴。

此外，在人工智能研究中还有两种不同的倾向与侧重，一种更关注思维和推理，另一种则强调智能动作和行为。其中后者更偏向控制论和机器人领域，一般被归入人工智能研究的行为主义学派。总体上看，人工智能是一门研究如何构造智能机器（智能计算机或智能系统），使其能模拟、延伸和扩展人类智能的学科。

1.1.2 检验机器智能的标准

如何检验机器是否拥有智能是人工智能研究中需要首先关注的问题。关于该问题，图灵（A. M. Turing，1912—1954）早在 20 世纪 50 年代就给出了著名的“图灵测试”，并一直影响至今。图灵是英国数学家、逻辑学家，对计算机科学的发展做出了重大贡献，被誉为“计算机科学之父”。为纪念他的杰出贡献，1966 年开始设立被誉为计算机界诺贝尔奖的“图灵奖”。图灵所提出的图灵机模型为现代计算机的逻辑工作方式奠定了重要基础，同时他对早期人工智能也有诸多探索和研究，因此也常有“人工智能之父”之称。

图灵在 1950 年发表的《计算机器与智能》一文中提出了“图灵测试”，用于检验机器是否具有像人类一样的智能。该测试是设想人类与机器分别位于彼此看不见对方的两个房间内，只能通过终端设备进行联机对话，参与测试的人并不知道对方是机器还是人类。若通过一段时间的对话，测试人无法有效地判断出对方是人类还是机器，则可认为与之对话的机器具有人类智能。图灵提出该测试的目的主要是检验机器能否像人一样思考，即是否具有人类的思维能力。由于人类思维很难定义，图灵测试不失为是一种很好的方法。图灵测试提出后产生了很大的影响力，人们专门举办了很多类似于图灵测试的比赛，并开发了不少聊天机器人致力于通过图灵测试，让人误以为与之对话的是真正的人类。

图灵测试在受到很多人支持的同时，也遭到一些人的反驳。其中较为著名的是哲学家约翰·塞尔（J. Searle），他在 1980 年提出“中文屋子”思想实验，假想一个不懂中文的人身处一间密闭的屋子内，屋外人向屋内传递写有中文问题的纸条，屋内人有一套能处理中文和对应问题的程序或手册，使得不懂中文也能根据程序或手册给出问题的中文答案。塞尔认为尽管在屋外人看来屋内人能正确回答这些问题，但是该过程不用思考和理解就能完成，因此即使顺利通过了图灵测试也不能证明真正具有理解能力，不能体现出人类的智能水平。“中文屋子”实验同样也受到不少质疑，但它说明了理解能力对于人工智能的重要性。

1.2　人工智能研究的基本内容

1.2.1　人类智能的基本特征

人工智能研究的一个基本出发点是模拟人类智能，其中人类智能具有一些基本特征，主要包括：

（1）具有感知能力。感知能力是指通过视觉、听觉、嗅觉和触觉等感觉器官感知和认识外部世界的能力。感知能力是产生智能活动的前提，没有感知人类就不可能获得知识和引发各种智能活动。

（2）具有思维能力。思维能力是人类智能的最重要体现，思维可分为逻辑思维、形象思维和灵感思维等。其中，灵感思维也称为顿悟思维，是人脑的一种显意识和潜意识相互作用的高级思维方式，具有突发性、跳跃性和创造性等特征，也是机器最难以模拟和具备的一种思维。

（3）具有学习能力。学习是每个人具备的一项基本能力，人们通过学习增长知识、提高能力和适应环境。这种学习既可能是自觉、有意识的，也可能是不自觉、无意识的；既可以是有教师指导的，也可以依靠自学或自身实践。

（4）具有行为能力。行为能力是根据外界环境和信息做出行为动作的能力。行为既可以是语言上的，也可以是表情和身体动作上的。如果将人们的感知能力看作是信息输入，行为能力则反映的是信息输出。

1.2.2　人工智能的研究内容

尽管人工智能研究范围较广、研究途径多样化，但它也包含一些基本的研究内容。从模拟人类智能的角度看，人工智能一般包含如下基本研究内容。

1. 机器感知

机器感知是使机器具有类似于人的感知能力。据有关研究，视觉和听觉在人类对外界信息的感知中占有主导地位，其中约80%的信息通过视觉得到，10%左右通过听觉获得，因此机器视觉（计算机视觉）和机器听觉是机器感知的两大重要研究内容。计算机视觉是使机器对外界视觉信息，如各种视觉场景、图像和文字等，具有识别和理解能力；机器听觉是使机器具有听觉能力，能够完成语音识别、自然语言理解等任务。此外，不少研究也试图使机器具有嗅觉，能够对气味进行识别和分析，以及使机器拥有触觉感知能力等。

2. 机器思维

机器思维是试图使机器拥有类似于人的思维能力，能够综合信息的感知结果进行有目的和进一步的加工处理，以完成推理、决策、诊断或规划等任务。其中，逻辑思维和推理是目前机器较为擅长的，例如能够进行数学定理证明和完成棋类游戏的推理等，而在形象思维，特别是灵感思维方面还远不及人类。机器思维通常强调对问题的求解能力，除了通过推理方式外，搜索和规划方法也是常用的手段，例如可通过搜索找到解决某个问题的最佳路径，或在复杂棋类游戏中通过启发式搜索找到当前棋局的最佳走步等。

3. 知识表示

人类智能的很大一方面源于知识，不少人工智能学者认为知识是一切智能行为的基础。知识对于智能的重要性不言而喻，人们在解决复杂实际问题时知识往往起着重要作用。知识表示也是人工智能研究中的基本内容，它是将人类的知识形式化或者模型化，使其能够以计算机便于接受的方式进行存储、处理和有效利用。知识表示是使机器像人类一样能够有效运用知识的前提，也是很多智能系统进行知识推理的基础。尽管目前已提出很多不同类型的知识表示方法，但是对于人脑如何有效表示和存储知识尚不十分清楚。此外，知识表示还会涉及知识如何有效获取和利用等问题。

4. 机器学习

学习是人类具有的一种重要智能行为，通过学习能够使自身掌握新知识、新技术，或具备适应新环境和完成某项新任务的能力，机器学习研究的就是如何使机器也具有类似的学习能力。当以知识工程和专家系统为中心的人工智能研究在知识获取上遇到瓶颈后，人们将研究的重点更多地转移到了机器学习，使得通过学习能够自动获取知识并解决相关问题，其中基于大量训练数据的统计机器学习获得了极大的发展。伴随着人工神经网络技术的进一步发展和硬件计算能力的大幅度提升，深度学习又得以出现和兴起，其学习能力大大超过了传统机器学习方法。

5. 机器行为

与人类一样，智能机器也需要具备相应的行为能力，如移动、行走、操作、说话或表演等。机器行为往往是建立在机器感知基础上，同时与机器思维结果密切相关。实际中一些机器行为并不一定需要复杂的机器思维，它们更多的是采取直接的“感知-动作”模式，这与许多动物（如昆虫等）并无复杂的大脑，却能凭借肢体及关节的协调，通过与环境的互动，做出能够适应当前环境的灵活动作类似。这种模式虽不能体现高级智能，但也属于模拟人类或其他动物部分行为能力的一种有效方法。

从广义上讲，能够模拟、延伸和扩展人类智能的技术都属于人工智能，小到一个实现图像自动修复的算法和软件，大到一个具有综合功能的神经网络系统都可属于人工智能技术的研究范畴。因此，除了上面列举的一些基本内容外，实际中人工智能还有着十分广泛和丰富的研究内容。

1.3　人工智能发展简史

人工智能的历史一般可分为孕育、诞生和发展三个主要阶段，其中的发展过程充满了波折。

1.3.1　人工智能的孕育

自古以来，人们就有用人工智能代替人类部分脑力劳动的想法。我国古代就有人发明了指南车和计里鼓车，其中指南车上的木人可以帮助人们指示方向，计里鼓车可以帮助计算车子走过的里程，每行一里车上木人击鼓一下，每行十里敲钟一次。

早在公元前，古希腊哲学家亚里士多德就提出了形式逻辑的三段论，至今仍是演绎推理的基本依据。17 世纪德国数学家和哲学家莱布尼茨提出了万能符号和推理计算的思想，试图建立一种通用的符号体系并通过符号演算进行推理，该思想不仅奠定了早期数理逻辑的基础，而且是现代机器思维设计思想的萌芽。英国逻辑学家布尔从数学上进一步对逻辑符号化及其运算做出了重要贡献，在其《思维的规则》一书中描述了逻辑思维活动的基本推理规则，并创立了布尔逻辑和布尔代数。

进入 20 世纪后，在人工智能相关方面开始出现一系列开创性的研究工作，人们普遍将 1956 年（即达特茅斯会议正式提出“人工智能”）之前的时期称为人工智能的孕育期。1936 年，图灵提出一种抽象的计算模型——图灵机模型，其中假设了一个虚拟机器代替人类进行运算，为现代计算机的逻辑工作方式奠定了重要基础。图灵还在《计算机器与智能》一文中对人工智能相关问题进行了探讨，其深刻超前的思想和见解对后来的人工智能研究产生了很大影响。

1943 年，神经科学家麦卡洛克（W. McCulloch）和数理逻辑学家皮茨（W. Pitts）提出了神经元模型（简称为“M-P 模型”），成为人工神经网络的重要基础。他们还证明，任何可计算的函数都可以通过由神经元连接而成的某个网络来计算，并且与、或、非等逻辑运算都可通过简单的网络结构来实现。

1949 年，赫布（D. Hebb）给出了一种神经元学习规则，可以用来修改神经元之间连接强度以实现神经网络的学习。当时正就读于哈佛大学本科，后来成为著名人工智能学者并获图灵奖的明斯基（M. Minsky，1927—2016）也对神经网络表现出很大兴趣，并于 1951 年转入普林斯顿大学数学专业就读研究生后很快成功搭建了名为“SNARC”的世界上第一台神经网络学习机，该机器使用了 3 000 个真空管，由 40 个神经元组成。明斯基在 1954 年取得博士学位之前的研究课题也主要与神经网络有关。

在此期间，美国数学家维纳（N. Wiener，1894—1964）于 1948 年发表了著作《控制论：或关于在动物和机器中控制和通信的科学》，从反馈和调节机制等角度深入探讨了人工制造智能机器的可能性，引发很大反响并使控制论成为一门新兴学科。控制论的提出主要源于维纳在第二次世界大战期间对防空火力控制的研究，以及他长期以来对用机器模拟人脑的兴趣和探索。在这方面维纳与神经科学家麦卡洛克和数理逻辑学家皮茨（人工神经元模型的提出者）等人有过深入合作，一起研究探讨关于脑科学、神经网络以及认知计算模型等方面的问题。维纳是较早注意到心理学、脑科学、工程学和数学等学科应相互交叉的人之一，这也促使了后来认知科学的发展。维纳将控制论看作一门研究动物（包括人类）和机器中控制与通信的一般规律的科学，关注机器和生物体系统中如何进行信息处理和传递，并针对信息作出反应、变化和调节，从而使系统行为具有目的性或适应变化的环境（如保持平衡或稳定状态等）。维纳所创立的控制论使人们认识到用机器模拟动物或人类行为的可能性。

同样也是在 1948 年，数学家香农（C. E. Shannon，1916—2001）发表了著名的《通信的数学理论》，标志着信息论的创立，为计算机和智能系统中信息的度量、编码和传递等奠定了重要理论基础。香农在其他相关方面还做了很多有意义的工作，1938 年他在麻省理工学院获得硕士学位的论文题目是《继电器与开关电路的符号分析》，其中首次将布尔代数的 1 和 0 与电路系统的开和关相联系，并用布尔代数分析和优化开关电路，奠定了数字电路设计的理论基础，该论文也被赞誉为“有可能是本世纪最重要、最著名的一篇硕士论文”；香农还跟随他的研究生导师布什（V. Bush）研究了微分分析机，这是一种用来进行微分方程求解的世界上首台模拟计算机。

在第二次世界大战期间，香农参与了美国对德国的密码破译工作，成为密码学研究的先驱，同时期图灵也在英国进行密码破译并曾前往美国进行交流，因此香农也得以与图灵建立联系并讨论人工智能相关问题。基于个人在自动机器和人工智能方面的兴趣，香农还制作了不少小发明。例如，可以自动穿越迷宫的机械老鼠、世界上第一个杂耍机器人，以及第一台穿戴式计算机，可带去赌场帮助提高赢得轮盘赌的概率。此外，香农还研究了计算机下棋问题，1950 年发表的“国际象棋的计算机程序设计（Programming a computer for playing chess）”被认为是世界上第一篇研究计算机下棋的论文。计算机下棋（或计算机博弈）后来成为人工智能领域的重要研究课题。

1945 年冯·诺依曼提出了一种全新的存储程序通用电子计算机方案，促进了现代计算机的发明，从而开启了电子计算机时代，同时也为人工智能研究奠定了硬件基础。

1.3.2　人工智能的诞生（1956 年）

20 世纪 50 年代之前人们普遍还未将人工智能当作正式的学科来对待，“人工智能”这一术语也是于 1956 年才正式提出。然而，在此之前相关方面开始取得一系列突破性进展，无形中也是在为人工智能研究正式走向历史舞台不断积蓄力量和创造条件，因而这期间被形象地称为人工智能的“孕育”时期。人工智能正式诞生是在 1956 年的达特茅斯会议上，它的诞生既是当时历史发展的潮流所致，也离不开人为的积极推动。与其他科学领域很多新生事物的出现一样，其中起主要推动作用的是一批思想活跃、具有理想抱负的年轻人。

当时年仅 29 岁的麦卡锡（J. McCarthy，1927—2011）是达特茅斯会议的主要发起人，他在普林斯顿大学读研究生时就受冯·诺依曼影响开始对在计算机上模拟智能产生兴趣，毕业后不久来到达特茅斯学院担任助理教授。达特茅斯学院是一所小而精的世界顶尖学府，1956 年麦卡锡在取得洛克菲勒基金会资助并召集了一批对自动机理论、神经网络和智能研究感兴趣的学者后，在此地举办了一个为期两个月的夏季研讨会，这次会议因而也被称为“达特茅斯会议”。在会议上麦卡锡将研讨的主题称为“人工智能（Artificial intelligence）”，这是这一概念和术语第一次被正式提出，达特茅斯会议也被人们公认为是人工智能的诞生地。除了组织这次重要会议外，麦卡锡还为早期人工智能研究做出了很多重要贡献。他在 20 世纪 50 年代末发明的 LISP 语言，成为人工智能领域第一个广泛流行的编程语言并且使用至今，对于后来的不少其他编程语言也都产生了很大影响。1962 年麦卡锡开始到斯坦福大学担任教授，并在那里创建了著名的斯坦福人工智能实验室。此外，他在研究计算机下棋时提出了后来广泛使用的 α-β 剪枝搜索算法。1971 年，麦卡锡因在人工智能领域的重大贡献而获得图灵奖。

与麦卡锡同龄的明斯基（M. Minsky，1927—2016）是达特茅斯会议另一位积极的组织者和参与者。与麦卡锡一样，明斯基也是博士毕业于普林斯顿大学数学专业，并在就读研究生时热衷于神经网络和脑模型研究，用真空管搭建了世界上第一台神经网络学习机。达特茅斯会议后不久，明斯基加入麻省理工学院，并与麦卡锡等人一起开始创建人工智能实验室，该实验室成为该校著名的计算机科学与人工智能实验室（CSAIL）的重要前身之一。明斯基在人工智能领域贡献广泛，他设计了当时世界上最简单的通用图灵机，提出了关于思维的基本理论，创立了框架知识表示法等。1969 年明斯基获得图灵奖，成为第一个获得该奖的人工智能领域学者。明斯基后来无疑成为人工智能领域的权威人物，然而他在《感知机》一书中对当时刚兴起的感知机（一种两层前馈人工神经网络）的批判，使得人们认为人工神经网络的功能和价值非常有限，导致神经网络研究在 20 世纪 70 年代几乎停滞，人工智能在此期间也迎来了一个寒冬期。

当时还是博士研究生的纽厄尔（A. Newell，1927—1992）随其导师西蒙（H. A. Simon，1916—2001）一起受邀参加了达特茅斯会议。纽厄尔与麦卡锡和明斯基两人同龄，并且其硕士也曾就读于普林斯顿大学的数学专业，不久后他加入了兰德公司从事研究工作。在此期间纽厄尔与卡内基梅隆大学教授西蒙建立了合作关系并成为其博士研究生，他们合作开发了一种被称为“逻辑理论家”的人工智能软件，该软件具备自动逻辑推理功能，能够证明怀特海和罗素所著的《数学原理》中的很多定理。1956 年他们在达特茅斯会议上展示了“逻辑理论家”，引起与会学者的极大兴趣和关注，“逻辑理论家”被认为是当时第一个真正可以工作的人工智能软件。在开发“逻辑理论家”的过程中，纽厄尔和西蒙等人发明了最早的基于表处理方式的信息处理语言（IPL），并首次提出了搜索推理和启发式搜索的思想。纽厄尔后来正式加盟卡内基梅隆大学，与西蒙等人一起筹建了该校的计算机科学学系。他与西蒙还进一步研究开发了“通用问题求解器”，试图通过搜索和推理等方法解决一些通用问题。他们提出著名的“物理符号系统假说（Physical symbol system hypothesis）”，认为任何智能系统都可视作一个符号系统，通过符号操作可使机器模拟智能，因此他们也被公认为是人工智能符号主义学派的代表性人物。

由于在人工智能领域的基础性贡献，1972 年纽厄尔和西蒙共同获得了图灵奖。其中，西蒙还横跨了管理学、心理学和经济学等多个领域的研究，他除了获得图灵奖以外，还获得过美国心理学会终身贡献奖，以及因对经济组织内的决策过程研究获得 1978 年诺贝尔经济学奖。

以上 4 人都在早期的人工智能领域做出了重大贡献，被认为是人工智能学科的奠基人。在参加达特茅斯会议的学者中，当时较为年轻的赛弗里奇（O. Selfridge，1926—2008）也是一位人工智能领域研究的先驱。赛弗里奇曾在麻省理工学院控制论创始人维纳门下就读研究生，对神经网络和智能机器研究具有很大兴趣。他后来在麻省理工学院林肯实验室工作，参与领导了该校 20 世纪 60 年代著名的 MAC 项目，该项目促使了后来麻省理工计算机科学和人工智能实验室的创立。赛弗里奇在神经网络、模式识别和机器学习等方面发表了一些早期重要的论文，研究开发了第一个字符识别程序，是模式识别的奠基人，被誉为“机器感知之父”。此外，参加达特茅斯会议的还包括信息论创始人香农、IBM 科学家塞缪尔（A. Samuel，1901—1990）、算法概率论创立人所罗门诺夫（R. Solomonoff，1926—2009）以及达特茅斯学院教授摩尔（T. More）等十余人。其中，塞缪尔是计算机博弈研究的先驱，早在 20 世纪 50 年代就研制成功了第一个具有自学习功能的跳棋程序，并较早地提出了“机器学习”的概念；所罗门诺夫开辟了基于概率方法解决人工智能领域中机器学习和推理预测等问题的新方向。

达特茅斯会议的目的是聚集一批相关领域知名或有潜力的学者，进行为期两个月的集中研讨以尝试发现实现人工智能的一些有效途径，力图在其中的某些问题上取得重大进展。麦卡锡等人为会议列出的主要议题包括：①自动计算机（Automatic computers），其中“自动”主要指可编程；②如何对计算机编程使其能够使用语言；③神经网络；④计算规模理论（Theory of the size of a calculation），即计算复杂性理论；⑤自我改进（Self-improvement），可归为现在的机器学习范畴；⑥抽象（Abstractions），其中的问题包括如何从感官和其他数据中形成“抽象”；⑦随机性和创造性（Randomness and creativity）。

持续两个月的达特茅斯会议没有达成普遍的共识，在相关问题研究上也没有取得期望的进展，会议给人留下深刻印象的是纽厄尔和西蒙开发的“逻辑理论家”程序，它通过证明《数学原理》一书第二章中的 38 条定理，向人们展示了计算机模拟人类高级思维的可能性。对于人工智能研究，当时存在两派不同的观点，其中赛弗里奇主张模拟神经系统，而纽厄尔和西蒙则企图模拟心智，分别代表“结构”模拟和“功能”模拟两条不同的路线，其中前者又通常对应于连接主义，后者则属于符号主义。这两派之间在随后数十年存在着不断的交织斗争，而“逻辑理论家”的成功无疑使得符号主义在当时风头更盛。

尽管达特茅斯会议未导致任何实质的进展和突破，但是它的重大意义毋庸置疑。它正式确立了人工智能这一研究领域，并聚集了一批极具才华、怀有远大抱负和极大兴趣的年轻学者在这一领域不断开拓创新。其中大部分人成为随后几十年间推动人工智能发展的中坚力量，而这些与会学者直接或间接培养的人才更是不计其数，对人工智能这一新兴学科的发展产生了深远的影响。

达特茅斯会议之后，人工智能逐渐进入发展期，然而它的发展之路并不平坦，既涌现了不少令人鼓舞一时的突破性成果，又数次遇到挫折而陷入低谷。

1.3.3　早期的成就（20 世纪 50 年代中期—60 年代末）

在达特茅斯会议后的十多年中，人工智能在各个方面取得的成就和突破如雨后春笋般出现。1958 年麦卡锡发明了 LISP 语言，LISP 语言不仅可以处理数值数据，而且可以方便地进行符号处理和自动推理，成为人工智能编程语言的重要里程碑。1963 年，纽厄尔和西蒙的“逻辑理论家”已经能证明《数学原理》一书中第二章的全部 52 条定理。他们在“逻辑理论家”的基础上又开发了“通用问题求解器”，该程序成功模拟了人类在求解部分问题时的思维和行动过程，一定程度上体现了使机器能够像人一样思考的目标。

塞缪尔研制的具有自学习功能的跳棋程序到 1962 年已经能击败美国一个州的冠军，该跳棋程序是最早的机器学习程序之一，是用机器模拟人类学习过程的一次卓有成效的探索。在模式识别方面，1959 年赛弗里奇提出了不用预先设定就可使计算机识别新模式的处理模型，并推出了基于该模型的字符识别程序，开辟了模式识别这一新领域。

1958 年，数理逻辑学家王浩在一台 IBM704 计算机上仅用 9 分钟就证明了《数学原理》中一阶逻辑的大部分定理。1961 年，明斯基及其学生开发了人工智能程序 SAINT，用于自动求解初级的符号积分问题。1965 年鲁滨逊（J. A. Robinson）提出了归结原理，被认为是自动推理特别是机器定理证明领域的重大突破。1969 年格林（C. Green）将定理证明和逻辑推理方法成功应用于问题解答和规划系统。与此同时，斯坦福研究院（SRI）研制了世界上第一台真正意义上的智能移动机器人“Shakey”，首次将机器的自动推理、规划和行动能力进行了完整集成。

在神经网络研究方面，1957 年罗森布拉特（F. Rosenblatt）在 M-P 神经元模型以及赫布学习规则的基础上，提出了被称为“感知机（Perceptron）”的神经网络。该网络模型首先以软件形式运行于一台 IBM704 计算机上，随后罗森布拉特又建造了一台名为“Mark 1 Perceptron”的由一系列硬件搭建而成的感知机，它由一个包含 20×20 感光单元的相机提供视觉信号输入，学习时通过电动马达改变电位计来调整网络连接权重。与当时的其他机器不同，罗森布拉特的感知机不依靠人工编程，可以通过学习完成一些模式识别任务，这在当时引起了很大的轰动。1962 年，罗森布拉特出版了著作《神经动力学原理：感知机和脑机制理论》。全球很多实验室也纷纷投入研究，人们对其发展前景寄予了厚望，神经网络研究由此达到了第一次高潮。

1968 年，西蒙的学生、未来新一代人工智能领军学者费根鲍姆（E. Feigenbaum）主持研制成功了化学分析专家系统 DENDRAL，它采用 LISP 语言编写而成，能够利用质谱仪实验数据和化学家的知识，通过自动分析推理确定未知化合物的分子结构。DENDRAL 的成功被认为是专家系统的萌芽，同时也是人工智能研究的一个历史性突破。1969 年开始举办了国际人工智能联合会议（International Joint Conferences on Artificial Intelligence，IJCAI），标志着人工智能这一新兴学科得到世界范围的关注和认可，对研究者们的交流起到了重要的促进作用。

这段时期一个接一个的突破和成功极大地鼓舞了人工智能研究者们，使他们不免盲目乐观，认为人工智能不久就能达到或超过人类。例如，西蒙就曾认为机器的思考、学习和创造能力将快速增长并赶上人类，他还曾预言：10 年内计算机将成为国际象棋冠军，发现并证明重要的数学定理，谱写出优美的乐曲。然而他过于乐观的期望很多至今都未能实现，战胜国际象棋世界冠军的人工智能程序“深蓝”也是在将近 40 年后才出现。与很多人工智能学者给出的积极预测相反，人工智能从 20 世纪 60 年代后半期开始遭遇了一个长时间的挫折期。

1.3.4　以知识为中心的时代（20 世纪 70 年代中期—80 年代末）

早期人工智能的成功都是局限于处理简单的实例或面对很有限的问题领域，当在现实世界尝试进一步拓展时则遇到了瓶颈。例如，在机器证明领域，计算机推了数十万步也无法证明两个连续函数之和仍是连续函数。塞缪尔的跳棋程序最终停留在了州冠军的层次，没能进一步战胜世界冠军。

在神经网络方面，1969 年明斯基与麻省理工学院数学家派珀特（S. Papert）合作出版了论著《感知机》，指出罗森布拉特的感知机功能有限，甚至无法解决简单的“异或”逻辑运算问题，只能处理一些线性可分问题。同时明斯基与派珀特也意识到多层感知机网络有可能解决“异或”逻辑等线性不可分问题，但认为多层网络难以训练并暗示其研究价值不大。由于明斯基在人工智能领域的巨大影响力，大多数研究者也开始不看好神经网络。更为关键的是，感知机研究曾获得美国国防部和海军大量经费资助，此后来自各方面的资助经费开始锐减，严重影响了神经网络的研究。

其中另一个现实困难来源于机器翻译领域。尽管从 20 世纪 50 年代中期开始到 60 年代前半期，机器翻译研究呈不断上升之势，美国、苏联和欧洲等都投入不少资金予以支持，然而最后的进展却不尽如人意。1966 年美国自动语言处理咨询委员会发布报告裁定：尚不存在通用的科学文本机器翻译，也没有很近的实现前景。随后，包括美国在内的各国取消了很多机器翻译研究的政府资助项目。其中一个著名的机器翻译出错的例子是：将英文“The spirit is willing but the flesh is weak（心有余而力不足）”翻译成俄文后，再翻译回来就变成“The vodka is good but the meat is rotten（酒是好的而肉是烂的）”。产生该错误的一个重要原因是机器不具备相应的背景知识和理解能力，仅靠不同语言间的句法变换和同义词替代无法消除歧义。

早期的人工智能研究主要强调机器要有逻辑推理能力，认为只要赋予机器逻辑推理能力就能使它拥有智能（例如，定理证明和很多问题的求解都离不开逻辑推理），这属于当时占主流地位的符号主义的思想，这一时期也被人们称为是

“推理期”，符号主义又被称为“逻辑主义”。20 世纪 60 年代后期人工智能研究之所以遇到困境，主要原因在于单纯依赖逻辑推理和追求通用问题求解方法。其中问题求解也是依赖通用搜索机制，试图串联基本的推理过程来寻找问题的完全解。这种方式尽管对于一些简单问题是有效通用的，但是对于规模更大或更加复杂的问题往往效果非常有限。

为解决人工智能遇到的困境，一些研究者开始意识到仅依赖逻辑推理和通用问题求解步骤是不够的，还需要具体的知识来帮助进行推理或更好地解决专业领域问题。仔细思考人类解决问题的过程就会发现，知识在其中无时无刻不在起着重要作用，因此要使机器具有智能，就必须设法使机器拥有更多知识。人工智能研究随后开始转入以知识为中心的时代（这段时期也被人们称为是“知识期”），其中起主要推动作用的是斯坦福大学著名人工智能学者费根鲍姆。

费根鲍姆于 1960 年在卡内基梅隆大学取得博士学位，他的导师是人工智能重要奠基人之一西蒙。在博士期间费根鲍姆曾研究并实现了模拟人类学习和记忆的计算机程序 EPAM（Elementary Perceiver and Memorizer），成为最早展示计算机能够模拟人类学习的程序之一。1965 年费根鲍姆追随前辈麦卡锡的步伐转入斯坦福大学从事人工智能研究，在那里开始与诺贝尔生理学奖得主李德伯格（J. Lederberg）以及化学家杰拉西（C. Djerassi）等人合作，研究开发基于质谱仪数据和化学专家知识的化合物分子结构自动推理系统 DENDRAL，该系统曾成功发现了一些以前未知的分子结构。DENDRAL 是第一个成功的知识密集型人工智能系统，其中人类专家的知识被总结成大量专用规则编写入该系统。费根鲍姆称此类人工智能系统为“专家系统”。DENDRAL 的成功首次验证了在人工智能系统中引入大量知识对于推理和问题求解的重要性，为专家系统的进一步发展和应用开辟了道路。在此基础上，后来的专家系统还吸收了麦卡锡早期关于计算机常识推理程序的构想，将系统中知识（规则）和推理两部分明确地分开。

费根鲍姆领导的研究小组此后为医学、工程和国防等部门研制成功了一系列实用的专家系统，其中尤以医疗领域的专家系统最为突出。例如，MYCIN 是继 DENDRAL 后研制的一种用于对细菌感染性疾病进行诊断和提供治疗建议的著名专家系统，它采用 LISP 语言编写而成，知识库中包含了从人类专家那里获取和总结而来的数百条规则。该系统可以与一些有经验的专业医生相媲美，并远强于该领域的初级医生。它的一个特点是首次基于产生式规则实现了不精确推理，这一点与医生通常基于病症表现给出不精确诊断相类似。在 MYCIN 基础上，费根鲍姆等人后来进一步研制了可输入其他特定领域专业知识的通用专家系统 EMYCIN。费根鲍姆所提出的专家系统属于一种基于知识的人工智能系统，鉴于知识在其中的重要作用，1977 年费根鲍姆在第五届国际人工智能联合会议上提出了“知识工程”概念，推动了以知识为中心的人工智能研究。知识工程涉及知识获取、表示、处理和应用等各个方面，以构建和发展基于知识的人工智能系统。由于在人工智能领域的巨大贡献，费根鲍姆于 1994 年获得图灵奖。

专家系统的成功使得人工智能在 20 世纪 80 年代首次成为一种重要产业。第一个成功的商用专家系统是 XCON，它为数据设备公司（DEC）服务，当客户订购 DEC 公司的计算机时，XCON 能按照需求自动确定计算机硬件配置。从 1980 年投入使用起至 1986 年，DEC 公司的人工智能小组部署了将近 40 个专家系统。据统计，在此期间 XCON 一共处理了约 8 万个订单，每年为公司大概节省了 4 000 万美元。截至 1988 年，杜邦公司拥有约 100 个处于使用中的专家系统，还有更多的正在研制当中，每年估计为公司节省 1 000 万美元。当时美国很多大型公司都有自己的人工智能小组，正在使用或研发专家系统。此外，还出现了不少专门以知识工程和专家系统为核心的人工智能创业公司，其中费根鲍姆就曾与人合伙创立了包括 IntelliCorp 和 Teknowledge 在内的多家公司。

与此同时，在知识工程的刺激下各国也积极布局人工智能。1981 年，正从制造大国向经济强国迈进的日本率先雄心勃勃地发布了“第五代计算机”研究计划，以使其在新兴的计算机和人工智能领域取得领先地位。第五代计算机是一种主要面向知识处理，具有强大问题求解和推理能力的人工智能计算机。作为对日本五代机项目的回应，美国 1982 年开始组建专门的研究联盟以保证国家在相关方面的竞争力。同时，英国也相应地提出了自己的“阿尔维计划”。我国于 1981 年成立了中国人工智能学会（CAAI），1986 年起人工智能相关课题被列入国家高技术研究发展计划（“863”计划）。

从 1980 年到 1988 年间，人工智能产业由区区几百万美元上升到数十亿美元，其中有大量公司从事专家系统、视觉系统和机器人等相关产品的研发。在此期间，不管是私营企业还是美国、日本等国政府对人工智能都有着过于乐观的估计和过高的期望，并投入了巨大的财力和人力。然而，与 20 世纪 60 年代后期出现的情况类似，经过一段时期的繁荣之后，人工智能也很快进入了一个“寒冬”时期。期间很多公司都因无法兑现承诺而垮掉，各主要国家的政府重大资助项目也因无法实现当初宏伟的目标而被迫中止。其中，为期十年、耗资巨大的日本五代机计划最终在 20 世纪 90 年代初以失败告终。专家系统和知识工程的最大问题在于知识获取，即需要人工总结和编程输入大量知识，这种工作极其费时费力，且很多潜在知识难以获得和进行显式表达。在专家系统和知识工程获得大量实践经验之后，其应用领域狭窄、知识获取困难的问题日益凸显。

1.3.5　神经网络短暂的复兴（20 世纪 80 年代中期—90 年代初）

从 20 世纪 80 年代中期开始，在经历了 10 多年低潮之后，神经网络在少数仍坚持研究的科学家努力下慢慢得到复兴。

1982 年加州理工学院的生物物理学家霍普菲尔德（J. Hopfield）提出了一种新的递归神经网络模型，称为霍普菲尔德网络。该网络的状态变化是一个能量极小化过程，网络具有一定的联想记忆功能和优化计算能力。1985 年霍普菲尔德利用这种模型成功解决了“旅行商”问题。霍普菲尔德网络的成功也让一部分研究人员重新燃起对神经网络的热情。

1986 年鲁梅尔哈特（D. E. Rumelhart）、辛顿（G. E. Hinton）和威廉姆斯（R. J. Williams）在顶尖学术期刊 *Nature* 上发表了论文“Learning representations by back-propagating errors”，其中采用误差反向传播（Back Propagating，BP）算法解决了多层神经网络的训练问题。这是这一时期神经网络研究领域最为引人注目的成就之一，明斯基等人在 20 世纪 70 年代曾认为多层神经网络难以训练，否定了神经网络的价值和研究前景，使其发展陷入了一个漫长的低潮期，而误差反向传播算法的出现使人们重新认识到多层神经网络可以训练。1989 年奥地利数学家霍尼克（K. Hornik）从理论上证明了多层神经网络可以逼近任意函数，进一步激起了新的神经网络研究热潮。这一时期神经网络开始广泛应用于模式识别、智能控制和故障诊断等领域。

实际上，BP 算法思想早在 1969 年就由最优控制理论学者布莱森（A. E. Bryson）等人提出，1974 年哈佛大学的韦伯斯（P. Werbos）在其博士论文中描述了用 BP 算法实现多层神经网络的训练，但是由于当时正值神经网络研究的低潮期，并未受到外界重视。直到 20 世纪 80 年代中期，一些研究小组又重新提出和发展了 BP 算法，其中就以鲁梅尔哈特和辛顿等人的研究工作最具代表性和影响力。

在上述学者中，辛顿成为后来深度学习研究的先驱和最重要创始人，他也是 20 世纪 70 年代到 80 年代初神经网络低潮期，少数坚信连接主义和坚持神经网络研究的学者之一。辛顿于 1970 年毕业于剑桥大学并获实验心理学学士学位，对实验心理学的学习使辛顿意识到科学家们并没有真正理解大脑神经网络是如何工作的，这被认为促使了他后来走上通过人工神经网络模拟和揭示大脑如何工作的研究道路。辛顿随后进入爱丁堡大学攻读博士学位，在神经网络前景不再被绝大多数人看好的时期仍选择并执着于神经网络研究。1980 年辛顿来到加州大学圣迭戈分校，以博士后研究人员身份加入了该校的一个认知科学研究小组，并与心理学家鲁梅尔哈特等人建立了良好的合作。1982 年辛顿成为卡内基梅隆大学教授并继续从事神经网络研究，在此期间他与鲁梅尔哈特等人提出了误差反向传播算法，同一时期辛顿还与他人共同发明了“玻尔兹曼机”网络模型以及“时间延迟神经网络（TDNN）”结构等，为神经网络的第一次复兴做出了重要贡献。

基于神经网络的人工智能研究一般被称为连接主义，它试图从“结构”模拟角度实现人工智能，重在研究神经网络的连接机制、模型结构和学习算法。连接主义被很多人视为是对纽厄尔、西蒙以及麦卡锡等人符号主义路线的直接竞争者。20 世纪 80 年代连接主义开始复兴之时也正值符号主义转变为以知识为中心，此时神经网络掀起的小股热潮还是难及当时风靡的知识工程和专家系统。一般认为符号主义更适合处理规则和进行逻辑推理，而这是神经网络所不擅长的，这也是连接主义容易招致批评的重要原因之一。

尽管神经网络研究在 20 世纪 80 年代中期开始取得一些重大进展，但是这种复兴之势并没有持续太久，其中一个重要原因在于神经网络在实际应用中并没有能发挥出非常大的价值。规模稍大的神经网络的训练和计算需要耗费很高的计算资源，当时的计算机硬件设备难以满足。此外，层数较多的神经网络学习问题也没有彻底解决，误差反向传播算法还容易出现陷入局部极小值，以及因梯度消失或爆炸等原因无法有效收敛的问题。

1.3.6　机器学习兴起及 AI 的综合发展（20 世纪 90 年代起）

在专家系统和知识工程遇到知识获取的瓶颈之后，人们开始更加关注机器学习，以使人工智能系统具备学习能力，避免需要人为知识输入。实际上，机器学习的历史几乎伴随着人工智能的整个发展历程，1950 年图灵在《计算机器与智能》一文中就已经提到机器学习的可能性，早在 20 世纪五六十年代塞缪尔的跳棋程序就首次运用到了强化学习，而此时罗森布拉特提出的感知机也提供了基于神经网络的连接主义学习方式。基于逻辑或图结构表示的符号学习技术在 20 世纪六七十年代也开始出现，如温斯顿（P. Winston）的“结构学习系统”、米哈尔斯基（R. S. Michalski）等人的“基于逻辑的归纳学习系统”以及汉特（E. B. Hunt）等人的“概念学习系统”等。

20 世纪 80 年代至 90 年代中期之前，符号主义学习的一大主流技术是归纳逻辑程序设计（Inductive logic programming），它使用一阶逻辑进行知识表示，通过修改和扩充逻辑表达式来完成对数据的归纳，实际上是属于机器学习和逻辑程序设计的交叉。归纳逻辑程序设计对于“知识期”的人工智能具有一定的帮助，不仅可以利用领域知识辅助学习，还可以从给定知识和具体实例中归纳概括出一般性规则，特别是便于学习和描述对象或数据的关系。然而，这种方法也有很大的局限性。由于其表示能力很强导致学习过程所面临的假设空间太大，对规模稍大的问题很难进行有效学习，通常只能解决一些较简单场景下的问题。此外，决策树学习也是符号主义学习的一项代表性技术，典型的决策树学习以信息论为基础，直接模拟了人类基于概念和规则进行判定的树形流程。决策树学习具有简单易用、便于理解和解释以及计算速度快等特点，至今仍是机器学习中的常用技术之一。如前所述，20 世纪 80 年代后半期基于神经网络的连接主义学习技术也取得了重要进展，鲁梅尔哈特和辛顿等人重新发明了误差反向传播算法用以解决多层网络学习问题，对神经网络研究产生了很大的影响。

尽管20世纪80年代机器学习开始快速发展，出现了各种不同的机器学习技术，但是在人工智能领域中机器学习真正兴起和走向更加实用化，主要是得益于20世纪90年代中期开始占据主流舞台的统计机器学习技术，人工智能于是也从“知识期”进入“学习期”。实际上，早在20世纪六七十年代关于统计机器学习方面的研究就已经开始并为其奠定了重要的理论基础。例如，俄罗斯统计学和数学家、统计学习理论的主要创建人之一万普尼克（V. N. Vapnik）早在1963年就提出了“支持向量”的概念，并且随后与其合作者一起提出了VC维（Vapnik-Chervonenkis Dimension）以及结构风险最小化原则。然而，直到20世纪90年代中期统计学习才成为主流技术，这一方面是因为统计学习中有效实用的支持向量机（SVM）算法直到20世纪90年代才由万普尼克等人提出，而其优越的性能也是在20世纪90年代中期的字符识别和文本分类应用中才得以显现；另一方面，20世纪90年代初基于知识工程的人工智能研究局限性凸显，人们更加关注机器学习，而此时基于误差反向传播算法的神经网络技术在实际中也遇到了瓶颈，没有进一步显示和发挥出其价值。在这种情况下人们将目光更多地转向了统计学习，尤其是其中的支持向量机算法受到极大关注。统计学习技术此后持续发展，在模式识别、数据分析、计算机视觉和自然语言处理等领域发挥了巨大的作用。统计学习实际上是让机器自动从大量数据中学习和获得知识。21世纪以来数据驱动的人工智能取得了很大成功，相比于以往的人工智能技术，可以说统计学习真正开始将人工智能推向广泛的实用化。

统计学习是统计学与人工智能有效结合的产物。关于统计学习，不同研究领域存在不同的观点和认识，其中统计学出身的研究者大多将其看作一门“应用统计学”，将机器学习作为统计学理论的一个应用场景，因为机器学习要利用到数据，而要分析大量数据中蕴含的规律则通常统计学必不可少；关注人工智能的研究者大多将机器学习看作人工智能的一个分支，而将统计学习作为实现机器学习的一种有效手段，同时不少人也注意到统计学习不可能解决人工智能中所有的学习问题，占据主流地位的统计学习不应压制对其他机器学习手段的研究。人工智能领域的建立，部分是出于对抗控制论和统计学等已有领域的局限性，但随着其发展也开始越来越多地接纳这些领域，人们越来越认识到人工智能的研究不应完全与这些已有领域分离，例如机器学习不应该完全和统计学、信息论等分离，搜索不应该和经典的优化与控制分离，不确定推理不应该和随机模型分离等。

从20世纪90年代起人工智能研究越来越注重采用科学方法，并且更多的是在现有理论基础上进行研究而不是提出全新的理论，将主张建立在严格的定理或确凿的实验证据基础上而不是靠直觉，面向现实世界的应用而不是处理简单样例。人工智能研究转向基于更坚实的科学方法具体还反映在其他很多方面。例如，对于语音识别，人们曾在 20 世纪 70 年代尝试了大量不同的体系和方法，但大都很脆弱并仅在一些特定样本上获得了较好的演示验证效果。直到隐马尔可夫模型（HMM）的引入和成功运用，语音识别技术研究才真正获得了较大进展。这主要归功于两方面因素，首先 HMM 具有严格的数学理论基础，允许研究者们以该领域内发展了数十年的数学成果为依据；其次，HMM 可以由大量的真实语音数据训练生成，有助于保证语音识别的鲁棒性。同样在机器翻译领域，基于单词序列根据信息论原理进行模型学习的方法从 20 世纪 90 年代末开始，重新主导了该领域技术的发展。

在神经网络方面，很多主要的研究工作实际上在 20 世纪 80 年代就得以完成，然而通过利用改进的方法论和体系框架，人们对该领域的理解和认识达到了一个新的程度，神经网络可以与经典统计学、模式识别和机器学习中的对应技术相提并论，例如 RBF 神经网络其实就是一种很常用的支持向量机。不仅如此，神经网络在实际应用中甚至具有更大潜能。此外，贝叶斯网络也被发明出来以对不确定知识进行有效表示和严格推理，极大克服了 20 世纪六七年代概率推理系统的很多问题，这种方法允许从经验中进行学习，并结合了经典人工智能和神经网络的优势。在计算机视觉和机器人方面也是如此，它们的发展更多地汲取和利用了相关领域的科学化理论和方法，尽管日益的专门化和规范化使得计算机视觉和机器人等方面的研究在 20 世纪 90 年代一度从主流人工智能研究中分离出来，但是随着人工智能的综合集成发展，这种趋势后来又得到逆转。

20 世纪 90 年代中期人工智能各个子领域的发展促使研究者们更加关注智能体（Intelligent agent）研究。智能体是指能够感知环境信息，自主决策和行动以实现任务目标的软件（或硬件）实体。纽厄尔与莱尔德（J. Laird）等人在 20 世纪 80 年代初倡导开发了著名的 SOAR 认知架构，它尝试提供通用智能体所需的计算组件，以使智能体能够执行各种任务，根据需要使用各种知识表示和问题求解方法，并在任务中进行学习。此后，SOAR 架构不断得到升级更新并被应用于各种任务，例如创建机器人应用程序，构建电脑游戏的 AI 玩家，以及开发模拟训练测试系统等。智能体的一个很重要的应用环境是互联网，随着网络技术的发展，人工智能系统在网络环境中的应用更加普遍，并出现了各种具有一定智能行为的“网络机器人”，人工智能技术也成为很多互联网工具（如搜索引擎、推荐系统等）的基础。

在现实世界中，构建一个较为完整的智能体往往需将人工智能中一些孤立的子领域重新组织起来，其原因在于构建智能体时需要将它们综合在一起。在研究中人们普遍意识到传感器系统（如视觉、雷达和声音传感器等）并不能完全可靠地传递环境信息，因此推理和规划系统必须能够处理一定程度的不确定性。智能体的研究也使得人工智能与控制论和决策理论等相关领域联系更为紧密，例如无人驾驶/智能汽车系统就混合了各种不同方法和技术，包括环境感知、导航定位和地图构建、控制理论以及一定程度的高层次规划。然而一些对人工智能发展做出开创和奠基性贡献的学者，包括人工智能学科的创立者麦卡锡、明斯基以及著名人工智能学者、曾任 AAAI 主席的尼尔森（N. Nilsson）等人，认为应该少把重点放在一些只限于提升特定任务性能的研究上（如自动驾驶和计算机下棋等）。他们认为人工智能研究应该回归至解决其本源问题，即致力于研究和构建能够思考、学习甚至进行创造的机器。与此类似的是，一些科学家开始倡导通用人工智能（Artificial general intelligence，AGI）研究，以寻求可在任何场景下进行学习和能够求解各类复杂问题的通用智能。

1.3.7 深度学习与大数据时代（2010 年以后）

神经网络曾在 20 世纪 80 年代中期开始经历了短暂的复兴，其中鲁梅尔哈特和辛顿等人提出的 BP 算法使多层神经网络的训练成为可能，直接带动了人工神经网络研究的第二次热潮。尽管这期间 BP 算法从理论上看似能很好地解决多层网络的训练问题，但是在实际中仅限于训练小规模的多层网络。由于神经网络技术发展水平（包括训练策略、优化方法和非线性激活函数等）、计算机硬件条件和数据量所限，人们无法进行大规模深度神经网络的训练和测试，因此也没有机会挖掘和发现它的优势；而此后统计学习方法开始占据统治地位，其中支持向量机（SVM）以及后来发展起来的随机森林（Random forest）和 AdaBoost 等算法表现出了更高效的性能，使得神经网络方法更受冷落。神经网络研究在经历短暂复兴后再次陷入长达 10 多年的低谷期，这一时期很少有研究团队专门从事相关研究，也很难再获得专门的研究经费支持。

尽管如此，在此期间以辛顿为首的少数学者仍然没有放弃，默默坚持神经网络研究。辛顿于 20 世纪 80 年代后期离开美国转而来到加拿大继续其研究工作，并成为多伦多大学的计算机科学教授。2004 年在从加拿大高等研究院（CIFAR）申请获得的为数不多的经费资助下，辛顿开始组织和领导“神经计算与自适应感知（NCAP）”研究项目，一起参与领导该项目研究的还包括另两位热衷于人工神经网络的学者本吉奥（Y. Bengio）和杨立昆（“Yann LeCun”的中文译名）。本吉奥于 1991 年在麦吉尔大学获得博士学位，博士研究课题即为人工神经网络及其应用，毕业后前往麻省理工学院继续从事博士后研究工作，其合作导师为机器学习领域领军学者乔丹（M. I. Jordan），而乔丹的博士导师又是曾与辛顿一起合作提出误差反向传播算法的鲁梅尔哈特。1993 年起本吉奥开始在加拿大蒙特利尔大学担任教授，并成为蒙特利尔学习算法研究所（MILA）的负责人。杨立昆于 1987 年在法国皮埃尔和玛丽居里大学完成博士学业，毕业后即来到多伦多大学成为辛顿研究小组的一名博士后。一年后他加入了贝尔实验室，继续从事神经网络及其学习算法的研究，并很快提出了卷积神经网络用于手写字符识别，在当时达到了很高的识别率，该技术在 20 世纪 90 年代后期被应用于美国很多银行的支票手写识别系统。杨立昆先后在贝尔实验室、AT&T 实验室和 NEC 研究院工作，2003 年加入纽约大学担任教授。

加拿大高等研究院对“神经计算与自适应感知”项目的资助帮助维持了神经网络研究，该项目联合了由辛顿、本吉奥和杨立昆分别领导的多伦多大学、蒙特利尔大学和纽约大学的多个研究小组，在他们的努力下几年后开始取得突破性成果。2006 年，顶尖学术期刊 *Science* 刊登了辛顿的研究成果，其中提出一种深度自编码网络对高维数据实现降维，并展示了如何通过分层无监督预训练解决深度神经网络的训练难题。同年，辛顿还在 *Neural Computation* 发表了一篇突破性文章，阐述了深度信念网络（Deep belief network）可采用一种快速“贪婪逐层预训练”策略进行有效训练。本吉奥和杨立昆研究小组也很快发现，类似的策略可被用于训练其他包含很多隐层和大量参数的深度神经网络。这些突破性工作使人们认识到深度神经网络可以被有效训练，逐步开启了神经网络研究的第三次浪潮。

深度神经网络的训练需要利用大量数据，否则网络模型容易出现过拟合，难以具备较好的泛化能力。已往大量训练数据的缺乏也是阻碍多层神经网络训练和有效应用的重要因素之一，随着传感器、互联网以及数据存储与处理等技术的发展，人们能够获取和利用的数据与日俱增，这也客观上为深度神经网络的发展提供了舞台。基于深度神经网络建立起来的深度学习模型可有效地从大量数据中学习其蕴含的规律和知识，极大地提高相关算法的性能。从 2009 年至 2011 年，谷歌和微软研究院均采用深度神经网络，配合大规模的训练数据，将语音识别系统的错误率降低了 20%以上。

深度神经网络的训练还需要计算机硬件具备很强的计算能力，这一点在面对图像和视频数据时尤为突出，通过利用最新的并行计算设备该问题也逐步得到有效解决。2012 年，辛顿及其学生提出了改进的深度卷积神经网络模型 AlexNet，其中的神经元采用 ReLU 激活函数以加快训练收敛速度和防止误差反向传播时的梯度消失问题，同时采用了“Dropout”方法缓解过拟合和提高模型泛化能力。利用 ImageNet 提供的大规模图像训练数据，在包含两块 GPU 的硬件设备上并行训练，该网络模型最终将 ImageNet 大规模视觉识别挑战赛（ILSVRC）的图像识别错误率（Top 5）从传统方法的 26.2%大幅度地降低到了 15.3%。相比之下，其他非神经网络方法虽然经过极力改进，但效果提升均非常有限。视觉识别一直是人工智能领域极具挑战性的课题，这一令人惊叹的结果让研究者们看到了深度学习的强大威力，更在全世界范围内激起了神经网络和深度学习热潮。在此后每年的 ILSVRC 竞赛中，成绩排名靠前的队伍几乎全部采用了深度学习方法，经过不断的改进和发展，到 2017 年深度网络模型的识别错误率达到 3%以下，已超过人类水平。

此后深度学习广泛应用于诸多领域并取得了巨大成功，其中包括语音识别、计算机视觉、图像/视频处理与合成、机器翻译、计算机博弈、数据挖掘以及搜索与推荐系统等，使相关应用领域产生了革命性的变化。回顾人工智能发展史不难发现，深度学习的种子实际上在 20 世纪八九十年代就已经埋下，一些基础性工作在当时就已完成。其中，20 世纪 80 年代提出的误差反向传播算法仍是后来深度神经网络训练的基础算法。2012 年引起很大轰动效应和深度学习热潮的 AlexNet，其基础是杨立昆于 1989 年提出的卷积神经网络，以及 1998 年在此基础上进一步改进得到的 LeNet-5 网络，只是在非线性激活函数、连接方式、网络层数和具体的优化方法等方面有了新的发展。著名人工智能学者施米德休伯（J. Schmidhuber）等人于 1997 年提出了长短期记忆网络（LSTM），对深度学习时代的语音识别和自然语言理解等应用领域也产生了重要影响。

进入 21 世纪后深度学习的爆发固然离不开训练策略、优化方法和非线性激活函数等方面的进步，但更离不开硬件计算能力的提升和所能够提供的大量数据的支撑。大数据给深度神经网络提供充分训练所需资源的同时，也使深度神经网络和深度学习成为利用和处理大数据的有力手段，大规模并行计算和云计算的发展更进一步增强了这种能力。更强的计算能力、更大的内存以及更庞大的数据集使得网络规模也越来越大，2012 年的 AlexNet 就已经包含了多达 6 000 万个需要学习的参数，此后深度神经网络参数的数量更是不断成倍增长。在有庞大数据驱动的情况下，更大的网络规模在处理更复杂任务时往往能表现出更好的效果。

深度学习的巨大成功也推动了人工智能继“知识期”之后又出现新一轮大浪潮，世界各国纷纷推出相关政策或计划并投入大量资金推进人工智能研究。各大知名 IT 企业，如谷歌、微软、Facebook、亚马逊和国内的百度、阿里巴巴、腾讯等，都加入了以深度神经网络和深度学习为中心的人工智能研究和产业化应用中，成为推动人工智能技术发展的重要力量。同时，国内外一大批从事人工智能相关技术研究和产业落地的创业公司纷纷成立，并获得了大量融资。学术界与产业界的紧密合作与融合也是这一时期人工智能发展的重要特点。其中，辛顿与他的两个研究生于 2012 年创办了专注于深度神经网络研究与应用的公司 DNNresearch，2013 年后该公司被谷歌收购，辛顿也因此同时为谷歌公司工作。深度学习的另一位领军学者杨立昆也于 2013 年加入 Facebook，成为其人工智能研究部门的负责人；而本吉奥则于 2017 年微软收购深度学习初创公司 Maluuba 后，成为微软研究院的战略顾问。此外，还有不少其他著名人工智能学者也相继加入各大 IT 企业，在推动人工智能结合产业化需求的发展上发挥了重要作用。

由于在深度学习方面的突破性贡献，辛顿、本吉奥和杨立昆三人于 2018 年共同获得了图灵奖。

从人工智能的发展历史可以看到它几经高潮和低谷，这在某种程度上可认为是人工智能这一极其复杂学科的客观发展规律。深度神经网络和深度学习给人工智能带来的突破和欣欣向荣局面，并不能保证今后人工智能的发展将一帆风顺，从历史上看，几乎每次热潮过后，人工智能的发展都会因进一步的现实问题而再次陷入困境或低谷。实际上，生物神经网络不管是在单个神经元的功能还是神经系统的连接上都要比人工神经网络复杂得多，其所包含的神经元数量也要远超现有的深度神经网络，特别是人们对实际脑神经系统的复杂结构和作用机制仍然所知不多。深度学习主要由大量数据所驱动，无需显式的经验或知识的嵌入，直接从大量数据中学习即可。然而过分倚重大量数据也恰恰是它的局限性之一，一方面大量数据的标注成本较高，一些领域也存在难以收集足够数据的问题；另一方面，人类的学习似乎并不像深度学习一样依赖大量数据。在这种情况下，基于深度模型的无监督学习、小样本学习、相似/跨领域迁移学习以及知识与经验的嵌入等方法受到更多的关注。

深度神经网络和深度学习面临的另一大挑战是可解释性以及理解能力的问题。不少人仍然认为深度神经网络是建立在基于大量数据的蛮力拟合上，依赖过度参数化的优化算法来提升预测效果，而不具备真正的理解能力。人类在进行推理和决策时一般可清楚解释其依据和逻辑过程，相比之下人工神经网络规模越大则越不透明，其内部逻辑在跨越了数百万个参数后，很难再像简单的回归模型那么容易解释。虽然简化网络结构（如减少网络层数和参数量）可使人们更容易明白其决策过程，但是这种模型处理现实世界复杂问题的能力将变弱。有学者也将上述问题归咎于依赖优化算法的人工神经网络未能对对象的潜在生成结构进行明确建模，且难以像人脑一样抽象出规则和概念。

从少量给定示例中抽取和利用基础规则及概念的能力也使人脑无需像人工神经网络一样利用大量数据，即可有效处理从未见过的样本；即使未给任何示例，人类也可以依据符号语言描述（包含规则或概念等），学会识别以前从未见过的物体。这种对于符号和概念的操作与理解能力也使人类能够更好地进行迁移学习。包括本吉奥在内的一些人工智能学家认为，纯粹的神经网络方法经过进一步发展也将表现出非常不错的符号操作能力。例如，人们已经可以采用深度神经网络为图像生成文字描述，或实现从符号概念到图像的生成，特别是大语言模型（Large language model）和多模态大模型展现出强大的符号推理和通用问题求解能力，被不少人认为有可能成为打开通用人工智能之门的钥匙。另一种观点则是创建混合系统，即将经典的基于符号的人工智能与神经网络结合起来，通过优势互补创造出更强大的系统。尽管人工智能的发展还将存在很多挑战甚至遇到很大障碍，但其总体上呈现的至少是一种螺旋式上升的状态。

1.4 人工智能发展中的不同学派

在人工智能的发展历程中，人们分别从不同角度、采用不同方法探索如何在机器上模拟和实现智能。尽管存在各种不同的方法，但是主流的人工智能研究一般可分为符号主义、连接主义和行为主义三大学派。不同的学派在人工智能研究的方法论上存在很大差异，尽管它们之间曾存在很强的竞争（特别是符号主义与连接主义之间），但都对人工智能研究做出了重要贡献。不同学派各显其能，共同促进了人工智能的整体发展。

1.4.1 符号主义

前面已经介绍过，符号主义试图从“功能”上模拟人类的智能，认为智能机器是符号系统，通过符号操作可模拟人的认知过程，有时也被称为“逻辑主义”“心理学派”等。符号主义早期的一个重要理论基础是西蒙和纽厄尔提出的“物理符号系统假说”，他们开发出的“逻辑理论家”和“通用问题求解器”也成为符号主义早期的代表性成果。符号主义在20世纪60—80年代得到了蓬勃发展，并长期在人工智能研究领域中占据主流地位。除了西蒙和纽厄尔外，很多其他人工智能先驱，包括麦卡锡、明斯基和尼尔森等人，也都为符号主义人工智能的发展做出了重要贡献。

符号主义除了认为认知的基元是符号，人脑和计算机等智能系统可看作是物理符号系统外，还认为智能的基础是知识，知识表示、知识推理、知识运用是人工智能的核心问题，而知识可用符号表示，也可基于符号进行推理。这使得符号主义人工智能的研究随后又由强调逻辑推理和通用问题求解的“推理期”，转向以知识为中心的“知识期”。这一时期专家系统的成功开发与广泛应用，也使得人工智能开始真正走向工程应用和大规模产业化。尽管符号主义在问题求解、自动定理证明、计算机博弈、知识工程和专家系统等方面发挥了重要作用，并曾长期在人工智能研究中占据主导地位，但是知识获取困难、应用领域狭窄等问题日益凸显。从20世纪90年代开始人工智能研究者们更多地转向寻求其他方法，特别是后来统计机器学习和深度学习的崛起，更导致符号主义相对暗淡许多。

尽管符号主义不再是人工智能研究的热门，但是它也并没有被完全抛弃，基于符号主义所产生的搜索、规划、求解和推理方法仍被应用于很多特定的问题领域。虽然在知识期热潮过后“专家系统”这一叫法不再流行，但是类似的系统仍被很多需要专门知识或适合采用规则来处理的任务或领域所采用，如现代电子商务、金融理财、计算机和网络系统故障诊断等。随着计算机与互联网技术的发展以及大数据时代的来临，2012 年起以谷歌为代表的高科技公司相继推出了“知识图谱”技术，被广泛应用于智能搜索、个性化推荐、智能问答和决策支持系统中，“知识图谱”几乎成为一种与深度学习并驾齐驱的热门技术，它的兴起被认为是大数据时代传统知识工程的一次重大复兴。

1.4.2　连接主义

连接主义试图通过模拟大脑神经网络来研究和实现人工智能，又称为“仿生学派”“生理学派”等。与符号主义的“功能”模拟不同，连接主义主张从“结构”模拟的仿生角度解决人工智能问题，认为智能活动依赖的基本元素是神经元，认知过程是神经网络中相互连接的大量神经元并行活动的结果。

连接主义是建立在神经科学、认知科学和应用数学等学科交叉的基础上，着重研究生物神经元模型，神经网络的连接机制、结构和学习算法，通过构造神经计算模型模拟实现人脑的信息处理、感知和认知能力。早在 1943 年，神经科学家麦卡洛克与数理逻辑学家皮茨就一起合作，基于生物神经元的结构和特性建立了被称为“M-P 模型”的人工神经元模型，开启了连接主义研究。1951 年，还在求学期间的明斯基搭建成功了世界上第一台神经网络学习机“SNARC”。由此可见，连接主义的早期研究并不会晚于符号主义。1957 年罗森布拉特提出了“感知机”网络模型，可通过学习很好地完成一些视觉识别任务，在当时引起了很大关注，也使连接主义研究很快进入一个高潮。然而，1969 年明斯基与派珀特在他们合作的论著中对感知机进行的批判，给连接主义很大打击，神经网络研究随后跌入长时间的低谷。明斯基虽然在学生时代从事的是神经网络和脑模型研究，但不久后也成为符号主义的拥趸。神经网络骤然跌入低谷固然与当时符号主义盛行，权威学者大都属于符号主义学派有关，但根本原因还在于自身问题无法得到有效解决，特别是未能构建可以有效训练的多层神经网络。

在 20 世纪 80 年代，连接主义曾获得短暂的复兴，其中的代表性成果包括霍普菲尔德网络模型，多层神经网络训练的误差反向传播算法，以及 20 世纪 80 年代末提出的卷积神经网络模型等。需要指出的是，连接主义的进步离不开神经科学领域成果的支持，其中在视觉识别领域广为使用的卷积神经网络模型，很大程度上就直接或间接地受到休伯尔（D. Hubel）和韦塞尔（T. Wiesel）于 1962 年提出的视觉神经系统层级连接结构的启发，他们二人因视觉神经系统方面的研究曾于 1981 年获得诺贝尔生理学及医学奖。同时，连接主义能发展到今天也离不开计算机、微电子和互联网等其他相关领域技术的进步，其中深度神经网络和深度学习的兴起很大程度上就受益于硬件设备计算能力的提升和大规模数据的支撑。

尽管连接主义仍然面临很多挑战，如依赖大量数据、不适合处理规则和符号、可解释性差等，但是考虑到人脑神经系统也是基于大量神经元连接的机制构造而成，若想借助连接主义实现通用人工智能并非完全不可能，这也许将更多地依赖于神经科学、脑模型研究和相关芯片技术的高度发展。

1.4.3 行为主义

前两种学派主要关注机器的思维与推理等能力，而行为主义则强调“肢体”的智能动作和行为。行为主义被认为源于控制论，是控制论向人工智能渗透的产物。行为主义通常主张智能并不一定依赖复杂的思维和推理，可以来自与外界环境的互动和适应过程，并常基于“感知-动作”模式通过控制论方法实现复杂环境下的智能动作和行为。支撑行为主义的另外一个观点是，既然要求机器像人类一样去思考太困难，在此之前不妨使机器先具备复杂环境下的行动能力，再通过自下而上的逐步进化和改进，或许可得到所期望的人工智能系统。

尽管在维纳、麦卡洛克及皮茨等人的共同努力下早在20世纪40年代就提出了控制论，但是人工智能中行为主义学派的研究直至20世纪后期才正式拉开帷幕。在20世纪50年代维纳及其“控制论”声名正盛之时，“人工智能”这一术语尚未提出。实际上，控制论诞生之初关心的并不仅是机械自动化，其内涵远比如今工程领域的控制理论要深刻和丰富。维纳将控制论看作是一门研究在动物（包括人类）和机器内部进行控制与通信的一般规律的学科，侧重于探讨人类、生物和机器智能的统一性，更偏向于是一门研究“智能的自动化（Automation of Intelligence）”的学科，与后来提出的人工智能有很大程度的相似性，这也与维纳等人较为关心脑科学研究不无关系。一些学者认为，年轻的麦卡锡等人建立“人工智能”这一新研究领域部分是出于对当时盛行的控制论的“叛逆”，以及避免与控制论的提出者维纳产生纠葛。尽管控制论思想对诸多领域产生了深远的影响，但是由控制论所衍生出来的方法相当长时期内并未进入主流人工智能学者的视野。

20世纪80年代后期，以布鲁克斯（R. Brooks）为代表的一批学者在人工智能研究中积极倡导行为主义观点，逐渐形成了有别于符号主义和连接主义的新学派。布鲁克斯为麻省理工学院教授和AAAI创始会士（Founding fellow），曾担任麻省理工计算机科学与人工智能实验室（CSAIL）负责人。他的实验室中有很多机器昆虫，它们并没有复杂的大脑，仅凭四肢和关节的协调就能很好地适应环境。这些机器昆虫能够在复杂的地形中灵活爬行，并聪明地避开障碍物。这种“智能”并不来源于自上而下的复杂设计，而是源于自下而上的与环境的互动。除了机器昆虫外，布鲁克斯等人还基于行为主义理念设计制造了各种各样的机器人。

除了认为智能是在现实世界中通过与周围环境的交互作用表现出来的，行为主义学派同时也秉持进化论的观点，即认为机器智能可以像人类智能一样在现实世界环境中逐步进化，并期望以此来获得更高级的智能。无独有偶，一些学者也给出了一种观点，认为若给神经网络一个合适的身体并配备各种传感器，使其能够像其他生物一样体验和探索世界并与环境中的各种对象不断交互，或将通过长期潜移默化的学习获得更高级的认知能力。

著名的机器人公司“波士顿动力（Boston Dynamics）”就属于行为主义的践行者，该公司相继开发出多种能够做出灵巧动作的四足和双足机器人，包括已经商业化的机器狗 SpotMini 以及行为动作酷似人类的机器人 Atlas（图 1.1）。其中 Atlas 给人的印象尤其深刻，它能灵活地进行前后空翻，几步跳上陡峭的台阶以及精准地跃过前面的障碍物，其动作与人类极其相像，其中的某些动作甚至只有人类运动员才能做出。面对身强力健、动作自如的 Atlas 机器人，不免让人感叹它与人类相差的仅仅是拥有自己的思维。不少人认为，如果说符号主义是模拟智能软件，连接主义是模拟大脑硬件，那么行为主义无疑就是模拟身体了。

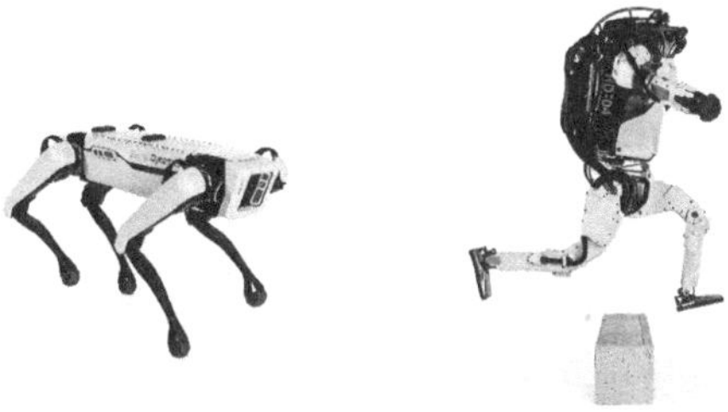

图 1.1 机器狗 SpotMini 与人形机器人 Atlas

1.5 人工智能的主要研究和应用领域

随着人工智能不断发展，相关技术在很多领域都有着越来越重要的应用。下面介绍人工智能的一些主要研究和应用领域。

1.5.1 计算机视觉

计算机视觉是运用计算机模拟和实现（或拓展）人的视觉功能。人类对外部世界的感知中，约 80%的信息是通过视觉得到的，因此计算机视觉成为人工智能中一个非常重要的研究课题。计算机视觉系统利用各种成像传感器代替人眼获取外界的视觉图像信息，然后交由计算机来对这些信息进行处理、识别和理解。

与人类的视觉系统类似，计算机视觉系统通常分为低层视觉和高层视觉处理两部分。低层视觉的任务主要是对图像/视频进行预处理，如自适应增强、边缘提取、运动目标检测、视觉特征提取和视觉信息编码等。高层视觉用来完成更高级的感知任务，包括目标检测、物体/字符识别、图像/视频理解以及三维场景感知等。在低层视觉任务上，目前的计算机视觉系统通常可获得较为理想的处理效果，某些方面的能力甚至超过人类，如对图像/视频数据的自动增强、修复及检索等。对于一些特定的高层视觉任务（如人脸识别、图像分类等），计算机的表现也能够超过人类。目前计算机视觉的进步很大程度上得益于深度学习技术，特别是通过卷积神经网络能够从视觉数据中获得高层抽象特征表示。尽管在单个的视觉识别任务上计算机有可能表现得强于人类，但是对于复杂视觉场景目前还难以像人类一样具备非常好的综合理解能力，不能像人类一样很好地理解视觉场景中的复杂事件以及复杂事物之间的联系。

计算机视觉被广泛应用于诸多领域，如光学字符识别，人脸和指纹等生物特征识别，自动驾驶中的交通标志识别、车道线检测和场景语义分割，智能视频监控中的行人检测、车牌识别和图像/视频分析，智能医疗领域的医学图像处理和影像分析，自主导航和精确制导领域的景象匹配和目标探测识别，遥感领域的卫星影像解译与地物分类等。计算机视觉与传统的模式识别有很大程度的交叉，计算机视觉领域的字符、图形或图像识别经常被当作模式识别问题来探讨，然而计算机视觉不仅仅是模式识别，它既包括低层的视觉处理，又需要完成对视觉内容和场景的理解等更重要的任务。另外，基于相关的智能算法还可利用计算机进行自动图像生成或视频特效合成，这些虽不属于经典的以模拟或实现人类视觉功能为目的的计算机视觉任务，但可看作是对人类智能的拓展，仍属于人工智能研究与应用范畴。

1.5.2 自然语言处理

自然语言处理（Natural language processing）是人工智能中的另一个重要研究领域，主要研究如何使计算机能够处理、理解和运用人类语言。人类是自然界中唯一拥有复杂语言能力的生物，彼此之间可以凭借自然语言（以语音或文字形式）自如地进行交流。语言能力是人类高级智能的重要体现，使计算机也能够像人类一样具备这项能力一直是人工智能研究的重要目标。

自然语言处理的一个重要目的是可以用人类语言与计算机进行通信和交流，为此主要需解决两方面问题，即自然语言理解和自然语言生成，前者是使计算机能够理解自然语言所表达的含义，后者是让计算机生成自然语言以描述所要输出和表达的内容。自然语言理解又分为声音语言理解和文本语言理解两大类，其中前者接收的是语音信息，一般需通过语音识别将其转换为相应的文本，解决计算机的听觉感知问题；然后通过进一步的词法、句法和语义分析等过程达到对语言的理解。文本语言理解直接针对的是文本信息，因此无需对语音的处理和识别过程。自然语言生成可看作是自然语言理解的逆过程，对于输出为语音形式的自然语言生成还需解决语音合成问题，即将文本转换为语音输出。

自然语言处理通常需要结合语言学，它的核心在于语言理解，其中的一个最大困难是需要解决字词、词组、短语和句子等各个层面广泛存在的歧义性和多义性问题，为此往往需要考虑语境对语意的影响并充分利用相关的背景知识。尽管自然语言处理与单纯的语音处理（包括语音识别和语音合成等）有很大不同，但在实际中它们相辅相成。很多自然语言处理过程是建立在语音处理的基础上，而语音识别同样需要依赖语言模型；同时，要使合成语音具有像人类语音一样准确自然的韵律和节奏，也不可避免地依赖于对语言文本的正确分析和理解。此外，机器翻译也是自然语言处理的一项重要内容，它是使用计算机将一种语言翻译成另一种语言，在人工智能研究的早期就已经成为广受关注的课题之一。目前国内外都有不少较为成熟的机器翻译产品，如谷歌翻译、百度翻译等。

自然语言处理技术可被应用于很多领域，包括智能问答、语音助手、人机对话、情感分析、自动翻译、文摘生成和文本分类等，其中著名的图灵测试就离不开自然语言处理。受益于机器学习技术，特别是深度学习和神经网络技术的发展，在自然语言处理方面目前已取得很大进展，然而离计算机能够完全理解并自由地运用人类语言仍然有不少差距。

1.5.3 逻辑推理与自动定理证明

在机器上模拟和实现人类思维一直是人工智能研究的重要任务，其中如何使机器拥有逻辑思维能力在人工智能研究伊始就成为广受关注的研究内容。纽厄尔和西蒙早期开发了“逻辑理论家”程序，能够成功证明怀特海和罗素《数学原理》中的很多定理，展示了机器可以具备一定的自动逻辑推理能力。如何使机器能够更好地进行逻辑推理，此后一直成为符号主义长期研究的目标。与逻辑推理紧密相关的自动定理证明也是人工智能中的一个重要研究和应用领域。有关自动定理证明方面的研究一般存在着两种不同的目的，其中一种是以发展一般的机器逻辑推理的理论和方法为主要目的，而将定理证明作为其研究对象。纽厄尔和西蒙关于“逻辑理论家”的研究就主要属于此类。另一种则注重于实现数学定理证明自动化（或“数学机械化”），使计算机能够代替人类解决专业的数学推导和定理证明问题。这类研究一般以专业的数学和数理逻辑学家为主，属于数学和计算机科学的交叉。在这方面我国数学家吴文俊和美籍华人数学家王浩都曾做出过重大贡献，在国际上享有盛誉。

早在1958年，王浩就在一台IBM704计算机上仅用9分钟证明了《数学原理》中一阶逻辑的大部分定理。尽管在王浩等专业的数学家看来，同时期纽厄尔和西蒙的“逻辑理论家”在定理证明方面显得并不专业，但实际上纽厄尔和西蒙着眼的并不仅仅是定理证明，更多的是一般的逻辑推理和问题求解，其中的启发式算法思想对后来的人工智能研究影响很大。1983年王浩获得了国际人工智能联合会（IJCAI）授予的第一届自动定理证明里程碑奖，以表彰他在该领域的突出贡献。我国著名数学家吴文俊于 20 世纪 70 年代中期开始自动定理证明研究，在从中国古代数学史研究中获得的启发下提出了高效的几何定理机器证明方法，在国内外引起了很大反响，使我国在该领域进入国际领先地位。吴文俊先生是我国数学机械化领域的开创者，由于对几何定理机器自动证明的开创性贡献，1997 年获得了国际自动推理领域的最高奖——“埃尔布朗（Herbrand）奖”。

从 20 世纪五六十年代开始，半个多世纪以来自动定理证明领域取得了一系列进展。例如，1965 年鲁滨逊（J. Robinson）提出了归结原理，使定理证明和机器推理得以更方便地在计算机上进行；1976 年阿佩尔（K. Appel）与哈肯（W. Haken）借助计算机的帮助证明了四色定理，解决了困扰人类一百多年的数学难题；1978 年我国数学家吴文俊开创了用计算机实现初等几何定理和微分几何定理证明的先河；1996 年麦库恩（W. McCune）利用开发的证明器 EQP 证明了数学领域人类都长久未能证明的罗宾斯猜想。时至今日自动定理证明理论和技术仍在不断发展之中，正如我国数学家吴文俊等很多科学家所期望的，其发展目标是在数学领域充分实现脑力劳动的机械化，从而可使机器能够代替人脑广泛地从事高深的数学领域工作。

实际上，除了数学定理的证明外，许多需要进行逻辑推理的非数学领域问题，如医疗诊断、集成电路验证和某些问题的求解等，都可以转化为类似定理证明的问题来解决，其结论、目标或结果都可以通过“证明”的方式来判定或获得。因此，自动定理证明研究对于发展一般的自动推理方法也具有很强的现实意义。

1.5.4 计算机博弈

博弈通常指的是人类之间具有强烈竞争和对抗性的智能活动，各方目的在于取胜或取得最大利益，如下棋、打牌和战争等。在现实生活中，博弈通常被认为是一种智力比拼，属于人类才有的智能活动。如何使计算机能够像人类一样善于博弈，一直是人工智能领域研究的重要内容。在计算机博弈中研究最多的是计算机下棋问题，早在 20 世纪 40 年代图灵就研究过计算机下棋，并编写了一个下棋程序。同时期，冯·诺依曼也对计算机下棋研究很感兴趣，1944 年他与摩根斯坦合作出版了《博弈论与经济行为》，其中给出了两人对弈的极小极大（Minimax）算法，并将二人博弈推广到 N 人博弈以及将博弈论引入经济学领域。1950 年香农在《哲学杂志》发表论文《国际象棋的计算机程序设计》，进一步开启了有关计算机下棋问题的理论研究。

计算机博弈较早地在跳棋上取得了成功，20 世纪 60 年代塞缪尔开发的跳棋程序曾战胜了人类跳棋高手。同时期，人们也开始在国际象棋下棋程序研究上取得突破。其中，计算机下棋程序主要依靠搜索算法，通过搜索寻找到当前棋局的最佳走步，而像国际象棋等复杂的棋类游戏往往因搜索量巨大而难以实现，为此麦卡锡提出了著名的 $\alpha-\beta$ 剪枝技术，实现了搜索效率的大幅度提升。20 世纪六七十年代基于 $\alpha-\beta$ 剪枝搜索技术开发了一系列非常成功的下棋程序，如“Kotok-McCarthy”“MacHack”和“CHESS”等，逐渐达到了人类棋手的水平。在此期间，美国和苏联的国际象棋程序还进行过几番比试，最后都以苏联程序获胜而告终。20 世纪 90 年代，美国 IBM 公司又以其雄厚的财力和计算机硬件技术实力作为支撑，在卡内基梅隆大学研制的“深思”基础上进一步开发名为“深蓝”的国际象棋程序，它配备有专门开发的处理器芯片，以提高计算机的搜索速度。1997 年，“深蓝”首次战胜了国际象棋世界冠军卡斯帕罗夫，在全世界范围内引起了很大轰动。

在围棋方面，2016 年 3 月谷歌开发的围棋程序“AlphaGo”结合蒙特卡洛树搜索、深度学习和强化学习技术，利用高性能计算和大数据（16 万局人类对弈及 3 000 万局自我博弈）训练，战胜了韩国的围棋世界冠军李世石。AlphaGo 的胜利打破了人们一直认为的计算机无法在围棋这种超复杂棋类博弈上战胜人类的观念。2016 年年末至 2017 年年初，新版 AlphaGo 在中国棋类网站上化名为“Master”与中日韩数十位围棋顶尖高手进行快棋对决，连续 60 局无一败绩。2017 年 5 月，在中国乌镇围棋峰会上 AlphaGo 又与长期排名世界第一的冠军棋手柯洁对战，以 3∶0 的总比分获胜。2017 年 10 月，DeepMind 团队公布了最强版 AlphaGo 围棋程序“AlphaGo Zero”，仅通过 3 天的自我学习就能以 100∶0 的战绩完胜前代 AlphaGo，进一步展示出人工智能在围棋上令人惊叹的实力。

在棋类问题被攻克之后，研究者们开始将目光更多地投向非完备信息下的计算机博弈问题。非完备信息主要是指博弈各方并不能获得完全的信息，如在打牌游戏中看不到对方手里的牌，在战争一类的即时战略游戏中各方会有隐瞒、欺骗或迷惑对方的行为。2017 年年初，卡内基梅隆大学开发的德州扑克软件“Libratus”击败了四位顶尖的人类德州扑克选手。2018 年年底，由谷歌 DeepMind 团队开发的人工智能程序“AlphaStar”在即时战略游戏《星际争霸Ⅱ》中，分别以 5∶0 击败了两位人类顶级职业玩家。

尽管使计算机在特定的博弈问题上拥有很强能力并不意味着可使其综合智能达到人类水平，但是博弈问题为人工智能研究提供了很好的应用和展示平台，对于人工智能领域中问题表示、搜索算法、机器学习和智能决策等方面的研究能够起到重要的促进作用。

1.5.5　智能体与智能机器人

智能体通俗地可理解为“具有智能的实体”，主要是指能够感知或接受外界信息，进行自主行动（包括推理、计算和决策等）以完成任务目标的软件或硬件实体。通常，智能体作为一个实体强调的是能够与环境进行交互，在此过程中不断基于感知信息进行自主思维和行动，根据环境变化自动地调整自身状态和行为。智能体经常要面对复杂的环境条件，如环境信息是部分可观测的、存在很大噪声、具有很强的动态性和随机性或存在非合作目标等。一些学者认为，智能体实际上是一个处于环境之中并且作为这个环境一部分的系统，它随时可以感测环境并执行相应动作，同时逐渐建立自己的活动规划以应付未来可能的环境变化。自动驾驶汽车属于一种典型的智能体，从 20 世纪 90 年代开始研究至今，在该方面已经取得极大的进展。然而复杂城市道路上的自动驾驶仍然具有挑战性，智能车需要面对包含很多其他车辆和行人的复杂动态环境，其他车辆或行人的意图很多情况下并不是很好掌握，并且存在着一些随机和非合作的行为，给智能车的安全顺畅行驶带来挑战。针对复杂动态环境，智能体需要具有很强的学习、推理、规划和预测能力，给人工智能研究提出了更高的要求。

机器人是一种典型的通过动作或操作来执行任务的智能体，可能的执行器包括轮子或机械腿、机械臂和抓握器等，可配备的传感器有相机、雷达和超声波测量装置等，此外还经常需用到陀螺仪、加速度计等运动和姿态测量传感器。目前机器人的应用非常广泛，其类型也多种多样，其中大多数机器人可归属于以下几类。第一类是以操作为主的机器人，很多工业机器人属于此类，如生产线上基于机械手的自动装配机器人，此外在医疗领域还存在很多用于手术操作的机器人。第二类是移动机器人，它们主要依靠轮子、机械腿或其他装置在环境中进行自主移动，如无人飞行器、无人车以及无人潜水器等，可用于环境侦察和水下探测等各种任务。此外，很多服务类的移动机器人还负责在特定场所运送物品或打扫卫生等任务。第三类是结合了良好操作（或动作）和移动性的机器人，例如军用领域的排爆机器人一般由履带式移动平台和排爆机械手相结合而成。大多数人形机器人也属于此类，它们具有人类身体外观并模仿人类行为，既能灵活移动又能完成各种动作和操作。除上述几大类外，随着计算机视觉和自然语言处理等技术的发展，还存在很多特定功能的机器人，如聊天机器人、智能问答和自动检测机器人等。

机器人的设计和应用一般涉及机器人学，其中主要包括机器人硬件结构、机器人感知、机器人运动规划和控制、机器人软件设计等内容。与人工智能领域更加注重实现高级的机器智能不同，机器人学重在构建和实现能够取代人力或做出灵巧动作的自动化机器，并长期作为一个综合性的独立学科而存在。然而要实现像人类一样的智能机器人必须充分结合人工智能领域的研究，使机器人在感知、学习、思维、推理和表达交流等方面具有更强的能力，以帮助人类完成更加复杂的工作。因此，智能机器人既是人工智能的一个重要应用领域，也是人工智能研究的一个综合试验场，很多人工智能技术都可在机器人上验证和运用。

1.5.6　知识发现与数据挖掘

随着计算机和网络技术的飞速发展，人们收集和存储数据的能力得到极大提升，无论是科学研究还是社会生活的各个领域都积累了大量的数据。然而传统的数据库技术仅能对数据进行管理、查询或检索等操作，不能从数据库中进一步提炼出有用的信息和知识，无法使其中的大量数据得到充分利用。实际上，大量特定的数据中可能蕴含有一般的知识和规律，例如物理学家开普勒正是从前人积累的大量天文观测数据中才发现了行星运动规律。在人工智能领域，知识发现一般是以大量数据作为基础，通过各种手段和方法发掘蕴含在这些数据背后的一般规律或潜在联系，实现知识的自动获取。

基于大量数据的知识发现过程通常情况下也被称为数据挖掘。数据挖掘是一门主要基于机器学习和统计学的数据分析技术，常采用的机器学习模型包括分类、聚类和回归等。然而数据挖掘并不是机器学习方法的简单应用，它经常面向的是海量数据，因而要求相应的机器学习过程具有高效的处理海量数据的能力。基于统计学的关联分析技术也常用于数据挖掘，关联分析的目的是挖掘数据中隐藏的关联规则。例如，在一则有关商品销售数据挖掘的经典例子中，数据分析人员通过关联分析发现“买尿布的人很可能会同时买啤酒”这一规律（其可能的解释是在婴儿出生后一段时间主要由父亲去超市购买尿布，而他们同时也会捎上一些啤酒回去）。商家于是将尿布和啤酒展柜摆在一起，结果使两者的销量都得到了提升。

随着数据挖掘技术的发展和广泛应用，数据挖掘的对象并不仅限于传统的数据库，可以是存放在任何地方的数据，其中也包括互联网上的海量数据。例如在电子商务领域，数据挖掘技术可以用来进行网上用户行为和偏好的分析，以此来帮助商家优化进货和库存，并采取有针对性和个性化的营销策略。很多互联网信息平台利用基于数据挖掘的推荐引擎产品，挖掘有价值和用户感兴趣的新闻内容与信息，并进行个性化推荐，极大优化了网上信息服务。此外，数据挖掘技术还被广泛用于制造业、金融财务、气象环境等各领域数据的分析和应用中。

1.5.7　智能调度与指挥

在现实生活中，有不少实际问题是属于需要确定最佳调度或进行组合优化的问题，如生产计划与调度、通信路由调度、列车调度与指挥、空中交通管制以及军事指挥等。这类问题也是很多人工智能学者关心和感兴趣的研究内容，其目标是针对此类问题实现基于计算机的智能调度与指挥（或调度指挥的自动化）。

智能调度与指挥一般涉及人工智能领域的搜索、决策和优化等方法。它所处理的很多是组合优化问题，而大多数组合优化问题求解程序都可能会面临组合爆炸，随着问题规模的增大，其计算复杂度将按多项式或指数式增长，使得耗费巨大的计算资源却仍无法得到有效求解。解决这类问题需要更智能的算法，例如采用基于问题域知识的启发式算法、遗传算法或神经网络算法等。随着传感器、通信和网络技术的发展，智能调度与指挥系统还需要具备强大的综合各种信息进行智能分析与决策的能力，并能够进行实时的动态监测、智能感知和任务规划。

智能调度与指挥无论是在民用还是军事领域都具有广阔的应用前景。例如，在智能电网领域可以帮助优化电力资源配置，同时确保电力供应的安全性、可靠性和经济性。据报道，谷歌 DeepMind 团队基于机器学习等人工智能技术对谷歌数据中心内的设备运行方式进行调配和控制，以提升设备用电效率，在几年时间内可为谷歌节约上亿美元电费。此外，智能调度与指挥在工业生产、交通运输、抢险救灾、社会治安防控等各个领域都有着巨大的应用价值。

在军事领域，各国都在积极发展基于人工智能的智能调度与指挥系统，以帮助收集与传递情报、协调各类作战行动，制定火力部署方案和作战策略等。智能调度与指挥系统也是智能化战争的重要组成部分，智能化战争的作战行动突发性强、节奏快，战机稍纵即逝，更加强调以快打慢、先发制人，指挥调度反应时间大为缩短，提高指挥调度的效率和精准性，对作战进程及结果有着重要影响。

1.5.8 分布式人工智能与多智能体

分布式人工智能主要研究在逻辑上或物理上分散的智能系统如何并行、相互协作地实现问题求解。人类在解决大型科学或工程技术问题时，无不需要成百上千个聪明的头脑同时进行协作。同样，自然界的蚁群和蜂群等动物群体通过密切的相互通信和分工协作也可完成一些较为复杂的任务。随着智能系统、计算机网络和通信技术的发展，分布式人工智能日益成为人工智能的一个重要研究和应用领域。

在分布式人工智能系统中，智能并非孤立存在的概念，而是在团队协作中实现。分布式人工智能研究一般包括分布式问题求解和多智能体系统。分布式问题求解主要研究如何在多个合作和共享知识的模块、节点或子系统之间进行任务划分，并通过各子系统协同工作完成特定问题的求解。多智能体系统主要研究如何在一群自主的智能体之间进行智能行为的协调，是由多智能体组成的一个分布式系统。在多智能体系统中，每个智能体都可以自主运行和自主交互，即当一个智能体需要与其他智能体合作时，就通过相应的通信机制去寻找可以合作的智能体，以共同解决问题。例如，用于编队表演、协同侦察或作战的智能车和无人机等都属于多智能体系统。

有学者也认为多智能体系统基本上等同于分布式人工智能，而分布式问题求解仅是多智能体系统研究的一个子集，这种看法很大程度上扩展了多智能体系统的研究范畴。在多智能体系统中，各智能体之间的关系并不一定是协作的，也可能是竞争甚至对抗的关系，当各个智能体彼此友好、有共同的目标时，也可用于完成分布式问题求解任务。多智能体方面的研究一般涉及分布式协同决策与优化、协同控制、机器学习和博弈论等方法。多智能体系统更能体现人类的社会智能，具有更大的灵活性，更适应开放和动态的世界环境，可看作是人工智能、控制科学和计算机科学等融合交叉的一个领域。

习　题

1.1　简述对人工智能概念和内涵的理解。

1.2　人类智能有什么基本特征？列举和说明人工智能的一些基本研究内容。

1.3　简述人工智能的主要发展历程，分析阐述不同历史时期人工智能研究的特点、遇到的主要问题以及在下一时期如何解决。

1.4　什么是图灵测试？它的作用和意义是什么？

1.5　在人工智能研究中，存在从“功能”上模拟人类智能和从“结构”上模拟人类智能两种不同路线，它们有什么区别？各自代表性的技术是什么？

1.6　人工智能有哪几个主要学派？各自有什么特点？最新的研究和发展情况如何？

1.7　人工智能有哪些主要研究和应用领域？列举和介绍近期一些新的研究热点和应用领域。

1.8　列举几项生活中用到的人工智能技术，尝试了解其基本技术路线和原理，并思考有何其他应用场景。

1.9　结合个人思考谈谈对人工智能发展过程的认识，对今后发展前景有何展望？

第 2 章

机器自动逻辑推理

人工智能的一个重要任务是模拟人的思维，而逻辑思维是人类具备的一种高级思维。逻辑思维能够帮助人们进行精确推理，做出正确决策以及对结论、猜想或假设等进行严密推导和证明。如何使机器能够像人类一样具备自主逻辑推理能力很早就成为人工智能研究的重点内容之一，并在这方面取得了不少重要研究成果，使机器在很多方面可以开始代替人类进行自动推理。相关的人工智能技术目前已经在集成电路验证、计算机程序设计、网络漏洞检测以及数学定理机器证明等各个领域获得了成功应用。

本章首先介绍逻辑表示和推理的概念，然后从命题逻辑入手讨论如何进行逻辑表示、如何基于规则进行推理以及归结原理等，最后介绍谓词逻辑表示及其基于归结方法的自动推理与证明。

2.1 一个简单例子：Wumpus 世界

首先通过一个游戏例子理解人类或智能体如何进行逻辑推理。如图 2.1 所示，在该游戏中构造了一个“Wumpus 世界”，它是由多个相互连通的洞穴所组成的山洞，其中每个方格代表一个洞穴。该山洞中的某个洞穴藏着一只怪兽（即“Wumpus”），它会吃掉进入洞穴的人；某些洞穴是无底洞，不慎走到这些洞穴的人会掉进无底洞（但是怪兽能幸免，因为其体型太大）。除此之外，在山洞的某个洞穴还有一堆金子，人类或智能体从左下角标号为[1,1]的方格进入山洞，目的是寻找金子，但也要冒着被怪兽吃掉和掉进无底洞的风险。

现在有一些知识可以帮助我们在山洞内移动并寻找金子：

① 在与怪兽直接相邻（非对角）的方格内，可以闻到它身上的臭气（Stench）；

② 在与无底洞直接相邻（非对角）的方格内，可以感知到微风（Breeze）；

③ 进入金子所在的方格内，可以看到闪闪金光。

除上述信息（知识）之外，对山洞的情况一无所知，盲目移动会有被怪兽吃掉和掉进无底洞的危险。智能体如何能够根据上述知识在移动过程中进行推理，从而每一步做出正确决策，最终寻找到金子？接下来具体观察智能体在山洞内的探索过程：

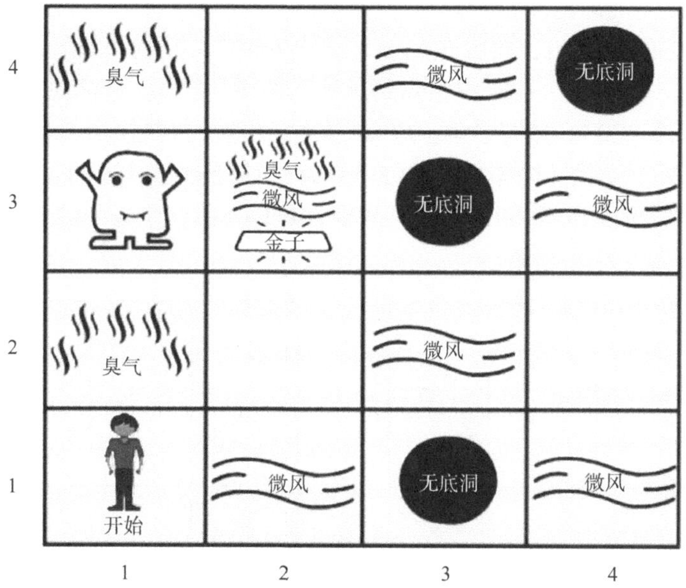

图 2.1　Wumpus 世界

（1）首先假设智能体在[1,1]方格内，既没有感知到臭气也没有感知到微风，则可以断定其相邻方格[1,2]和[2,1]是安全的，如图 2.2（a）所示将它们标记为“OK”。

（2）接下来智能体会小心地移动到相邻的安全方格内。如图 2.2（b）所示，假设智能体向前移动到[2,1]，并在此处感知到微风（图中标注为“B”），则可以推测出与它邻近的[2,2]或[3,1]中有无底洞，但到底是哪一个有抑或两者都有还无法确定（图中均标注为“P?”）。

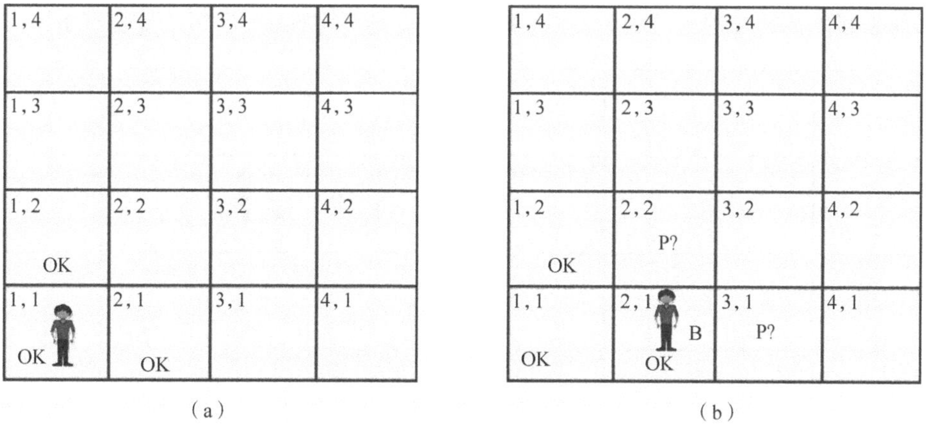

图 2.2　智能体移动到[2,1]

（3）由于不能确定[2,2]和[3,1]哪一个有无底洞，此时不敢贸然行动，智能体只能选择退回到[1,1]，然后进入[1,2]这个安全的方格内，如图 2.3（a）所示。

（4）假设智能体在[1,2]中感知到臭气（图中用“S”作标注），则意味着其邻近的[1,3]或[2,2]必然有怪兽。那么，如何确定怪兽具体在哪个洞穴？可以试想若怪兽在[2,2]，则智能体原先在[2,1]时就会感知到臭气，而事实上在那里只感知到了微风。因此，怪兽在[2,2]的可能性可以排除，于是可以确定怪兽只能在[1,3]，如图 2.3（b）所示。

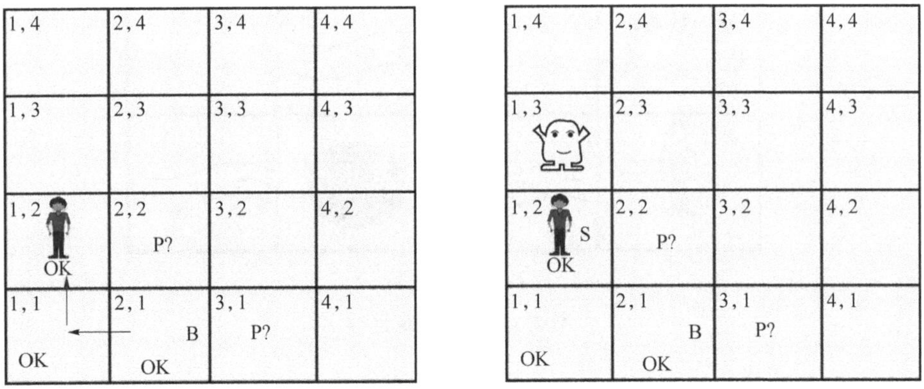

（a）　　　　（b）

图 2.3　智能体由[2,1]移动到[1,2]

（5）另外，因为在[1,2]只感知到臭气没有感知到微风，所以可确定[2,2]也不存在无底洞，它是安全的；前面已知[2,2]和[3,1]至少一个有无底洞，现已确定无底洞不在[2,2]，则它必然在[3,1]（最终结果如图 2.4（a）标注所示）。现在确定了[2,2]中既没有无底洞也没有怪兽，可以安全进入。如图 2.4（b）所示，最后假定智能体转身进入[2,3]，在这里发现了金光闪闪的金子，成功完成任务。

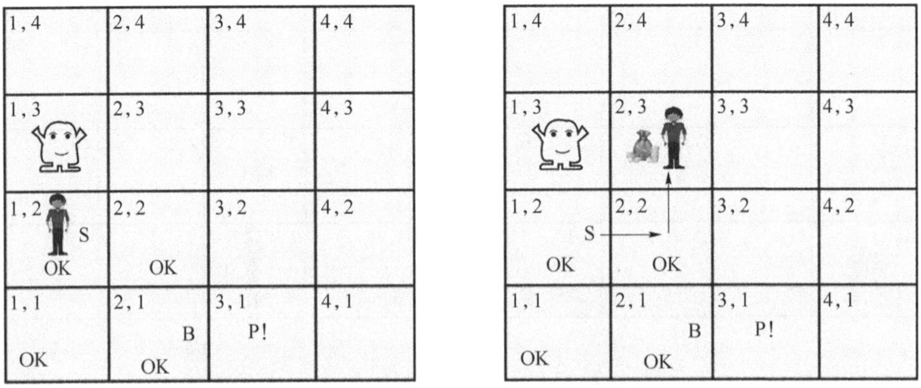

（a）　　　　（b）

图 2.4　智能体移动到[2,2]并最终寻找到金子

上面虽然是一个很简单的游戏，但是由这个例子可以看出，要能够基于知识进行逻辑推理，并在每一步都做出正确的决策，才能够顺利完成任务。这对于人类来说并不是很难，但如何使机器也具有这种智能？这就是接下来要讨论的问题，即如何使机器也能进行自主逻辑推理。

2.2　逻辑表示和推理

若要使计算机解决一个问题，首先需要将该问题在计算机上表示出来，也即“问题表示”，在这里更准确地说是“逻辑表示”。其次是要有推理规则，使得能够基于规则的演算进行推理。下面首先介绍与逻辑表示和推理有关的一些基础概念。

（1）知识库：上一节中智能体所处的状态、感知到的信息以及不同事物之间的关联都属于可以利用的知识，所有这些知识组成了知识库（Knowledge Base，KB），它是推理的基础。知识库由描述有关信息、事实及其关联的语句构成。

与自然语言和数学符号语言等其他形式的语言一样，逻辑表示中的语句遵循一定的语法，其中语法的作用是为所有合法语句给出规范。

（2）语义：指语句的含义，它定义了语句在每种可能情况下的“真值”。其中，“真值”代表了语句所表述的内容是“真（true）”还是“假（false）”。在标准逻辑中，每个语句在每种可能情况下非真即假，不存在“中间状态”。

例如，算术语句“$x+y=5$”的语义决定了在 x 等于 2、y 等于 3 的情况下，该语句为真，而在 x 等于 1、y 等于 2 时为假。

（3）模型：上面所述的各种不同情况也称为“模型（model）”。例如，对于语句 $x+y=5$，“模型”指的是对变量 x 和 y 的所有可能赋值，每个这样的赋值决定了该算术语句为真还是假。一般地，若语句 α 在模型 m 中为真，则称 m 满足 α，通常也称“m 是 α 的一个模型”。本书使用 $M(\alpha)$ 来表示所有满足 α 的模型。

有了上述概念，接下来就可以讨论逻辑蕴涵了。

（4）逻辑蕴涵（Logical entailment）：表示某语句逻辑上跟随另一个语句，即若前一语句为真，则后一语句也为真。语句 α 逻辑蕴涵语句 β 用符号表示为

$$\alpha \mid = \beta$$

上述逻辑蕴涵关系成立，当且仅当“在使 α 为真的每个模型中，β 也为真”，即

$$\alpha \mid = \beta \quad \text{当且仅当} \quad M(\alpha) \subseteq M(\beta)$$

仍以算术语句为例：语句 $x=0$ 逻辑蕴涵语句 $xy=0$，这是由于在任何满足 $x=0$ 的模型中，$xy=0$ 均成立。

下面再以“Wumpus 世界”游戏为例解释上述概念。在前两步中（图 2.2），智能体在[1,1]中未发现任何异常，而在[2,1]中感知到微风。所有感知信息，以及与其相关联的知识（如“在与 Wumpus 相邻的方格内会感知到臭气”等规

则）一起组成了知识库。在当前知识库下，智能体要推测的是附近方格[1,2]、[2,2]和[3,1]是否有无底洞。这三个方格中的每一个都可能有或者没有无底洞，所有可能情况加起来总共有 $2^3=8$ 种，即存在 8 个可能的模型（如图 2.5（a）所示的 8 种情况，其中“B”表示所在方格内感知到微风，“P”表示有无底洞）。

在所有 8 个模型中，有些模型是符合当前知识库（KB）所描述的“在[1,1]中未有任何异常，而在[2,1]中感知到微风”。如图 2.5（a）中实线框内所示，这样的模型总共有 3 个，分别是[2,2]或[3,1]有无底洞的情况，也即满足 KB 的模型有 3 个。

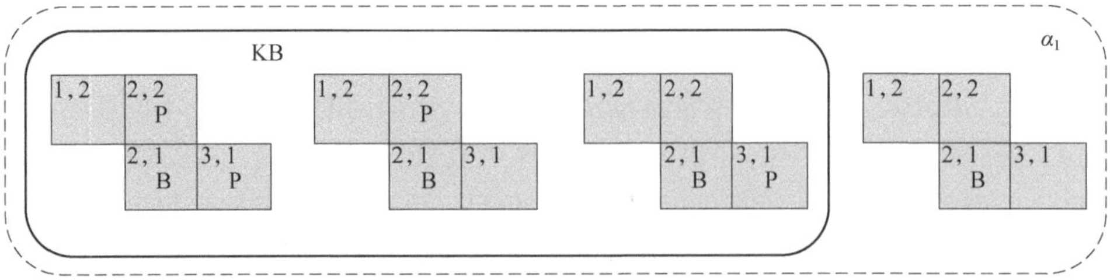

（a）

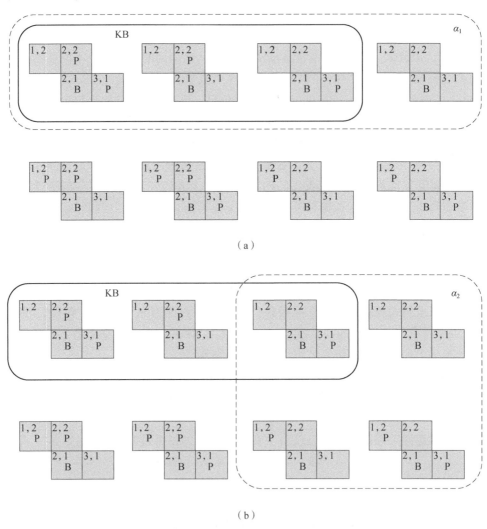

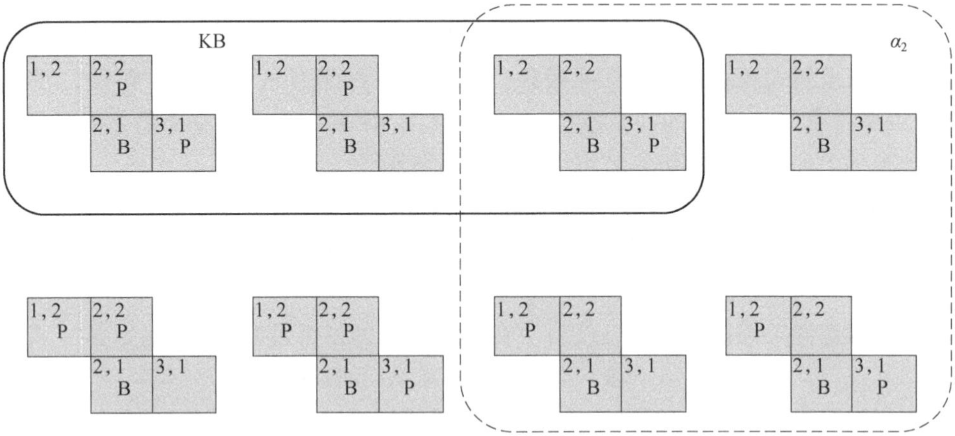

（b）

图 2.5　所有可能模型及其满足 KB（实线框所示）和 α_1、α_2 的部分

（a）虚线框中为所有满足 α_1 的模型；（b）虚线框中为所有满足 α_2 的模型

接下来考虑以下两个语句：

$$\alpha_1$$：“[1,2]中没有无底洞”

$$\alpha_2$$：“[2,2]中没有无底洞”

满足语句α_1和α_2的模型在图 2.5（a）和（b）中分别用虚线框圈出。通过逐个检验，不难得出如下结果：

（1）在满足 KB 的所有模型中，语句α_1都为真，因而可得到逻辑蕴涵关系：

$$KB \models \alpha_1$$

（2）在满足 KB 的某些模型中，语句α_2为假，因而可得

$$KB \not\models \alpha_2$$

即根据当前知识，无法得出[2,2]没有无底洞的结论。当然，也无法得出有无底洞的结论。

上面的例子不仅阐释了逻辑蕴涵，而且给出了一种直观的检验逻辑蕴涵关系的方法，即通过枚举所有可能的模型来检验逻辑蕴涵关系是否成立（在上例中通过检验 $M(KB) \subseteq M(\alpha)$），这种逻辑蕴涵推理方法称为“模型检验”。

模型检验方法虽然直观，便于从最基础层面理解逻辑蕴涵，但是其推理方式较为原始。当可能的模型数量庞大或较为复杂时，枚举和检验就会变得既耗时又困难。接下来讨论如何基于逻辑表示和规则进行推理。

2.3　命题逻辑

在人工智能领域，逻辑主要分为两大类：一类是经典逻辑，包括命题逻辑和谓词逻辑，其真值或为“真”，或为“假”，二者必居其一，因此又称为二值逻辑；另一类是非经典逻辑，主要包括三值逻辑、多值逻辑、模糊逻辑等。这里只讨论命题逻辑和谓词逻辑，它们是人工智能常用的两种逻辑形式。

命题逻辑是一种简单但较为强大的逻辑表示方式，它是谓词逻辑的基础。本节首先介绍命题逻辑表示。

2.3.1　命题逻辑的语句

命题（Proposition）是一个非真即假的陈述句。例如，“今天是晴天”即是一个命题式的陈述句。若今天真的是晴天，它就是一个真命题，否则就是假命题。命题逻辑采用的是基于命题的知识表示形式。在命题逻辑表示中，语句分为原子语句、复合语句和文字。

1. 原子语句

原子语句由单个命题词组成，每个命题词代表一个或为真或为假的命题。例

如，可以采用 $P_{3,1}$ 表示“[3,1]有无底洞（Pit）”这一命题。其中 $P_{3,1}$ 就是一个命题词，同时它也是一个原子语句。命题词通常选择具有实际意义的字母或单词来表示。

2. 复合语句

复合语句由原子语句通过逻辑连接词构造而成。以下是常用的 5 种逻辑连接词：

(1) ¬：称为“否定（非）”，用于否定位于它后面的命题。

例如，$\neg P_{3,1}$ 为命题 $P_{3,1}$ 的否定式，表示“[3,1]没有无底洞”。

(2) ∧：称为“合取”，表示前后两个命题具有“与（并且）”关系，由它所连接构造而成的语句称为“合取式”。

例如，可用合取式 $P_{3,1} \wedge S_{1,2}$ 表示“[3,1]有无底洞且[1,2]中感知到臭气（Stench）”。

(3) ∨：称为“析取”，表示前后两个命题具有“或”关系，由它所连接构造而成的语句称为“析取式”。

例如，析取式 $P_{3,1} \vee P_{2,2}$ 表示“[3,1]或者[2,2]有无底洞”。

(4) ⇒：称为“蕴含（Implication）”，由它所连接构造而成的语句称为“蕴含式”。蕴含式表达的是“如果……则……”关系，其中连接词前面的命题（或语句）为前提（也称前项），后面的命题（或语句）为结论（也称后项）。

例如，$P_{3,1} \vee P_{2,2} \Rightarrow B_{2,1}$ 为蕴含式，其中 $P_{3,1} \vee P_{2,2}$ 为前提，$B_{2,1}$ 为结论，表示“若[3,1]或[2,2]有无底洞，则[2,1]中可感知到微风”。蕴含式连接词有时也记为“→”。

(5) ⇔：表示“等价”“当且仅当”关系，由它所连接构造而成的语句也称为“双向蕴含式”。该连接词有时也记为“↔”“≡”。

例如，$B_{2,1} \Leftrightarrow P_{1,1} \vee P_{3,1} \vee P_{2,2}$ 表示“[2,1]中感知到微风当且仅当[1,1]、[3,1]或[2,2]有无底洞”，它表达的是前后语句具有等价关系。

3. 文字

原子语句或原子语句的否定式也称为“文字（Literal）”，其中前者为正文字，后者为负文字。多个文字嵌套地使用上述不同逻辑连接词可构成更为复杂的复合语句。

2.3.2 复合语句的真值

下面讨论如何判断上述 5 种不同逻辑连接词所构成语句的真值。假设 P 和 Q 为两个任意的语句，由它们所构成的 5 种不同语句真值判断方法如下：

(1) 语句 $\neg P$ 为真，当且仅当 P 为假。

(2) 语句 $P \wedge Q$ 为真，当且仅当 P 和 Q 都为真。

（3）语句 $P \vee Q$ 为真，当且仅当 P 或 Q 为真。

（4）语句 $P \Rightarrow Q$ 仅在 “P 为真且 Q 为假” 时为假，其他情况下都为真。

（5）语句 $P \Leftrightarrow Q$ 为真，当且仅当 P 和 Q 都为真或者都为假。

上述 5 种逻辑连接词构成语句的真值表如表 2.1 所示。

表 2.1　5 种逻辑连接词构成语句的真值表

P	Q		$\neg P$	$P \wedge Q$	$P \vee Q$	$P \Rightarrow Q$	$P \Leftrightarrow Q$
false	false		true	false	false	true	true
false	true		true	false	true	true	false
true	false		false	false	true	false	false
true	true		false	true	true	true	true

“∧（合取）” “∨（析取）” 和 “¬（否定）” 的真值表与人们通常对 “与” “或” 和 “非” 的理解一致。然而，“⇒（蕴含）” 的真值表却不太符合人们对于“如果 P 成立则 Q 成立” 的惯常理解。对此若作如下考虑则相对容易理解：

（1）蕴含式并没有要求 P 和 Q 之间一定存在因果关系或相关性，没有规定不相关的两个语句不能按蕴含式结构组合在一起。任何一个蕴含式只要符合真值为真的判断标准，即可以被视为真语句。例如，语句 “5>4⇒ 空气中含有氧气”，尽管前后两部分并没有关系，但由于它们均为真，整个蕴含式也为真。尽管真值为真，这种命题并无实际意义。

（2）按照真值表，前提为假的任何蕴含都为真，例如 “2>4⇒ 北京是中国的首都” 的真值为真，而实际上前项并不成立，并且 2 和 4 的相对大小与北京是否为首都没有关系，这一点看似更无法理解。然而，若将蕴含式看作只关心前提 P 为真时给出的判断，则相对好理解一些。当前提 P 为假时可认为后面的任何断言都不起作用，但不妨默认整个蕴含式真值为真，只要不影响逻辑推理演算过程即可（例如，演算过程中可忽略前提 P 为假时的情况）。

2.3.3　命题逻辑知识库构建

接下来可采用命题逻辑表示为 “Wumpus 世界” 构建知识库。命题逻辑表示的第一步是根据实际情况定义所需要的命题词。

首先，为 “Wumpus 世界” 定义如下 4 个命题词：

（1）$P_{x,y}$：表示$[x,y]$中有无底洞。

（2）$W_{x,y}$：表示$[x,y]$中有怪兽。

（3）$B_{x,y}$：表示$[x,y]$中感知到微风。

（4）$S_{x,y}$：表示$[x,y]$中感知到臭气。

然后，根据相关知识及信息，采用命题逻辑表示方法逐条构建知识库中的各条语句（用 R_i 标示每一语句）。

在某个方格内感知到微风，当且仅当其相邻方格有无底洞。将该条知识针对[2,1]和[1,2]两个方格分别表示出来：

R_1：　$B_{2,1} \Leftrightarrow (P_{1,1} \vee P_{2,2} \vee P_{3,1})$

R_2：　$B_{1,2} \Leftrightarrow (P_{1,1} \vee P_{2,2} \vee P_{1,3})$

另外，在某个方格内感知到臭气，当且仅当其相邻方格有 Wumpus。针对[2,1]和[1,2]分别表示出该条知识：

R_3：　$S_{2,1} \Leftrightarrow (W_{1,1} \vee W_{2,2} \vee W_{3,1})$

R_4：　$S_{1,2} \Leftrightarrow (W_{1,1} \vee W_{2,2} \vee W_{1,3})$

将一些已知信息分别表示出来，即[2,1]中感知到微风、未闻到臭气，[1,2]中未感知到微风，但闻到臭气。

R_5：　$B_{2,1}$

R_6：　$\neg S_{2,1}$

R_7：　$\neg B_{1,2}$

R_8：　$S_{1,2}$

上述语句 $R_1 \sim R_8$ 组成了“Wumpus 世界”的一个知识库，由于知识库中各条语句是合取关系，故整个知识库可以用一条合取式语句表示如下：

KB：　$R_1 \wedge R_2 \wedge R_3 \wedge R_4 \wedge R_5 \wedge R_6 \wedge R_7 \wedge R_8$

2.4 逻辑推理与证明

2.2 节讨论了如何通过模型检验来判定逻辑蕴涵关系的推理方式，即枚举所有模型并验证语句在所有模型中的真假。这种方法虽然直接，但是当模型数量庞大时，难以逐一验证。实际上人类在进行推理时，对于较简单问题，可能会采取枚举所有可能情况然后再加以验证的方式，除此之外更多的是采取一些推理规则或方法来推导出正确结果或对假设结论进行证明。

2.4.1 相关概念及原理

在讨论如何进行逻辑推理和证明之前，首先介绍逻辑等价、永真性和可满足性概念，并给出证明逻辑蕴涵关系的方法。

1. 逻辑等价

若使得语句 α 和 β 为真的模型集合相同，则 α 和 β 是逻辑等价的，记为

$$\alpha \equiv \beta$$

例如，容易证明（采用真值表）$P \wedge Q$ 和 $Q \wedge P$ 是逻辑等价的。

由以上定义可知，任意两个语句 α 和 β 是逻辑等价的当且仅当它们是相互逻

辑蕴涵的，即

$$\alpha \equiv \beta \quad \text{当且仅当} \quad \alpha \models \beta \text{ 且 } \beta \models \alpha$$

逻辑等价在逻辑推理过程中扮演的角色类似于数学演算中的算术恒等式。

以下是一些常用的逻辑等价式：

（1）交换律：

$$\alpha \wedge \beta \equiv \beta \wedge \alpha$$
$$\alpha \vee \beta \equiv \beta \vee \alpha$$

（2）结合律：

$$(\alpha \wedge \beta) \wedge \gamma \equiv \alpha \wedge (\beta \wedge \gamma)$$
$$(\alpha \vee \beta) \vee \gamma \equiv \alpha \vee (\beta \vee \gamma)$$

（3）分配律：

$$\alpha \wedge (\beta \vee \gamma) \equiv (\alpha \wedge \beta) \vee (\alpha \wedge \gamma)$$
$$\alpha \vee (\beta \wedge \gamma) \equiv (\alpha \vee \beta) \wedge (\alpha \vee \gamma)$$

（4）双重否定律：

$$\neg(\neg \alpha) \equiv \alpha$$

（5）逆否律：

$$\alpha \Rightarrow \beta \equiv \neg \beta \Rightarrow \neg \alpha$$

（6）蕴含等值式：

$$\alpha \Rightarrow \beta \equiv \neg \alpha \vee \beta$$

（7）双向蕴含等值式：

$$\alpha \Leftrightarrow \beta \equiv (\alpha \Rightarrow \beta) \wedge (\beta \Rightarrow \alpha)$$

（8）德·摩根定律（De Morgan's Law）：

$$\neg(\alpha \wedge \beta) \equiv \neg \alpha \vee \neg \beta$$
$$\neg(\alpha \vee \beta) \equiv \neg \alpha \wedge \neg \beta$$

2. 永真性

如果一个语句在所有模型中都为真，则该语句为永真式（或重言式）。例如，语句$P \vee \neg P$在任何情况下都为真，因此它为永真式。基于此概念和前面逻辑蕴涵的定义，可以得到如下结论：

对于任意语句 α 和 β，$\alpha \models \beta$ 当且仅当 $\alpha \Rightarrow \beta$ 永真

上述结论的证明可简要描述如下：

$\alpha \models \beta$ 意味着所有满足 α 的模型同时也满足 β，也即：不存在任何一个模型，它能够使得 α 为真而 β 为假（蕴含式 $\alpha \Rightarrow \beta$ 为假的唯一条件）。因此，$\alpha \Rightarrow \beta$ 永真。

另一方面，若 $\alpha \Rightarrow \beta$ 永真，说明不存在满足 α 而同时使得 β 为假的模型，即所有满足 α 的模型必然也满足 β，所以有 $\alpha \models \beta$。

3. 可满足性

如果一个语句在某些模型中为真，则该语句是可满足的。验证一个语句是否是可满足的也可以通过枚举所有模型来进行，若找到某个模型使它为真，则说明它是可满足的。

显然，永真性和可满足性存在如下关联：

① 语句 α 是永真的当且仅当 $\neg\alpha$ 不可满足；

② 语句 α 是可满足的当且仅当 $\neg\alpha$ 不是永真的。

综合上述内容，还可以得到如下重要定理：

$\alpha \models \beta$ 当且仅当语句（$\alpha \wedge \neg\beta$）是不可满足的

这是因为 $\alpha \Rightarrow \beta \equiv \neg\alpha \vee \beta$（蕴含等值式），$\alpha \Rightarrow \beta$ 永真也即（$\neg\alpha \vee \beta$）永真，其否定式 $\neg(\neg\alpha \vee \beta)$ 不可满足。进一步地，由德·摩根定律可知，$\alpha \Rightarrow \beta$ 永真等价于（$\alpha \wedge \neg\beta$）不可满足，于是最终可得到上述定理结论。

由于通过验证（$\alpha \wedge \neg\beta$）不可满足，就可由 α 推导出 β，上述定理接下来将作为逻辑推理和证明的重要基础。这种方法类似于数学中的反证法。

2.4.2 推理规则

推理规则是用一些语句推导出另一些语句，下面给出几个常用的推理规则。

假言推理规则：

$$(\alpha, \alpha \Rightarrow \beta) \rightarrow \beta$$

即由 α 为真及 $\alpha \Rightarrow \beta$ 为真，可以推导出 β 为真。

假言三段论：

$$(\alpha \Rightarrow \beta,\ \ \beta \Rightarrow \gamma) \rightarrow \alpha \Rightarrow \gamma$$

即由 $\alpha \Rightarrow \beta$ 为真及 $\beta \Rightarrow \gamma$ 为真，可以推导出 $\alpha \Rightarrow \gamma$ 为真。

消去合取词：

$$\alpha \wedge \beta \rightarrow \alpha,\ \alpha \wedge \beta \rightarrow \beta$$

即由 $\alpha \wedge \beta$ 为真，可以分别推导出 α 为真和 β 为真。

所有的逻辑等价式都可以作为推理规则。例如，由蕴含等值式可得出如下两条正反方向的推理规则：

$$\alpha \Rightarrow \beta \rightarrow \neg\alpha \vee \beta$$

$$\neg\alpha \vee \beta \rightarrow \alpha \Rightarrow \beta$$

双向蕴含等值式对应下面两条推理规则：

$$\alpha \Leftrightarrow \beta \rightarrow (\alpha \Rightarrow \beta) \wedge (\beta \Rightarrow \alpha)$$

$$(\alpha \Rightarrow \beta) \wedge (\beta \Rightarrow \alpha) \rightarrow \alpha \Leftrightarrow \beta$$

除上面列出的规则外，还存在很多其他推理规则。这些推理规则可以应用于任何实例，使得无需枚举所有模型就可以得到推理结论。

下面将推理规则应用于“Wumpus 世界”的推理。前面例子中建立起了一个关于“Wumpus 世界”的知识库，包含如下语句：

R_1:　$B_{2,1} \Leftrightarrow (P_{1,1} \vee P_{2,2} \vee P_{3,1})$

R_2:　$B_{1,2} \Leftrightarrow (P_{1,1} \vee P_{2,2} \vee P_{1,3})$

R_3:　$S_{2,1} \Leftrightarrow (W_{1,1} \vee W_{2,2} \vee W_{3,1})$

R_4:　$S_{1,2} \Leftrightarrow (W_{1,1} \vee W_{2,2} \vee W_{1,3})$

R_5:　$B_{2,1}$

R_6:　$\neg S_{2,1}$

R_7:　$\neg B_{1,2}$

R_8:　$S_{1,2}$

接下来考虑如何基于推理规则的演算推导证明 2.1 节“Wumpus 世界”游戏中得到的推理结论，即：$\neg P_{2,2}$([2,2]没有无底洞)、$P_{3,1}$([3,1]存在无底洞)、$W_{1,3}$(Wumpus 在[1,3])。

下面给出具体的推导步骤：

(1) 将双向蕴含等值式应用于语句 R_1，消去双向蕴含词，得到

R_9:　$(B_{2,1} \Rightarrow (P_{1,1} \vee P_{2,2} \vee P_{3,1})) \wedge ((P_{1,1} \vee P_{2,2} \vee P_{3,1}) \Rightarrow B_{2,1})$

(2) 对 R_9 消去合取词，得到

R_{10}:　$B_{2,1} \Rightarrow (P_{1,1} \vee P_{2,2} \vee P_{3,1})$

(3) 联合语句 R_{10} 和表示感知信息的语句 R_5（即 $B_{2,1}$），应用假言推理规则得到

R_{11}:　$P_{1,1} \vee P_{2,2} \vee P_{3,1}$

该语句说明在[1,1]、[2,2]或[3,1]存在无底洞。

(4) 将双向蕴含等值式应用于语句 R_2，得到

R_{12}:　$(B_{1,2} \Rightarrow (P_{1,1} \vee P_{2,2} \vee P_{1,3})) \wedge ((P_{1,1} \vee P_{2,2} \vee P_{1,3}) \Rightarrow B_{1,2})$

(5) 消去上述语句合取词，得到

R_{13}:　$(P_{1,1} \vee P_{2,2} \vee P_{1,3}) \Rightarrow B_{1,2}$

(6) 由逻辑等价的逆否律，得到

R_{14}:　$\neg B_{1,2} \Rightarrow \neg (P_{1,1} \vee P_{2,2} \vee P_{1,3})$

(7) 联合语句 R_{14} 和前面语句 R_7（即 $\neg B_{1,2}$），应用假言推理规则得到

R_{15}:　$\neg (P_{1,1} \vee P_{2,2} \vee P_{1,3})$

(8) 对语句 R_{15} 应用德·摩根定律，得到结论

R_{16}:　$\neg P_{1,1} \wedge \neg P_{2,2} \wedge \neg P_{1,3}$

消去上述语句合取词，得到以下结果：

R_{17}:　$\neg P_{1,1}$

R_{18}:　$\neg P_{2,2}$

R_{19}:　$\neg P_{1,3}$

于是，推导得出了[2,2]没有无底洞（即$\neg P_{2,2}$）。

(9) 由R_{11}（即（$P_{1,1} \vee P_{2,2} \vee P_{3,1}$））可知[1,1]、[2,2]或[3,1]必有无底洞，而上面又推导得出R_{17}，即[1,1]没有无底洞。因此，无底洞不在[1,1]就必然在[2,2]或[1,3]，于是可得

R_{20}:　　$P_{2,2} \vee P_{3,1}$

同理，结合R_{20}和R_{18}（即$\neg P_{2,2}$）可得

R_{21}:　　$P_{3,1}$

于是，可得结论：[3,1]存在无底洞。

(10) 最后，由语句R_3、R_4、R_6和R_8，按照上面类似的过程可推导得出$W_{1,3}$，即 Wumpus 在[1,3]。

上述推导过程充分利用了推理规则，由 KB 可推导出$\neg P_{2,2}$、$P_{3,1}$和$W_{1,3}$，即 KB $\models (\neg P_{2,2} \wedge P_{3,1} \wedge W_{1,3})$，无需采用模型检验方法。

2.4.3 归结原理

上节的例子是从一组已有事实和知识出发，通过运用各种推理规则推导得出结论，这种推理方式也称为演绎推理。对于很多问题，尽管充分利用已有推理规则能够推导出结论，但是在每一步如何选取合适的规则，使推导能够进行下去并获得所需结果，也是需要费心思虑的问题。这样不仅不便于实现自动推理，在复杂情况下推理过程还容易产生大量中间结论，造成知识爆炸，难以获得所需要的结果。

除了存在规则选取问题和可能造成知识爆炸外，还存在推理的完备性问题需要考虑，即若某个目标结论是成立的（或不成立的），利用已有推理规则是否一定能够通过推导判定该结论成立（或不成立）。如果可用的推理规则不够充分，是否就有可能无法判定目标结论。

归结原理（Resolution principle）可以很好地解决上述问题。归结原理又称消解原理，由数学和计算机科学家鲁滨逊（J. A. Robinson）于 1965 年提出。根据归结原理，所有推导和证明过程只需采取“归结”这一条推理规则即可，不仅避免了烦琐的规则选择，而且归结推理方法还具有完备性。归结原理使得机器的自动推理、自动定理证明等得以实现。由于在相关方面的重要贡献，鲁滨逊于 1996 年获得国际自动推理领域的最高奖——“埃尔布朗（Herbrand）奖”。我国杰出数学家和人工智能学家吴文俊因在初等几何与微分几何定理机器证明等方面的突破性贡献，也于 1997 年继鲁滨逊之后获得这一重量级奖项，成为迄今获得该奖的唯一华人。

1. 归结推理规则

可以通过 2.4.2 节中的推理直观理解归结推理规则。在 2.4.2 节推理过程的第（9）步中，结合R_{18}（即$\neg P_{2,2}$）和R_{20}（即$P_{2,2} \vee P_{3,1}$）可以得到R_{21}（即$P_{3,1}$），

这个过程可看作是 R_{18} 的文字 $\neg P_{2,2}$ 与 R_{20} 中的文字 $P_{2,2}$（$\neg P_{2,2}$ 与 $P_{2,2}$ 也称为互补文字）相消，得到余下部分 $P_{3,1}$。该推理过程可解释为：已知[2,2]或[3,1]一定存在无底洞，且可以确定无底洞不在[2,2]，因此可知无底洞必然在[3,1]。

类似地，由于 $\neg P_{1,1}$ 与（$P_{1,1} \vee P_{2,2} \vee P_{3,1}$）存在互补文字 $\neg P_{1,1}$ 和 $P_{1,1}$，它们可通过归结得到：$P_{2,2} \vee P_{3,1}$。

多个文字的析取式也称为“子句”。上面两个例子可看作是单个文字与子句的归结，这种归结操作也可以推广到子句与子句之间（单个文字可看作是只有一个文字的子句，也称为“单元子句”）。例如，$P \vee Q$ 与 $\neg P \vee R$ 两子句可归结得到 $Q \vee R$，该过程表示为

$$P \vee Q, \neg P \vee R \xrightarrow{\text{归结}} Q \vee R$$

一般地，令（$L_1 \vee L_2 \vee \cdots \vee L_m$）和（$K_1 \vee K_2 \vee \cdots \vee K_n$）分别表示两个子句，若其中的某两个文字 L_i 和 K_j 为互补文字（即 $L_i = \neg K_j$），则可从这两个子句中分别消去 L_i 和 K_j，余下部分按析取关系构成一个新子句，该子句即归结推导出的结果。这一归结过程可表示为

$$(L_1 \vee L_2 \vee \cdots \vee L_m),\quad (K_1 \vee K_2 \vee \cdots \vee K_n) \xrightarrow{\text{归结}}$$
$$(L_1 \vee \cdots \vee L_{i-1} \vee L_{i+1} \vee \cdots \vee L_m) \vee (K_1 \vee \cdots \vee K_{j-1} \vee K_{j+1} \vee \cdots \vee K_n)$$

2. 合取范式

以子句（即文字的析取式）的合取式形式表达的语句称为合取范式（Conjunctive Normal Form，CNF）。命题逻辑的任何语句，不管有多复杂均可转换为合取范式。

例 2.1 下面以语句

$$B_{2,1} \Leftrightarrow (P_{1,1} \vee P_{2,2} \vee P_{3,1})$$

为例阐述如何转换成合取范式。

转换的具体步骤如下：

① 首先消去语句中的双向蕴含词，得到

$$(B_{2,1} \Rightarrow (P_{1,1} \vee P_{2,2} \vee P_{3,1})) \wedge ((P_{1,1} \vee P_{2,2} \vee P_{3,1} \Rightarrow B_{2,1}))$$

② 消去蕴含词（即应用蕴含等值式“$\alpha \Rightarrow \beta \equiv \neg \alpha \vee \beta$”），得到

$$(\neg B_{2,1} \vee P_{1,1} \vee P_{2,2} \vee P_{3,1}) \wedge (\neg (P_{1,1} \vee P_{2,2} \vee P_{3,1}) \vee B_{2,1})$$

③ CNF 要求否定词只出现在每一文字前，因此运用德·摩根定律，得到

$$(\neg B_{2,1} \vee P_{1,1} \vee P_{2,2} \vee P_{3,1}) \wedge ((\neg P_{1,1} \wedge \neg P_{2,2} \wedge \neg P_{3,1}) \vee B_{2,1})$$

④ 上面语句中包含了连接词 $\wedge$ 和 $\vee$ 的嵌套，为此运用分配律得到

$$(\neg B_{2,1} \vee P_{1,1} \vee P_{2,2} \vee P_{3,1}) \wedge (\neg P_{1,1} \vee B_{2,1}) \wedge (\neg P_{2,2} \vee B_{2,1}) \wedge (\neg P_{3,1} \vee B_{2,1})$$

上面得到的语句即原始语句的合取范式，它是三个子句（$\neg B_{2,1} \vee P_{1,1} \vee P_{2,2} \vee$

$P_{3,1}$)、($\neg P_{1,1} \vee B_{2,1}$)、($\neg P_{2,2} \vee B_{2,1}$) 和 ($\neg P_{3,1} \vee B_{2,1}$) 的合取式，这三个子句也组成了该合取范式所对应的子句集。

由于归结是针对子句进行操作，将原始语句转换为合取范式的主要目的是便于应用归结规则。合取范式虽然不便于阅读，但是方便计算机进行处理。

3. *归结方法*

运用归结规则可构建一种具有完备性的推理方法，这种归结法用到了 2.4.1 节所给出的定理：$\alpha \models \beta$ 当且仅当语句（$\alpha \wedge \neg \beta$）是不可满足的，即欲证明 $\alpha \models \beta$ 是否成立，只需证明（$\alpha \wedge \neg \beta$）是否是不可满足的。具体证明过程如下：

（1）将语句（$\alpha \wedge \neg \beta$）转换为合取范式，得到对应的子句集。

（2）对子句集中含有互补文字的子句进行归结，产生新的子句。

（3）若所产生的新子句在子句集中尚未出现过，则将其添加到子句集。

（4）上述对于子句集中子句的归结过程一直持续下去（每次加入子句集的新子句也可参与归结过程），直到以下两种结果之一发生：

① 若其中某两个子句归结出空子句，则 $\alpha \models \beta$；

② 直到无任何可添加的新子句时都未能归结出空子句，则 $\alpha \models \beta$ 不成立。

上面归结推导得出空子句是由出现了两个互补的单元子句所导致。例如，单元子句 P 与 $\neg P$ 在归结时会得到空子句。这也意味着从 $\alpha \wedge \neg \beta$ 出发推导出了矛盾的结论（例如，P 与 $\neg P$ 相矛盾），说明 $\alpha \wedge \neg \beta$ 是不可满足的，从而可证明 $\alpha \models \beta$。

上述归结方法只依赖于一条规则就可完成推理过程，并且可证明（基于 Herbrand 定理）该方法具有完备性：若 $\alpha \models \beta$ 成立，则一定能够通过归结过程得出空子句；若最终归结的结果不包含空子句，则说明 $\alpha \models \beta$ 不成立，即由 α 无法逻辑推导得出 β。

下面给出一个具体的基于归结方法进行推导证明的例子。

例 2.2 将 2.4.2 节针对"Wumpus 世界"推导证明"[3,1]存在无底洞"（即 $P_{3,1}$）的过程改用归结方法。

该推理涉及的知识库为 KB：$R_1 \wedge R_2 \wedge R_5 \wedge R_7$，其中

$$R_1:\quad B_{2,1} \Leftrightarrow (P_{1,1} \vee P_{2,2} \vee P_{3,1})$$

$$R_2:\quad B_{1,2} \Leftrightarrow (P_{1,1} \vee P_{2,2} \vee P_{1,3})$$

$$R_5:\quad B_{2,1}$$

$$R_7:\quad \neg B_{1,2}$$

需证明可以推导得出 $P_{3,1}$，即 KB $\models P_{3,1}$。

证明：首先，将 KB $\wedge \neg P_{3,1}$ 转化为合取范式。由于 KB 中的 R_1、R_2、R_5 和 R_7 为合取关系，所以只需分别将它们转化为合取范式，得到的子句与目标语句否定式 $\neg P_{3,1}$ 组成一个子句集。

前面例 2.1 中已经推导得出语句 $B_{2,1} \Leftrightarrow (P_{1,1} \vee P_{2,2} \vee P_{3,1})$（即 R_1）的合取范式为

$$(\neg B_{2,1} \vee P_{1,1} \vee P_{2,2} \vee P_{3,1}) \wedge (\neg P_{1,1} \vee B_{2,1}) \wedge (\neg P_{2,2} \vee B_{2,1}) \wedge (\neg P_{3,1} \vee B_{2,1})$$

同理可得 R_2：$B_{1,2} \Leftrightarrow (P_{1,1} \vee P_{2,2} \vee P_{1,3})$ 的合取范式为

$$(\neg B_{1,2} \vee P_{1,1} \vee P_{2,2} \vee P_{1,3}) \wedge (\neg P_{1,1} \vee B_{1,2}) \wedge (\neg P_{2,2} \vee B_{1,2}) \wedge (\neg P_{1,3} \vee B_{1,2})$$

R_5 和 R_7 本身即单个子句形式，因此最后可得到包含如下子句的子句集：

（1）$\neg B_{2,1} \vee P_{1,1} \vee P_{2,2} \vee P_{3,1}$；

（2）$\neg P_{1,1} \vee B_{2,1}$；

（3）$\neg P_{2,2} \vee B_{2,1}$；

（4）$\neg P_{3,1} \vee B_{2,1}$；

（5）$\neg B_{1,2} \vee P_{1,1} \vee P_{2,2} \vee P_{1,3}$；

（6）$\neg P_{1,1} \vee B_{1,2}$；

（7）$\neg P_{2,2} \vee B_{1,2}$；

（8）$\neg P_{1,3} \vee B_{1,2}$；

（9）$B_{2,1}$；

（10）$\neg B_{1,2}$；

（11）$\neg P_{3,1}$

对上述子句集应用归结规则可得到

（12）$P_{1,1} \vee P_{2,2} \vee P_{3,1}$ ———— （1）和（9）归结

（13）$P_{1,1} \vee P_{2,2}$ ———— （12）和（11）归结

（14）$\neg P_{1,1}$ ———— （6）和（10）归结

（15）$\neg P_{2,2}$ ———— （7）和（10）归结

（16）$P_{2,2}$ ———— （13）和（14）归结

（17）NIL（空子句） ———— （15）和（16）归结

最后归结得到空子句（记为“NIL”），因此可推导出 $P_{3,1}$。图 2.6 表示出了整个归结过程。

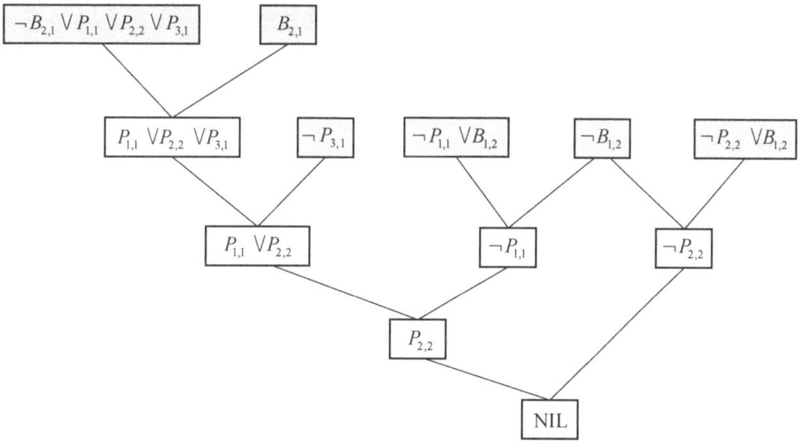

图 2.6　“Wumpus 世界”推理的归结过程

例 2.3　某公司招聘工作人员，A、B、C 三人应试，经面试后公司表示如下

想法：

① 如果录取 A 而不录取 B，则一定录取 C；

② 如果录取 B，则一定录取 C；

③ 三人中至少录取一人。

求证：公司一定录取 C。

证明：令 R_A、R_B 和 R_C 分别表示公司录取 A、B 和 C，公司的想法具体可表示为

① $R_A \wedge \neg R_B \Rightarrow R_C$；

② $R_B \Rightarrow R_C$；

③ $R_A \vee R_B \vee R_C$。

要求证的结论为 R_C。

将上述语句转换为合取范式，并将要求证结论的否定式加入子句集中，得到

(1) $\neg R_A \vee R_B \vee R_C$；

(2) $\neg R_B \vee R_C$；

(3) $R_A \vee R_B \vee R_C$；

(4) $\neg R_C$。

对上述子句集应用归结规则可得

(5) $R_B \vee R_C$ ———— (1) 和 (3) 归结

(6) $\neg R_B$ ———— (2) 和 (4) 归结

(7) R_B ———— (4) 和 (5) 归结

(8) NIL ———— (6) 和 (7) 归结

最后得到空子句，所以公司一定录取 C。归结过程如图 2.7 所示。

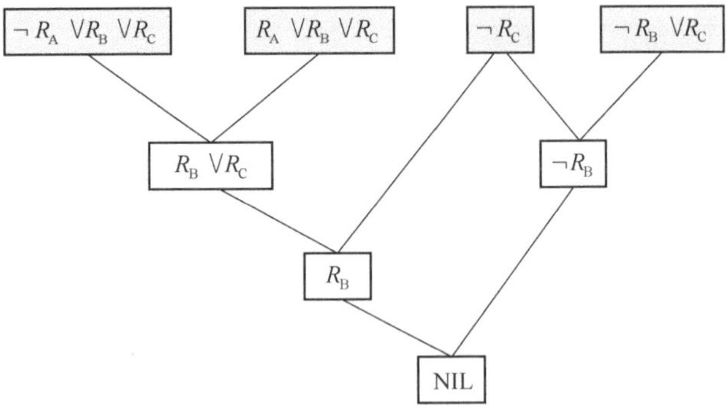

图 2.7　归结过程

2.5　一阶谓词逻辑

前面几节介绍了命题逻辑的表示、推理及归结方法，但是命题逻辑缺乏足够的

表达能力，无法简洁地描述有多个对象的环境。例如，在“Wumpus 世界”中基于命题逻辑表示时，必须为每个方格分别构造一个描述微风和无底洞之间关系的语句，如分别针对[1,2]和[2,1]构造 $B_{1,2} \Leftrightarrow (P_{1,1} \vee P_{2,2} \vee P_{1,3})$，$B_{2,1} \Leftrightarrow (P_{1,1} \vee P_{2,2} \vee P_{3,1})$等。无法像自然语言一样，不必针对特定方格，而将该规则简单描述为：“任何与无底洞相邻的方格都有微风”。本节介绍的谓词逻辑可解决命题逻辑表示的这种局限性。

2.5.1　谓词基本概念

在自然语言中，组成句子的主要元素是指代对象的名词或名词短语（如“Wumpus 世界”中的洞穴、无底洞和微风等），以及表示对象状态、属性、动作或相互之间关系的谓语。同样，在谓词逻辑中，简单的语句被分解成个体词和谓词两部分。对于具有多个个体对象的情况，更一般的表示形式为

$$\mathrm{P}(x_1, x_2, \cdots, x_n)$$

式中，P 是谓词名，$x_1, x_2, \cdots, x_n$ 表示不同个体。与命题词一样，谓词名可以根据实际情况人为定义，但通常选择具有相应意义的字母或单词，例如：

“小李是一名学生”可以表示为 Student(Li)，其中 Student 是谓词名，Li 是个体，Student 描述了 Li 是学生这一身份；

“小李和小张是同班同学”可以表示为 Classmate(Li,Zhang)，其中 Classmate 是谓词名，Li 和 Zhang 是个体，Classmate 描述了 Li 和 Zhang 之间的同班同学关系；

“2<5”可以表示为 Less(2,5)，其中谓词名“Less”表示个体 2 和 5 之间的大小关系。

谓词中包含的个体数目称为谓词的元数。例如，P(x)是一元谓词，P(x_1, x_2)是二元谓词，P($x_1, x_2, \cdots, x_n$)是 n 元谓词。其中个体分为常量、变量和函数等不同形式。

（1）个体常量：表示指定了某一具体或特定对象的个体。例如，Student(Li)中的个体“Li”具体指定了小李这个人。

（2）个体变量：表示未具体指定某一对象的个体，一般用“$x, y, z, \cdots$”这种变量符号来表示。例如，“$x<5$”表示为 Less(x,5)，其中 x 没有给定具体值，它是变量。

个体变量的取值范围称为“个体域”，它可以是有限的，也可以是无限的。变量可以被常量化，此时它被一个具体的个体所取代。

（3）个体函数：表示一个个体到另一个个体的映射。例如，若个体变量 x 与 y 存在着映射关系 $x=f(y)$，则语句 Less(x,5)也可表示成 Less($f(y)$,5)。需要注意的是，函数和谓词形式上较为相似，但彼此有很大区别。其中，函数的值是所

映射到的个体，而谓词只给出真值（即“真”或“假”）。

在谓词 $P(x_1, x_2, \cdots x_n)$ 中，若所有 $x_i(i=1,2,\cdots,n)$ 都是个体常量、变量或函数，则称它为一阶谓词；若某个 x_i 本身又是一个一阶谓词，则称它为二阶谓词，依此类推。本书中只讨论一阶谓词。

2.5.2 全称和存在量词

不同于命题逻辑，谓词逻辑中还引入了全称量词和存在量词。

1. 全称量词

符号为“∀”，表示“所有的”“任意的”。用于个体变量前，如“$\forall x$”，表示“对于个体域中的所有（任意的）个体”。例如：

“所有的苹果都是红的”可表示为

$$\forall x(Apple(x) \Rightarrow Red(x))$$

“所有学生都在上课”可表示为

$$\forall x(Student(x) \Rightarrow InClass(x))$$

2. 存在量词

符号为“∃”，表示“存在着”“有一个”“至少有一个”。用于个体变量前，如“$\exists x$”，表示“在个体域中至少存在着一个个体”。例如：

“1号房间有个物体”可表示为

$$\exists x(InRoom(x, \mathrm{room1}))$$

“有动物受伤了”可表示为

$$\exists x(Animal(x) \wedge Hurt(x))$$

3. 量词嵌套

全称量词和存在量词可以嵌套使用。通常情况下，改变不同量词的次序将会改变语句所表达的意思。

例如，假设 $F(x,y)$ 表示 x 与 y 是朋友关系，则：

① $\forall x \exists y\, F(x,y)$，表示“对于任何个体 x 都存在个体 y，y 与 x 是朋友”。

② $\exists x \forall y\, F(x,y)$，表示“在个体域中存在个体 x，与任何个体 y 都是朋友”。

③ $\exists x \exists y\, F(x,y)$，表示“在个体域中存在个体 x 与个体 y，他们是朋友”。

④ $\forall x \forall y\, F(x,y)$，表示“个体域中的任何两个个体 x 和 y 都是朋友”。

4. 量词转换关系

当有否定词时，存在如下的量词转换关系：

$$\neg(\exists x P(x)) \equiv \forall x(\neg P(x))$$

$$\neg(\forall x P(x)) \equiv \exists x(\neg P(x))$$

同时，可得到

$$\forall x P(x) \equiv \neg(\exists x \neg P(x))$$

$$\exists x\ P(x) \equiv \neg(\forall x\ \neg P(x))$$

另外，量词也存在如下分配律：

$$\forall x(P(x) \wedge Q(x)) \equiv (\forall x P(x)) \wedge (\forall x Q(x))$$
$$\exists x(P(x) \vee Q(x)) \equiv (\exists x P(x)) \vee (\exists x Q(x))$$

需要注意的是，全称量词对于合取连接词“∧”有分配律，而对于析取连接词“∨”不存在分配律；相反，存在量词对于析取连接词“∨”有分配律，而对于合取连接词“∧”不存在分配律。

5. 量词辖域

位于量词后面的单个谓词，或量词后面括号内的谓词语句是该量词的辖域。

例如，$\exists x(P(x,y) \Rightarrow Q(x,y))$中，$(P(x,y) \Rightarrow Q(x,y))$是$\exists x$的辖域，辖域内的 x 是受该存在量词约束的变量。

2.5.3　消除量词

为了能够像命题逻辑那样进行推理，首先需要去掉谓词逻辑语句中的量词，即消除量词。在讨论如何消除存在量词和全称量词前，首先介绍换名规则和变量标准化。

1. 换名规则

在谓词语句中，变量或常量的名字是无关紧要的，可以把一个名字换成另一个名字。例如，$\forall x P(x,y)$可以改成$\forall u P(u,v)$，其中变量名 x 改成了 u，变量名 y 改成了 v。但是要注意，当对量词辖域内受量词约束的变量更名时，必须把同名的受约束变量都改成相同的名字。任何情况下，更名后都要避免不同变量或常量之间重名。

2. 变量标准化

变量标准化是指采用换名规则对某些变量进行更名，以使得受不同量词约束的变量名字不相同。例如，语句$\exists x P(x) \vee \exists x Q(x)$中析取词两边的变量 x 可能指代不同的个体对象，为避免去除量词之后出现混淆，可以将其中的一个变量更名，如将右边的 x 改成 y，使整个语句变为$\exists x P(x) \vee \exists y Q(y)$。

3. 消除存在量词

消除存在量词分为以下两种情况：

(1) 存在量词不出现在全称量词的辖域内。此时只需删去存在量词，并用一个新的常量符号替代受存在量词约束的变量。例如，对于$\exists x P(x)$，可去掉存在量词，并用某一新的常量符号 a 替代其中的变量 x，使其变为 $P(a)$。这是因为若存在该变量，则总能够找到满足条件的个体对象，这种情况下采用一个新的常量符号指代该对象即可。

(2) 存在量词是在其他全称量词的辖域内。这种情况下不同变量存在着依赖关系，不能简单地将存在量词约束的变量常量化。例如，令$\forall x \exists y P(x,y)$表示“每一个人$x$都有自己的年龄$y$”，显然年龄$y$与不同的人$x$有关。此时可以用某一函数$f(x)$描述这种依赖关系，其中$f(x)$针对每一个人$x$映射得到其年龄$y$。该函数也称为Skolem函数，通过用Skolem函数替代原变量，可以消除存在量词。例如，$\forall x \exists y P(x,y)$消除存在量词后变为$\forall x P(x,f(x))$。

实际上，情况（1）中消除存在量词所用的常量可以看作是没有变量的常值函数，上述两种不同情况下消除存在量词的过程都称为Skolem化。

4. 消除全称量词

全称量词可以直接省略，并保持原变量不变。

例如，$\forall x P(x,f(x))$可以直接表示为$P(x,f(x))$，其中变量x本身就可看作是对应个体域中的任意个体。

例2.4 对如下谓词语句：

$$\neg \forall x \exists y P(a,x,y) \Rightarrow \exists x(\neg \forall y Q(y,b) \Rightarrow R(x))$$

消除量词并转化为合取范式。

解 具体过程如下：

① 消去蕴含词，得到

$$\neg\neg \forall x \exists y\, P(a,x,y) \vee \exists x\, (\neg\neg \forall y\, Q(y,b) \vee R(x))$$

② 消去双否定词，得到

$$\forall x \exists y\, P(a,x,y) \vee \exists x\, (\forall y\, Q(y,b) \vee R(x))$$

③ 变量标准化。其中上述语句析取词前后部分都有变量x、y，为避免消除量词后同名的不同变量出现混淆，可将后面部分的变量x更名为u，y更名为v，得到

$$\forall x \exists y\, P(a,x,y) \vee \exists u\, (\forall v\, Q(v,b) \vee R(u))$$

④ 消除存在量词。首先消除“$\exists y$”，由于变量y在“$\forall x$”的辖域内，可使用表示x与y之间映射关系的Skolem函数$f(x)$替代y，得到

$$\forall x P(a,x,f(x)) \vee \exists u(\forall v Q(v,b) \vee R(u))$$

接下来消去“$\exists u$”，由于变量u不在任何全称量词的辖域内，所以只需用一个常量c替代u，得到

$$\forall x P(a,x,f(x)) \vee \forall v Q(v,b) \vee R(c)$$

⑤ 将所有量词左移到句子最前面，其中每个量词的辖域是整个语句（这种形式也称为前束范式），得到

$$\forall x \forall v \{P(a,x,f(x)) \vee Q(v,b) \vee R(c)\}$$

⑥ 略去全称量词，最终得到

$$P(a,x,f(x)) \vee Q(v,b) \vee R(c)$$

例2.5 采用一阶谓词逻辑表示如下语句：

“任何喜爱所有动物的人都有被某个人喜爱”

并将其转化为合取范式。

解　首先定义如下谓词：

$$Loves(x,y)\text{—表示 } x \text{ 喜欢 } y$$

$$Animal(y)\text{—表示 } y \text{ 是动物}$$

上述自然语句采用一阶谓词逻辑可表示成

$$\forall x(\forall y(Animal(y)\Rightarrow Loves(x,y))\Rightarrow \exists y Loves(y,x))$$

接下来，消除量词并将其转化为合取范式：

① 消去蕴含词，得到

$$\forall x(\neg \forall y(\neg Animal(y)\vee Loves(x,y))\vee \exists y Loves(y,x))$$

② 通过量词转换（即$\neg(\forall x P(x))\equiv \exists x(\neg P(x))$）将否定词内移，得到

$$\forall x(\exists y\neg(\neg Animal(y)\vee Loves(x,y))\vee \exists y Loves(y,x))$$

③ 由德·摩根定律可得

$$\forall x(\exists y(Animal(y)\wedge\neg Loves(x,y))\vee \exists y Loves(y,x))$$

④ 变量标准化。将析取词后的变量 y 更名为 z，以避免消除量词后与前面的变量 y 混淆，得到

$$\forall x(\exists y(Animal(y)\wedge\neg Loves(x,y))\vee \exists z Loves(z,x))$$

⑤ 消除存在量词，即 Skolem 化。具体地，采用 Skolem 函数 $f(x)$ 替代变量 y，函数 $g(x)$ 替代变量 z，得到如下结果：

$$\forall x((Animal(f(x))\wedge\neg Loves(x,f(x)))\vee Loves(g(x),x))$$

⑥ 略去全称量词，得到

$$(Animal(f(x))\wedge\neg Loves(x,f(x)))\vee Loves(g(x),x)$$

⑦ 最后运用分配律，得到如下合取范式：

$$(Animal(f(x))\vee Loves(g(x),x))\wedge(\neg Loves(x,f(x))\vee Loves(g(x),x))$$

2.5.4　置换与合一

谓词逻辑的归结相比于命题逻辑的归结要更复杂，除了量词的影响外，另一个问题是其中含有个体变量和函数。为解决该问题，首先介绍置换和合一的概念。

1. 置换

在谓词逻辑中，置换是指将谓词语句中的变量用其他的量进行置换。

例如，对于语句$\forall x\exists y\ P(x,y)$——“每一个人 x 都有自己的年龄 y”，可以对其中的变量 x 和 y 进行置换。如小李的年龄是 20，则相应的语句就变成 $P(\text{Li},20)$，其中变量 x 可看作被常量“Li”置换，变量 y 可看作被年龄“20”置换。

置换可以简单理解为用置换项去置换谓词语句中的原变量，其中置换项可为常量、变量或函数。具体地，置换可表示为

$$\{t_1/x_1, t_2/x_2, \cdots, t_n/x_n\}$$

其中，$x_1, x_2, \cdots, x_n$ 为原变量，$t_1, t_2, \cdots, t_n$ 为针对各变量的置换项（常量、变量或函数）。例如，将置换$\{z/x, a/y\}$应用于语句 $P(x, f(y), b)$，可得到该语句的置换结果 $P(z, f(a), b)$。

2. 合一

合一是利用某一置换使得两个谓词语句形式变得完全一致。

例如，采用置换$\{z/x, a/y\}$，可以使谓词语句 $P(x, f(y), b)$ 与 $P(z, f(a), b)$ 合一，即两语句形式都为 $P(z, f(a), b)$。$\{z/x, a/y\}$也称为这两个语句的“合一置换”。

2.6 归结方法

谓词逻辑中的归结方法与命题逻辑中的归结基本相同，但是由于在谓词逻辑表示中除谓词名外还存在个体词（变量、常量或函数），需要考虑置换与合一过程，使得形式不完全相同的子句能够进行匹配，从而可运用归结规则使其中的互补文字相消。

例如，对于 $P(x) \vee Q(y)$ 和 $\neg P(a) \vee R(z)$，由于同一谓词中的个体词不同，并不能直接形成互补文字。若将前面语句中的 x 置换成 a，则两语句可进行归结。

2.6.1 归结证明

下面再以前面（例 2.2）“Wumpus 世界”中的推理为例，阐述如何进行谓词逻辑表示并采用归结方法进行推理证明。

已知“与无底洞相邻的任何方格都会感知到微风”（反之亦然），采用谓词逻辑表示为

$$\forall y(\exists x(P(x) \wedge N(y,x)) \Leftrightarrow B(y))$$

其中，$P(x)$表示方格 x 有无底洞，$N(y,x)$表示 y 与 x 相邻，$B(y)$表示在 y 中感知到微风。对上述语句消除量词并转化为合取范式，得到

$$(\neg P(x) \vee \neg N(y,x) \vee B(y)) \wedge (\neg B(y) \vee P(f(y))) \wedge (\neg B(y) \vee N(y,f(y)))$$

其中，$f(y)$为定义的 Skolem 函数。

已知与[2,1]相邻的方格有[1,1]，[2,2]和[3,1]，表示为

$$N([2,1],[1,1]) \wedge N([2,1],[2,2]) \wedge N([2,1],[3,1])$$

与[1,2]相邻的方格有[1,1]，[2,2]和[1,3]，表示为

$$N([1,2],[1,1]) \wedge N([1,2],[2,2]) \wedge N([1,2],[1,3])$$

此外，已知[2,1]中有微风，[1,2]中未感知到微风：

$$B([2,1]) \land \neg B([1,2])$$

若已知与[2,1]相邻的方格有无底洞，则意味着可确定无底洞在[1,1]，[2,2]或[3,1]中，表示为

$$\exists z(N([2,1],z) \land P(z)) \Rightarrow P([1,1]) \lor P([2,2]) \lor P([3,1])$$

上面语句可转化为如下合取范式：

$$\neg N([2,1],z) \lor \neg P(z) \lor P([1,1]) \lor P([2,2]) \lor P([3,1])$$

需要证明的结论为 $P([3,1])$，即“[3,1]存在无底洞”。取待证明结论的否定式 $\neg P([3,1])$，与上述所有语句所包含的子句一起组成如下子句集：

(1) $\neg P(x) \lor \neg N(y,x) \lor B(y)$；

(2) $\neg B(y) \lor P(f(y))$；

(3) $\neg B(y) \lor N(y,f(y))$；

(4) $N([2,1],[1,1])$；　$N([2,1],[2,2])$；　$N([2,1],[3,1])$；

(5) $N([1,2],[1,1])$；　$N([1,2],[2,2])$；　$N([1,2],[1,3])$；

(6) $B([2,1])$；　$\neg B([1,2])$；

(7) $\neg N([2,1],z) \lor \neg P(z) \lor P([1,1]) \lor P([2,2]) \lor P([3,1])$。

与命题逻辑一样，接下来即可采用归结进行证明，具体归结过程如图 2.8 所示。与命题逻辑不同的是，谓词逻辑语句中包含了个体变量、常量或函数，需要采用合一置换使形式不完全相同的子句进行归结，图 2.8 中给出了每一步归结需用到的置换。在进行置换时，不仅是可以相消的部分，整个子句中其他部分的相同变量也需要一并置换。运用置换不仅使得可以对不同子句进行归结，而且能够将置换项传递到归结所得到的结果中。

例 2.6　已知：某些病人喜欢所有的医生；所有病人都不喜欢任何一个骗子。采用谓词逻辑表示上述语句，并运用归结方法证明：任何一个医生都不是骗子。

解　首先定义如下谓词：

$Liar(x)$ — 表示 x 是骗子

$Doctor(x)$ — 表示 x 是医生

$Patient(x)$ — 表示 x 是病人

$Loves(x,y)$ — 表示 x 喜欢 y

上述语句用谓词逻辑可表示为

① $\exists x(Patient(x) \land \forall y(Doctor(y) \Rightarrow Loves(x,y)))$；

② $\forall x(Patient(x) \Rightarrow \forall z(Liar(z) \Rightarrow \neg Loves(x,z)))$。

对语句①消除量词并转化为合取范式，得到

$$Patient(a) \land (\neg Doctor(y) \lor Loves(a,y))$$

式中，a 为对上述语句 Skolem 化所用的常量。

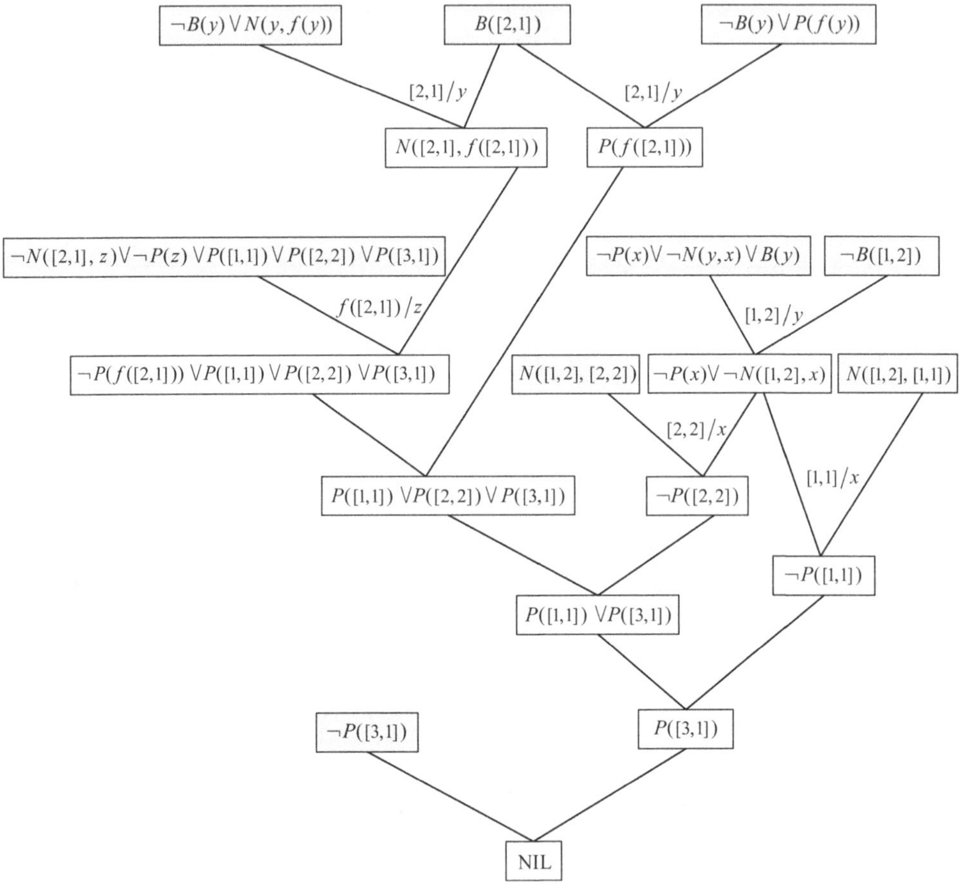

图 2.8 "Wumpus 世界"推理的归结过程

对语句②消除量词并转化为合取范式，得到

$$\neg Patient(x) \lor \neg Liar(z) \lor \neg Loves(x,z)$$

需证明的结论为$\forall x(Doctor(x) \Rightarrow \neg Liar(x))$，将其否定式转化为合取范式，得到

$$Doctor(b) \land Liar(b)$$

式中，b 为 Skolem 化所用的常量。

最后，得到如下子句集：

(1) $Patient(a)$

(2) $\neg Doctor(y) \lor Loves(a,y)$

(3) $\neg Patient(x) \lor \neg Liar(z) \lor \neg Loves(x,z)$

(4) $Doctor(b)$

(5) $Liar(b)$

采用置换 $\{a/x\}$，(3) 和 (1) 归结得到

(6) $\neg Liar(z) \vee \neg Loves(a,z)$

采用置换 $\{b/y\}$，(2) 和 (4) 归结得到

(7) $Loves(a,b)$

采用置换 $\{b/z\}$，(6) 和 (5) 归结得到

(8) $\neg Loves(a,b)$

由 (7) 和 (8) 归结可得空子句，结论得证。

例 2.7　已知：任何人的兄弟都是男性；任何人的姐妹不是男性，Chris 是 Jack 的兄弟。基于谓词逻辑表示和归结方法证明：Chris 不是 Susan 的姐妹。

解　定义如下谓词：

$Man(x,y)$— 表示 x 是男性

$Sister(x,y)$— 表示 y 是 x 的姐妹

$Brother(x,y)$— 表示 y 是 x 的兄弟

上述语句可表示为

① $\forall x \forall y(Brother(x,y) \Rightarrow Man(y))$；

② $\forall x \forall y(Sister(x,y) \Rightarrow \neg Man(y))$；

③ $Brother(\text{Jack},\text{Chris})$。

需求证的结论为：$\neg Sister$ (Susan, Chris)。通过将上述谓词语句转化为合取范式，并取待求证结论的否定式，可得到如下子句集：

(1) $\neg Brother(x,y) \vee Man(y)$

(2) $\neg Sister(x,y) \vee \neg Man(y)$

(3) $Brother(\text{Jack},\text{Chris})$

(4) $Sister(\text{Susan},\text{Chris})$

采用置换 $\{\text{Jack}/x,\text{Chris}/y\}$，(3) 和 (1) 归结得到

(5) $Man(\text{Chris})$

采用置换 $\{\text{Susan}/x,\text{Chris}/y\}$，(5) 和 (2) 归结得到

(6) $\neg Sister(\text{Susan},\text{Chris})$

最后 (6) 和 (4) 归结得到空子句，结论得证。

2.6.2　基于归结的问题求解

归结方法除了用于证明外，还可用来求解问题的答案。求解的思想和过程与证明类似，但需要在待求解目标语句的否定式基础上，再通过析取连接词增加一个答案谓词 $Answer(x)$。

例如，若要求解“小李的朋友是谁”，待求解目标语句为 $\exists x\ Friend(x,Li)$，其否定式加上答案谓词得到析取式：$\neg Friend(x,Li) \vee Answer(x)$。归结时则将该

子句加入子句集中，归结过程结束后即可通过答案谓词得出问题答案。

例 2.8 已知：David 与 Peter 是同班同学；John 是 David 的班级老师；如果 x 与 y 是同班同学，则 x 的老师也是 y 的老师。求：Peter 的老师是谁?

解 定义如下谓词：

$Classmate(x,y)$ — 表示 x 与 y 是同班同学

$Teacher(x,y)$ — 表示 x 是 y 的老师

上述信息可表示为

① $Classmate(\text{David},\text{Peter})$；

② $Teacher(\text{John},\text{David})$；

③ $\forall x \forall y \forall z(Classmate(x,y) \wedge Teacher(z,x) \Rightarrow Teacher(z,y))$。

将待求解目标语句的否定式与答案谓词通过析取词进行连接，得到子句：

$$\neg Teacher(x,\text{Peter}) \vee Answer(x)$$

通过将上述语句转化为合取范式，最后可得到如下子句集：

（1） $Classmate(\text{David},\text{Peter})$

（2） $Teacher(\text{John},\text{David})$

（3） $\neg Classmate(x,y) \vee \neg Teacher(z,x) \vee Teacher(z,y)$

（4） $\neg Teacher(x,\text{Peter}) \vee Answer(x)$

采用置换 $\{\text{David}/x,\text{John}/z\}$，（3） 和 （2） 归结得到

（5） $\neg Classmate(\text{David},y) \vee Teacher(\text{John},y)$

采用置换 $\{\text{John}/x,\text{Peter}/y\}$，（5） 和 （4） 归结得到

（6） $\neg Classmate(\text{David},\text{Peter}) \vee Answer(\text{John})$

最后，（6） 和 （1） 归结得到

（7） $Answer(\text{John})$

于是，求解得到 Peter 的老师是 John。

例 2.9 假设 Tony、Mike 和 John 属于 A 俱乐部，A 俱乐部成员不是滑雪运动员就是登山运动员。登山运动员不喜欢下雨，且任何不喜欢雪的人不是滑雪运动员。Mike 讨厌 Tony 所喜欢的一切东西，而喜欢 Tony 所讨厌的一切东西；Tony 喜欢雨和雪。

采用谓词逻辑表示上述信息，并求解：谁是 A 俱乐部的登山运动员但不是滑雪运动员?

解 定义如下谓词：

$A\_club(x)$—表示 x 是 A 俱乐部成员

$Skier(x)$—表示 x 是滑雪运动员

$Climber(x)$—表示 x 是登山运动员

$Loves(x,y)$—表示 x 喜欢 y

上述信息可表示为

① $A\_club(\text{Tony}) \wedge A\_club(\text{Mike}) \wedge A\_club(\text{John})$；

② $\forall x(A\_club(x) \Rightarrow Skier(x) \vee Climber(x))$；

③ $\forall x(Climber(x) \Rightarrow \neg Loves(x, \text{rain}))$；

④ $\forall x(\neg Loves(x, \text{snow}) \Rightarrow \neg Skier(x))$；

⑤ $\forall x(Loves(\text{Tony}, x) \Rightarrow \neg Loves(\text{Mike}, x))$；

⑥ $\forall x(\neg Loves(\text{Tony}, x) \Rightarrow Loves(\text{Mike}, x))$；

⑦ $Loves(\text{Tony}, \text{rain}) \wedge Loves(\text{Tony}, \text{snow})$。

将待求解目标语句的否定式与答案谓词通过析取词进行连接，得到

$$\neg(A\_club(x) \wedge Climber(x) \wedge \neg Skier(x)) \vee Answer(x)$$

将上述所有语句转化为合取范式，得到如下子句集：

（1）$A\_club(\text{Tony})$

（2）$A\_club(\text{Mike})$

（3）$A\_club(\text{John})$

（4）$\neg A\_club(x) \vee Skier(x) \vee Climber(x)$

（5）$\neg Climber(x) \vee \neg Loves(x, \text{rain})$

（6）$Loves(x, \text{snow}) \vee \neg Skier(x)$

（7）$\neg Loves(\text{Tony}, x) \vee \neg Loves(\text{Mike}, x)$

（8）$Loves(\text{Tony}, x) \vee Loves(\text{Mike}, x)$

（9）$Loves(\text{Tony}, \text{rain})$

（10）$Loves(\text{Tony}, \text{snow})$

（11）$\neg A\_club(x) \vee \neg Climber(x) \vee Skier(x) \vee Answer(x)$

采用置换$\{\text{snow}/x\}$，（10）和（7）归结得到

（12）$\neg Loves(\text{Mike}, \text{snow})$

采用置换$\{\text{Mike}/x\}$，（6）和（12）归结得到

（13）$\neg Skier(\text{Mike})$

采用置换$\{\text{Mike}/x\}$，（4）和（2）归结得到

（14）$Skier(\text{Mike}) \vee Climber(\text{Mike})$

采用置换$\{\text{Mike}/x\}$，（14）和（11）归结得到

（15）$\neg A\_club(\text{Mike}) \vee Skier(\text{Mike}) \vee Answer(\text{Mike})$

接下来，（15）和（2）归结得到

（16）$Skier(\text{Mike}) \vee Answer(\text{Mike})$

最后，由（16）和（13）归结可得

（17）$Answer(\text{Mike})$

因此，Mike 是 A 俱乐部的登山运动员但不是滑雪运动员。

2.6.3 归结过程控制策略

由上两节的例子可以看出，在归结过程中一个子句可以多次参与归结，也可以不参与归结。归结过程并不一定都要用到子句集中的全部子句，只要在证明过程中可归结出空子句，或在问题求解时能归结出答案即可。

若子句集较为庞大，盲目地对其中各种子句进行归结可能产生大量不必要的子句，在这种方式下随着新子句的不断加入，还将不断归结产生更多的不必要子句，从而形成组合爆炸。大量不必要的子句归结将导致整个归结过程效率低下，不仅耗费大量时间，还要占用许多存储空间。因此，如何对归结过程进行控制，仅选择合适的子句进行归结以尽快得到空子句或得出问题答案，也是需要考虑的重要问题。

为提高归结过程的效率，人们研究和提出了各种归结控制策略，包括删除策略、支撑集策略、单元归结策略和输入归结策略等。其中，删除策略是在归结过程中通过提前判定和删除一些无用或多余子句来减少后续子句的产生，从而缩小归结范围，提高归结效率；支撑集策略的通常做法是在每次归结时都使用到目标子句的否定式或由其否定式参与归结所得到的后代子句，这样有利于尽快归结获得所需要的结果；单元归结策略是在归结过程中优先使单元子句参与归结，从而不断减小子句的长度，以尽快归结得到空子句；输入归结策略要求每一次归结的两个子句中至少有一个是子句集的原始子句，通过采用这种限制措施来尽量减少不必要的归结。关于各种归结控制策略的细节本书不作深入探讨。

习　题

2.1　可采用哪些逻辑连接词构造命题逻辑的复合语句，如何判断它们的真值？

2.2　什么是合取范式？转化成合取范式的主要目的是什么？

2.3　谓词逻辑和命题逻辑表示在形式上有什么区别？为什么谓词逻辑的表达能力比命题逻辑强？

2.4　将以下谓词语句转化为合取范式，给出转化后得到的子句集。

(1)　$\forall x \forall y(P(x,y) \vee (Q(x,y) \Rightarrow R(x,y)))$；

(2)　$\forall y \forall x(\exists z(P(z) \wedge \neg Q(x,z)) \Rightarrow R(x,y))$。

2.5　对于逻辑推理和证明，归结方法相比于其他推理规则和方法，有什么特点和优势？

2.6　什么是归结过程控制策略？它的作用是什么？

2.7　试采用模型检验方法证明$(P \vee Q, \neg P \vee R) \rightarrow Q \vee R$成立，即由两子句

$P \vee Q$，$\neg P \vee R$ 可归结得到 $Q \vee R$。

2.8　将语句“任何杀害某一动物的人不被任何人喜爱”采用谓词逻辑表示，并消除量词，转化为合取范式。

2.9　已知：①凡是清洁的东西就有人喜欢；②人们不喜欢苍蝇。采用谓词逻辑表示这些语句，并利用归结方法证明：苍蝇不是清洁的。

2.10　设 A、B、C 三人中有人从不说真话，也有人从不说假话，某人向这三人分别提出同一个问题：谁是说谎者？A 答：“B 和 C 都是说谎者”；B 答：“A 和 C 都是说谎者”；C 答：“A 和 B 中至少有一个是说谎者”。采用归结方法求解：谁是老实人，谁是说谎者？

2.11　假设：“任何喜爱所有动物的人都有被某个人喜爱，任何杀害某一动物的人不被任何人喜爱，Jack 喜爱所有动物，Jack 和 Curiosity 两人中有一人杀害了猫，它的名字叫 Tuna。”试采用归结方法求解问题：“是谁杀害了猫？”

第 3 章

知识表示与推理

长久以来，知识被认为是智能系统的核心，由此使得以知识为中心的人工智能得到长足发展，并在实际中展现出了良好的应用价值和前景。知识表示是实现基于知识的人工智能系统的基础，旨在使机器能够像人类一样充分利用知识进行推理和问题求解。本章围绕知识表示与推理介绍以知识为核心的符号主义人工智能技术，其中包括经典的知识表示及推理方法、知识工程与专家系统的概念、原理与应用等，并在此基础上介绍最新发展起来的知识图谱原理及其应用。最后介绍不确定性推理的概念、不确定性的概率表示，以及以贝叶斯网络为代表的基于概率理论的不确定性推理方法。

3.1　相关基本概念

人工智能研究中符号主义学派的一个重要观点是认为智能的基础是知识，人们在解决复杂问题时，知识无时无刻不在起着重要作用。知识可以认为是人类在生产、生活和社会实践中，发现和积累起来的对客观世界的经验和认识。它既包括人们生活中一般性的或常识性的知识，也包括不同领域中专家和学者们所掌握的专业性知识。由于知识反映的是人类对客观世界的经验和认识，它又具有相对正确性，即它的正确性往往只是在一定条件和前提下成立。

由于现实世界的复杂性，既存在着确定性知识，又存在着不确定性知识。确定性知识是可以精确描述的知识，能够明确给出其真值为“真”或“假”。除此之外，实际中还存在很多经验性的知识、认识上不够完全或不准确的知识，以及描述具有模糊性和随机性事物及其关系的知识等。这些都属于不确定性知识，它们的状态往往处于“真”和“假”之间，反映的是其属于“真”或“假”的程度。

按知识所表达的内容，一般可以将它们分为事实性知识、过程性知识和元知识。事实性知识是陈述一般性的事实；过程性知识是描述操作过程、算法过程和行为过程等有关“怎么做”的知识；元知识是关于知识的知识，它经常是以控制性知识的形式出现，即如何使用知识解决问题。

3.1.1　知识表示

要使计算机像人一样能够拥有知识，并对知识进行处理和利用，首先必须解决知识表示的问题。知识表示就是将人类的知识形式化或者模型化，使其能够以计算机便于接受的方式进行存储、处理和有效利用。知识表示是人工智能研究中最基本的问题之一。

知识表示研究既要考虑知识的表示与存储，又要考虑知识的使用。尽管知识表示是人工智能中的基本问题之一，但是对于该问题人们有着不同的理解和方法论，由此形成了各种不同的知识表示观，分别代表着基于知识的智能模拟研究的不同侧面。实际中，具体表示方法的提出往往与所处理的任务和具体的领域紧密相关。根据不同的任务、不同的知识类型，会有不同的知识表示方法，它们往往都有一定的针对性和适用性。

目前已有的一些代表性知识表示方法包括：一阶谓词逻辑、产生式、框架、语义网络、人工神经网络、状态空间、脚本和基于本体的表示法等。其中，谓词逻辑表示在上一章中已有介绍，本章接下来将着重介绍产生式、框架和语义网络等经典知识表示方法。

3.1.2　基于知识的推理

基于知识的推理一般是从已知事实或目标出发，运用知识库中已有的知识，逐步推出或证明结论的过程。在人工智能系统中，这种推理过程主要是由推理机来完成，推理机则是由实现推理过程的程序构成。在如何考虑知识表示与推理之间的联系上，有一部分研究者认为知识表示与推理应该是一体的，不能分离对待，不存在不考虑推理的纯粹知识表示。

与人类在智能活动中存在多种思维方式一样，作为对人类智能的模拟，机器的推理也包含不同的方式。演绎推理和归纳推理是其最主要的两种方式。其中，演绎推理是从已知的一般性知识出发，推导出适合具体、特殊情况的结论，它是一种由一般到特殊的推理过程；相反地，归纳推理是由众多的特殊事例和证据出发，获得一般性结论的过程。按所用知识是否是确定性的来划分，推理又可分为确定性推理和不确定性推理。其中，确定性推理所用的知识是确定性的，推出的结论也是确定性的；不确定性推理所用的知识具有不确定性，获得的结论也是不完全确定性的。

此外，在推理过程中往往还需要采取一些控制策略，包括搜索策略、求解策略、冲突消解策略、限制策略和确定推理方向等方面的策略等。它们的作用主要是决定如何更好地运用知识，以及如何解决推理中遇到的问题，以尽快达到推理目标。

3.2 产生式系统

产生式系统最早源于美国数理逻辑学家波斯特（E. L. Post）于 1943 年提出的产生式规则。1972 年，纽厄尔和西蒙首次在认知心理学领域引入产生式系统作为问题求解的模型。此后，产生式知识表示和处理模型受到广泛关注，很多早期成功的专家系统都采用了此种方法，包括第一个化学分子结构识别专家系统 DENDRAL 和细菌感染性疾病诊断与治疗专家系统 MYCIN 等。

3.2.1 产生式表示法

产生式可以用于事实性和规则性知识的表示，通过添加不确定性度量还可以描述不确定性知识。

1. 事实的表示

事实可用一个三元组来表示，其结构有两种：（对象，属性，值）和（关系，对象 1，对象 2），分别用于描述一个对象的某方面属性和多个对象间的某种关系。

例如，对于描述事实性的陈述句“天空是蓝色的”可以表示为（天空，颜色，蓝），其中“天空”是对象，“颜色”是其属性，“蓝”是属性值。属性值也可以是数字，例如，“围墙高一米”可表示为（围墙，高度，1）。

描述多个对象间关系的事实可以用第二种结构。例如，“小张和小李是同学”可以表示成（同学，小张，小李）；“小明喜欢打篮球”可表示成（喜欢，小明，篮球）。

对于不确定的事实性知识，可以在三元组后加上一个置信度，构成四元组。例如（天空，颜色，蓝，0.8）表示“天空大多数是蓝色的”（置信度为 0.8）；（喜欢，小明，篮球，0.2）表示“小明不太可能喜欢打篮球”。

2. 规则的表示

确定性规则的知识表示形式如下：

“IF P THEN Q” 或 “$P \to Q$”

其中，P 为前件，表示产生式规则的前提条件；Q 为后件，表示由前件导致的结论或操作。前件和后件都可以是采用合取或析取等逻辑连接词的组合表达式。例如，以下是一些用产生式表示的规则：

“IF 天气晴朗 THEN 出去郊游”

“IF 小张和小李在同一个班级 THEN 小张和小李是同学”

“IF 下雨∧外出 THEN 带伞∨带雨衣”

“IF 咳嗽∧流涕∧头痛 THEN 感冒”

与事实性知识的表示一样，若附上置信度则可以表示不确定性的规则，例如，“IF　咳嗽∧流涕∧头痛　THEN　感冒，置信度 0.9”表示结论是感冒的可信度为 0.9。

产生式规则在形式上与谓词逻辑中的蕴含式十分相似，但是它们又有很大的不同：

（1）产生式表示的范围十分广泛，除了能表示逻辑蕴涵关系外，还能表示各种操作规则、变换规则、算子和函数等，并不需要严格的逻辑关系。例如，“如果炉温过高，则立即关闭风门”是一个产生式，但不是一个蕴含式。

（2）产生式不仅可以表示确定性知识，还可以表示不确定性知识，而蕴含式只能表示确定性知识，其值非“真”即“假”。使用一条产生式或蕴含式知识时，需要检查当前已知事实是否与它们的前件匹配。蕴含式要求匹配是精确的，推理得到的结果也是确定的；而在产生式系统中匹配可以是不精确的，只要落在规定的范围内即可，得到的是不确定性结果。

综上所述，可以认为蕴含式是产生式的一种特殊情况，产生式的外延要更广泛。

3.2.2　产生式系统的结构和推理过程

产生式系统是以产生式知识表示方法为基础构造的系统。它将一组产生式表示的知识（包括初始输入的事实）放在一起，一个产生式生成的结论可以供另一个产生式作为前件使用，通过这种相互配合和协同作用，最终求得问题的解。例如，给定如下简单的有关动物判别的产生式规则：

规则 1：IF 某动物产奶　THEN　该动物是哺乳动物

规则 2：IF 某动物是哺乳动物∧有蹄　THEN　该动物是有蹄类动物

规则 3：IF 某动物是有蹄类动物∧身上有黑色条纹　THEN　该动物是斑马

并已知如下事实：

某动物产奶（事实 1）：有蹄（事实 2）且身上有黑色条纹（事实 3）

则将事实性知识 1 作为规则 1 的前件，由产生式生成的结论为：该动物是哺乳动物；该结论（与事实 2 一起）作为规则 2 的前件使用，得到的结论为：该动物是有蹄类动物；最后，得到的结论与事实 3 结合使用，作为规则 3 的前件，最终可以判定该动物是斑马。

实际的产生式系统包含的知识库和解决的问题要更复杂。通常，一个产生式系统主要由综合数据库、规则库和推理机三部分组成，如图 3.1 所示。

综合数据库又称为事实库（也称为上下文、黑板等），用于存放问题求解和推理过程中的各种当前信息，包括问题的初始状态、输入的事实以及推理得到的中间结论和最终结论等。

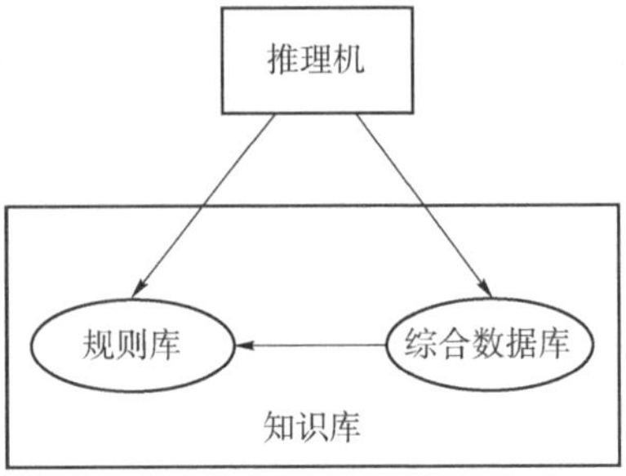

图 3.1　产生式系统的主要组成

规则库存放的是推理过程中与问题求解有关的所有产生式规则的集合。这些规则描述了问题域中的一般性知识，它们是产生式系统进行推理的基础。在推理过程中，当规则库中某条规则的前件可以和综合数据库中存放的已知事实匹配时，该规则被激活。由它推出的结论将被作为新的已知事实放入数据库，以备后续推理所用。

推理机由一组程序组成，用来控制整个产生式系统的运行，决定问题求解过程的推理线路，实现对问题的求解。它的工作内容主要包括：

(1) 按一定策略从规则库中选取规则与综合数据库中的已知事实进行匹配。匹配的过程是将规则的前件与已知事实进行比较，若一致则匹配成功。

(2) 当匹配成功的规则多于一条时，则根据一定的冲突消解策略从中选出一条合适的规则加以执行。

(3) 当所执行规则的后件不是问题的求解目标时，若后件是一个或多个结论，将这些结论作为已知事实加入综合数据库中；若后件是一个或多个操作，执行这些操作。

(4) 按上述步骤不断进行匹配和执行相应的规则，若所执行规则的后件满足推理的结束条件，则推理目标达成，停止系统运行。

3.2.3　产生式表示的特点

产生式表示具有不少优点，主要包括：

(1) 借鉴了人类常用的表达因果关系的方式来表示相关知识，既自然、直观，又便于进行推理。

(2) 每条产生式规则都是一个独立的知识单元，它们形式相同且不存在相互调用关系，具有模块性强的优点，便于模块化管理。

(3) 产生式既可以用于表示确定性知识，又可以表示不确定性知识，同时也能够方便地表示启发性知识和过程性知识。

产生式的一个主要缺点是效率不高。各规则的执行都要与综合数据库中的已有事实进行匹配，并且可能选出多条规则，在此情形下需要采取冲突消解策略。产生式系统求解问题的过程是一个反复进行“匹配—冲突消解—执行”的过程，对于较复杂问题容易导致效率低下。此外，产生式属于一种非结构化的知识表示方式，难以表示具有结构关系或层次关系的知识。

3.3 框架系统

1975年，明斯基在其论文“A framework for representing knowledge”中提出了一种不同于现有基于规则和谓词逻辑的知识表示方法，这种方法将知识组织在一种类似于框架的结构内，它也被称为框架（Frame）表示法。该知识表示的基本观点是，人脑在认识新事物之前往往已经存储有大量该类事物的典型情景作为背景知识，当面对新事物时不必逐一探索该事物的每个细节，而是调取脑海里的相关背景知识，根据实际情况对其细节再加以修改、补充，从而形成对当前事物的认识。例如，当人们走进一间新的卧室之前，脑海里就有关于卧室的一般知识和印象：它是一间房间，用于睡觉的地方，摆设有床、桌子、衣柜等。当看到该卧室后，就很容易在已有印象的基础上对它建立新的或进一步的具体认识。

框架表示法将对某类事物的认识事先存储在框架内，其中包括各类相关信息，如它的各个组成部分，各种有关属性、操作等。当观察到某一具体事物后，可以根据实际情况将它的细节和属性值等填入框架，从而得到该框架的具体实例。例如，对于某一具体卧室，可填入房间的大小、用于客房还是自住、单人床还是双人床、桌子和衣柜的位置等。若该卧室中还有电视机，但原框架没有该项描述，则可在该实例框架内补充。

框架是一种结构化的知识表示方法，子类的框架和父类的框架可存在继承和被继承关系，不同框架之间还可以相互调用。这使得框架表示在一些情况下有更好的适应性和灵活性。将一组有关的框架联系起来就形成框架系统，在此基础上可实现推理功能。由于框架能够提供相关的背景知识，因此在知识不完整情况下也有可能完成推理，具有较好的鲁棒性。

3.3.1 框架的基本结构

框架是由若干称为“槽（Slot）”的结构组成，一个槽用于描述所论对象（一个事物、事件或概念等）某一方面的属性。每个槽又可以包含对其进一步描述的若干“侧面（Aspect）”，每个侧面可以拥有若干值，用于更具体描述。每个框架都有相应的框架名，其中的槽和侧面也有相应的槽名和侧面名。框架的基本结构如下：

Frame<框架名>

槽名 1：　　侧面名 1_1，　　值 1_{11}，值 1_{12}，…
　　　　　　侧面名 1_2，　　值 1_{21}，值 1_{22}，…
　　　　　　⋮
槽名 2：　　侧面名 2_1，　　值 2_{11}，值 2_{12}，…
⋮　　　　　侧面名 2_2，　　值 2_{21}，值 2_{22}，…
　　　　　　⋮
槽名 n：　　侧面名 n_1，　　值 n_{11}，值 n_{12}，…
　　　　　　侧面名 n_2，　　值 n_{21}，值 n_{22}，…
　　　　　　⋮
　　　　　　侧面名 n_k，　　值 n_{k1}，值 n_{k2}，…

槽和侧面所具有的属性值分别称为槽值和侧面值，框架的槽值和侧面值既可以是数字、字符串、布尔值、逻辑表达式等，也可以是一个给定的操作，甚至是指向另一个框架的指针。当其值是一个给定的操作时，系统可在推理过程中调用该操作；若是另外一个框架，则在推理过程中可调用该框架。

框架会用到一些预定义槽名，即事先定义好的任何框架都可公用的标准槽名。例如，以下给出的是表示对象间关系的几个常用预定义槽名。

ISA：直观含义为“是一个（Is-A）”，用于指出抽象概念上的类属关系，表示当前对象是另一对象的实例。

AKO：直观含义为“是一种（A-Kind-of）”，表示当前对象属于另一对象的一种类型。

Part-of：表示当前对象属于另一对象的一部分。

下面给出一个描述“教师”有关情况的简单框架：

```
Frame<Teacher>
    Name: Unit ( Firstname, Lastname )
    Sex: Area ( male, female )
          Default: male
    Age: Unit ( Years )
    Field: Unit ( Field )
    Address: <Office-Address>
    Telephone: OfficeUnit ( Number )
               MobileUnit ( Number )
```

该框架包含了 6 个槽，分别描述了教师的姓名（Name）、性别（Sex）、年龄（Age）、所在领域（Field）、办公地址（Address）、联系电话（Telephone）方面的情况。其中，性别槽拥有两个侧面，其中一个为该槽的默认值（Default）男性，在该槽未填入时默认选择该值；电话槽也拥有两个侧面，分别是需要填入的办公室电话号码和手机号码。

对于每个槽或侧面，可以给出对填入值的限制。在上述框架中，单位（Unit）用来指出填入的槽值或侧面值的格式或单位。例如，姓名槽是填入教师的名（Firstname）和姓（Lastname）；年龄槽填入值的单位是年（Years）；所在领域是按领域名称填写。范围（Area）用来指出所填的值只能在指定的范围内选择。地址槽的槽值为教师办公室地址，它是一个名为“Office-Address”的框架，其中括号“< >”代表其中为框架名。框架中的槽值或侧面值可以是另外一个框架，即框架之中还可以包含框架。这就在框架之间建立起了横向或纵向联系。

当把具体的值填入槽和侧面后，就可以得到描述某个教师的实例框架。然而，教师这一类别的群体较为广泛，上述框架还不足以描述更细致的信息。为此，可以采用多层框架的方式进行表示。例如，若需要描述的是大学教授，则可构造如下框架：

```
Frame<Professor>
    AKO: <Teacher>
    Interest: Unit ( Interest )
              If- Needed: ASK
              If- Added: Check
    Title:    Area ( Assistant Prof. ,   Associate Prof. ,   Full Prof. )
              Default: Full Prof.
    Paper:    Area ( SCI, EI, Core, General )
              Default: SCI
    Project:  Area ( National, Provincial, Other )
              Default: National
```

上述框架中，AKO 槽指出了该框架是类属于教师框架，即教师框架是它的上层框架（也称为父框架）。因此，该框架可以继承教师框架的所有槽及槽值。上面除了 AKO 槽外，其他槽还包括“教授”的研究方向（Interest）、具体的职称（Title）、发表论文（Paper）和负责项目（Project）。其中，在 Interest 槽中还附加有 If-Needed 和 If-Added，前者表示需要获取当前槽值时，启动“ASK”操作；后者表示当一个新值被填入当前槽时，执行“Check”，检查输入的正确性。

假设李伟和张霞都是大学教授，将他们的部分具体情况填入，可得到两个实例框架。

实例框架 1：

```
Frame<Professor- Li>
   ISA: <Professor>
```

Name: Wei Li
Sex: male
Age: 45
Field: Mathematics
Interest: Applied mathematics
Title: Full Prof.
Paper: SCI

实例框架 2：

Frame<Professor- Zhang>
ISA: <Professor>
Name: Xia Zhang
Sex: female
Age: 38
Field: Computer Science
Interest: Computer Vision & Pattern Analysis
Title: Associate Prof.
Project: National

在上述两个实例框架中，ISA 槽指出了它们分别都是框架<Professor>的一个实例。

3.3.2 框架系统的推理

对于较复杂知识的表示，往往需要通过多个框架之间的横向和纵向联系形成一个框架系统。其中，框架之间的纵向联系是指具有继承关系的上下层框架之间的联系，一般通过 AKO 或 ISA 等预定义槽名指定。例如，图 3.2 中“教师”框架分别与“讲师”“副教授”和“教授”框架是纵向联系，“教授”框架与它的每一个实例框架之间也是纵向联系。框架之间的横向联系是当槽值或侧面值是另外一个框架（非上下层框架）时所建立起来的框架之间的联系。例如，图 3.2 中的“教师”框架与“办公室地址（Office-Address）”框架之间是横向联系。

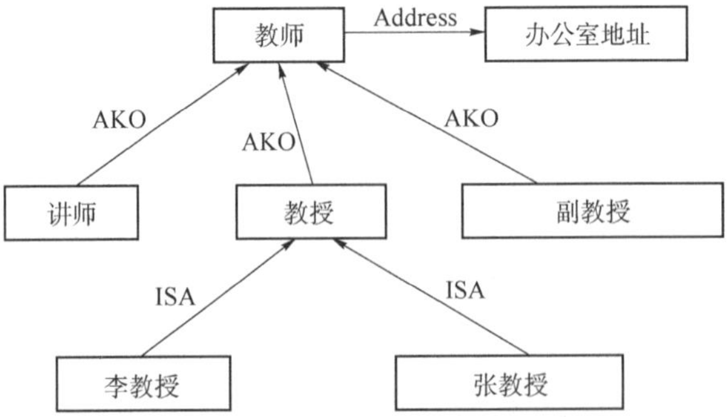

图 3.2 框架系统

基于框架的问题求解系统主要由两部分组成：由框架所构成的知识库和用于问题求解的推理机。框架系统没有固定的推理机制，它的推理主要是基于匹配和继承来实现。

为基于匹配进行推理，首先需将待求解问题用一个框架表示出来，构建问题框架。匹配就是将问题框架同知识库中的框架进行模式匹配，如果与知识库中某个框架匹配成功，则可以利用该框架的相应槽值或在该框架引导下，对问题框架的槽进行填充，从而获得有关信息。若直接匹配不到或找不到合适的填充值，则可以沿着框架之间的横纵向联系进行查找。例如，当某个槽空缺时可以查找它的上层框架，通过继承从上层框架中获得有关信息。实际中，槽内也可以填有规则，此时也可基于相应规则进行推理。

由于框架一般描述具有固定格式的事物、动作或事件，并包含多方面的信息，因此可以在新的情况下推论出其他未被观察到的事实。例如，当面对一个新的卧室实例框架时，不管观察到的证据有没有指出它有门，都可以通过框架推论出它至少有一个门。

3.3.3　框架表示的特点

框架表示法模拟了人脑对实体的多方面、多层次的存储结构和思维处理方式，具有直观自然、易于理解的优点。它的另一突出优点是便于表达结构性知识。在框架系统中，知识的基本单位是框架，它由若干槽组成，一个槽又由若干侧面组成；槽或侧面的值可以是其他框架，也可以用于表达当前框架与其他框架之间的各种关系。因此，框架既可以将知识的内部结构显式地表示出来，又可以很好地表示知识间的联系。另外，框架表示具有继承特性，即下层框架可以继承上层框架的槽值，也可以在其基础上进行补充和修改，这样既可以减少知识的冗余，保持知识的一致性，也有利于推理。

框架表示法的主要问题是缺乏形式理论，没有明确的推理机制保证问题求解的可行性。同时，若各个子框架的数据结构不一致，将会使框架系统的清晰性难以保证，并给推理造成困难。

3.4　语义网络

语义网络是一种用实体及其语义关系来表达知识的知识表示方法。语义网络相关思想很早就被提出和应用。1956 年，剑桥语言研究小组的里琴斯（R. H. Richens）较早就在计算机上构造出了一个语义网络，用于自然语言的机器翻译。西蒙也在 1963 年使用语义网络进行语言分析研究。20 世纪 60 年代末期，奎廉（M. R. Quillian）和科林斯（A. M. Collins）等人在相关方面又做了很多开拓性工作，进一步促进了语义网络在人工智能知识表示和推理方面的运用。1972 年，西蒙在他的英文语句理解系统中采用了语义网络方法。随后，学者们又进一步提出语义网络的分区技术等。20 世纪 80 年代，国外研究机构开始了称之为“知识图谱”的研究项目。知识图谱本身就是一种语义网络，它在一般的语义网络之上添加了对边的约束，使得边被限制只能从有限集合中选择。此后的几十年里，语义网络和知识图谱的界限逐渐模糊。

3.4.1 语义网络的基本结构

语义网络是将知识表示成一个图结构，它由一系列节点和连接节点的弧（边）组成。其中，节点代表不同的实体或对象，表示各种事物、概念、情况、状态、事件等；弧上标注了所连接的两个节点之间的语义关系。

语义网络中最基本的单元是语义基元，如图 3.3（a）所示，它可由有向图表示的三元组（节点 1，弧，节点 2）来描述。其中，连接节点的弧具有方向性，并给出节点 1 和节点 2 的语义联系。例如，“海豚是哺乳动物”“小明和小华是室友”和“天空是蓝色的”可用语义基元分别表示为图 3.3（b）、（c）、（d）所示形式。

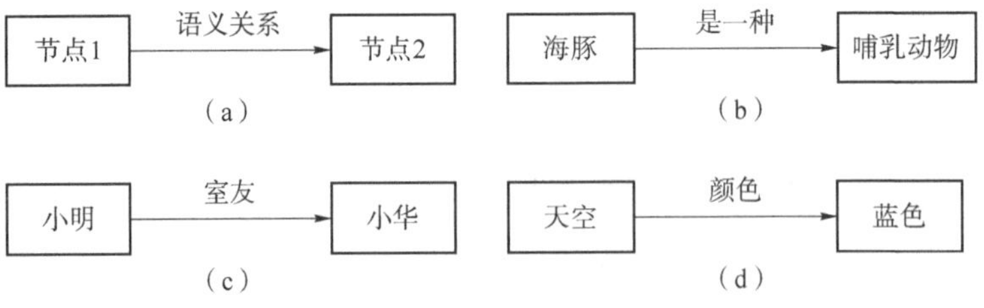

图 3.3　语义基元结构

由多个语义基元可构成一个语义网络。例如，对于“海豚是一种哺乳动物，它们生活在深蓝色的海洋里，是群居动物”可以表示成如图 3.4 所示的一个语义网络。

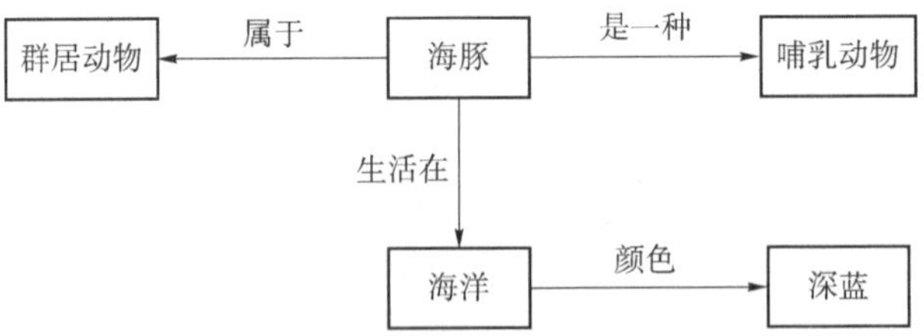

图 3.4　关于海豚的语义网络示例

3.4.2　语义网络中的基本语义关系

从功能上看，语义网络可以描述任何事物间的任意复杂关系。为此，语义网络经常需要利用到一些基本的语义关系描述，由此构成更复杂的网络。下面给出一些基本和常用的语义关系。

1. 类属关系

类属关系主要包含以下几种：

（1）实例关系（ISA）。表示一个对象是另一个对象的实例，是具体与抽象的关系。常用“ISA”指代这种关系，其含义为“是一个（Is-A）”。例如，“李刚是一个警察”对应的语义基元如图3.5所示。

（2）分类关系（AKO）。表示一个对象属于另一对象的一种类型，体现的是“子类与超类”的概念。一般用“AKO”指代这种关系，其含义为“是一种（A-Kind-of）”。例如，图3.6所示的语义基元描述了“燕子是一种鸟”。

图3.5　实例关系

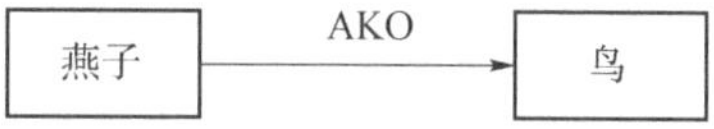

图3.6　分类关系

（3）成员关系。表示一个对象是另一对象中的一个成员，体现的是“个体与集体”的关系，常用“A-Member-of”来指代。图3.7给出的一个示例描述了“张勇是消防队员”。

在类属关系中，前面的节点能够继承后面节点的所有属性。例如，李刚是一个警察，所以他具有警察的所有特点和属性，如穿警服、为人民服务等；燕子是一种鸟，因此燕子继承了鸟有翅膀、会飞等属性。

2. 包含关系

包含关系常用“Part-of”指代，表示一个对象是另一个对象的一部分，体现的是“部分与整体”的概念。包含关系一般不具备属性的继承性，例如图3.8表示的是“窗户是房屋的一部分”，但“窗户”不具备“房屋”的属性。

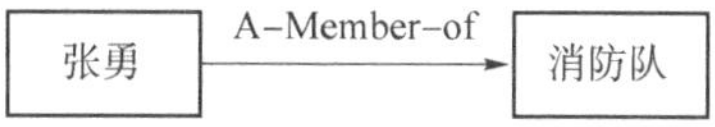

图3.7　成员关系

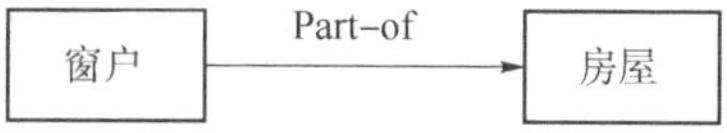

图3.8　包含关系

3. 属性关系

属性关系是指事物与其属性之间的关系。由于不同事物的属性会有不同，因此属性关系可以有很多种。下面给出几种常见的属性关系。

（1）Have：表示一个节点具有另一个节点所描述的属性，其含义为“有”。例如，“汽车有轮子”，如图 3.9 所示。

（2）Can：表示一个节点能做到另一个节点所描述的事情，其含义为“能”“会”。例如“小鸟能飞行”，如图 3.10 所示。

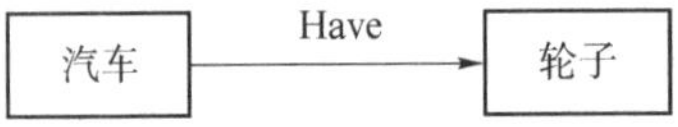

图 3.9　属性关系（Have）

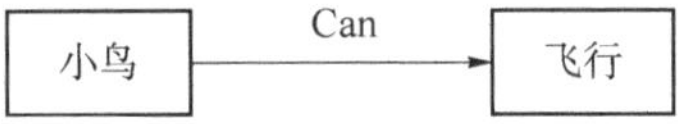

图 3.10　属性关系（Can）

4. 时间关系

时间关系是指不同事件在其发生时间先后方面的次序关系。常用的时间关系有：

（1）Before：表示一个事件在另一事件之前发生。例如，“先开会后吃饭”，如图 3.11 所示。

（2）After：表示一个事件在另一事件之后发生。

5. 位置关系

位置关系是指不同事物在位置方面的关系。常用的位置关系有：

（1）Located-on：表示某一物体在另一物体之上，如图 3.12 所示。

（2）Located-at：表示某一物体所在的位置。

（3）Located-under：表示某一物体在另一物体之下。

（4）Located-inside：表示某一物体在另一物体之内。

（5）Located-outside：表示某一物体在另一物体之外。

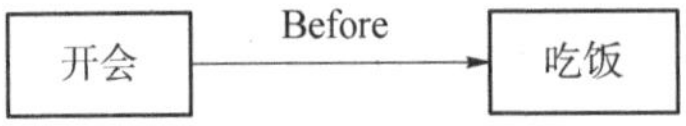

图 3.11　事件关系

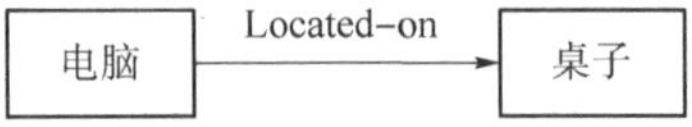

图 3.12　位置关系

6. 相近关系

相近关系表示不同事物在外形、内容等方面相似或接近的关系。常用的相近关系有：

（1）Similar-to：含义为“相似”，如图 3.13 所示。

（2）Next-to：含义为“接近”。

除上面给出的一些基本关系外，还存在很多其他常用的语义关系。例如，若用“If-then”指代因果关系，那么“如果下雨，则带伞”可以用如图 3.14 所示的语义基元描述。此外，用语义网络还可以表示蕴含、合取和析取等各种逻辑关系。

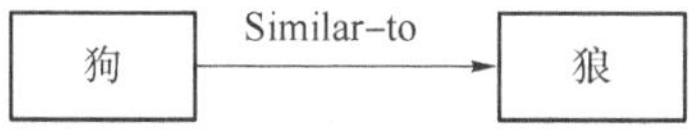

图 3.13　相近关系

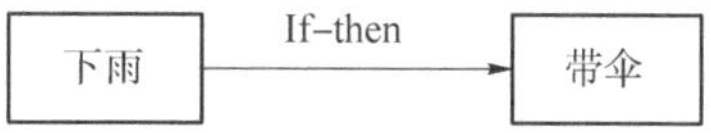

图 3.14　因果关系

3.4.3　语义网络的知识表示

1. 对较复杂关系的表示

运用语义网络可以很方便地表示一元和二元关系。其中，一元关系在谓词逻辑里表示为 $P(x)$ 形式，用于描述一个个体 x 的属性或情况等；二元关系可用 $P(x,y)$ 表示，其中包含 x 和 y 两个个体。例如，“天空是蓝色的”［图 3.3（d）］描述的是一元关系；“小明和小华是室友”［图 3.3（c）］描述的是二元关系。对于较复杂关系，可以将其分解成一些相对独立的一元或二元关系，通过语义网络关联起来即形成完整的表示。

例如，“哺乳动物是一种能够产奶的动物，老虎和熊都属于哺乳动物，它们有毛发；海豚属于一种生活在水中的哺乳动物；有一种动物——鱼，也生活在水中。”可以用如图 3.15 所示的语义网络来描述。

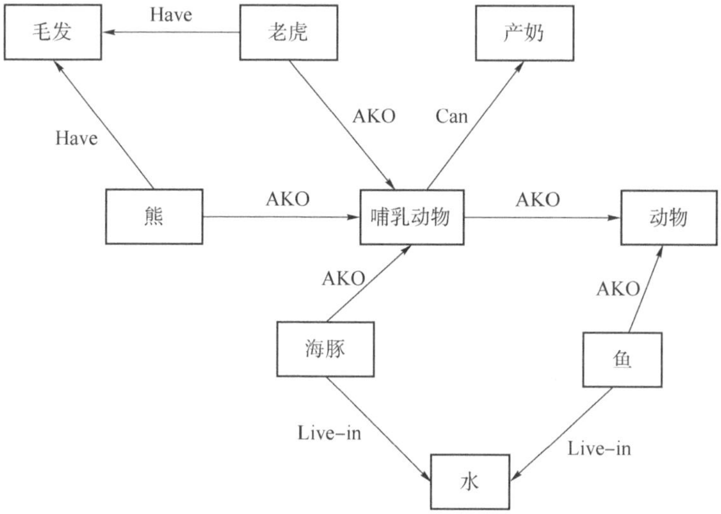

图 3.15　有关动物描述的语义网络

在表示有一定联系的两个事物时，为使其表示更加一般化和便于扩充，可增加一个用于表示它们抽象概念的上层节点。例如，假设有两个事实：“张霞的汽车是大众牌的，白色”和“李明的汽车是福特牌的，黑色”。它们可以用如图 3.16 所示的一个语义网络描述。在该网络中，所表达的两个实例“汽车 1”和“汽车 2”的上一层给出了“汽车”这一概念，并指明它是一种交通工具。这样可使表达更简洁清晰，既能够将不同的实例联系起来进行一般性描述，当存在其他实例时又便于在此基础上加以扩充。

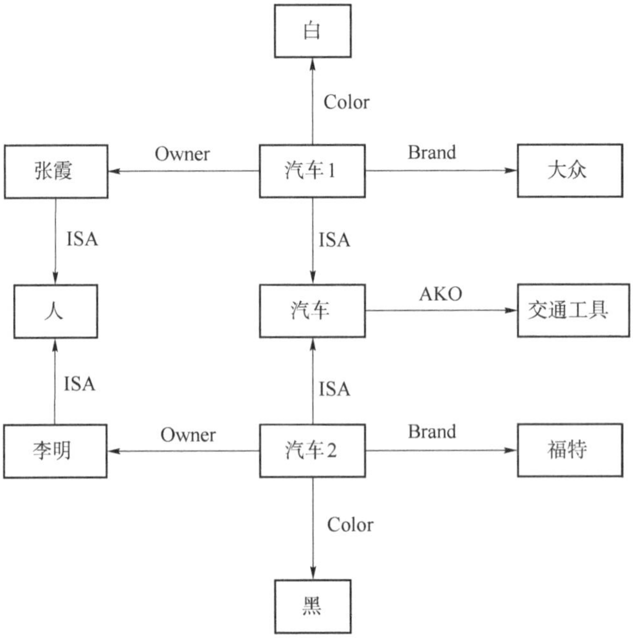

图 3.16　描述有关汽车实例的语义网络

2. 对情况和事件的表示

对某种情况或事件的表示一般会同时涉及多个个体和属性，很难直接用一元和二元关系表示。为此，西蒙等人提出增加一个情况或事件节点的方法来解决该问题。

例如，为表示“售货员小王在商场从早上工作到晚上”，可附加一个“工作”节点，并指明它描述的是一种情况（图 3.17），其他描述工作具体情况的节点与此节点相连。

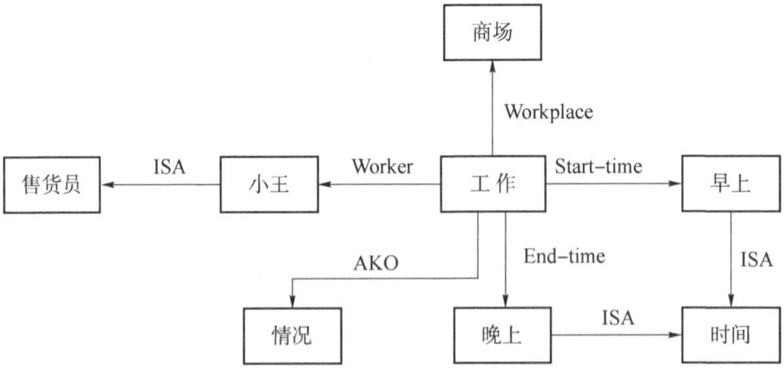

图 3.17　描述某一工作情况的语义网络

对事件或动作的表示也可以通过增加一个事件/动作节点来实现。例如，“小张给小李发送了一封电子邮件”可以表达为如图 3.18 所示的语义网络，其中引入了一个表示发送动作的事件节点。

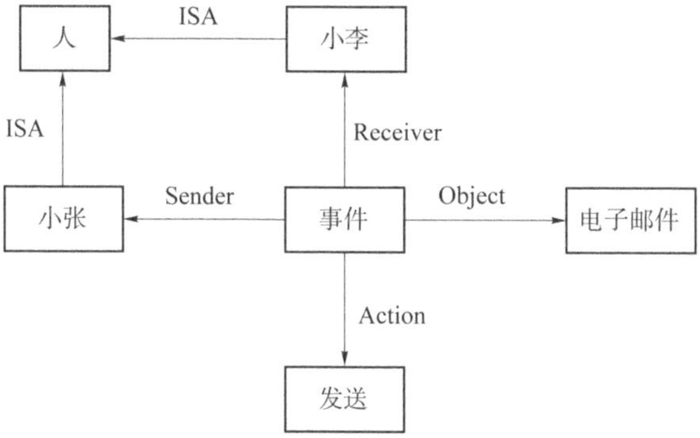

图 3.18　描述某一动作性事件的语义网络

类似地，大部分多元关系一般都可以通过引入附加节点的方法，转化为多个一元或二元关系进行表示。例如，如图 3.19 所示，为用语义网络表示“清华和北大两所大学篮球队昨天在北大进行的一场比赛的比分是 85∶89”，可建立一个 G25 节点来表示这场特定的球赛，然后将有关这场球赛的信息与该节点联系起来。

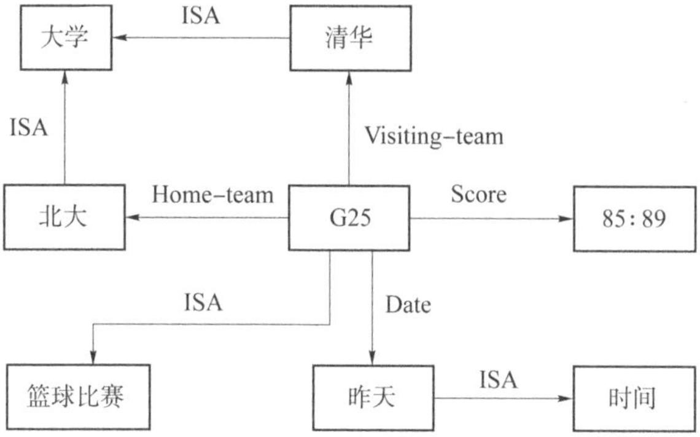

图 3.19　描述篮球比赛的语义网络

3.4.4　语义网络的推理过程

语义网络不像谓词逻辑表示那样具有严格的形式表示体系，一个给定语义网络的含义主要依赖于处理程序对它进行的解释。在语义网络表示下，其推理方法也不像谓词逻辑表示和产生式系统的推理方法那样明了。与框架系统一样，语义网络没有固定的推理过程和机制，实现推理主要是基于继承和匹配。实际上，框架系统也可以看作是一种语义网络，其中的槽和侧面构成网络中的不同节点，框架之间存在着横纵向联系，从而构成一个更大的网络。

采用语义网络进行知识表示的问题求解系统主要由两大部分组成，一部分是由语义网络构成的知识库；另一部分是用于问题求解的推理机构，语义网络的推理过程主要包括继承和匹配。

1. 继承

在语义网络中，继承是指将上层抽象节点对事物的描述传递到下层实例节点，使得下层也能获得上层给出的描述信息。它一般是沿着网络中 ISA、AKO 等具有继承特性的弧进行。通过继承可以为下层节点推断出当前未直接给出的信息。例如，在图 3.15 所示的语义网络中，虽然未直接描述海豚能够产奶，但是“海豚”是“哺乳动物”的下层节点，且它们之间通过 AKO 弧连接，而“哺乳动物”存在一个属性节点描述它们能够产奶，因此通过继承可推断出海豚也能够产奶。

对于复杂的语义网络，通过继承求得当前节点所有属性的一般过程如下：

(1) 建立一个节点表，用来存放当前待求解节点和所有以 ISA、AKO 等继承弧与该节点相连的那些节点。在初始情况下，表中只有当前待求解节点。

(2) 选取表中的第一个节点，检查是否有继承弧与它相连。若有则将继承弧所指的所有节点放入节点表的末尾，并记录这些节点的所有属性，最后从节点表中删除第一个节点。若没有继承弧，则仅从节点表中删除第一个节点。

(3) 重复步骤 (2)，直到节点表为空。此时记录下来的所有属性都是待求解节点继承而来的属性。

2. 匹配

除了继承外，很多问题的求解是通过匹配完成的。匹配是指在知识库的语义网络中寻找与待求解问题相符的语义网络模式。通过匹配进行推理和问题求解的主要过程如下：

(1) 根据待求解问题构造语义网络片段，该语义网络片段中某些节点或弧为空，代表待求解问题的“询问处”。

(2) 通过网络片断匹配方式到知识库中寻找所需要的信息。

(3) 当待求解问题的网络片段与知识库中的某个语义网络片段匹配时，则由其可以获得询问处的信息，从而得到问题的解。

下面给出一个简单的例子进行说明。假设想知道海豚生活在哪里，则根据该问题可构造如图 3.20 所示的语义网络片段。当用该网络片段与图 3.15所示的知识库语义网络进行匹配时，则由“Live-in”弧所指节点

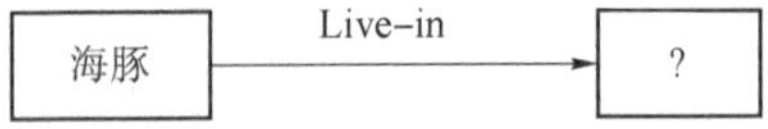

图 3.20　待求解问题的语义网络片段

的信息可知，海豚是生活在水中。

3.4.5　语义网络表示的特点

语义网络属于一种结构化的知识表示方法，它把事物的属性以及事物间的各种语义联系显式地表示出来，具有结构性好的优点。网络的下层节点可以继承、新增和变异上层节点的属性，增加了表示和处理的灵活性。语义网络强调事物间的语义联系，体现了人类的联想思维过程，符合人们思考和表达事物间关系的习惯，不但易于将自然语言描述的知识直观表示出来，而且可以通过相应的节点和连接弧很快找出相关信息，从而有效提高搜索效率，避免求解过程中的组合爆炸问题。

与其他知识表示方法一样，语义网络也不可避免地存在一些缺点。语义网络没有像谓词逻辑表示那样严格的形式表示体系，一个给定语义网络的含义主要依赖于处理程序对它进行的解释，通过语义网络所实现的推理不能完全保证其正确性；语义网络表示知识的手段多种多样，虽然具有较好的灵活性，但是表示形式的不一致也会增加处理的复杂性；语义网络表示容易产生大量的节点，使得网络变得较为复杂。

3.5　知识工程与专家系统

3.5.1　知识工程

在人工智能发展初期，人们将精力主要放在如何构造一个推理模型及通用问题求解系统上，过于强调对人类推理和问题求解机制的模拟而忽视了对知识的加工和利用。1977 年，费根鲍姆提出了“知识工程”概念，将知识作为智能系统的核心，知识工程开始得到蓬勃发展。这一时期已经出现了很多知识表示方法，如以一阶谓词逻辑为代表的逻辑表示方法，以产生式规则为核心的产生式表示法，奎廉等人提出的语义网络，明斯基提出的框架表示法以及汤姆金斯（S. S. Tomkins）提出的脚本表示法等。

在这些知识表示方法的基础之上，研究者们希望利用所得到的知识库构建基于知识的智能系统，通过知识库和推理机实现人工智能。知识工程研究首先在不同专业领域内获得了成功应用，随之涌现出很多成功的专家系统，如分子结构识别专家系统 DENDRAL、医疗诊断专家系统 MYCIN、矿产勘探专家系统 PROSPECTOR 以及集成电路设计专家系统 KBVLSI 等。专家系统以专业领域的知识表示为基础，将专家知识转变成计算机可以处理的知识，从而构建一个可以基于大量专门知识和经验进行推理的计算机程序系统。

3.5.2 专家系统

图 3.21 给出了专家系统的一般结构，其中知识库和推理机是专家系统的核心，除此之外完整的专家系统还包括综合数据库、解释器、人机接口和知识获取机构等组成部分。

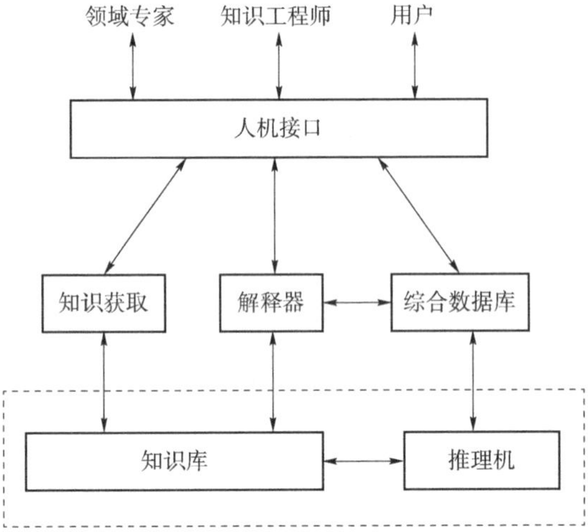

图 3.21 专家系统的一般结构

1. 知识库

专家系统的知识库用于存放领域专家提供的专门知识，包括事实、可行操作、规则和经验性知识等。知识库是专家系统针对专业领域问题进行求解和推理的基础，知识库的建立依赖于知识表示方法。对于不同的领域知识，需要选择合适的知识表示方法，一般从能充分表示领域知识、能充分有效地进行推理、便于对知识进行组织和管理、便于理解与实现等方面进行考虑。

2. 推理机

推理机是专家系统中负责利用知识库中的知识，按照一定的推理方法和控制策略进行推理和问题求解的机构。推理机用来控制和协调专家系统的运行，主要包括推理方法和控制策略两部分，其中推理方法部分可以是确定性推理也可以是不确定性推理，控制策略主要指推理方法的控制及推理规则的选择策略。推理机的设计一般还与具体的知识表示方法有关。

3. 综合数据库

综合数据库用于存储有关领域问题的初始信息、数据或状态以及推理过程中的中间结果、状态及推理目标等。综合数据库相当于专家系统的工作存储器，当开始问题求解时综合数据库中存放有关问题的初始信息和数据，数据库中的内容随着推理过程的进行而变化，推理机会根据其中的内容选择合适的知识进行推理并存放中间结果。综合数据库记录的推理过程中的各种有关信息也可为解释器所用。

4. 解释器

解释器负责向用户解释专家系统的推理过程，回答用户提出的有关此次推理的各种问题，如“推理结论是如何得到的”“为何会得到该结论”等。通过这种解释可以使专家系统的推理变得更透明，增加用户对专家系统推理结果的信任度，也可以帮助系统建造者发现知识库和推理机中的错误。解释器主要通过人机接口向用户解释系统的推理行为。

5. 人机接口

人机接口是领域专家、知识工程师及用户与专家系统进行通信和信息交互的接口。人机接口由一组程序和相应的硬件组成，用于完成专家系统的输入和输出工作。其中，领域专家和知识工程师可以通过人机接口更新、完善和扩充专家系统的知识库，系统可以通过人机接口显示结果并与用户进行交互。人机交互可采取各种方式，如通过菜单方式、命令方式以及图形图像、文字和自然语言等。

6. 知识获取机构

知识获取是为专家系统获取专业领域知识，建立起有效、健全和完善的知识库，以满足领域问题求解的需要。知识获取是建造专家系统的关键，一般需要领域专家和知识工程师密切合作，知识工程师负责将领域专家的知识提炼和表示出来并存入知识库。由于建成的知识库经常会发现有错误和不完整，通常还需要通过知识获取机构对专家系统知识库进行修改和扩充。

知识获取被公认为是专家系统开发和应用中的“瓶颈”问题。不少专家知识是潜在和启发式的，不容易获取和描述。另外，知识获取过程通常需要知识工程师和领域专家的密切配合和充分沟通，大部分情况下既费时又费力。这些问题在后期很大程度上影响了人们对专家系统的开发和研究热情。

3.6　知识图谱

3.6.1　知识图谱的提出

早期的人工智能研究从推理和问题求解出发构建智能系统，但忽视了对知识的充分运用，费根鲍姆于 1977 年提出了知识工程概念，将知识作为智能系统的核心，知识工程从此获得了很大发展，其中最重要的应用是专家系统。尽管手工构建的专家知识库在专家系统中获得了很大成功，但始终存在着知识库构造困难及推理效率低等问题。

20 世纪末以来互联网技术的发展，为互联网环境下的大规模知识表示和共享奠定了基础。人们开始将网页信息分门别类，以帮助快捷而有效地进行检索。为了更好地对大量知识进行组织，开始提出了一些基于本体（Ontology）的知识表示方法。进入 21 世纪后，互联网信息和数据呈爆炸式增长，为了更好地针对其中的语义信息和知识进行检索与利用，开始提出了语义网（Semantic web）概念，旨在对互联网内容进行结构化语义表示，并基于本体论描述互联网内容的语义结构，通过语义标识获得网络内容的语义信息，使得人与机器可更好地协同工作。这段时期出现了维基百科、百度百科等协同知识资源，通过众人协作使知识的建立相对更加容易，大众都可通过互联网贡献知识并加以共享。

海量结构化知识资源的出现和网络信息提取方法的进步，为建立大规模知识库提供了可能。2007 年，由维基百科作为数据来源构建而成了 DBPedia，通过类似方法构建起来的还有 Freebase。2012 年，谷歌公司在 Freebase 和 DBPedia 等知识源基础上提出了知识图谱（Knowledge graph），以通过大规模语义知识库增强搜索质量。知识图谱此后成为人工智能研究和应用的热点，知识图谱不仅可应用于搜索引擎，还可广泛应用于智能问答、智能推荐、大数据分析、智能诊断和决策等各种不同任务中。

知识图谱在学术界尚未有一个统一的标准定义，从谷歌所建立的知识图谱来看，它首先是一种大规模知识库，可以从语义角度组织和存储大量知识并提供智能服务。从更广泛的角度看，知识图谱可泛指基于各种通用语义知识的形式化描述而组织的人类知识系统，可以描述概念、实体及其复杂关系，便于机器及人类理解和进行推理。图 3.22 给出了一个简单的知识图谱示例。从形式上看知识图谱与传统的语义网络非常相似，但是现代知识图谱表示方法一般具有更为统一的标准和知识框架，并可更好地区分概念和实体。

知识工程是符号主义人工智能的典型代表，而知识图谱可归类于新一代知识工程技术。随着知识图谱嵌入式表示的发展，知识图谱计算逐渐可与深度神经网络、强化学习等相结合，进一步提升语义理解和推理能力，使符号主义和连接主义开始走向相互融合和促进。

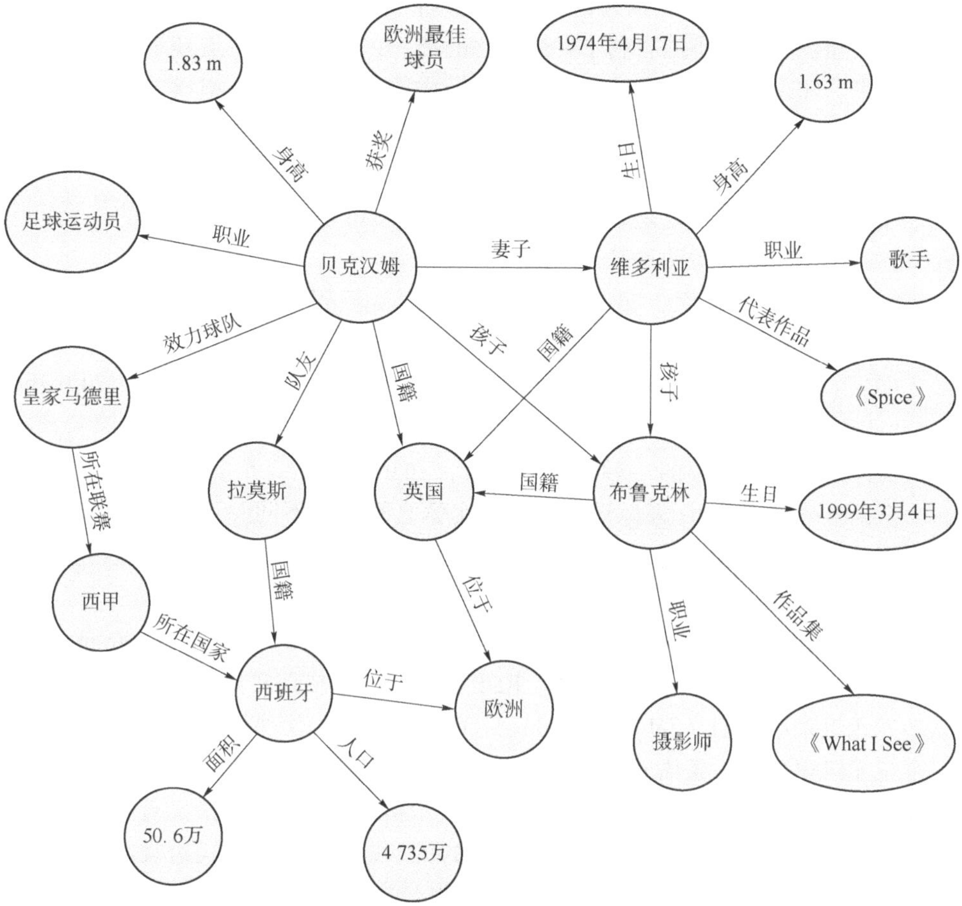

图 3.22　知识图谱示例

3.6.2　知识图谱的表示

知识图谱的表示建立于本体知识表示思想基础上。本体是一个哲学用语，在知识表示领域，本体代表对客观世界中的抽象概念及关系作出的形式化描述，其中主要包括概念、属性及概念之间的关系。概念主要指类别、集合、事物的种类、对象类型等，如“人”和“动物”都是概念；属性主要指对象的性质、特征和参数等，如“身高”“职业”和“生日”等都是属性；属性还具有属性值，它可以是数值型、字符型或其他实体对象。

本体可以通过表达概念的结构、概念之间关系及固有属性对知识结构进行描述，知识图谱中的实体数据必须满足本体所定义的知识框架（Schema）。例如，本体不会描述一个具体的“人”，而是描述“人”的一般概念及属性，但任何实体“人”必须满足本体所描述的概念。这样便于基于本体来描述各种实体，将本体引入知识库建模不但有利于促进概念的统一，还有利于促进知识共享及提高推理效率。知识图谱在逻辑结构上可分为模式层和数据层，其中模式层是知识图谱的核心，它通常采用本体库进行管理；而数据层建立在模式层基础之上，用于存储具体的数据信息。

在知识图谱中，不论是知识框架还是实体数据的描述都采用统一的三元组形式。三元组主要有以下两种基本形式：

(1)（实体 1，关系，实体 2），例如，（贝克汉姆，妻子，维多利亚）属于这种形式的三元组。

(2)（实体，属性，属性值），例如，在三元组（西班牙，面积，50.6 万）中，“西班牙”是实体，“面积”是一种属性，“50.6 万”是属性值。

实体是知识图谱中的一种最基本元素，知识图谱中每个实体（或概念）用一个全局唯一确定的 ID 来标识，不同的实体之间存在不同关系。知识图谱可由一系列三元组来描述，其中“属性—属性值”可用来刻画实体的内在特性，而“关系”可用来连接两个实体，刻画它们之间的关联。

在知识图谱中，通常采用资源描述框架（Resource Description Framework，RDF）建立基于三元组的知识描述。RDF 提供了一个描述实体/资源的统一标准，其中三元组采用 SPO（Subject-Predicate-Object，即主语-谓语-宾语）形式。每一个三元组也称为一条语句（Statement），在知识图谱中也称其为一条知识。在实际实现过程中，RDF 数据有多种具体的表示格式和序列化方法。若将三元组中的主语和宾语分别表示成节点，它们之间的关系以节点间的有向边表示，则可将所有由 RDF 三元组描述的知识转化为图结构。

3.6.3 知识图谱的构建

知识图谱构建最主要的是将知识从结构化、半结构化和非结构化的数据中提取出来，其中包括命名实体识别、命名实体链接和命名实体关系抽取。例如，对于非结构化文体数据“Michael Jordan，who was born in Brooklyn，played 15 seasons in NBA”，命名实体识别是识别文本中具有特定意义的实体，如人名 Michael Jordan、地名 Brooklyn 和组织机构名 NBA。文本经常存在一词多义的现象，例如名为 Michael Jordan 的人有很多，既包括美国篮球运动员也有加州大学伯克利分校的著名教授等其他人。为此，命名实体链接旨在消除实体名的歧义性，将其链接到知识库中无歧义的实体对象。命名实体关系抽取则是从文本中检测和识别出不同实体之间的语义关系，从而得到三元组形式的完整知识表示。

1. 命名实体识别

命名实体（Named entity）指文本中具有特定意义或指代性强的实体，通常包括人名、地名、组织机构名以及日期、时间和数量短语等各种类型。命名实体识别旨在识别出文本中表示命名实体的成分，通常包括命名实体边界的确定和命名实体类别的判定。命名实体边界确定是指确定每一命名实体在文本中的起始和结束位置（即命名实体的开始边界和结束边界），命名实体类别判定是指对命名实体进行分类，确定是属于人名、地名、机构名或其他可能的类别。

传统命名实体识别的常用方法包括基于词典与规则的方法、无监督机器学习方法以及基于人工设计特征的有监督机器学习方法等。随着深度学习的发展，复杂的深度网络模型在语义特征的映射与表达方面展现出了优异的性能，促进了基于深度学习的命名实体识别方法的发展，借助对字符或词语的分布式词向量表示，以及对句子或段落进行的上下文编码，通过学习可解码标记出实体的边界和类别。在此基础上，深度强化学习、迁移学习和生成对抗网络等方法也成功用于解决命名实体识别问题。

2. 命名实体链接

命名实体链接是将文本中已识别的命名实体链接到知识库中一个无歧义的实体对象。例如，将文本“Michael Jordan，who was born in Brooklyn，played 15 seasons in NBA”中的命名实体“Michael Jordan”链接到知识库中已有的关于美国著名篮球运动员 Michael Jordan 的实体对象，其中包含了该实体的各种信息。通过命名实体链接可极大地丰富文本的语义信息，在完备知识库、信息检索和智能问答等方面具有重要的应用价值。

传统的命名实体链接方法通常包含三个步骤：候选实体生成、候选实体排序和判定空链接。传统方法主要依赖各种人工设计的特征来进行候选实体排序，无法捕捉到文本内部的更深层语义信息，且可扩展性差、不易移植。深度学习可以自动学习特征并在更深层次上捕捉上下文信息，因此基于深度学习的方法在命名实体链接任务中也逐渐占据了主导地位。

3. 实体关系抽取

实体之间的关系是知识图谱的重要组成元素，实体关系抽取的目的是获得文本中不同命名实体之间的语义关系，从而形成包含实体关系的三元组知识描述。实体关系抽取可分为预定义关系抽取和开放式关系抽取。其中，预定义关系抽取是指系统所抽取的关系是预先定义好的，开放式关系抽取不预先定义抽取关系的类别，由系统自动从文本中发现并抽取关系。

传统的命名实体关系抽取方法需要人工干预，如设计规则和特征等，不但效率低，还影响了实体关系抽取的性能。基于深度学习的实体关系抽取方法能自动学习句子中的深层语义，并可实现端到端的关系抽取，相比传统方法具有极大的优势。其中，基于深度学习的有监督方法通常将实体关系抽取问题视为一个分类问题，可利用标注好的数据进行模型训练；而远程监督实体关系抽取方法可以自动标注大量训练样本，并通过网络结构的特殊设计和引入注意力机制等措施减少其中噪声数据对模型的影响。另外，还可以设计端到端网络模型同时实现命名实体的识别和关系抽取。

3.6.4 知识图谱的应用

自知识图谱技术提出以来，已经构建了很多大型知识图谱，其中包括不少基于百科类知识资源的通用知识图谱。2012 年维基媒体基金会（Wikimedia Foundation）负责启动了一个开放式、可协作编辑的多语言知识图谱 WikiData，可为维基百科、维基共享资源及维基媒体基金会其他项目提供支持。WikiData 支持标准格式导出，能够为用户自由使用，截至 2021 年年底其中已经包含上亿个词条。YAGO 是德国马克斯-普朗克研究所构建的大型多语言知识图谱，其信息主要来源于维基百科、WordNet 和 GeoNames。2020 年发布的 YAGO 4 中包含约 6 400 万个实体和 20 亿条三元组。YAGO 是 IBM 智能问答机器人 Watson 的后端知识库之一。

BabelNet 是由罗马大学计算语言实验室创建的包含多语言词汇语义网络和本体的大型知识图谱，可广泛应用于多语种自然语言处理中。BabelNet 5.0 版本已涵盖约 500 种语言、2 000万同义词集合和 14 亿条词义。OwnThink 是一个大规模中文开放知识图谱项目，其中融合了 2 500 多万个实体，拥有上亿级别的实体属性关系，可将其应用于对话机器人、智能搜索等不同领域。XLORE 是融合中英文维基和百度百科，对百科知识进行结构化和跨语言链接构建的多语言知识图谱，由清华大学知识工程研究所自主构建而成，被应用于新闻事件分析挖掘、搜索系统实体链接等。截至 2021 年年底，XLORE 包含 2 600 多万个实体、230 多万个概念及 50 多万个关系。

知识图谱具有广泛的应用领域和应用前景，在包括知识库问答、对话机器人、自然语言生成、智能搜索、情感分析、智慧医疗和金融投资等各种不同领域或任务中都有重要应用。例如，2011 年 IBM 智能问答机器人 Watson 在美国电视智力问答节目“Jeopardy!”中上演了人机大战，最终击败两位人类冠军，赢得最后胜利。这场胜利的背后离不开知识图谱相关技术的支撑。在电子商务领域，阿里巴巴等企业积聚了海量的商品和交易数据，构建了超大规模的商品知识图谱，可以广泛应用于搜索、导购、平台治理、智能问答等业务，极大地提升消费者的购物体验。清华大学推出了以科研为中心的大规模知识图谱 SciKG，目前涉及计算机科学领域，由该领域的概念、专家和论文组成，可用于更好地理解计算机科学的研究动态和发展变化，帮助研究人员对该领域的专家和论文进行搜索和推荐。

3.7　不确定性推理

3.7.1　不确定性概述

现实世界中人们能够获取和掌握的信息与知识很多都具有不确定性。这种不确定性存在着客观和主观两方面因素：

(1) 在客观上主要是由于现实世界的复杂和多变性，导致难以用确定性的事实和知识进行描述。例如，由于影响天气变化的因素是复杂和多方面的，尽管可以利用气象知识进行天气预报，但是它仍然还是存在不确定性。

(2) 在主观上主要是由于人们自身观察与认识的局限性和主观性，使得所掌握的信息和知识是不完全和不精确的。例如，对于某项疾病，在相关医学理论尚不完善或检测仪器不够精准（或没有进行完全检测）的情况下，它的诊断就会存在不确定性，甚至是完全依靠经验。

逻辑推理方法不适用于具有不确定性的知识。例如，考虑一个基于逻辑推理进行简单病症诊断的例子：咳嗽 $\Rightarrow$ 感冒。显然，这种推理是错误的，不是所有的咳嗽都可诊断为感冒，也有可能是过敏、咽炎等引起的。因此，一个更合理的表达是：咳嗽 $\Rightarrow$ 感冒 $\vee$ 过敏 $\vee$ 咽炎 $\vee \cdots$。然而这样太过宽泛，无法得到有意义的推理结论，实际中也很难枚举出所有可能的病因。另外，也可以尝试将上面的诊断规则改成一个因果规则：感冒→咳嗽。但这条规则也是错误的，并不是所有的感冒都会引起咳嗽，可能只是表现出发烧、头痛或流涕等症状。可见，逻辑推理等确定性推理方法应用于像医疗诊断等具有不确定性的领域时显然容易导致失败。

除医学领域外，实际中很多需要判断和决策的领域都存在不确定性，如天气预报、故障诊断和商业投资领域等。在涉及不确定的知识或结论时一般考虑的是它们的可能性或置信度，而处理置信度和可能性较为通用和有效的工具是概率理论。概率提供了一种方法来表达由问题的复杂性、不完全性或经验性等各种因素产生的不确定性。例如，也许我们不确定咳嗽病症的复杂原因和机理，但是相信一般情况下患感冒的人有咳嗽的可能性，如 60%的概率。这种可能性或置信度可由统计数据获得，即在统计的感冒病人中，有 60%的人有咳嗽症状。同时，它也可由相关的医学知识获得。

需要注意的是，真实的结果一般是不存在不确定性的，有咳嗽症状者要么患感冒，要么没有患感冒。“患感冒的概率是 60%”是根据当前的症状所做出的判断，而不是描述最终的真实结果。当了解到咳嗽者还有流涕的症状时，则患感冒的概率也许能增加到 90%。因此，这里的概率是根据当前掌握的证据或知识所做出的不确定性判断。

除知识会存在不确定性外，推理所用到的证据也会存在不确定性。证据可以是整个推理最开始运用的初始证据，也可以是推理过程中产生的中间结果，有时还会涉及多个证据的组合。与确定性推理一样，不确定性推理也是一种不断运用证据和知识进行推理的过程。

3.7.2 不确定性的概率表示和推理

1. 不确定性的概率表示

在不确定性推理中，可通过概率的形式来对一个事件或结论的可能性进行描述。例如，某人患上感冒的事件概率可表示为 $P(\text{cold})$（“cold”代表感冒）。这样的概率属于无条件概率，或称为“先验概率”，表示在不知道任何进一步的信息情况下对可能性的判断。实际中，一般会获得一些相关信息以进行更为准确的推理，这样的信息即称为“证据”。例如，在获知某人有咳嗽（cough）症状后，对其患感冒可能性的判断变为 $P(\text{cold} \mid \text{cough})$。这样的概率属于条件概率，在推理和预测中也经常称为“后验概率”，表示在观察到某些证据后对可能性的判断。显然，相比于先验概率，咳嗽证据能够增强我们对于感冒可能性的判断。

概率断言 $P(\text{cold} \mid \text{cough})=0.6$ 实际上就表示了有关感冒诊断的一条不确定性知识。但需注意它与第2章中逻辑蕴涵的本质区别：$P(\text{cold} \mid \text{cough})=0.6$ 并不表示“只要 cough 为真，那么 cold 为真的概率是 0.6”，而是“只要 cough 为真，在没有进一步掌握其他信息的情况下，对 cold 为真概率的判断只能是 0.6”。例如，当我们获得进一步信息，如该病人还有头痛（headache）症状，则感冒的概率可能变为 $P(\text{cold} \mid \text{cough}, \text{headache})=0.8$。

对于任意命题 A 和 B，条件概率在数学上可表达为

$$P(\text{A} \mid \text{B})=\frac{P(\text{A} \wedge \text{B})}{P(\text{B})} \tag{3.1}$$

式中，$P(\text{A} \wedge \text{B})$ 表示 A 和 B 的联合概率，它可通过乘法规则表示为如下形式：

$$P(\text{A} \wedge \text{B})=P(\text{A} \mid \text{B})P(\text{B}) \tag{3.2}$$

若在联合概率分布中考虑了概率模型中所有的随机变量，则对应的联合概率分布称为“全联合概率分布”。例如，在上述有关感冒的概率模型中，假设其包含的所有变量为 cold，cough 和 headache，则全联合概率表示为 $P(\text{cold} \wedge \text{cough} \wedge \text{headache})$。其中 cold，cough 和 headache 都是取值为“真”或“假”的布尔变量，因此需要用 $2^3=8$ 个概率值来完整表示该全联合概率分布，假设各概率值如表 3.1 所示。

表 3.1 变量 cold，cough 和 headache 的全联合概率分布

变量	cough		¬ cough	
	headache	¬ headache	headache	¬ headache
cold	0. 133	0. 019	0. 080	0. 0114
¬ cold	0. 021	0. 063	0. 168	0. 504

2. 基于全联合概率分布的推理过程

在全联合概率分布基础上，通过边缘化（marginalization）可以得到所关心命题的无条件概率。边缘化是从联合概率分布中提取其中某个或某些随机变量概率分布的过程。例如，若将整个随机变量（离散情形）的集合分为两个子集 X 和 Y，求取变量 X 的概率分布的边缘化操作可表达为

$$P(X) = \sum_{y \in Y} P(X, y) \tag{3.3}$$

式中，$\sum_{y \in Y}$ 表示针对集合 Y 中变量的所有可能取值情况进行求和。

例如，若要求取变量 cold 的概率分布，则令上式中的 $X=$cold，Y 为{cough，headache}。根据上式可得到患感冒的无条件概率为（将表 3.1中所有 cold 为真的概率值相加）：

$$P(\text{cold}) = 0.133+0.019+0.080+0.0114=0.24$$

推理时关心的不是先验概率，而是已知一些变量值的证据下另一些变量的条件概率。例如，若想知道咳嗽症状下患感冒的概率，则可根据式（3.1）计算如下条件概率：

$$P(\text{cold} \mid \text{cough}) = \frac{\text{P}(\text{cold} \wedge \text{cough})}{\text{P}(\text{cough})} = \frac{0.133+0.019}{0.133+0.019+0.021+0.063} = 0.64$$

类似地，在发现咳嗽症状的情况下，推断未患感冒的概率为

$$P(\neg \text{cold} \mid \text{cough}) = \frac{P(\neg \text{cold} \wedge \text{cough})}{P(\text{cough})} = \frac{0.021+0.063}{0.133+0.019+0.021+0.063} = 0.36$$

上述条件概率中，先验概率 $P(\text{cough})$ 可视为它们的归一化常数，从而使得概率之和为 1。这意味着条件概率也可以记为如下简化形式：

$$P(\text{cold} \mid \text{cough}) = \alpha P(\text{cold} \wedge \text{cough})$$

式中，α 为某一常数（若要得到归一化后的概率结果，可通过再计算 $P(\neg \text{cold} \wedge \text{cough})$ 推导出具体的 α 值）。引入未知常数 α 的好处是在概率演算和推理时可以暂时不用管 $P(\text{cough})$ 的具体值，这在某些先验概率不便计算的情况下尤为有用。

从上面的例子可总结出基于给定全联合概率分布的一个通用推理过程。假设 X 表示需要推理的变量（上例中为 cold），Z 为证据变量的集合（上例中仅有

cough)，e 为其观测值（上例中 cough 的值为“真”），Y 为其他未观测变量的集合（上例中仅涉及 headache)，则由所观测证据获得推理结果的计算式为

$$P(X \mid e) = \alpha P(X,e) = \alpha \sum_{y \in Y} P(X,e,y) \tag{3.4}$$

其中，第二个等式利用的是对联合概率分布的边缘化处理。

通过给定的全联合概率分布，运用式（3.4）进行概率推理的方法在实际中更多的是具有理论意义，实用性较低。其中的一个重要问题是随着变量数目的增多，推理计算的复杂度呈指数级增加。例如，对于一个由 n 个布尔变量描述的问题，需要指定一个条目数为 $O(2^n)$ 的概率表来描述全联合概率分布，同时也可能花费同等量级的代价来实现相关的推理计算。实际问题中变量的数目很容易过百，显然按照这种方法处理是不切实际的。然而，它仍然可以作为构造其他更有效方法的理论基础。接下来，具体介绍如何利用贝叶斯网络来实现更高效的推理。

3.8 贝叶斯网络

3.8.1 相关定理和概念

1. 贝叶斯规则

上节中的式（3.2）给出了联合概率计算的乘法规则，它进一步可写为如下形式：

$$P(\mathrm{A} \wedge \mathrm{B}) = P(\mathrm{A} \mid \mathrm{B})P(\mathrm{B}) = P(\mathrm{B} \mid \mathrm{A})P(\mathrm{A}) \tag{3.5}$$

于是有

$$P(\mathrm{B} \mid \mathrm{A}) = \frac{P(\mathrm{A} \mid \mathrm{B})P(\mathrm{B})}{P(\mathrm{A})} \tag{3.6}$$

上式给出的就是著名的“贝叶斯规则”（也称“贝叶斯定理”“贝叶斯公式”等）。在某些场合，可能还需要加上某个证据 e 作为背景条件，于是得到如下更通用的表达式：

$$P(\mathrm{B} \mid \mathrm{A},e) = \frac{P(\mathrm{A} \mid \mathrm{B},e)P(\mathrm{B} \mid e)}{P(\mathrm{A} \mid e)} \tag{3.7}$$

尽管贝叶斯规则看上去很简单，但在实际中非常有用，它是很多现代人工智能系统实现概率推理的基础。考虑前面感冒诊断的例子，按照贝叶斯规则可得到如下关系：

$$P(\mathrm{cold} \mid \mathrm{cough}) = \frac{P(\mathrm{cough} \mid \mathrm{cold})P(\mathrm{cold})}{P(\mathrm{cough})} \tag{3.8}$$

式中，$P(\mathrm{cough} \mid \mathrm{cold})$ 可看作描述了一种因果关系，其中感冒 cold 是因，咳嗽

cough 是果；$P(\text{cold}|\text{cough})$表达的是诊断关系。实际中，医生可能很难弄清一个有咳嗽症状的人有多大概率是患上感冒，但是相对容易知道感冒有多大概率会引起咳嗽；再加上所掌握的先验概率 $P(\text{cold})$和 $P(\text{cough})$，通过上式的计算就可得出 $P(\text{cold}|\text{cough})$，从而反过来实现对感冒的诊断。

为了进一步理解，接下来再以脑膜炎诊断的例子①进行说明。在现实中，医生通常是由因果关系给出的条件概率进行疾病诊断。例如，医生知道脑膜炎会引起病人脖子僵硬，假设概率为 70%。另外，根据以往数据还了解到如下事实：该地区病人患脑膜炎的先验概率是 1/50 000；任何病人脖子僵硬的先验概率为 0.01。令 S 表示"病人脖子僵硬"，M 表示"病人患有脑膜炎"，则

$$P(\mathrm{S}|\mathrm{M})=0.7, P(\mathrm{M})=1/50\ 000, P(\mathrm{S})=0.01$$

运用贝叶斯规则，可以得到如下诊断结果：

$$P(\mathrm{M}|\mathrm{S})=\frac{P(\mathrm{S}|\mathrm{M})P(\mathrm{M})}{P(\mathrm{S})}=\frac{0.7\times 1/50\ 000}{0.01}=0.001\ 4$$

即有脖子僵硬症状的人患脑膜炎的概率为 0.001 4。由此可见，运用贝叶斯规则能够有效利用因果知识获得推理结果。同时还可以看到，尽管脑膜炎患者会有很高的概率（70%）出现脖子僵硬症状，但是脖子僵硬症状的人患脑膜炎的概率依然很低。这是因为根据先验知识该地区是很少有人会患脑膜炎病的（它的先验概率远低于任何病人出现脖子僵硬症状的概率），尽管有人出现了脖子僵硬症状，也不一定就是因为患上脑膜炎，而极有可能是其他原因引起的。这一点符合我们的直观理解和推断。

上例还有一个问题可能会引发进一步思索和疑问：为什么不能直接观察和统计条件概率$P(\mathrm{M}|\mathrm{S})$，即有脖子僵硬症状的人中有多大比例是患脑膜炎，直接获得这样的诊断知识，就不需要利用贝叶斯规则。虽然理论上如此，但是实际中这种诊断知识要比因果知识脆弱得多。若该地区突然流行脑膜炎，那么先验概率 $P(\mathrm{M})$就会增大；同时，先前观察统计得到的概率 $P(\mathrm{M}|\mathrm{S})$就不适用（显然，此时若发现某人有脖子僵硬症状，则其患脑膜炎的可能性就变大），也很难及时更新。但是脑膜炎突然流行这一外在环境变化不会影响因果知识 $P(\mathrm{S}|\mathrm{M})$，它反映的是脑膜炎自身的特性。贝叶斯规则在此基础上可以结合脑膜炎流行的先验知识（即先验概率 $P(\mathrm{M})$），使得诊断结果得到正确更新。因此，利用因果知识（或内在模型知识）能够保证实际系统推理的鲁棒性和灵活性。

2. 条件独立性

在概率理论中，独立性是一个很重要的概念。若两个随机变量 X 和 Y 具有独

① 该例源自参考文献"Stuart J. Russell and Peter Norvig. Artificial intelligence: a modern approach [M]. 4th Edition, 2021"。

立性，意味着它们不会相互影响，即

$$P(X \mid Y)=P(X) \text{ 或 } P(Y \mid X)=P(Y) \tag{3.9}$$

同时可得到如下联合概率表达式：

$$P(X,Y)=P(X)P(Y) \tag{3.10}$$

可以证明，上面三个等式是等价的，它们中的任何一个都是 X 和 Y 具有独立性的充分必要条件（此处所指的独立性也称为“绝对独立性”）。独立性的存在可以有效简化联合概率分布的表示。例如，对于存在三个布尔变量 X、Y 和 Z 的概率模型，它的全联合概率分布$P(X,Y,Z)$需要用包含$2^3=8$ 个概率值的表格来表示，但若这三个变量都是独立的，则有

$$P(X,Y,Z)=P(X \mid Y,Z)P(Y \mid Z)P(Z)=P(X)P(Y)P(Z) \tag{3.11}$$

注意，上述等式中的第二项是连续利用了联合概率计算的乘法规则（如式（3.2）所示）得到；第三项结果是由三个变量的独立性得到。显然，在三个变量具有独立性的情况下，仅由这些变量概率分布的乘积就可构建出所有变量的全联合概率分布。因此，独立性有助于减小问题表示的规模并降低推理的复杂度。

实际系统中随机变量间存在绝对独立性的情况较少，大部分变量都会受到其他一个或多个变量的影响，即它们是条件独立的。为说明条件独立性的概念及其对于概率推理的意义，仍回到前面提到的感冒诊断问题：若知道某人既有咳嗽症状（cough），又有头痛症状（headache），要推断其患感冒的概率 $P(\text{cold} \mid \text{cough} \wedge \text{headache})$。这属于组合证据的推理问题，对此可利用表 3.1 给出的全联合概率分布进行计算：

$$P(\text{cold} \mid \text{cough} \wedge \text{headache})=\alpha P(\text{cold} \wedge \text{cough} \wedge \text{headache})=0.133\alpha$$

另外，有

$$P(\neg \text{cold} \mid \text{cough} \wedge \text{headache})=\alpha P(\neg \text{cold} \wedge \text{cough} \wedge \text{headache})=0.021\alpha$$

由于上述两概率之和为 1，可得 $\alpha=6.5$，于是 $P(\text{cold} \mid \text{cough} \wedge \text{headache})=0.86$，即该病人患感冒的概率是 86%。

然而 3.7.2 节中曾分析过，这种方法无法推广到有大量变量的情形，其表示的规模和复杂度会指数级上升。为此，可以尝试采用贝叶斯规则通过因果关系来推理，即利用下式进行计算：

$$P(\text{cold} \mid \text{cough} \wedge \text{headache})=\alpha P(\text{cough} \wedge \text{headache} \mid \text{cold})P(\text{cold})$$

为计算上式，需要知道在感冒条件下合取式 cough ∧ headache 的概率。在只有两个证据变量组合的情况下是容易得到的，但是当变量增多时它的可操作性也会显著降低。虽然利用变量之间的绝对独立性可以简化概率表达式，但是 cough 和 headache 间并不存在这种关系，它们之间会存在关联：如果病人咳嗽，那么可能患上感冒，而感冒有可能引起头痛；反之也是如此。不过，好在 $P(\text{cough} \wedge$

headache | cold) 是在感冒前提下所作的判断，在这种情况下实际上 cough 和 headache 是条件独立的，也即在给定 cold 条件下 cough 和 headache 是独立的。类似于绝对独立性，由条件独立性可得

$$P(\text{cough} \wedge \text{headache} \mid \text{cold}) = P(\text{cough} \mid \text{cold}) P(\text{headache} \mid \text{cold})$$

于是，基于组合证据的推理计算式变为

$$P(\text{cold} \mid \text{cough} \wedge \text{headache}) = \alpha P(\text{cough} \mid \text{cold}) P(\text{headache} \mid \text{cold}) P(\text{cold})$$

此时推理计算过程就只需综合各条单独的因果知识。

相对于绝对独立性，条件独立性看上去并不易于直观理解。对于上面的例子，可以这样认为："在已知某人患感冒后，我们对其会否出现咳嗽和头痛症状的判断是彼此独立的，即感冒患者出现咳嗽症状并不意味着会以任何概率出现头痛症状（反之也是如此）"，则相对容易理解。给定某个随机变量 Z，变量 X 和 Y 具有条件独立性可表达为

$$P(X \mid Y,Z) = P(X \mid Z) \text{ 或 } P(Y \mid X,Z) = P(Y \mid Z)$$

$$\text{或 } P(X,Y \mid Z) = P(X \mid Z) P(Y \mid Z)$$

与绝对独立性的情况一样，上述三个等式是等价的。

运用条件独立性也可以简化全联合概率的表示，例如：

$$\begin{aligned} & P(\text{cough}, \text{headache}, \text{cold}) \\ = & P(\text{cough} \mid \text{headache}, \text{cold}) P(\text{headache} \mid \text{cold}) P(\text{cold}) \\ = & P(\text{cough} \mid \text{cold}) P(\text{headache} \mid \text{cold}) P(\text{cold}) \end{aligned}$$

与基于绝对独立性的简化相比，基于条件独立性的方法更具有现实意义，这是因为实际系统中随机变量的绝对独立性可遇而不可求，而条件独立性的存在较为普遍，一般情况下每个随机变量都只是与少数几个其他变量有直接联系。通过条件独立性可以将概率推理中问题表示的规模从 $O(2^n)$ 降为 $O(n)$，使得在智能系统中针对复杂问题基于因果关系进行不确定性推理变为可能，这也是人工智能发展中的一个重大进展。

3.8.2　贝叶斯网络的概念及理论

由上节内容可知，通过条件独立性能够有效简化全联合概率分布的表示，并且方便运用贝叶斯规则和因果关系进行不确定性推理。本节介绍在此基础上构建的贝叶斯网络，它可看作是一种表示不同变量之间依赖关系的概率图模型，能够解决更复杂的推理问题。贝叶斯网络由计算机科学家朱迪亚·珀尔（Judea Pearl）于 20 世纪 80 年代开始提出并发展起来，2011 年他也因在人工智能概率和因果推理方法研究方面的基础性贡献而获得图灵奖。

1. 贝叶斯网络的概念

贝叶斯网络（Bayesian network）是一种概率图模型，有时也称为信念网络

(Belief network)、因果网络（Causal network）等。贝叶斯网络形式上是一个有向无环图，它具有如下特点：

(1) 每个节点唯一对应着一个随机变量（可以是离散或连续的变量，为简便起见，本书示例中的变量都是离散的）。

(2) 节点间用有向边连接，表示它们之间存在依赖关系。例如，若有向边由节点 X 指向节点 Y，则表示节点 X 对 Y 有直接影响，其中 X 是父节点，Y 是它的子节点。

(3) 对于每个节点X_i，都有一个条件概率分布 $P(X_i \mid Par(X_i))$，以描述其父节点（若存在）对该节点的影响。其中，$Par(X_i)$表示X_i所有父节点变量的集合（可能存在不止一个父节点）。

在贝叶斯网络中所有节点和有向边构成一个图结构，且其中不存在环路。因此，贝叶斯网络呈现出一种有向无环图的结构。两节点之间若存在有向边连接，表示其中父节点对子节点有直接影响。在因果关系描述中通常父节点代表原因，子节点对应着结果。例如，图 3.23 给出了一个简单的描述感冒问题的贝叶斯网络结构。其中表示出了“cold”是“cough”和“headache”的直接原因，而子节点“cough”和“headache”并不存在直接关系，在给定“cold”时它们的条件独立性也通过未直接连接得到反映。除此之外，图中还考虑了天气（weather）有可能是造成感冒（cold）的一个因素。

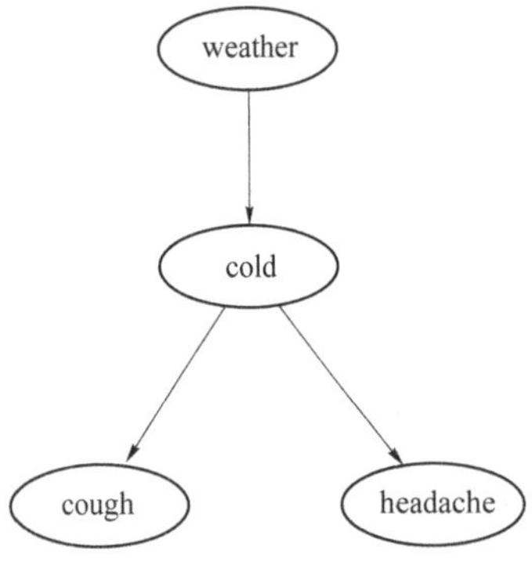

图 3.23　感冒问题的贝叶斯网络结构

设计好贝叶斯网络的拓扑结构后，只需为每个变量指定其相对于父节点的条件概率就可得到完整的贝叶斯网络模型，接下来由它可以确定全联合概率分布，并进行概率推理。下面通过一个经典的防盗报警问题例子来更好地理解贝叶斯网络。

假设在住宅里安装了一个防盗报警器，能够较为可靠地探测盗贼的闯入并发出警报声，但是偶尔也会对轻微的地震有反应而发生虚报。有两个邻居 John 和 Mary，他们承诺在住宅主人外出时若听到警报声会打电话通知他（她），但有时他们也会误把屋内电话铃声当成警报声。同时，他们由于会偶尔外出、受到其他声音干扰等，有时也可能听不到警报声。图 3.24 给出了对应的贝叶斯网络，其中各随机变量都是布尔变量：“Burglary”（简写为“B”）代表是否有入室盗窃，“Earthquake”（简写为“E”）代表是否有地震，“Alarm”（简写为“A”）代表是否有警报，“JohnCalls”和“MaryCalls”（简写为“J”和“M”）

分别代表 John 和 Mary 是否打电话通知。

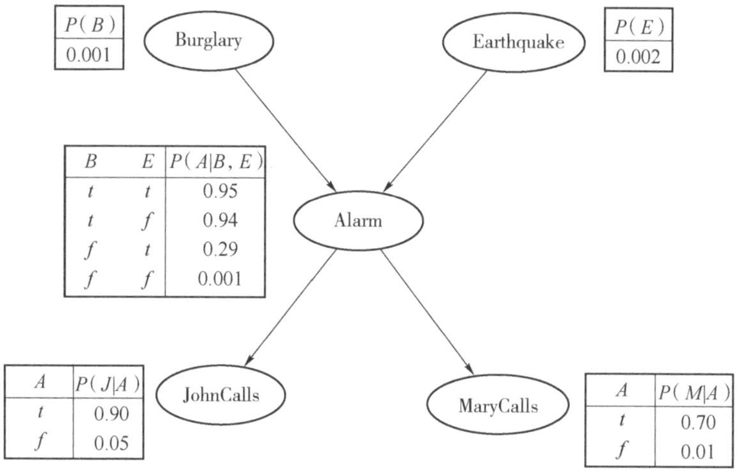

图 3.24　防盗报警问题的贝叶斯网络

各随机变量旁给出了相应的条件概率表（“*t*”和“*f*”分别代表对应变量值为“真（*true*）”和“假（*false*）”；其中，对于没有父节点的节点给出的是先验概率，并且只给出了对应变量值为“真”时的概率）。在该贝叶斯网络中，假设 John 和 Mary 是否打电话仅取决于各自是否听到警报声，并且在打电话之前也不会相互沟通，因此 JohnCalls 和 MaryCalls 节点间不存在直接连接，它们在给定 Alarm 的情况下是条件独立的。对于该例，一个很现实的推理问题是：当住宅主人接到 John 或 Mary 打来的电话时，家中有多大概率是发生了盗贼闯入。后面进一步介绍贝叶斯网络推理时将给出具体答案。

2. 贝叶斯网络中的全联合概率分布表示

运用乘法规则（见式（3.2）），可将随机变量$\{X_1,X_2,\cdots,X_n\}$的联合概率分布表示为

$$P(X_1,X_2,\cdots,X_n)=P(X_n \mid X_{n-1},\cdots,X_1)P(X_{n-1},\cdots,X_1) \tag{3.12}$$

对上式中的联合概率分布$P(X_{n-1},X_{n-2},\cdots,X_1)$再应用乘法规则，得到

$$P(X_{n-1},\cdots,X_1)=P(X_{n-1} \mid X_{n-2},\cdots,X_1)P(X_{n-2},\cdots,X_1) \tag{3.13}$$

对剩余的联合概率分布不断重复上述过程，最终可得到如下全联合概率分布表示：

$$\begin{aligned}&P(X_1,X_2,\cdots,X_n)\\&=P(X_n \mid X_{n-1},\cdots,X_1)P(X_{n-1} \mid X_{n-2},\cdots,X_1)\cdots P(x_2 \mid X_1)P(X_1)\end{aligned} \tag{3.14}$$

显然，上式对于任何随机变量集合都成立。

在描述上述变量关系的贝叶斯网络中，若$Par(X_i)\subseteq\{X_{i-1},\cdots,X_1\}$，则由于

变量X_i只依赖于$Par(X_i)$，不受其他变量直接影响，可得

$$P(X_i \mid X_{i-1},\cdots,X_1)=P(X_i \mid Par(X_i)) \tag{3.15}$$

于是，全联合概率分布可表示为

$$P(X_1,X_2,\cdots,X_n)=\prod_{i=1}^{n}P(X_i \mid Par(X_i)) \tag{3.16}$$

即：在贝叶斯网络中，全联合概率分布表示可以简化为所有变量条件概率分布$P(X_i \mid Par(X_i))$的乘积。显然，任何贝叶斯网络对应的全联合概率分布总能表示成上述形式。这是因为只要在变量集合$\{X_1,X_2,\cdots,X_n\}$中按照父节点在前、其子节点在后的顺序对各变量进行排序，就能够使$Par(X_i)\subseteq\{X_{i-1},\cdots,X_1\}$始终得到满足。

运用式（3.16）可以很方便地计算贝叶斯网络中一些特定事件的概率。例如，在图3.24所示的贝叶斯网络中，若想知道有盗贼闯入，报警器响了，且Mary打电话而John未打电话的概率，则可按下式进行计算：

$$\begin{aligned}P(b,a,m,\neg j)&=P(b,e,a,m,\neg j)+P(b,\neg e,a,m,\neg j)\\&=P(\neg j \mid a)P(m \mid a)P(a \mid b\wedge e)P(b)P(e)+\\&\quad P(\neg j \mid a)P(m \mid a)P(a \mid b\wedge\neg e)P(b)P(\neg e)\\&=0.10\times0.70\times0.95\times0.001\times0.002+\\&\quad 0.10\times0.70\times0.94\times0.001\times0.998\\&=0.000\,065\,8\end{aligned}$$

其中用对应的小写字母b代表变量B取值为“真”的状态，对于其他变量也是如此。可以看到，上述概率值非常小，其中一个重要原因是发生盗贼闯入的先验概率本身就很小。

贝叶斯网络能够大大降低问题表示的规模和计算复杂度。例如，对于一个包含n个布尔变量的贝叶斯网络，若每个变量至多受到其他k个变量的直接影响，则每个变量的条件概率表所包含的条目数至多为2^k，描述整个问题的条目总数可由2^n降为至多$2^k n$。贝叶斯网络的这种优势从结构上看是由于其局部化的连接（即每个节点只是与有限数量的其他节点直接连接），从概率理论上看则是由于条件独立性的存在和利用。

3. 贝叶斯网络中的条件独立关系

从上面的讨论可以看到，变量间的条件独立关系是实现简化相关问题表示和计算的基础。实际上，从网络的拓扑结构上可直接对网络中包含的条件独立关系进行判别。

首先，由上节的讨论可很容易得到一个结论：在给定某个节点的所有父节点情况下，该节点条件独立于它的非后代节点。例如在图3.24中，给定Alarm的情况下，节点JohnCalls条件独立于节点MaryCalls、Earthquake和Burglary。

进一步地，对于每一个节点，它的父节点、子节点以及子节点的其余父节点构成了一个马尔可夫覆盖（Markov blanket）。给定一个节点的马尔可夫覆盖，该节点与网络中的所有其他节点都是条件独立的。例如，在图 3.25 中节点X_5 对应的马尔可夫覆盖由阴影部分包含的节点组成，在给定这些节点的情况下，X_5 条件独立于 X_1、X_4、X_7、X_{10}、X_{11}。

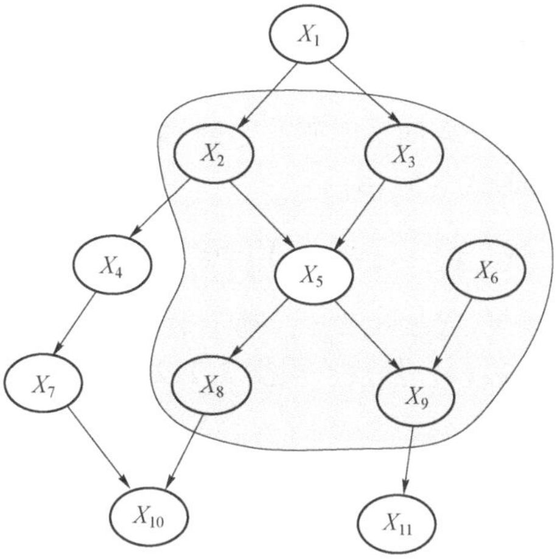

图 3.25　贝叶斯网络中节点的马尔可夫覆盖

3.8.3　贝叶斯网络推理

贝叶斯网络推理是给定网络中一组变量取值的情况下，根据网络模型计算另外一些变量的后验概率分布。其中，给定的变量一般称为证据变量，其取值也称为证据变量的观测值，需要求取后验概率分布的变量也称为查询变量。假设 X 表示某查询变量，$E=\{E_1,E_2,\cdots,E_n\}$ 表示证据变量集合，证据变量观测值的集合记为 $e=\{e_1,e_2,\cdots,e_n\}$，它通常表示一个观察到的特定事件。此外，整个变量集合中还包括既非证据变量也非查询变量的变量，它们的集合记为 $Y=\{Y_1,Y_2,\cdots,Y_n\}$。概率推理就是要计算获得证据观测后的概率 $P(X\mid e)$。例如在图 3.24 所示的防盗报警贝叶斯网络中，假设 Mary 和 John 都打来电话，获得这一证据事件后，很自然地就希望推理出此时住宅出现盗贼的概率 $P(b\mid m,j)$是多少。

按照是否采用精确的方式来计算查询变量的后验概率，贝叶斯网络推理可分为精确推理和非精确推理两大类。其中，贝叶斯网络精确推理计算的复杂度很大程度上取决于网络结构，结构越复杂的网络其精确推理的计算复杂度越高。一般地，对于具有单连通性的网络，即在不考虑有向边方向的前提下，网络中任意两节点之间最多只通过一条路径相连接（例如，图 3.23 和图 3.24 所示的都是单连通网络结构），精确推理的计算复杂度与网络节点数量呈线性关系。但是，对于多连通网络（例如，图 3.25 所示的网络结构），精确推理计算的复杂度可达到指数级。因此，精确推理算法适用于结构较简单、规模较小的贝叶斯网络推理；而对于复杂的多连通贝叶斯网络，可采用近似推理方法，通过适当降低推理的精度来获得较高的推理效率。

1. 贝叶斯网络的精确推理

贝叶斯网络精确推理是按照相关的概率公式直接计算查询变量后验概率的精确值。下面通过介绍其中最基本的一种方法——枚举法，来理解贝叶斯网络的精确推理过程。

前面已经讨论过，贝叶斯网络中所有变量 $\{X_1, X_2, \cdots, X_n\}$ 的全联合概率分布可简化为如下表达式（即式（3.16））：

$$P(X_1, X_2, \cdots, X_n) = \prod_{i=1}^{n} P(X_i \mid Par(X_i))$$

由于集合 $\{X\} \cup E \cup Y = \{X_1, X_2, \cdots, X_n\}$，基于上述表达式可计算出对应变量特定取值下的联合概率 $P(X, e, y)$。然后，根据 3.7.2 节中的式（3.4）可计算得到查询变量的后验概率，即

$$P(X \mid e) = \alpha P(X, e) = \alpha \sum\nolimits_{y \in Y} P(X, e, y)$$

由上两式可知，可通过计算贝叶斯网络中所有条件概率的乘积，然后进行边缘化得到最终的概率推理结果。

下面仍以图 3.24 所示的防盗报警贝叶斯网络为例进行说明，假设需要计算的后验概率为 $P(b \mid m, j)$，即 Mary 和 John 都打来电话时，有多大概率是住宅真正发生了盗贼闯入。具体计算过程如下：

$$\begin{aligned}
P(b \mid m, j) &= \alpha \sum_{e} \sum_{a} P(b, m, j, e, a) \\
&= \alpha \sum_{e} \sum_{a} P(m \mid a) P(j \mid a) P(a \mid b, e) P(b) P(e) \\
&= \alpha P(b) \sum_{e} P(e) \sum_{a} P(m \mid a) P(j \mid a) P(a \mid b, e) \\
&= \alpha P(b) P(e) P(m \mid a) P(j \mid a) P(a \mid b, e) + \\
&\quad \alpha P(b) P(e) P(m \mid \neg a) P(j \mid \neg a) P(\neg a \mid b, e) + \\
&\quad \alpha P(b) P(\neg e) P(m \mid a) P(j \mid a) P(a \mid b, \neg e) + \\
&\quad \alpha P(b) P(\neg e) P(m \mid \neg a) P(j \mid \neg a) P(\neg a \mid b, \neg e) \\
&= \alpha P(b) \{ P(e) [P(m \mid a) P(j \mid a) P(a \mid b, e) + \\
&\quad P(m \mid \neg a) P(j \mid \neg a) P(\neg a \mid b, e)] + \\
&\quad P(\neg e) [P(m \mid a) P(j \mid a) P(a \mid b, \neg e) + \\
&\quad P(m \mid \neg a) P(j \mid \neg a) P(\neg a \mid b, \neg e)] \} \\
&= 0.001\alpha [0.002 \times (0.7 \times 0.9 \times 0.95 + 0.01 \times 0.05 \times 0.05) + \\
&\quad 0.998 \times (0.7 \times 0.9 \times 0.94 + 0.01 \times 0.05 \times 0.06)] \\
&= 0.000\,59\alpha
\end{aligned}$$

同理，可计算得到 $P(\neg b \mid m,j)=0.00149\alpha$。由 $P(b \mid m,j)+P(\neg b \mid m,j)=0.00059\alpha+0.00149\alpha=1$ 最后可得 $P(b \mid m,j)=0.284$，即若 Mary 和 John 都打来电话，出现盗贼的概率是 0.284。可以看到，尽管 Mary 和 John 都打来了电话，但是该概率值并不高，这是由于该地区治安非常好，出现入室盗窃的概率极低（先验概率为 0.001）。在这种情况下，报警系统（包括打电话的人）误报的可能性还是较大的。

最基本的枚举法会存在不少重复的计算。例如，在上例的推理计算过程中 $P(m \mid a)P(j \mid a)$ 和 $P(m \mid \neg a)P(j \mid \neg a)$ 分别计算了两次。变量消元法可以有效解决该问题，它通过逐步消去计算公式中的非证据非查询变量 Y 达到避免重复计算，提高算法效率的目的。除此之外，精确推理还存在着其他一些效率较高的算法，如多树传播算法和团树传播算法等。

2. 贝叶斯网络的近似推理

尽管精确推理也存在着一些较为高效的算法，但是大规模多连通网络的精确推理仍然过于复杂，需要考虑采用近似推理方法。本节介绍其中使用较广的一种方法——蒙特卡洛算法（Monte Carlo algorithm），它是一种基于随机采样的统计模拟方法，能够给出推理问题的近似解，其精度主要取决于采样点数量。

1）采样方法的基本思想

对一个随机事件进行采样，当采样次数足够多后，该事件出现的频率将趋近于其发生的实际概率。例如，投掷一个均匀的六面体骰子，得到 6 个可能点数中的每一个点数概率是相等的，即均为 1/6。当进行足够多次的投掷之后（每一次投掷就是一次采样），统计获得的每个点数的频率，其值将趋近于 1/6。类似地，在计算机上可以通过采样算法根据已知概率分布生成样本，当采样点数足够多时，得到的概率分布将近似于实际概率分布。

在贝叶斯网络推理中，为计算后验概率 $P(X \mid e)$，也可以采用基于采样的统计模拟方法。一种最基本的方法是根据网络拓扑结构，依次对每个变量（依据给定父节点后的条件概率）进行采样，所有变量采样完成后得到一个对应事件 $\{x_1, x_2, \cdots, x_n\}$。在经过大量轮次的采样后，可根据采样结果近似计算出各种不同事件的概率。

以图 3.24 所示的防盗报警网络为例，按照网络的拓扑结构，随机变量依次采样的顺序可以为 $\{B, E, A, J, M\}$。各变量采样的过程如下：

（1）从先验概率分布 $P(B)$ 中对变量 B 进行采样，假设获得的结果为 $B=true$；同样，从先验概率分布 $P(E)$ 中对变量 E 进行采样，假设结果为 $E=false$。

（2）得到变量 B 和 E 的采样值后，从条件概率分布 $P(A \mid B=true, E=false)$ 中对变量 A 采样，假设采样结果为 $A=true$。

（3）通过上面的采样给定了节点 A 的值，接下来分别从条件概率分布 $P(J \mid$

$A=true$)和$P(M\mid A=true)$中对变量 J 和 M 进行采样，假设结果为 $J=false$，$M=true$。于是，最终得到的采样结果为{$true$，$false$，$true$，$false$，$true$}。

反复按照上述过程不断采样可获得大量样本。若要计算后验概率 $P(b\mid j,m)$，只需关注其中与证据匹配的样本（即变量取值满足 $J=true$ 和 $M=true$）。统计该类样本集合中 $B=true$ 的样本所占的比例，即得到后验概率 $P(b\mid j,m)$的近似估计。

上述采样方法的问题在于，若实际中与证据匹配的样本在所有样本中所占的比例很低，则即使是采样次数非常多，它们也很少能被采样到。因此，对于复杂问题，这种采样方法并不适用。

2）马尔可夫链蒙特卡洛算法

为解决上述问题，一种有效的做法是将网络中的证据变量固定为观测值，而只对非证据变量进行采样。进一步地，类似于在马尔可夫链中仅由前一状态生成下一状态，在采样过程中可以基于前一个样本通过随机采样生成下一个样本，这种类型的方法也称为马尔可夫链蒙特卡洛（Markov Chain Monte Carlo，MCMC）方法。下面介绍其中一种常用的采样方式——吉布斯（Gibbs）采样，以实现贝叶斯网络的近似推理。

吉布斯采样是在将证据变量固定为观测值的情况下，随机初始化每个非证据变量，通过每次对其中一个非证据变量采样生成下一个样本。其中，每次对某一非证据变量采样依赖于该变量的马尔可夫覆盖中所有变量的当前值，是在给定这些变量当前值的条件概率分布下进行的采样。

接下来仍以防盗报警网络为例，说明吉布斯采样的过程。若在贝叶斯网络推理中需计算后验概率 $P(b\mid j,\ m)$，则首先将其中的证据变量固定为观测值，即令 $J=ture$，$M=true$。假设将其中的非证据变量 B、E 和 A 分别初始化为 $B=false$，$E=true$，$A=false$，则得到的各变量状态为{B，E，A，J，M}={$false$，$true$，$false$，$true$，$true$}，接下来在此基础上以任意顺序对各个非证据变量进行采样：

（1）假设首先对变量 B 进行采样。它的马尔可夫覆盖包含变量 A 和 E，并且它们的当前值分别为 $A=false$ 和 $E=true$。因此，根据条件概率分布 $P(B\mid A=false,\ E=true)$对其进行采样，假设采样结果为 $B=true$。此时，得到的样本为{$true$，$true$，$false$，$true$，$true$}。

（2）然后对变量 E 进行采样。由于它的马尔可夫覆盖中变量的当前值为 $A=false$ 和$B=true$，所以采样是从条件概率分布 $P(E\mid A=false,\ B=true)$中进行，假设结果为 $E=false$。此时样本变为{$true$，$false$，$false$，$true$，$true$}。

（3）接下来对变量 A 进行采样。由其马尔可夫覆盖中变量的当前值可知，采样依据的条件概率分布为 $P(A\mid B=true,\ E=false,\ J=true,\ M=true)$。假设采样结果为 $B=true$，此时得到的样本为{$true$，$false$，$true$，$true$，$true$}。

在固定证据变量的情况下反复对各个非证据变量进行采样，每次采样得到一个

样本，最后通过统计满足 $B=true$ 的样本在所有生成样本中所占的比例来近似计算后验概率 $P(b|j, m)$。理论上可以证明，当采样次数足够多时，吉布斯采样能够返回与后验概率相一致的估计。

习 题

3.1 什么是知识表示？试说明在人工智能系统中知识表示的作用和目的。

3.2 分析产生式表示法的特点，它适合于表示哪种类型和哪些领域的知识？

3.3 框架和语义网络知识表示法有什么联系和区别？由这些知识表示构成的系统如何进行推理？

3.4 试构造一个描述教学楼和教室的框架系统，并给出一个实例。

3.5 已知：李老师是一名大学老师，从 9 月至 12 月给三班讲授“数学分析”课程，试选择一种合适的知识表示方法完成该条知识的表示，并说明如何基于这种知识表示方法通过推理求解问题：李老师讲授哪门课？

3.6 试说明知识表示和专家系统的关系，以及专家系统的一般结构和工作原理。

3.7 什么是知识图谱？试简述知识图谱的原理、特点和作用，知识图谱在实际中有哪些重要应用？

3.8 什么是不确定性推理？简述如何基于所观测证据和贝叶斯定理进行推理，并说明采用贝叶斯定理进行推理的优势。

3.9 在贝叶斯网络中如何利用条件独立性简化联合概率分布的表示？如何确定网络中节点间的条件独立关系？

3.10 为什么贝叶斯网络需要采用近似推理方法？简述蒙特卡洛算法的原理。

第 4 章

问题的搜索求解策略

现实生活中很多问题并无直接求解的方法，或由于其复杂性难以直接获得问题的解。在面对这些问题时，人类往往会采取搜索的思维，即通过搜索各种可能情况，找到问题的解决路径或得到符合要求的结果。在很难直接对问题求解的情况下，搜索不失为一种很好的方法，它也是人类处理和解决问题的一种惯常思维。搜索方法在人工智能领域很早就受到重视，并在各种问题求解中发挥了重要作用，如用来解决计算机下棋问题、机器人或智能车的路径规划问题等。

4.1　人工智能中的搜索策略

很多智力游戏都会让人们很自然地采取搜索的策略来进行问题求解。例如，图 4.1 所示的三阶梵塔问题，其中有三个固定柱子（1、2 和 3）和三个不同尺寸的可移动圆盘（A、B 和 C），每个圆盘中心有孔，可使它们穿在柱子上堆叠在一起。初始状态是全部三个圆盘都堆在柱 1 上，其中最大的圆盘 C 在底部，最小的圆盘 A 在顶部。要求把所有圆盘都移动到柱 3 上，最终的状态如图 4.1（b）所示。每次仅允许移动一个圆盘，移动后的圆盘必须穿于柱子上，且不允许尺寸较大的圆盘放置于尺寸较小的圆盘上。

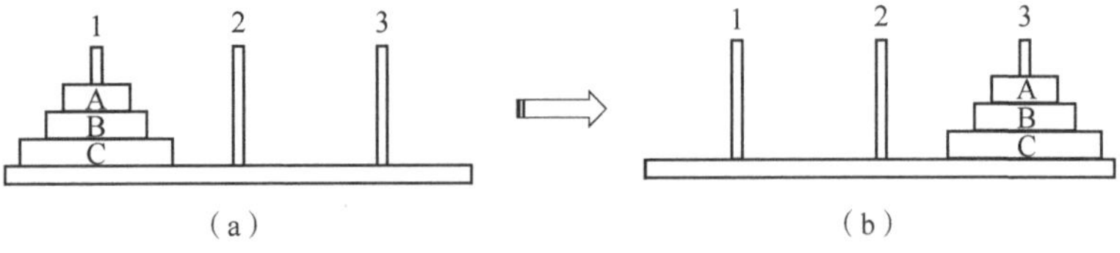

图 4.1　三阶梵塔问题

(a) 初始状态；(b) 目标状态

对上述问题求解就是要寻找到一种圆盘搬移方案，使得最终圆盘的放置达到目标状态。当试图解决该问题时，人们很自然地会在脑海里逐步考虑各个圆盘的可能移动方式。例如，第一步移动圆盘 A 到柱 2，或移动到柱 3；第二步移动圆盘 B 到柱 3，或移动到柱 2；第三步移动圆盘 A 到柱 3，或移动到柱 2 等。在某一状态下通常会有几种不同的移动方式，通过对各种情况的试探和搜索，最终得到该问题的解决方案。当一个问题存在不止一种解时，很多时候还希望搜索获得的是最好的解，例如上述问题中能够达到目标状态最省力的搬移方案（考虑不同圆盘的质量以及搬移次数和距离）。

上例中虽然需要搜索的情况并不复杂，但可很好地体现人们解决问题时的搜索思维。基于这种思维，依靠进一步的算法设计可以求解很多更为复杂的问题。

为了通过搜索方法对问题进行求解，首先需要以适当的形式（符号或图形）将问题表示出来。对于较为复杂的问题，若找不到一种合适的表示形式就无法谈论对它的求解。常用的问题表示方法包括“状态空间表示”和“与或图表示”等。问题表示出来后，搜索算法的任务是要从该问题所有可能的解中找到一个可行解或最优解，其中主要涉及以下三个基本问题：

（1）搜索过程中是否一定能找到一个解。这是首先需要关注的问题，与此相关的其他问题还包括：搜索过程何时终止以及是否会陷入死循环等。

（2）当搜索过程找到一个解时，是否是最优解。若搜索是为了找到最优解，此时实际上解决的是一个最优化问题。此类问题在人们的生产、生活和各种工程技术领域广泛存在。

（3）搜索过程的时间与空间复杂性如何。人们总是希望在最短的时间内，以最小的代价搜索到最好的解。对于复杂问题，这些目标通常很难同时达到，必须根据实际情况作出权衡和折中，或研究更加高效的搜索算法。

相应地，一般可从以下几个方面来讨论搜索算法的性能：

首先是“完备性”。它表示若问题有解，则搜索算法一定能找到一个解；反之，则该搜索算法是不完备的。

其次是“最优性”。它表示如果问题存在最优解，则搜索算法一定能找到最优解；反之，则该搜索算法不具备最优性。

最后是“复杂性”。它反映了算法在时间和空间上的运行开销。显然，人们希望搜索算法在满足完备性的前提下又具有最优性，同时复杂性越小越好。然而，目前很多搜索算法并不能保证同时满足这三个方面的要求。

根据搜索过程中是否运用与特定问题有关的启发式信息，搜索算法可分为“盲目搜索”和“启发式搜索”。其中，盲目搜索不考虑问题本身的特性和任何有关信息，按固定的步骤和次序进行遍历搜索来寻找可行解或最优解。启发式搜索是考虑与特定问题有关的知识或信息，通过它们的启发和引导，预估最佳搜索的方向，尽量减少不必要的搜索步骤，以提高搜索效率。

盲目搜索因为遍历的特性，一般可顺利找到问题的解，但是对于较为复杂的问题，代价较高。启发式搜索由于利用了有利于问题求解的启发式信息，一般能够较快地寻找到问题的解，处理复杂问题时要优于盲目搜索。但是需要注意的是，启发式信息体现的是人们对问题的理解和认识，很多是经验性的，缺乏严格的理论依据。因此，启发式搜索过程有时也并不一定保证像预想的那样能找到问题的最优解。

4.2 问题的状态空间表示

很多问题都可以采用状态空间进行表示，状态空间表示法也属于知识表示的一种基本方法。问题的状态空间是一个表示该问题全部可能状态（或与问题有关的事实和其他信息）及其关系的图。其中，状态可用任何类型的数据结构来描述，如符号、字符串、向量、数组和表格等。

除每种状态外，状态空间中还包含了使一种状态较变为另一种状态的操作算子，其中操作算子可以是某种数学运算、规则或具体动作等，表示引起状态变化的过程性知识。问题的状态空间可以记为一个四元组(S,O,S_0,G)，其中S表示所有状态的集合，O表示操作算子集合，S_0包含问题的初始状态，G代表目标状态。

下面以八数码问题为例说明状态空间表示的概念。如图 4.2 所示，在八数码问题中，存在一个 3×3 的方格盘和值为 1~8 的 8 个数码。其中，每个数码占据一个方格，余下一格为空，以使得周边数码能够向其中移动。假设八数码在方格盘中的初始布局如图 4.2（a）所示，现需要解决的是如何移动数码，使它们最终变为图 4.2（b）所示的有序状态。

7	3	2
4		1
8	6	5

（a）

1	2	3
8		4
7	6	5

（b）

图 4.2 八数码问题

（a）初始布局；（b）目标布局

若用状态空间表示该问题，则显然八数码在方格盘中的每种布局就是一种状态，所有可能的布局组成了状态集合S，其中每一状态可采用在对应位置填有相应数字的 3×3 表格来表示。在该问题中，操作算子是在当前状态下选择空格周边的一个数码移动入空格。若以相应的英文单词代表不同的操作，则选择空格的上、下、左、右任一数码移动入空格的操作算子集合可表示为$O=\{Up, Down, Left, Right\}$。

从初始状态开始，通过不断应用不同的操作算子，可变换到其他各种状态。最终如图 4.3 所示，可展开成一个状态空间图。在状态空间图中，图的节点表示问题的状态。状态空间图实际上属于一种有向图，不同节点间通过一条有向边（或称“弧”）连接，由其中一个节点指向另一节点。例如，若由节点 a 指向另一节点 b，则节点 b 称为节点 a 的子节点或后继节点，而节点 a 称为节点 b 的父节点。通常，一个父节点会有多个子节点，这些子节点之间彼此为兄弟节点。

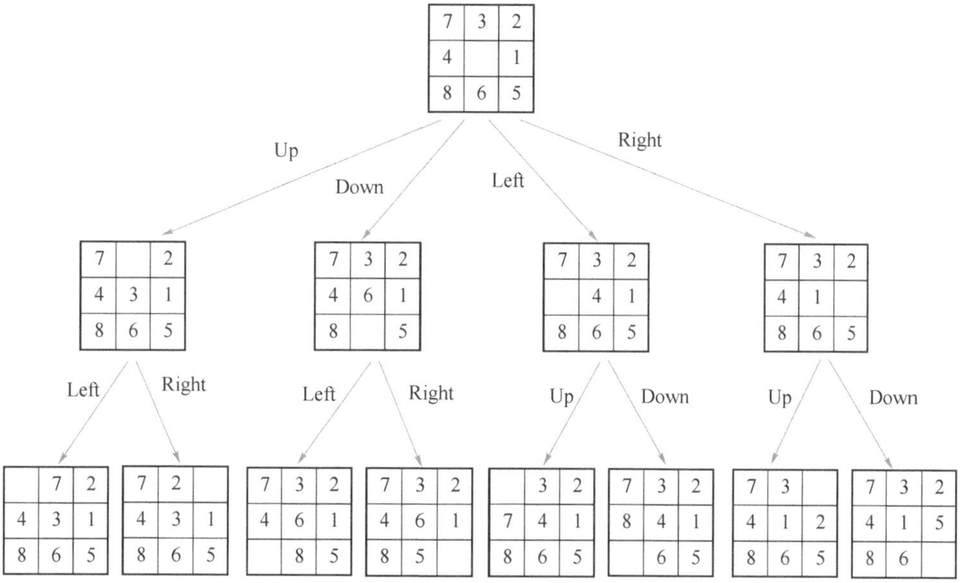

图 4.3　八数码问题的部分状态空间图

在问题的状态空间图描述中，对问题求解就是要找到某条路径，使得从初始状态能够转移到目标状态，对应路径上的操作算子序列就是问题的解。图 4.4 显示了一个以状态S_0、S_1、…、S_{10}为节点的状态空间图，有向边上标有使相应状态发生转化的操作算子$O_i(i=1, 2,\cdots,10)$。其中，S_0为初始状态。假设S_8为目标状态，则从图中可以看出，操作算子序列$[O_2,O_6,O_8]$能够产生一条求解路径，使得由初始状态到达目标状态，因此该操作算子序列是该问题的一个解。

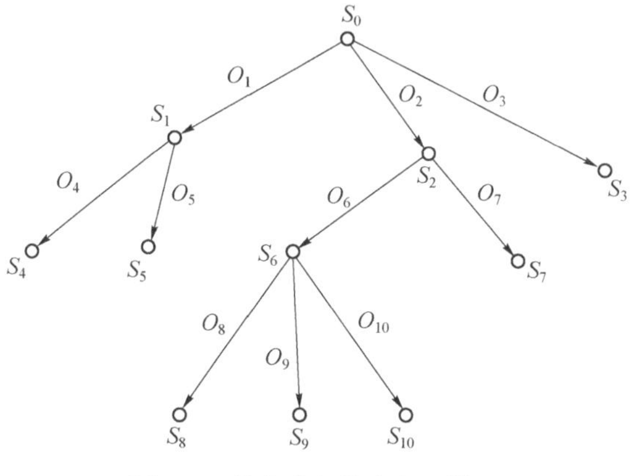

图 4.4　状态空间的有向图描述

通常，在状态空间图中搜索求解路径时，不但要使其能够到达目标状态，还要考虑路径的代价（即路径上所有操作算子的代价之和）。若搜索是为了找到能够到达目标状态的代价最小路径，则其解决的就是一个最优化问题。另外，对于很多实际问题，要给出包含所有可能状态的状态空间图通常较为耗时费力，如何生成较少状态并尽快完成搜索，也是需要研究和考虑的重要问题。

4.3 盲目图搜索

从上节的内容可以看到，状态空间表示法用图结构描述了问题的相关状态以及不同状态之间的关系，问题的求解过程随即转化为在图中寻找一条从初始节点到目标节点的路径，也即转化为了图搜索问题。接下来，将具体讨论如何通过图搜索寻找路径，进而使问题得到求解。

图搜索方法一般分为盲目图搜索和启发式图搜索。其中，盲目图搜索也称为无信息图搜索，即不考虑任何与问题有关的信息，按照固定的策略在图上搜索求解路径。宽度优先搜索和深度优先搜索是两种最具代表性的盲目图搜索方法。

4.3.1 宽度优先搜索

宽度优先搜索按固定的次序逐层对节点进行扩展和搜索。下面以图 4.5 为例进行说明。首先对初始节点 0 进行扩展，生成子节点 1、2、3。然后依次扩展该层的所有子节点（扩展前判断当前节点是否为目标状态，若是则停止搜索，否则继续）：扩展节点 1，生成子节点 4、5、6；扩展节点 2，生成子节点 7、8、9；扩展节点 3，生成子节点 10、11。当该层的节点都扩展搜索完毕后，再进入下一层，对节点 4 进行扩展，生成子节点 12、13。当这一层其他子节点都扩展搜索完毕后，再进入其下一层。如此一层一层地搜索下去，直至搜索到目标状态。图中各节点的序号就代表了宽度优先的搜索次序。

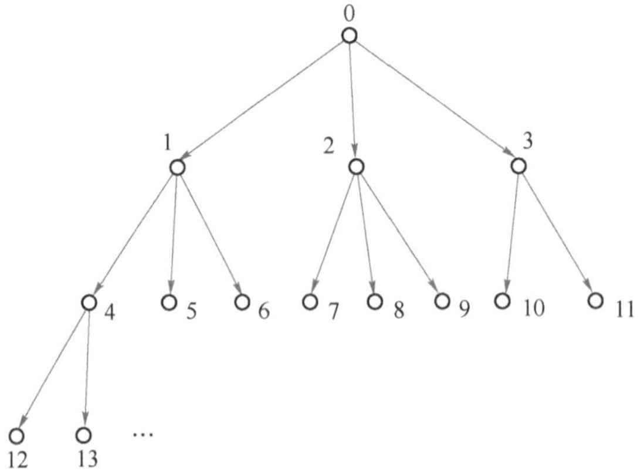

图 4.5　宽度优先方法的节点搜索次序

在搜索过程中，生成得到每一个子节点时，还要记录它的父节点信息，以便在找到目标节点时能够通过逐层回溯，找到解路径上的各个节点。例如，当节点 13 是目标节点时，通过利用记录的父节点信息进行回溯，很容易得到解路径上的节点依次为 0、1、4、13。

在具体实现宽度优先搜索算法时，需要事先指定哪些子状态是下一步有待搜索的，同时记录哪些是已经搜索过的，以便严格按照宽度优先的次序展开搜索。为此，通常需要用到两个表：OPEN 表和 CLOSED 表。其中，OPEN 表保存的是已被生成出来但未被搜索的状态，CLOSED 表记录的是已被搜索过的状态。OPEN 表是一个一维表格，搜索时每次均从 OPEN 表的前端取出第一个状态进行扩展和搜索。因此，表中状态由前至后的排列次序即它们被搜索的次序。

宽度优先搜索算法可描述如下：

```
    OPEN = [S0]; CLOSED = [ ]                                    /* 初始化，S0为
初始状态
    while OPEN≠ [ ] do
        从 OPEN 表前端移出第一个状态，记为Sn；
        将Sn放入 CLOSED 表中；
        If Sn =G   then return (success)                          /* G 为目标状态
        扩展Sn，生成其所有子状态；
        从Sn的子状态中删除已在 OPEN 表或 CLOSED 表中出现的状态；   /* 避免循环搜索
        将Sn的其余子状态加入 OPEN 表的后端；
    end
```

在上述 while 循环过程中，若最终 OPEN 表为空而结束循环，则说明已搜索完整个状态空间但未搜索到目标状态，搜索失败。宽度优先搜索算法的流程如图 4.6 所示。

在上述宽度优先搜索中，OPEN 表实际上是一个先进先出（FIFO）的队列结构。下面通过实例详细说明宽度优先搜索算法的具体过程。

考虑图 4.7 所示的一个三阶梵塔问题。首先以 $\{A_k, B_k, C_k\}$ 表示该问题中的各种状态，其中 A_k、B_k和 C_k分别表示圆盘 A、B 和 C 所在的柱子。在该问题中初始状态和目标状态可分别表示为 $\{2,2,3\}$、$\{3,3,3\}$。定义操作算子为 $A(i,j)$、$B(i,j)$和 $C(i,j)$，分别表示将圆盘 A、B 和 C 从第 i 号柱子移动到第 j 号柱子。

图 4.8 表示了由宽度优先搜索算法产生的搜索树。节点的下标表示了各状态被扩展搜索的先后顺序，当搜索到目标节点 S_9时成功结束，获得的该问题解为操作算子序列：$A(2,1) \rightarrow B(2,3) \rightarrow A(1,3)$。

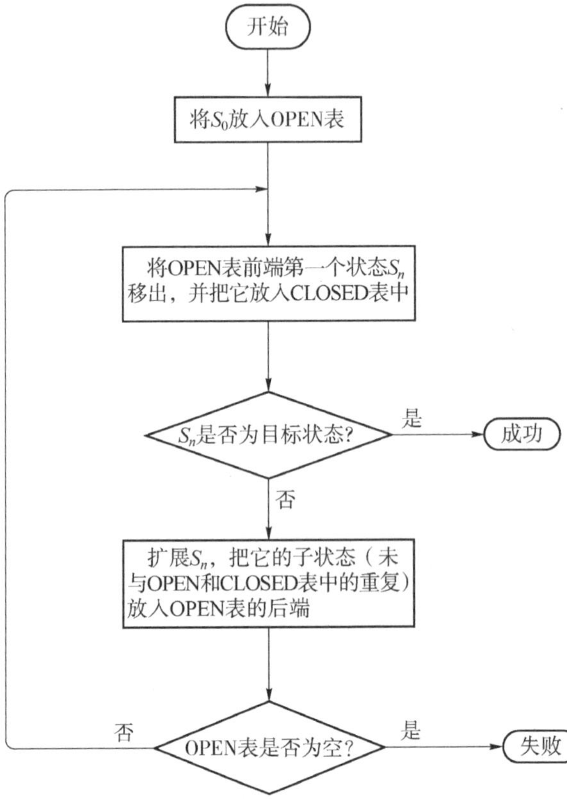

图 4.6　宽度优先搜索算法的流程

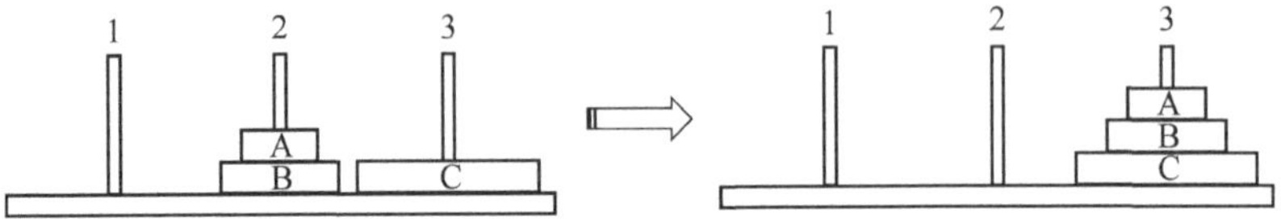

图 4.7　一个简单的三阶梵塔问题

表 4.1 给出了每一次循环后 OPEN 表和 CLOSED 表中的状态。首先，开始时 OPEN 表中的状态为 S_0（即{2,2,3}），CLOSED 表为空。

第 1 次循环，将 S_0取出并移到 CLOSED 表中。对 S_0扩展生成其子状态 S_1、S_2 和 S_3 并放入 OPEN 表中。

第 2 次循环取出 OPEN 表中的第一个状态 S_1，扩展生成其子状态。注意，此处 S_1 总共能生成三个子状态，除了图 4.8 中记为 S_4 的状态{1,3,3}外，还包括状态{2,2,3}和状态{3,2,3}。但是这两个子状态已经出现在 OPEN 表或 CLOSED 表（即状态 S_0和 S_2），需要将它们删除，否则会出现重复或循环搜索。因此，如图 4.8

所示只考虑子状态 S_4。最终状态 S_4 被放入 OPEN 表的后端，同时状态 S_1 被移出放入 CLOSED 表中。

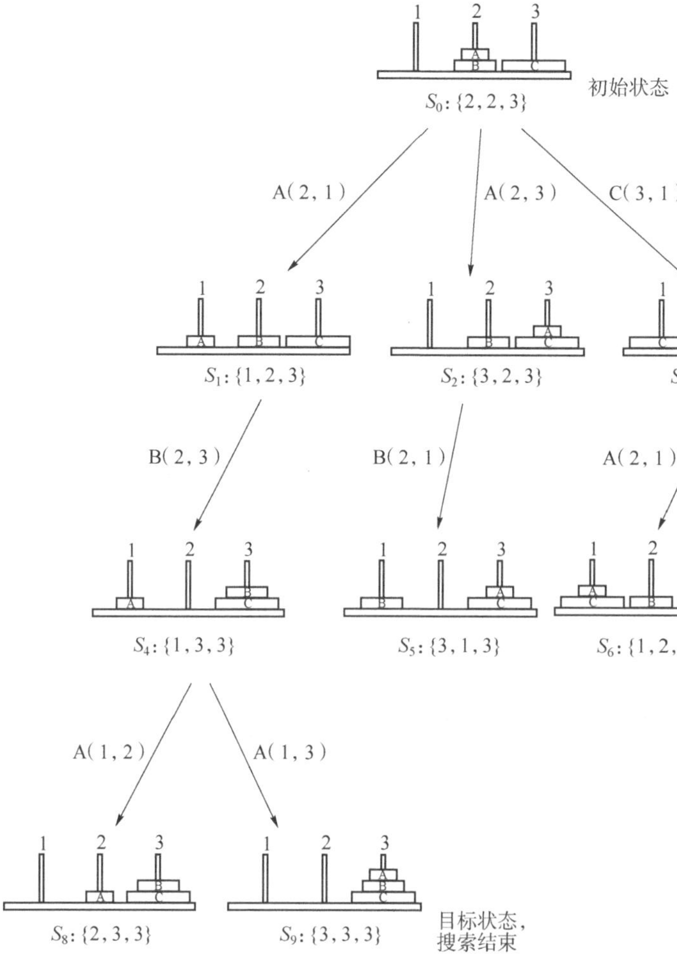

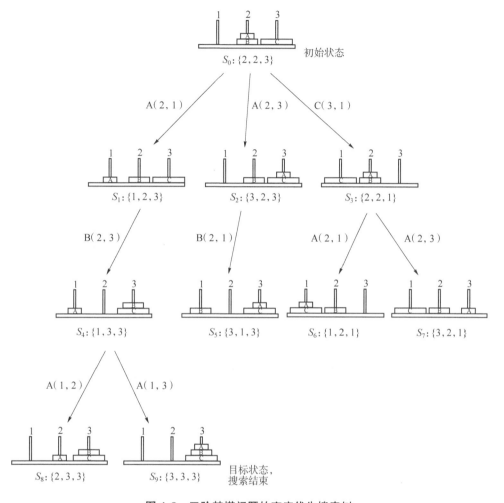

图 4.8　三阶梵塔问题的宽度优先搜索树

第 3 次循环取出当前 OPEN 表的第一个状态 S_2，扩展生成其子状态。此时，同样不考虑已经出现在 OPEN 表或 CLOSED 表中的子状态，因此只有一个子状态 S_5 被放入 OPEN 表的后端。从 OPEN 表中取出的状态 S_2 被放入 CLOSED 表中。

第 4 次循环取出当前 OPEN 表的第一个状态 S_3，被生成和放入 OPEN 表后端的子状态为 S_6 和 S_7，同时状态 S_3 被从 OPEN 表移入 CLOSED 表中。

从上面几次循环可以看出，OPEN 表中的状态是先进先出，保证了搜索按照宽度优先的次序执行。接下来的循环按照同样的过程，通过逐层搜索最终可得到目标状态 S_9。

表 4.1　三阶梵塔问题宽度优先搜索的 OPEN 表和 CLOSED 表状态

循环	OPEN 表	CLOSED 表
0	S_0	
1	S_1，S_2，S_3	S_0
2	S_2，S_3，S_4	S_0，S_1
3	S_3，S_4，S_5	S_0，S_1，S_2
4	S_4，S_5，S_6，S_7	S_0，S_1，S_2，S_3
5	S_5，S_6，S_7，S_8，S_9	S_0，S_1，S_2，S_3，S_4
⋮	⋮	⋮

图 4.9 给出了对八数码问题按宽度优先搜索得到的搜索树，状态的序号表示搜索的次序，最终搜索到第 26 个后裔状态成功结束。在搜索过程中，一般需要为每个节点记录指向其父节点的指针，使得在求解完成后能够从目标节点开始逐层回溯得到问题的求解路径。

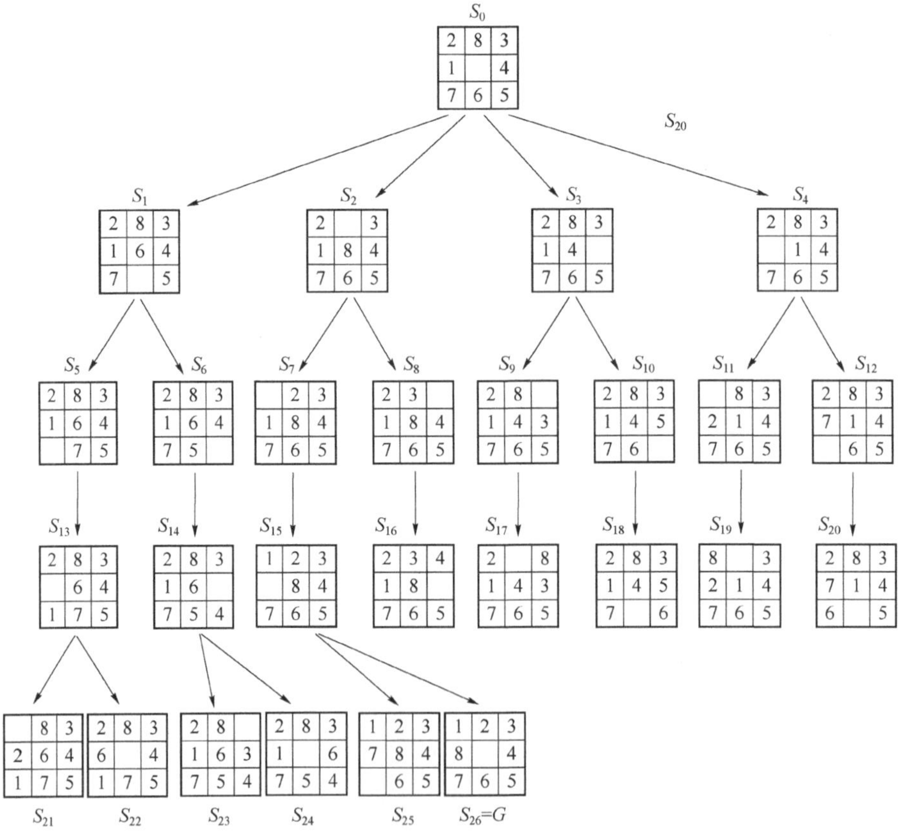

图 4.9　八数码问题的宽度优先搜索树

宽度优先搜索总是在扩展搜索完上一层的所有节点后才转向下一层，所以它总能找到路径最短的解（若有解的话）。但是当图的分支数太多且目标状态位于深层节点时，这种方法会比较耗时，同时 OPEN 表和 CLOSED 表占用的存储空间也会较大。

4.3.2　深度优先搜索

与宽度优先搜索不同，深度优先搜索是使被搜索的子状态尽量往深度方向上扩展。图 4.10 表示了在深度优先搜索中各节点被扩展和搜索的次序。搜索首先从初始节点 0 出发，沿着一条路径一直深入下去（如图中的节点 1、2、3）。若到达底层节点（状态不能再扩展或到达限定的最大深度）还未找到目标状态，则向上回溯到最近的先辈节点，从另一条路径再往下搜索；若该条路径上仍未找到目标状态，则再向上回溯到一条未被搜索过的路径继续向下搜索，按照这种方法一直搜索下去直至找到目标状态。

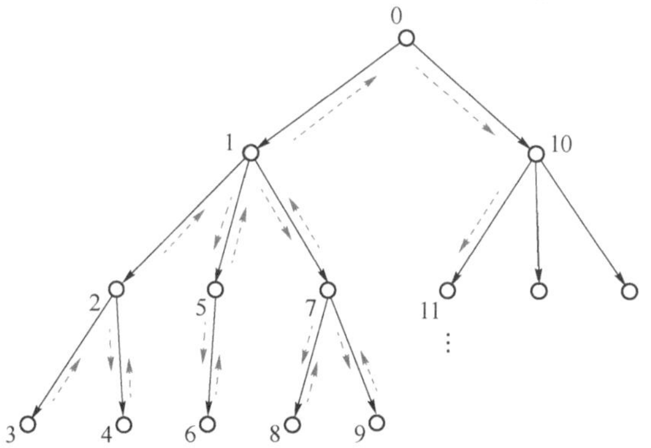

图 4.10　深度优先方法的节点搜索次序

图 4.10 中的虚线箭头标出了回溯和再次向下搜索的路径。从初始节点 0 往下一直搜索到节点 3 时若未发现目标状态，则回溯到上一节点 2，从节点 2 往下再搜索它的另一子节点 4；若节点 4 不是目标状态，则从节点 4 往上回溯到节点 2，由于节点 2 及其所有后继节点都已被搜索，则继续往上回溯到节点 1；接下来从节点 1 往下依次搜索节点 5 和节点 6 所在的路径；若到达节点 6 还未找到目标状态，则又向上回溯直到节点 1，从节点 1 往下沿另一路径再继续搜索；若到达路径底部还没有发现目标状态，则再回溯、再选择另一条路径往下搜索。

深度优先搜索算法同样可以基于 OPEN 表和 CLOSED 表来实现，不同的是它的 OPEN 表是一个先进后出（FILO）的堆栈结构。深度优先搜索算法描述如下：

```
OPEN = [S0]; CLOSED = []                                  /* 初始化，S0为初始状态
while OPEN ≠ [] do
    从 OPEN 表前端移出第一个状态，记为Sn;
    将Sn放入 CLOSED 表中;
    If Sn = G   then return (success)                     /* G为目标状态
    扩展Sn，生成其所有子状态;
    从Sn的子状态中删除已在 OPEN 表或 CLOSED 表出现的状态;    /* 避免循环搜索
    将Sn的其余子状态加入 OPEN 表的前端;
end
```

上述深度优先搜索算法与前面宽度优先搜索算法实现的过程基本相同，唯一不同点在于新生成的子状态被放入了 OPEN 表的前端，这些子状态在接下来的循环中会被优先扩展和搜索。实际中，为了避免盲目搜索过深，可在算法中加入深度限制值。若沿某一路径到达该深度时还未找到目标状态，则向上回溯到另一条路径进行搜索。

图 4.11 给出了前面三阶梵塔问题的深度优先搜索树（假设限制的最大深度为 4），每一次循环后 OPEN 表和 CLOSED 表中记录的状态如表 4.2 所示。从 OPEN 表中状态的变化和排列情况可以看出，新生成的状态被放到了表的前端（其中 S_x，S_y表示初始状态的另两个子状态，它们已经被生成但未被扩展和搜索），使得能够被先取出进行搜索。OPEN 表这种堆栈结构保证了搜索按照深度优先的次序进行。

表 4.2　三阶梵塔问题深度优先搜索的 OPEN 表和 CLOSED 表状态

循环	OPEN 表	CLOSED 表
0	S_0	
1	S_1, S_x, S_y	S_0
2	S_2, S_x, S_y	S_0, S_1
3	S_3, S_4, S_x, S_y	S_0, S_1, S_2
4	S_4, S_x, S_y	S_0, S_1, S_2, S_3
5	S_x, S_y	S_0, S_1, S_2, S_3, S_4

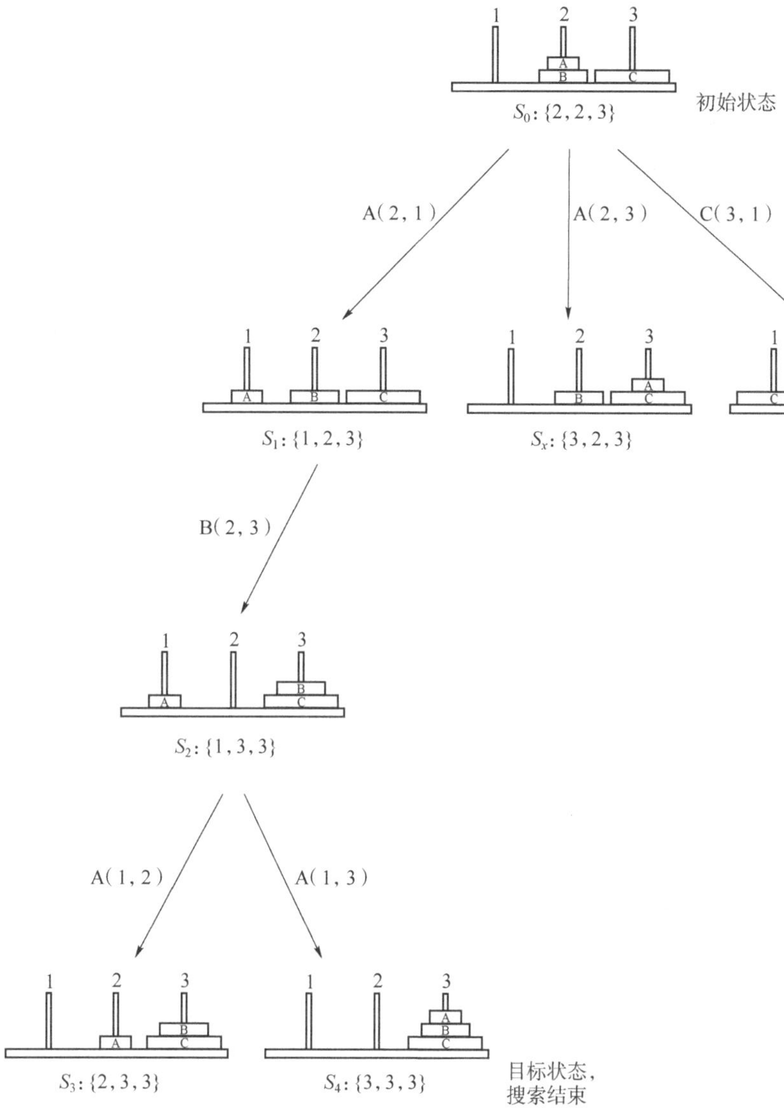

图 4.11　三阶梵塔问题的深度优先搜索树

图 4.12 给出了八数码问题的深度优先搜索树。对比该问题的宽度优先搜索过程可以看出，深度优先方法能尽快地将搜索深入下去，当解路径较长时不会在浅层状态上浪费过多的时间和计算量。但是另一方面，深度优先搜索并不能保证第一次搜索到的是路径最短的解，有可能还存在其他更短的路径通向目标状态。

宽度优先搜索和深度优先搜索都属于盲目搜索，尽管深度优先方法对于有大

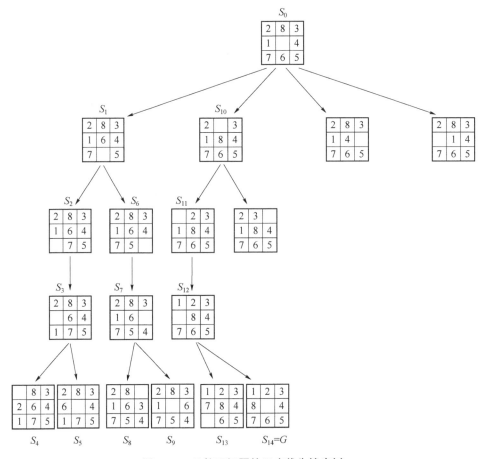

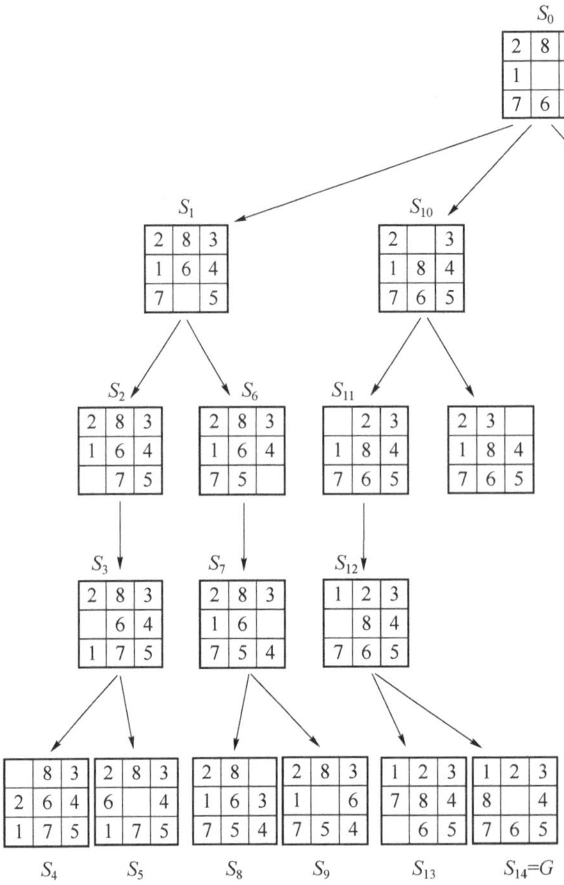

图 4.12　八数码问题的深度优先搜索树

量分支的状态空间有可能获得较高的搜索效率，但是其搜索的盲目性决定了情况并不总是如此，有可能在错误的深度方向上浪费过多的时间。因此，为尽量减少不必要的搜索过程，提高搜索的效率，需要借助有利于问题求解的相关信息进行启发式搜索。

4.4　启发式图搜索

启发式搜索是利用有助于引导搜索过程或缩小搜索范围的启发性信息进行搜索的方法。相比于盲目搜索，它能极大地提高搜索效率。启发式图搜索仍然是基于问题的状态空间图来展开搜索，但它对节点的搜索次序并不是固定或随意的，而是每一步都优先选择那些最有利于问题求解的节点。

4.4.1　启发性信息和估价函数

与问题有关的信息往往能够用来简化和加快搜索过程，这些信息称为启发性信息。人们在运用搜索思维解决问题时，很多时候并不是采用盲目搜索的策略，而是会充分运用与问题有关的一些信息（包括相关知识或经验等），来确定下一步最有希望的搜索方向。因此，一些对于计算机求解看似较为困难，需要盲目搜索的问题，在人类的智力面前却很容易迎刃而解。例如，对于本章一开始给出的三阶梵塔问题（图 4.1），在经过简单试探和思考后，不难找到它的求解路径。背后的原因在于我们会不自觉地利用一些启发性信息，找到最有希望解决问题的路径方向，而不是盲目地搜索。

在求解很多实际问题时，能够利用的启发性信息往往是非完备的，主要原因在于：由于问题的复杂性，我们很难事先掌握求解需要的全部信息；另外，与问题有关的信息还有可能会存在不确定性或难以准确描述。这时只能依靠部分信息或相关经验来进行启发式搜索。有些问题在理论上虽然存在着完备的求解算法，但是在工程实践中有可能因为效率太低难以实现。为了提高求解效率，实际中不得不放弃使用这些算法，而是利用与问题有关的一些启发性信息，通过启发式搜索进行问题求解。

在启发式搜索算法中，通常利用估价函数将启发性信息转化为对相应节点的评价。搜索中总是选择代价最小、“最有希望”的节点作为下一步被扩展和搜索的节点。具体实现时可以利用估价函数值对 OPEN 表中的状态进行排序，从而使得能够从中优先取出更有希望通向目标状态的节点进行扩展。

下面仍以三阶梵塔问题的求解为例，说明启发性信息和估价函数的概念与作用。在解决三阶梵塔问题时，可以尝试利用一些经验和知识作为启发性信息来引导我们确定搜索的方向。例如，由于在目标状态中底层最大的圆盘 C 位于 3 号柱子（图 4.13（a）），为能达到目标状态，希望首先能把圆盘 C 移动到该柱子。因此，在构造估价函数时，可以考虑将圆盘 C 不在位（即不在需放置的 3 号柱子）状态的代价值设置得高一些，以便能优先选择圆盘 C 在位的状态节点进行扩展。此外，图 4.13（c）中圆盘 A 直接位于最大圆盘 C 上，这种状态的产生会为达到目标状态增添阻碍，是不希望出现的。因此，此状态节点的代价值也应高一些。为此，可基于相关的启发性信息，通过考虑如下情况尝试构造一种估价函数：

（1）当某个圆盘 X 单独位于一个柱子时，若其处于不在位的状态，则给定一个代价 $l(X)$。考虑到不同圆盘不在位的代价会不一样，具体地，可定义：$l(A)=1$；$l(B)=2$；$l(C)=3$。

（2）当两个圆盘叠放在一起时，若它们叠放方式不正确（与目标状态的叠放方式不符)，则相应的代价值 $\varphi=4$。若叠放方式正确，考虑如下几种情况：①两圆盘中不含最大圆盘，且都处于在位状态，此时的代价值 $\varphi=3$（由于最大圆盘不在最底层，这种情况下需要将两圆盘都先移离该柱子，因此代价较高一些)；②两圆盘中不含最大圆盘，且都处于不在位状态，这种情况下代价稍低，令 $\varphi=2$；③两圆盘中含有最大圆盘，且都处于不在位状态，此时 $\varphi=3$，若它们处于在位状态则令 $\varphi=0$。

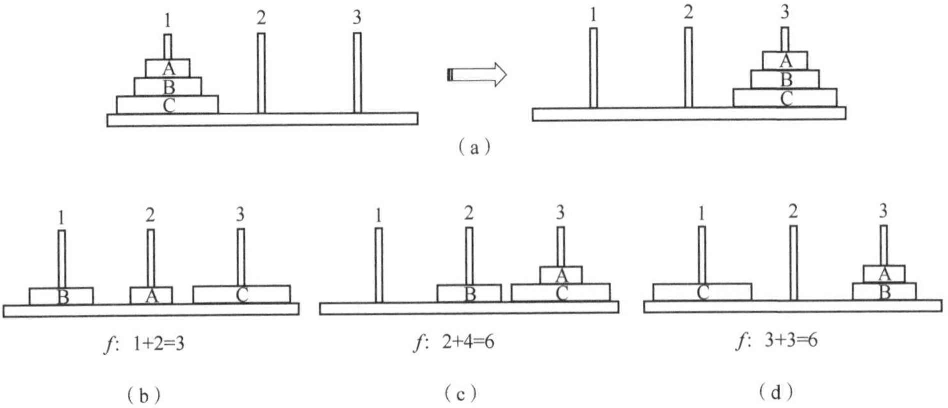

图 4.13　三阶梵塔问题及不同状态的估价函数值

最后的估价函数由上述两部分组成，即估价函数值为 $f=l+\varphi$。图 4.13（b）~（d）中给出了不同状态的估价函数值。图 4.14 给出了依据估价函数值得到的启发式搜索路径。其中，在每一状态下标出了对应的估价函数值，图中虚线箭头指向的是被生成但未被扩展的节点，实线箭头指向的是被扩展和搜索的节点。可以看到，定义合适的估价函数并从每一层节点中选取代价最小的节点进行扩展和搜索能够很快获得求解路径。

对于一个特定问题，可以采用多种不同方法定义估价函数。基于不同估价函数得到的搜索效果也会相差很大，设计估价函数时应使其能够利用相关信息做出尽可能准确的估计。另外需要注意的是，由于很多情况下只能利用与问题有关的部分信息，并且一些启发性信息来自经验或不确定性知识，启发式搜索策略有时并不保证一定能够找到问题的解（或所期望的最优解）。

4.4.2　A 搜索算法

很多情况下，针对一个节点 n 估计代价，需要综合考虑两方面的因素：到达该节点已经付出的代价和接下来由该节点到达目标节点将要付出的代价。在这种定义下，估价函数 $f(n)$ 的一般形式为

$$f(n)=g(n)+h(n) \tag{4.1}$$

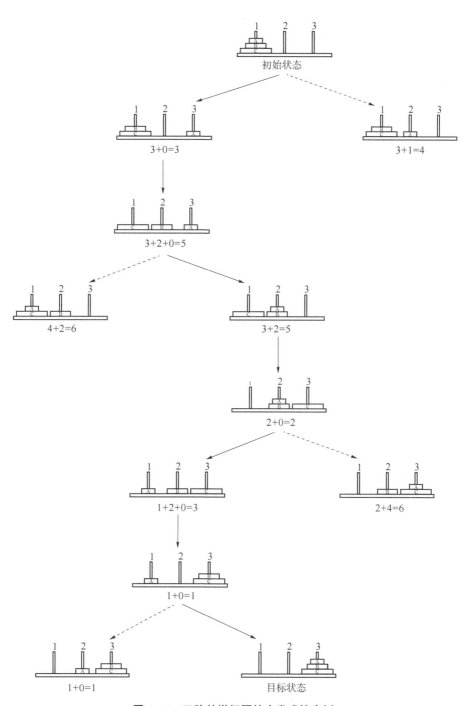

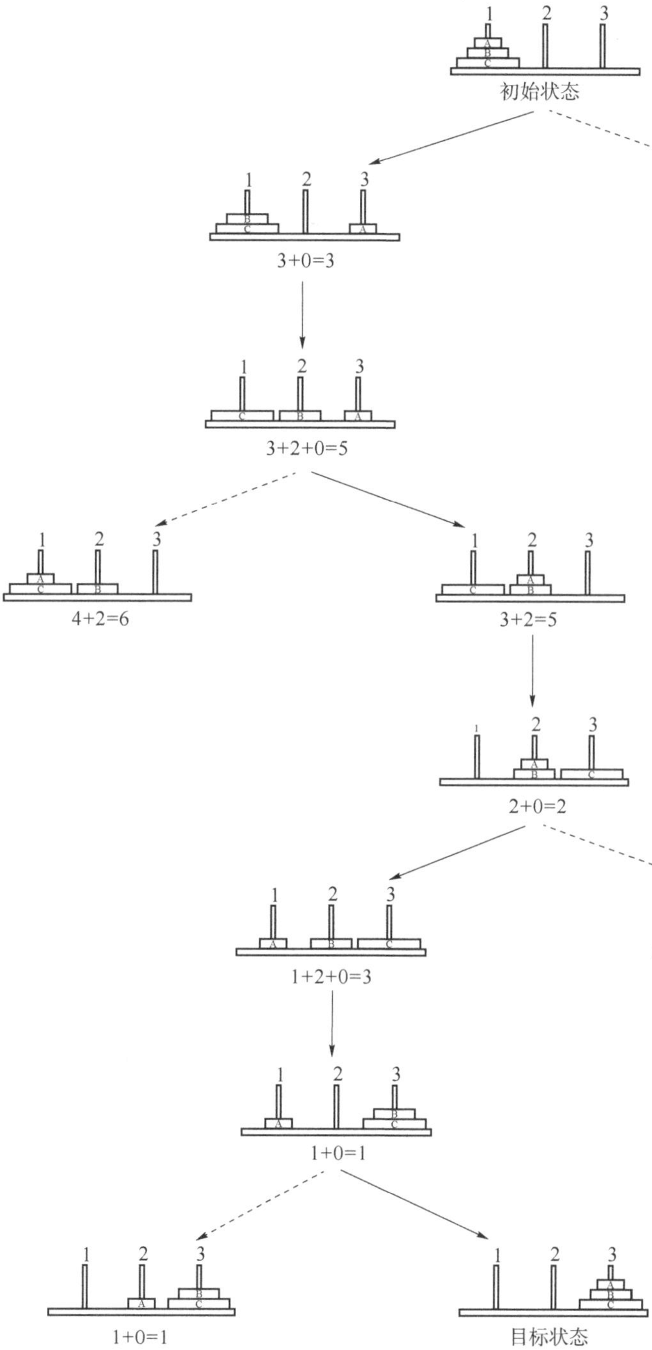

图 4.14　三阶梵塔问题的启发式搜索树

式中，$g(n)$是从初始节点S_0到节点n实际已付出的代价，$h(n)$是从节点n到目标节点最优路径的代价估计值。于是，估价函数$f(n)$表示了从初始节点经过节点n到达目标节点总路径的代价估计值。按这种方式综合定义估价函数，便于寻找从初始节点到目标节点代价最小的最优路径。其中，对于$g(n)$可从节点n开始，按指向父节点的指针一直反向回溯到初始节点S_0，然后将路径上所有操作算子的代价相加，即得到$g(n)$的值；对于$h(n)$，需要利用与问题有关的启发性信息，对从节点n到目标节点的最小代价值进行估计。基于这种估价函数形式的启发式搜索算法通常也称为“A 搜索算法”，在该算法中主要是函数$h(n)$体现了对启发性信息的运用，因此$h(n)$也称为“启发函数”。

在计算得到新生成节点的估价函数值，并将节点放入 OPEN 表后，可根据估价函数值对 OPEN 表中的节点进行排序，以便每次能够优先取出代价较小的节点进行扩展。根据所选择待扩展节点范围的不同，可产生两种不同的启发式搜索算法：全局择优搜索和局部择优搜索。其中，全局择优搜索算法是每次扩展节点时，总是从 OPEN 表的所有节点中选择一个估价函数值最小的节点进行扩展（需要根据估价函数值对 OPEN 表中所有节点进行排序），这样能够获得全局最优的搜索结果；局部择优搜索是在当前生成的所有子节点集合内选择一个估价函数值最小的节点进行扩展（只需对新加入的子节点进行排序，同时将它们放入 OPEN 表前端），这属于在当前子节点范围内进行局部最优搜索，并不一定保证是全局最优。图 4.14 实际上就是一种局部择优的启发式搜索。

下面主要讨论全局择优搜索算法，它的一般步骤如下：

(1) 将初始节点 S_0 放入 OPEN 表中，计算它的估价函数值。

(2) 如果 OPEN 表为空，则搜索失败，退出。

(3) 将 OPEN 表前端第一个节点移出放入 CLOSED 表中（记该节点为n）。

(4) 若节点n是目标节点，则搜索成功，退出。

(5) 若节点n不可扩展，则转到步骤（2）；否则，扩展生成其子节点，计算每个子节点的估价函数值，然后将它们放入 OPEN 表中，并为它们设置指向父节点的指针（以便记录节点所在路径）。

(6) 按照估价函数值由小到大的次序，对 OPEN 表中所有节点进行排序，然后转到步骤（2）继续搜索。

上述算法步骤与宽度优先和深度优先算法的一般步骤基本相同，不同点在于需要计算新生成节点的估价函数值，并每次根据估价函数值对 OPEN 表中的所有节点进行重新排序，这样保证算法在第（3）步从 OPEN 表中取出的是估价函数值最小的节点，从而构建一种全局择优的启发式搜索。

此外，与宽度优先和深度优先搜索算法一样，在上述算法的步骤（5）中，也要考察新生成的每个子节点是否已经出现在 OPEN 表或 CLOSED 表中，以避免重复搜索并在必要时更新路径记录。具体地，若新生成的某个子节点 n_i（由节点 n 生成）已在 OPEN 表或 CLOSED 表中，则比较新计算的估价函数值和原有旧的估价函数值，若新估价函数值较小，则对 OPEN 表或 CLOSED 表中的对应节点信息作如下更新：

（1）将新估价函数值取代旧值。

（2）更新父节点指针，使其指向节点 n。

（3）若对应的节点是出现在 CLOSED 表中，则还需将它移回 OPEN 表，使得它接下来有可能被重新扩展。

上述处理的目的是使得在遇到同一节点时能够选择代价较小的路径。显然，若新估价函数值不小于原有的旧估价函数值，则不需要进行信息更新，且子节点 n_i 也不需要重复放入 OPEN 表中。

对上述算法进一步分析还可发现，若不考虑启发性信息，将估价函数定义为 $f(n)=d(n)$，其中 $d(n)$ 表示搜索树中节点 n 的深度，则上述算法将退化为宽度优先搜索，它也属于一种全局择优的搜索算法。

A 搜索算法的关键在于针对特定问题定义合适的估价函数 $f(n)$，其中重点在于对启发函数 $h(n)$ 的定义，它反映了对于与问题有关的启发性信息的运用。下面仍以经典的八数码问题为例进行说明。

对于八数码问题，估价函数中的 $g(n)$ 部分可定义为从初始节点到节点 n 的深度值，即令 $g(n)=d(n)$。对于启发函数 $h(n)$，一种最简单直接的方法是采用当前节点状态下“不在位”的数码个数（记为 $w(n)$）来定义，表示其中有多少个数码的位置与目标状态位置不符。显然，“不在位”的数码个数越少可代表越接近目标状态。于是，估价函数 $f(n)$ 可定义为

$$f(n)=d(n)+w(n) \tag{4.2}$$

图 4.15 给出了采用上述估价函数得到的八数码问题 A 搜索树，其中括号内的数字表示对应节点的估价函数值。例如，S_2 所在的深度为 1，即 $d(S_2)=1$；不在位的数码为 1、2、8，合计个数为 3，即 $w(S_2)=3$，故该节点的估价函数值为 4。表 4.3 给出了每次循环后 OPEN 表和 CLOSED 表的状态，其中 OPEN 表中的节点全部按其估价函数值由小到大进行了排序，使得每次优先搜索和扩展估价函数值较小的节点。

对比前面给出的八数码问题的宽度优先搜索树（图 4.9）和深度优先搜索树（图 4.12）可以看出，A 搜索算法扩展的节点较少，能够更快地找到问题的解。

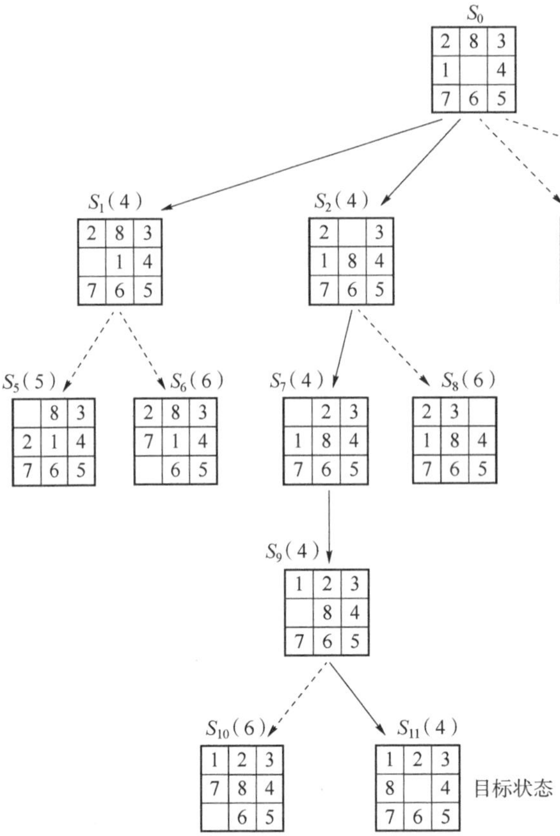

图 4.15 八数码问题的 A 搜索树

表 4.3 八数码问题 A 搜索的 OPEN 表和 CLOSED 表状态

循环	OPEN 表	CLOSED 表
0	S_0	
1	$S_1(4),S_2(4),S_3(5),S_4(5)$	S_0
2	$S_2(4),S_3(5),S_4(5),S_5(5),S_6(6)$	$S_0,S_1(4)$
3	$S_7(4),S_3(5),S_4(5),S_5(5),S_6(6),S_8(6)$	$S_0,S_1(4),S_2(4)$
4	$S_9(4),S_3(5),S_4(5),S_5(5),S_6(6),S_8(6)$	$S_0,S_1(4),S_2(4),S_7(4)$
5	$S_{11}(4),S_3(5),S_4(5),S_5(5),S_6(6),S_8(6),S_{10}(6)$	$S_0,S_1(4),S_2(4),S_7(4),S_9(4)$
6	$S_3(5),S_4(5),S_5(5),S_6(6),S_8(6),S_{10}(6)$	$S_0,S_1(4),S_2(4),S_7(4),S_9(4),S_{11}(4)$

4.4.3　A^* 搜索算法

A 搜索算法的核心在于设计合适的启发函数 $h(n)$，其中还存在如下问题需要进一步思考：

（1）启发函数的设计是基于启发性信息进行的，如何确定所设计的启发函数一定能帮助找到问题的解；若能够找到解，是否确保得到的是最优解（即代价最小或路径最优的解）。

（2）对于特定的问题，一般可从不同的启发性信息角度，设计出不同的启发函数。例如，对于八数码问题，可以按图 4.15 搜索过程采用的方法，将启发函数定义为 $w(n)$，即当前状态相对于目标状态位置不符的数码个数；也可定义为当前状态各数码分别移动到目标位置所需移动的距离的总和，记为 $y(n)$。图 4.16 给出了某一状态下，按上述不同方式定义得到的启发函数值。于是，接下来的一个问题是：如何判定哪种启发函数更有效，具有更高的搜索效率。

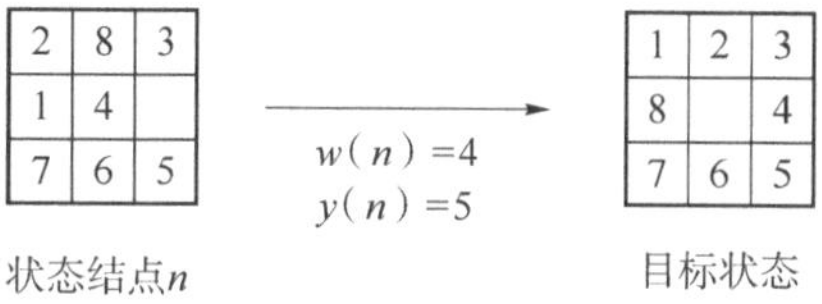

图 4.16　八数码问题中不同启发函数值

解决上述问题，需要进一步引入 A^* 搜索算法。为此，首先介绍搜索算法的“可采纳性”概念。对于任意待求解问题，当从初始节点到目标节点有路径存在时，若某搜索算法总能在有限步内找到并保证得到的一定是一条最优路径，则称该搜索算法是可采纳的。

人工智能学者尼尔森（N. Nilsson）与其同事共同发明了 A^* 搜索算法，该算法具有可采纳性，即当问题有解时，可保证搜索到问题的解并且找到的一定是最优解。A^* 搜索算法是在原 A 搜索算法基础上提出的，与 A 搜索算法不同的是它对估价函数 $f(n)$ 中的启发函数 $h(n)$ 做了一定的限制。

令 $f^*(n)$ 表示从初始节点出发经节点 n 到达目标节点的最小代价值，则 $f^*(n)$ 可看作由两部分组成：一部分是从初始节点到节点 n 的最优路径代价值，记为 $g^*(n)$；另一部分是从节点 n 到目标节点的最优路径代价值，记为 $h^*(n)$。因此有

$$f^*(n)=g^*(n)+h^*(n) \tag{4.3}$$

显然，当问题有多个路径或多个目标节点时，按代价函数 $f^*(n)$ 进行搜索一定能找到最优的解。然而，实际中由于启发性信息的非完备性等原因，很难准确计算

得到$f^*(n)$，只能通过估价函数$f(n)$（式（4.1））进行估算，其中$h(n)$是$h^*(n)$的一个估计，$g^*(n)$通过$g(n)$进行计算。尽管$g(n)$很容易计算得到，但它表示的不一定是从初始节点到节点n的最小代价，很可能当前得到的从初始节点到节点n之间的路径并不是最优，故$g(n)\geqslant g^*(n)$。

在估价函数$f(n)$中，当分别采用$g(n)$与$h(n)$作为$g^*(n)$与$h^*(n)$的一个估计，且其中的启发函数值$h(n)$始终处于$h^*(n)$的下界范围，即对于所有节点n均满足

$$h(n)\leqslant h^*(n) \tag{4.4}$$

时，相应算法称为A*搜索算法。可以证明A*搜索算法具有可采纳性（详见下节）。

除了可采纳性外，A*搜索算法还存在“信息性”（或“最优性”）：即在满足$h(n)\leqslant h^*(n)$的前提下，$h(n)$的值越大，则A*搜索算法在搜索时需要扩展的节点就越少，搜索效率就会越高。可以考虑两种极端情况：当$h(n)$接近于$h^*(n)$，$f(n)$也将更接近于$f^*(n)$，此时将近似于最优的搜索过程，获得很高的搜索效率；当$h(n)=0$时，A*搜索算法就将退化为宽度优先搜索（假设$g(n)$定义为节点n的深度值$d(n)$），此时尽管能找到最优路径，但搜索效率较低。一般可认为$h(n)$越大，它所携带的启发性信息就越多，因此搜索效率也更高（详细证明见下节）。

下面以八数码问题为例说明上述A*搜索算法的概念及其特性。上面给出了八数码问题的两种启发式函数设计，一种是计算不在位的数码个数，即$w(n)$；另一种是计算每一个数码分别移动到其目标位置所需移动的距离的总和，即$y(n)$。尽管在此问题中对于每个节点，$h^*(n)$的值是多少不容易确切得到，但已知不在位的数码个数为$w(n)$，可以肯定至少要移动$w(n)$步才能到达目标状态，显然有$w(n)\leqslant h^*(n)$（假设每一步为单位代价）。上节在讨论A搜索算法时，针对八数码问题将启发函数定义为$h(n)=w(n)$（见式（4.2）），显然此时搜索算法同时也属于A*搜索算法，其搜索树如图4.15所示，在成功到达目标节点的同时所获得的路径也是最优的。

若考虑每一个数码分别移动到其目标位置所需移动距离的总和，即令$h(n)=y(n)$，类似地同样能断定要达到目标状态所有数码需移动的步数总和不能少于$y(n)$（假设每移动一步为单位距离和单位代价），即有$y(n)\leqslant h^*(n)$。因此，这种情况下也属于A*搜索算法，同样能够确保找到路径最优的解。图4.17给出了该A*搜索算法的搜索树，其中每一节点旁不但标出了当前所使用的启发函数值$y(n)$，还标出了另一启发函数值$w(n)$，以及从当前节点n到目标节点的实际最优路径代价值$h^*(n)$。可以看到，对于每一节点都有$y(n)\geqslant w(n)$，表明启发函数$y(n)$携带更多的启发性信息，因此相应的A*搜索算法应该具有更高的搜索效

率。对比图 4.15 和图 4.17 的搜索树也可以看出，后者少扩展一个节点（图 4.15 中的S_1）并少生成两个节点（图 4.15 中的S_5 和S_6），搜索效率更高。

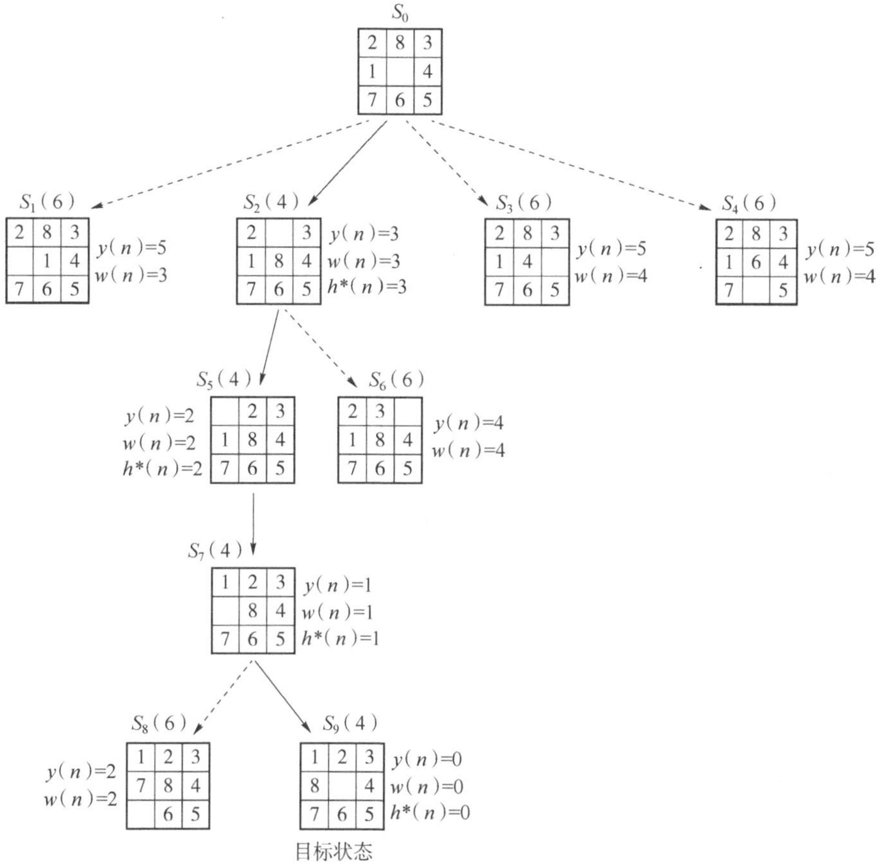

图 4.17　八数码问题的 A* 搜索树

4.4.4　A* 搜索算法特性的证明

为加深对 A* 搜索算法的理解，下面对它的可采纳性和信息性进行简要证明。

1. 对可采纳性的证明

A* 搜索算法的可采纳性可通过逐步证明如下定理和引理而得证。

定理 4.1　对于有限图，如果从初始节点 S_0 到目标节点 G 有路径存在，则 A* 搜索算法一定成功结束。

证明：(1) 首先证明算法必然结束。

分两种情况：若找到解，则搜索成功结束；若找不到解，由于搜索图为有限图，则必然会使 OPEN 表中的状态取出变空而使搜索结束。因此算法一定会结束。

(2) 其次证明算法一定会成功结束。

假设初始节点到目标节点之间的一条路径为:

$$S_0=n_0\to n_1\to\cdots\to n_t=G$$

算法开始时，初始节点 n_0 在 OPEN 表中，当它离开 OPEN 表后，其所有子节点必然进入 OPEN 表，其中包括上述路径上的节点 n_1；以此类推，当路径中的任一节点 n_i 离开 OPEN 表后，其在上述路径上的子节点 n_{i+1} 也必然进入 OPEN 表。于是，在 OPEN 表变空之前，目标节点 n_t 必然出现在 OPEN 表，从而最终会被搜索算法找到。因此，算法必然会成功结束。

引理 4.1 对于无限图，若从初始节点 S_0 到目标节点 G 有路径存在，且 A^* 搜索算法不结束，则 OPEN 表中节点的估价函数值 $f(n)$ 即使最小的也将变为任意大。

证明：令 $d^*(n)$ 表示 A^* 搜索算法生成的搜索图中，从初始节点到节点 n 之间最短路径的长度（假设每条边的长度均为 1）。由于搜索图中每条边的代价都是一个正数，令其中最小的一个数为 $e(e>0)$，则

$$g(n)\geqslant d^*(n)e \tag{4.5}$$

又因为 $h(n)\geqslant 0$，于是

$$f(n)=g(n)+h(n)\geqslant g(n)\geqslant d^*(n)e \tag{4.6}$$

若 A^* 搜索算法不终止，从 OPEN 表中选出的节点必将具有任意大的 $d^*(n)$ 值，因此相应的 $f(n)$ 值也将变为任意大。

引理 4.2 在 A^* 搜索算法结束前的任何时刻，OPEN 表中总存在某个节点 n'，它是从初始节点 S_0 到目标节点 G 最优路径上的一个节点，且满足 $f(n')\leqslant f^*(S_0)$。

证明：假设从初始节点到目标节点的最优路径为

$$S_0=n_0\to n_1\to\cdots\to n_t=G$$

算法开始时，初始节点 n_0 在 OPEN 表中，当它离开 OPEN 表时，节点 n_1 将会被生成并放入 OPEN 表；以此类推，最优路径上的其他节点 $n_i(i>1)$ 也有可能以相同的方式被生成而进入 OPEN 表。显然，在 A^* 搜索算法结束以前的任何时刻，总会有按上述方式生成的最优路径上的某个节点存在于 OPEN 表中，将其记为 n'。

由于节点 n' 在初始节点 S_0 到目标节点 G 的最优路径上，并且它是由该路径上的先辈节点一步一步生成的，因此从初始节点到节点 n' 的最优路径能够通过反向回溯得到。于是，通过 $g(n')$ 实际计算的就是从初始节点到节点 n' 的最优路径代价值，即 $g(n')=g^*(n')$。再由估价函数 $f(n')=g(n')+h(n')$，可得

$$f(n')=g^*(n')+h(n') \tag{4.7}$$

在 A^* 搜索算法中满足 $h(n')\leqslant h^*(n')$，因此

$$f(n') \leqslant g^*(n') + h^*(n') = f^*(n') \tag{4.8}$$

由于最优路径上每个节点的f^*值都是衡量整条路径的代价值，所以它们应相等，于是有

$$f(n') \leqslant f^*(n') = f^*(S_0) \tag{4.9}$$

由上面两个引理可知，对于无限图，若问题有解，则 A* 搜索算法也一定成功结束，即有下面的定理：

定理 4.2　对于无限图，若从初始节点S_0到目标节点 G 有路径存在，则 A* 搜索算法必然成功结束。

证明：采用反证法。假设 A* 搜索算法不结束，则由引理 4.1 可知，OPEN 表中的节点会有任意大的估价函数值，这与引理 4.2 相矛盾。因此，在无限图中 A* 搜索算法也必然成功结束。

有了上面两个定理，接下来就可证明 A* 搜索算法的可采纳性。

定理 4.3　A* 搜索算法是可采纳的，即若存在从初始节点到目标节点的路径，则 A* 搜索算法必然结束在最优路径上。

证明：(1) 首先证明算法一定会结束在某个目标节点上。

显然，由定理 4.1 和定理 4.2 可知，无论是对于有限图还是无限图，A* 搜索算法都能够找到某个目标节点而结束。

(2) 其次利用反证法证明算法只能结束在最优路径上。

假设 A* 搜索算法结束于某个目标节点 n_t，但得到的并不是从初始节点 S_0 到目标节点的最优路径。此时，由于已经到达目标节点，所以$f(n_t)=g(n_t)$；由于找到的路径不是最优路径，实际路径代价要高于最优路径代价，即 $g(n_t)>f^*(S_0)$，其中$f^*(S_0)$为最优路径的代价值。因此，有$f(n_t)>f^*(S_0)$。

根据引理 4.2 及其证明过程可知，在 A* 搜索算法结束前一刻 OPEN 表中必定包含最优路径上的某一节点 n_i，它由初始节点按最优路径逐步生成得到，且满足$f(n_i) \leqslant f^*(S_0)$，于是有

$$f(n_i) \leqslant f^*(S_0) < f(n_t) \tag{4.10}$$

由此可推知，A* 搜索算法在结束前一刻一定是选择某个最优路径上的节点来扩展，又因为该节点是按最优路径生成得到，所以搜索算法在最终找到目标节点时，得到的必然是最优路径，与假设相矛盾。因此，A* 搜索算法只能结束在最优路径上。

由 A* 搜索算法的可采纳性还可以得到一些简单有用的结论。例如，由于算法是结束在最优路径上，找到目标节点 G 时的估价函数值$f(G)=f^*(S_0)$；由此可知，OPEN 表中任一满足$f(n)<f^*(S_0)$的节点 n，最终都将被算法选择为扩展的节点，否则目标节点也不会选中而结束搜索；反之，如果 OPEN 表中的某节点 n 在算法结束

前还未被扩展，则一定有$f(n) \geqslant f^*(S_0)$。

2. 关于信息性的证明

下述定理可用于判定哪种启发函数能够获得更高的搜索效率，它体现了 A^* 搜索算法的信息性。

定理 4.4 设有两个 A^* 搜索算法A_1^* 和A_2^*：

$$A_1^*: f_1(n)=g_1(n)+h_1(n)$$

$$A_2^*: f_2(n)=g_2(n)+h_2(n)$$

如果 A_2^* 比 A_1^* 体现更多的启发性信息，即对所有非目标节点均有$h_2(n)>h_1(n)$，则在搜索过程中，被 A_2^* 扩展的节点必然被 A_1^* 扩展，即 A_1^* 扩展的节点不会比 A_2^* 扩展的节点少，A_2^* 扩展的节点集是 A_1^* 扩展的节点集的子集。

证明：采用数学归纳法。

（1）对于深度 $d(n)=0$ 的节点 n，定理结论显然成立，因为此时节点 n 为初始节点，A_1^* 和 A_2^* 都要对其进行扩展。

（2）假设对于深度 $d(n)=k$ 的任意节点 n，定理结论成立，即在 A_2^* 搜索树中 $d(n)=k$ 的被扩展的任意节点 n，在 A_1^* 搜索树中也被扩展。

（3）下面证明对于深度 $d(n)=k+1$ 的节点，定理结论也成立（运用反证法）。

假设 A_2^* 搜索树中有一个满足 $d(n)=k+1$ 的节点 n，它被 A_2^* 扩展了，但是未被 A_1^* 扩展。根据第（2）条中的假设可知，A_1^* 扩展了节点 n 的父节点，因此节点 n 必定被放到了 A_1^* 的 OPEN 表中。显然，在 A_1^* 算法结束时节点 n 仍在 OPEN 表中没有被扩展，所以必然有

$$f_1(n) \geqslant f^*(S_0)\text{，即}g_1(n)+h_1(n) \geqslant f^*(S_0)$$

于是，$h_1(n) \geqslant f^*(S_0)-g_1(n)$。

另一方面，A_2^* 扩展了节点 n，必然有

$$f_2(n) \leqslant f^*(S_0)\text{，即}g_2(n)+h_2(n) \leqslant f^*(S_0)$$

于是，$h_2(n) \leqslant f^*(S_0)-g_2(n)$。

由于 $d(n) \leqslant k$ 时，A_2^* 扩展的节点 A_1^* 也一定扩展，故有$g_1(n) \leqslant g_2(n)$，于是

$$h_2(n) \leqslant f^*(S_0)-g_2(n) \leqslant f^*(S_0)-g_1(n) \leqslant h_1(n)$$

即 $h_2(n) \leqslant h_1(n)$，这与给定条件 $h_2(n)>h_1(n)$相矛盾，因此 A_1^* 未扩展节点 n 的假设不成立，定理结论得证。

由上述定理可知，实际中运用 A^* 搜索算法进行问题求解时，在满足算法条件的前提下，应尽量选择对各个节点能够获得更大启发值的启发函数，以提高算法的搜索效率。

4.5　与或图表示和搜索

4.5.1　问题的与或图表示

在面对较为复杂的问题时，人们往往会想办法将其分解和转化为多个难度较低的子问题；然后再对各个子问题进一步进行分解和转化，得到需要求解的难度更低的一些子问题。这样一直进行下去，直到获得具有明显解答的子问题为止。根据这种思维，可以建立问题的另一种表示方式——与或图表示。这种将整个问题分解和变换为一系列更易求解的子问题进行描述的方式也称为问题归约(Problem reduction)，其中最后具有明显解答的子问题称为本原问题。获得了原问题的一系列本原问题，原问题也就容易求解。

下面通过实例来说明上述与或图表示方法。首先考虑前面给出的三阶梵塔问题（图 4.18（a）），解决该问题可从考虑其中的几个子问题入手：

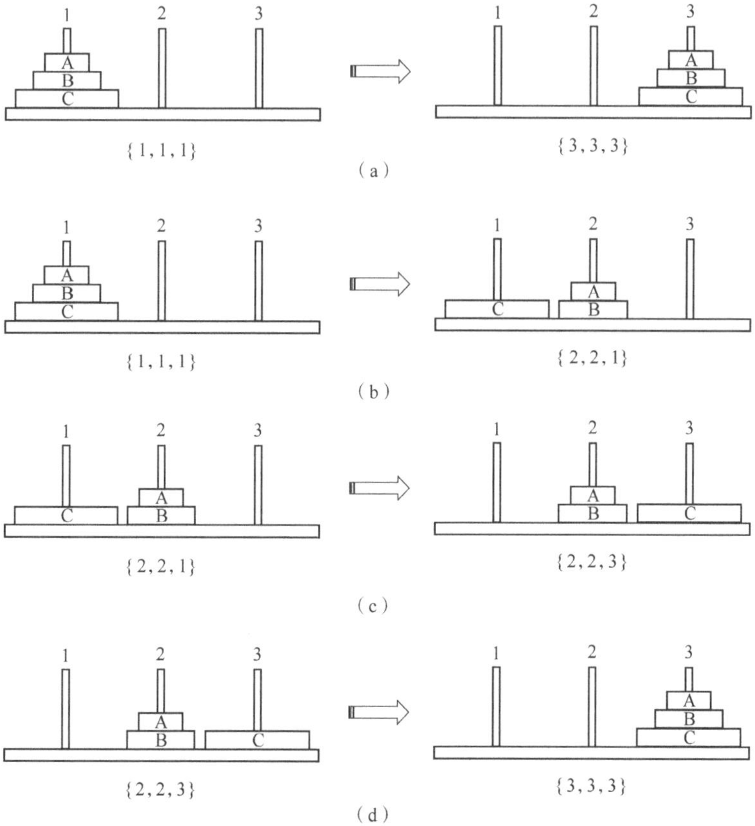

图 4.18　三阶梵塔问题及其几个子问题

（a）三阶梵塔问题；（b）子问题 1；（c）子问题 2；（d）子问题 3

(1) 要到达到目标状态，首先必须能够将圆盘 C 移动到 3 号柱子。圆盘 C 能够被移动的前提是圆盘 A 和 B 都离开 1 号柱子，同时还要保持 3 号柱子为空，这样才能使圆盘 C 能够第一个落到 3 号柱子上。因此，需要首先解决的子问题如图 4.18（b）所示，表示为{1,1,1}→{2,2,1}。

(2) 显然，接下来的子问题是使圆盘 C 第一个落在 3 号柱子，即{2,2,1}→{2,2,3}，如图 4.18（c）所示。

(3) 圆盘 C 第一个落在 3 号柱子后，如图 4.18（d）所示，剩下的子问题即{2,2,3}→{3,3,3}，也可以较为容易进行求解。

图 4.18 所示的三个子问题相比于原问题都更容易求解。其中，子问题 2 不能再分解，并且可以一步直接求解，因此可看作是本原问题。其他子问题还可以再往下分解，直到出现本原问题或不能再分解为止。最终可得到如图 4.19 所示的描述该问题的图式结构，图中子问题 1 和子问题 3 都进一步分解得到若干本原问题。通过逐步解决对应的本原问题，可使各个子问题得到求解，从而最终得到原问题的解。

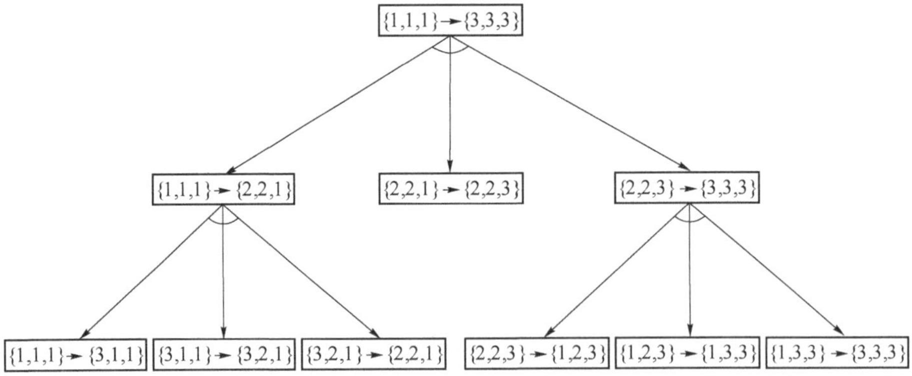

图 4.19　三阶梵塔问题归约的图式结构

图 4.20 给出了一个路径寻找问题示意图，其中 A、B、C、D、E 等字母标示了不同的地点，图中线段表示不同地点之间的可通行路径。该问题是要找到一条从起始点 A 通往目标点 T 的路径。

显然，不管如何，从 A 点到达 T 点必须途经河流上的桥梁。根据选择通行的桥梁不同，该问题存在着两种可能方案：通过其中一座桥梁到达点 F，再移动至目标点 T，记为（A→T via F）；或者通过另一座桥梁到达点 G，再移动至目标点 T，记为（A→T via G）。因此，该路径寻找问题可首先分解成两个子问题，但与上述三阶梵塔问题的子问题不同，它们之间是“或”关系，而三阶梵塔问题子问题之间是“与”关系（即所有子问题都得到解决，才能使原问题被成功求解）。在图 4.19 所示的结构中，由原问题出发的几条有向边分别指向不同的子问

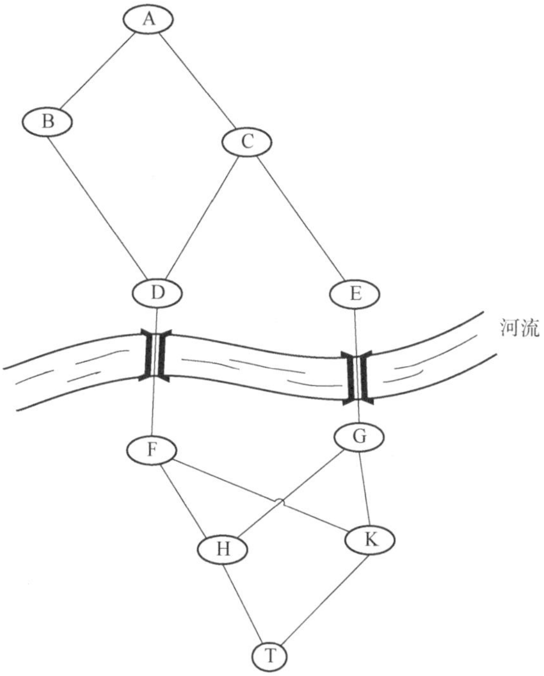

图 4.20　路径寻找问题

题，且有向边的起始部分用小弧线相连接，表示这几个子问题具有“与”关系；反之，如图 4.21 所示，路径寻找问题（A→T）可分解为子问题（A→T via F）和（A→T via G），它们之间具有“或”关系，则相应的有向边之间不使用弧线连接。

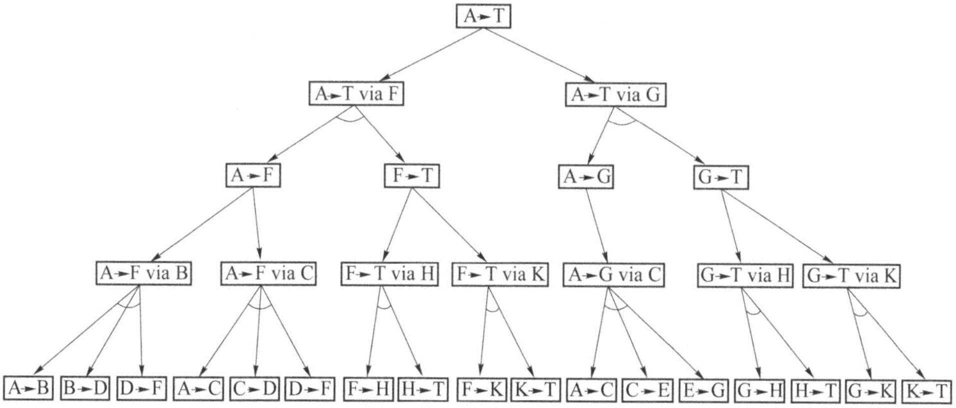

图 4.21　路径寻找问题的与或图

图 4.21 展示了对子问题进一步分解直到获得本原问题的整个结构。可以看

到，图中一些子节点间存在“与”关系，另一些子节点间又存在“或”关系，这种结构称为“与或图”。图4.21所示的实际上是一种树状结构的与或图，通常也称为“与或树”。图4.22（a）给出了另一种结构的与或树，其中节点用圆形表示。实际中由于一些复杂的“与”和“或”关系的存在，与或图也可能呈现非树状的复杂结构（图4.22（b））。为简便起见，接下来仅以与或树为例进行讨论。

在与或树中，若某个节点的子节点之间是“与”关系，则该节点一般称为“与节点”（如图4.22（a）中的节点 n_1）；若子节点之间是“或”关系，则该节点一般称为“或节点”（如图4.22（a）中的节点 n_5）。

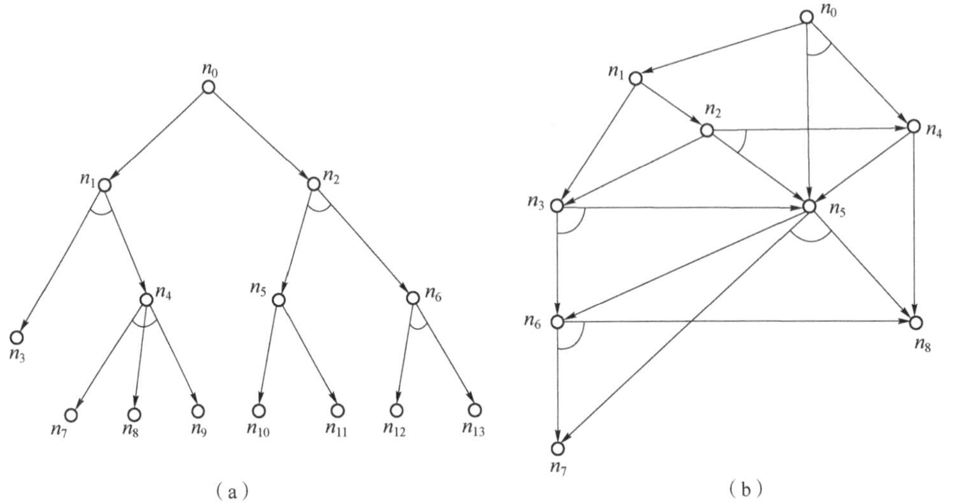

图4.22 不同结构的与或图

4.5.2 与或图的启发式搜索

与或树是与或图的特例，与或树搜索和与或图搜索原理上并无很大差别，下面以与或树的搜索为例来说明与或图搜索方法。首先简单介绍有关与或树的一些基本知识和概念，然后讨论与或树的启发式搜索过程。

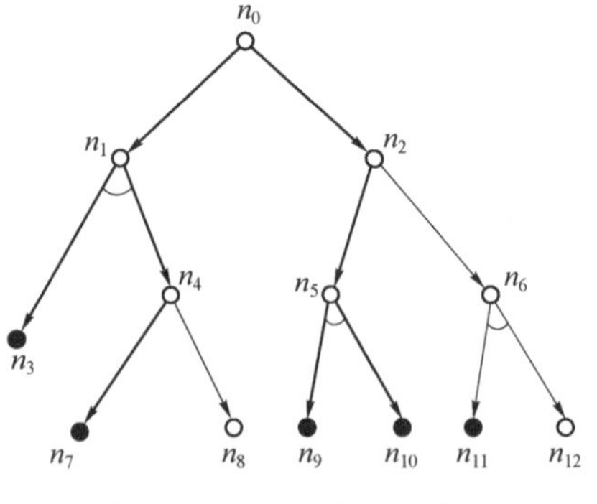

图4.23 与或树及其解树

1. 端节点与终止节点

在与或树中，没有子节点的节点称为端节点（如图4.23中的节点 n_3、n_7 和 n_8 等），而本原问题所对应的节点称为终止节点（图4.23中黑色圆形节点表示与或树的终止节点）。因此，终止节点一定是端节点，但端节点不一定是终止节点。

2. 可解节点与不可解节点

一个节点是可解节点，意味着它是能够被求解的。在与或树上执行的搜索过程，其目的就是使初始节点（对应原问题）变成可解节点，即使其能够被求解。在与或树中，判定一个节点是否是可解节点的方法如下：

（1）任何终止节点都是可解节点。例如，图 4.23 中的节点 n_3、n_7、n_9、n_{10} 和 n_{11} 均为可解节点。

（2）对于或节点，当其子节点中至少有一个是可解节点时，则该或节点是可解节点。例如，图 4.23 中的节点 n_4 为或节点，它有一个子节点 n_7 为可解节点，因此，n_4 也为可解节点。

（3）对于与节点，只有当其全部子节点都为可解节点时，它才是可解节点。例如，图 4.23中节点 n_5 为与节点，它的两个子节点 n_9、n_{10} 都为可解节点，因此，节点 n_5 为可解节点；又如，上面已经判定了节点 n_4（非终止节点）为可解节点，并且已知节点 n_3 为可解节点，由此可知与节点 n_1 也为可解节点。

不满足上述条件的节点属于不可解节点。例如，图 4.23 中的节点 n_{12} 是端节点但不是终止节点，因此它是不可解节点。进一步还可知，与节点 n_6 也是不可解节点。

3. 解树

在与或树中，解树是由初始节点和可解节点构成的一个子树，给出了原问题的一个求解路径，由其中的可解节点可以推出初始节点为可解节点。例如，图 4.23 的与或树包含左右两个解树（如粗线箭头所示，每个解树中的节点都属于可解节点）。

4. 解树的代价

在与或树的启发式搜索中，需要计算各个解树的代价，从而找到代价最小的最优解树。解树的代价是通过计算解树中各个节点的代价得到，其中或节点和与节点代价的计算方法如下：

（1）若 n 为或节点，其子节点为 n_1，n_2，…，n_k，则该节点代价计算公式为

$$h(n)=\min_{1\leqslant i\leqslant k}\{h(n_i)+c(n,n_i)\} \tag{4.11}$$

式中，$h(n_i)$ 为节点 n_i 的估计代价，$c(n,n_i)$ 为从节点 n 到其子节点 n_i 的有向边代价。

例如，在图 4.24 中，假设终止节点 n_7 的代价 $h(n_7)=0$；由于 n_8 为非可解端节点，可为它定义一个非常高的代价值，如令 $h(n_8)=\infty$；同时假设每个有向边的代价 $c(n_j,n_i)=1$。于是，按照上述计算方法可得

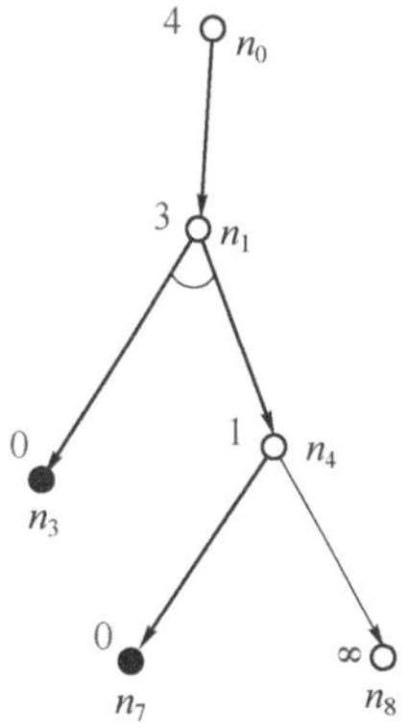

图 4.24　解树的代价

或节点 n_4 的代价 $h(n_4)=1$。

(2) 若 n 为与节点，则需要综合所有子节点代价，可采用和代价法进行计算：

$$h(n)=\sum_{i=1}^{k}\{h(n_i)+c(n,n_i)\} \tag{4.12}$$

或考虑其中最大的代价，即采用最大代价法：

$$h(n)=\max_{1\leqslant i\leqslant k}\{h(n_i)+c(n,n_i)\} \tag{4.13}$$

在图 4.24 中，已计算出节点 n_4 的代价 $h(n_4)=1$，并已知终止节点 n_3 的代价 $h(n_3)=0$。于是，按照和代价法可计算得到与节点 n_1 的代价 $h(n_1)=3$。进一步地，还可得到初始节点代价 $h(n_0)=4$。

由上述例子可知，已知某个解树的端节点代价后，可通过倒推的方式得到初始节点代价，该代价也代表了整个解树的代价，即按解树给出的路径完成整个问题求解所需的代价。实际中，与或树可能存在不止一个解树，为尽快地找到代价最小的最优解树也可采用启发式搜索方法。

5. *与或树的启发式搜索*

与或图的启发式搜索和状态空间图的启发式搜索类似，两者都是从初始节点开始，逐步对子节点进行扩展和搜索，同时在搜索过程中运用启发性信息估算所生成子节点的代价。但是，它们在估价函数计算和具体搜索过程上又有很多不同，下面通过一个例子进行说明。

如图 4.25 所示，假设与或树按或节点和与节点分层交替的结构进行组织（下节将要介绍的博弈树即采用这种结构），首先对初始节点 n_0 扩展得到一个包含或节点和与节点的两层与或树（图 4.25（a））。其中，在端节点 n_3、n_4、n_5 和 n_6 旁边标注了由启发函数得到的各节点代价估计值。此时，由左子树端节点 n_3 和 n_4 开始倒推，可计算出初始节点 n_0 的代价值 $h(n_0)=9$；由右子树端节点 n_5 和 n_6 开始倒推，可计算出初始节点 n_0 的代价值 $h(n_0)=7$。由右子树得到的代价值更小，因此右子树是更有希望获得最优解树的子树（简称为“希望树”），接下来选择右子树的端节点进行扩展。

首先对其中的端节点 n_5 扩展两层后，得到如图 4.25（b）所示的结果。此时，由右子树中新生成的端节点的启发函数值（分别为 3、2、2、2），可倒推计算出节点 n_5 新代价值为 7。运用该值再进行倒推，最终计算出初始节点 n_0 的代价值 $h(n_0)=12$。而由左子树求出的代价值 $h(n_0)=9$，此时左子树代价更小，因此当前的希望树变为左子树。

对左子树的端节点 n_3 进行扩展，得到如图 4.25（c）所示结果。其中，新生成的端节点 n_{13} 和 n_{14} 为可解节点，因此上面的与节点 n_7 和或节点 n_3 也为可解节点。但是再往上一层，不能确定与节点 n_1 是否为可解节点，原因在于其子节点

n_4 是否为可解节点还未知。另外，由左子树中新生成的端节点倒推出的节点 n_3 的新代价值与原代价值相同，因此左子树的代价未变，当前的希望树仍是左子树，接下来继续对端节点 n_4 进行扩展。

对节点 n_4 扩展两层后得到如图 4.25（d）所示结果。由于新生成的端节点 n_{17} 和 n_{18} 为可解节点，因此上一层中的节点 n_9 和 n_4 可标记为可解节点。此时可确定 n_1 为可解节点，从而得到初始节点 n_0 为可解节点。于是，最后得到图中粗线箭头所标示的最优解树，其实际代价值为 9。

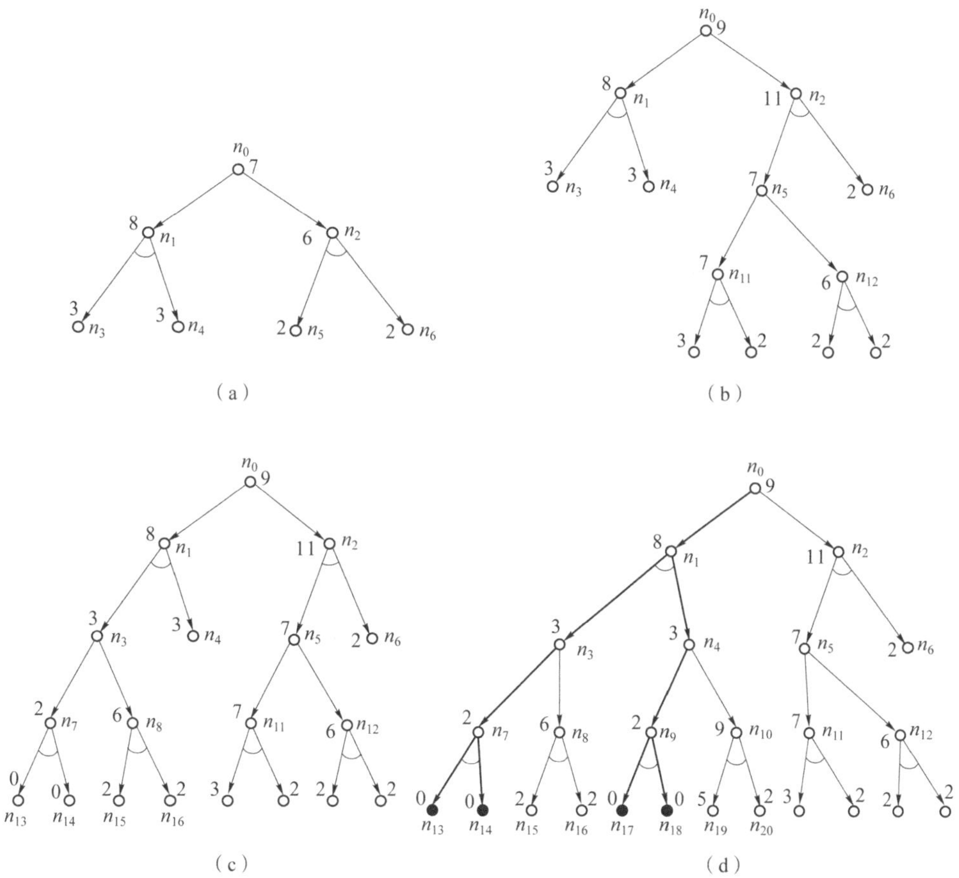

图 4.25　与或树启发式搜索过程

（a）对初始节点扩展后的与或树；（b）对节点 n_5 扩展后的与或树；

（c）对节点 n_3 扩展后的与或树；（d）对节点 n_4 扩展后的与或树及最优解树

虽然一般的与或图启发式搜索比与或树启发式搜索可能会更复杂，但它们的原理基本相同。同状态空间图的启发式搜索存在 A^* 算法一样，在与或图的启发式搜索中，给定启发函数一定限制：$h(n) \leqslant h^*(n)$ 且 $h(n)$ 满足单调性，则相应的搜索算法也具有可采纳性，保证最终得到的是最优解图，这种算法也称为 AO* 搜索算法。

AO* 算法和 A* 算法存在一些显著的不同：在 A* 算法中估价函数是对经过某节点的解路径进行估价，而在 AO* 算法中是对某个解图进行估价；A* 算法每到达一个节点就能给出相应路径代价的估计值，然后选择路径代价最小的节点进行扩展，而 AO* 算法在搜索过程中需从当前子树的端节点进行倒推，计算得到对应的初始节点代价值作为整个子树的代价估计值，然后选择代价最小的子树继续扩展，直到能够使初始节点变为可解节点。

4.6 博弈搜索

4.6.1 博弈概述

前面讨论的是相对稳定和可控环境下问题的求解。除此之外，实际中还存在很多非合作、竞争环境下的问题需要求解，其中典型的就是博弈问题。在现实生活中，博弈向来被认为是一类比拼智力的竞争性活动，如下棋、打牌和战争等。数学和经济学中的博弈论同时也是一种研究复杂竞争性现象的理论和方法。在人工智能研究中，博弈大多考虑的是那些具有完备信息、竞争双方轮流行动、零和的竞争性游戏或比赛，其中主要以棋类运动为代表。具有完备信息指的是所有的博弈方都能获得完全的信息，清楚对方的每一步决策并能了解当前的状况和态势；零和指的是博弈双方的收益和损失之和总是为零，一方的收益意味着另一方的损失，最终导致的结果是若一方赢则另一方输。

利用计算机解决博弈问题一直是人工智能领域的重要研究内容之一。其中，涉及最多的是棋牌类的计算机博弈问题，在这一方面已经有较长的研究历史，并已取得很大成就。在人工智能研究的初期，人们就开始研究跳棋程序，并在不久之后战胜了人类跳棋大师，展现了机器智能在博弈方面的潜力。20 世纪末期，IBM 研制的“深蓝”计算机程序成功战胜了国际象棋冠军卡斯帕罗夫。该事件曾经轰动一时，进一步提升和增强了人们对人工智能的信心和研究热情。2016—2017 年两年间，谷歌围棋程序 AlphaGo 相继战胜两位围棋世界冠军，打破了人们一直认为的计算机无法在围棋这种大型复杂博弈问题上战胜人类的观念，展示出人工智能令人惊叹的实力。

计算机博弈涉及很多人工智能领域的重要研究问题，如问题表示、智能搜索与决策等。双人完备信息博弈问题一般可用与或树来表示，而博弈过程中就是要尽量寻找到能够最终取胜的最佳解树，下面通过一个简单的分钱币游戏进行说明。

分钱币游戏是假设有一堆钱币（如 7 枚），两位选手轮流将它们不断进行分堆，规定每位选手每次只能在当前分好堆的钱币中选择一堆，将其分成数目不相等的两堆。如此进行下去，若某位选手在其中再也找不到一堆钱币来将其分成数目不相等的两堆，则该位选手输掉游戏。

为简便起见，将博弈双方分别记为“MAX”和“MIN”，并假设始终站在 MAX 方考虑如何使其能赢。假定由 MIN 方先对 7 枚钱币分堆，则上述分钱币问题可表示为如图 4.26 所示的与或树（图中括号内数字表示各堆中钱币的数量）。在各个阶段 MAX 都需要考虑 MIN 可能采取的所有分堆方案，尽量保证在任何可能情况下都有应对措施，以最大限度地使己方能够获胜。因此，每一阶段 MIN 可能采取的分堆方案在 MAX 来看是“与”的关系（见图 4.26 中的与节点）。而当轮到 MAX 分堆时，它需要从当前所有可能的方案中选出一种最有利于自己获胜的方案来进行分堆，因此 MAX 可能采取的不同方案之间可看作是“或”关系。对 MAX 来说，它希望找到该与或树的一个解树，来保证能够最终获胜。图 4.26 中的粗线标示出了与或树的解树（达到分堆状态（2,2,1,1,1）时，MIN 已不可能在其中找到一堆钱币将其分成数目不等的分堆）。可以看到，按照解树所给出的策略，无论 MIN 每一步如何行动，MAX 均能获胜。

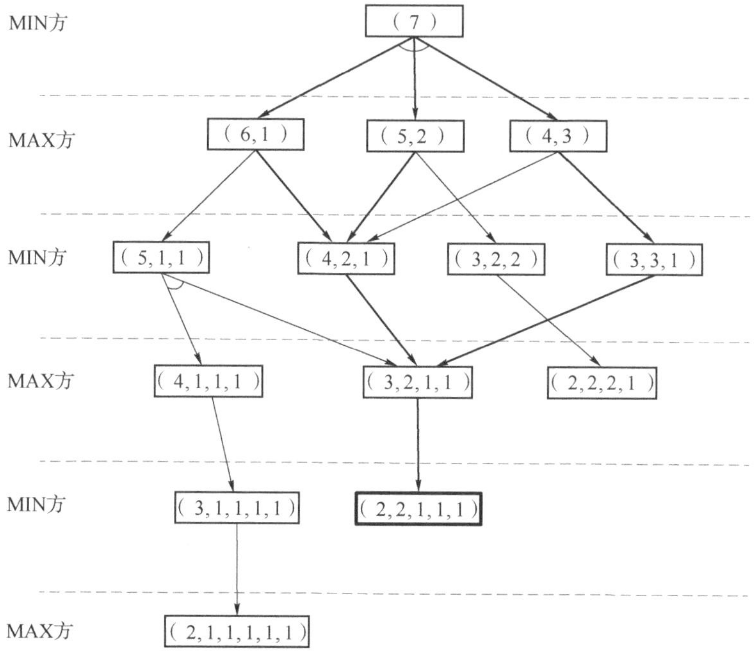

图 4.26 分钱币问题的与或树

描述博弈过程的与或树也称为“博弈树”。它是一种特殊的与或树，其中的或节点和与节点逐层交替出现。整个博弈过程的描述始终是站在某一方的立场上，初始节点代表博弈的初始状态，任何能使己方获胜的终局都是本原问题，博弈树搜索就是为了找到最终能够使己方获胜的解树。

4.6.2 极小极大搜索

对于较为简单的博弈问题可以生成整个博弈树，从中搜索找到取胜策略。但是对于复杂的博弈问题，要生成整个博弈树几乎是不可能的。例如，国际象棋的平均走法大概有 35 种，一盘棋按通常每个棋手需要走 50 步计算，则搜索树的节点数达到 35^{100}，即约为 10^{154}；围棋的搜索树节点数目更是庞大，可多达 10^{750}。因此在搜索过程中必须采用启发式方法来避免生成整棵博弈树。

启发式搜索需要利用到估价函数。然而，在博弈问题中不单只有 MAX 一方行动，轮到 MIN 时它也将采取对抗性行动。因此，站在 MAX 的立场，估值时需要考虑的一个重要问题是如何做出每一步行动的最佳决策，使得能够较好地应付接下来 MIN 可能采取的所有对策。其中一种有效的方法是采取极小极大搜索策略进行当前最优决策。

1. 极小极大策略

在极小极大策略中，假设在当前节点之后双方再对弈若干步，然后考虑所有可能到达的节点，这些节点也就形成了当前扩展的搜索树的端节点，通过一个估价函数 $f(n)$ 为这些端节点进行静态估值，以对它们的“价值”进行评价。这种过程类似于人类在下棋时会往后多估算几步，预见到接下来的几步所可能到达的局面中，哪些对己方有利，哪些对己方不利，从而做到趋利避害。一般规定那些有利于 MAX 取胜的节点，其值为正；有利于 MIN 取胜的节点，其值为负；使双方利益均等的节点取值为零。高水平棋手一般往后估算的步数要更多，对价值的判定也要更准确。

对于较为复杂的博弈问题，一般是在有界深度范围内进行启发式搜索。当获得当前搜索树端节点的静态估值后，再运用极小极大策略逐步倒推出上层节点的值，从而得出当前决策依据。为简便起见，假设搜索的深度为两层（包含一层或节点和一层与节点）。图 4.27 给出了一个两层的博弈树，其中底层端节点的静态估值分别标示于各节点之下。博弈树中轮到 MAX 走下一步的节点称为 MAX 节点（即或节点，图中用方形框表示）；轮到 MIN 走下一步的节点称为 MIN 节点（即与节点，图中用圆形框表示）。

具体地，极小极大策略是站在 MAX 的立场，考虑 MIN 可能采取的对其最不利的走步，即具有最小估值的子节点。例如，图 4.27 中 MIN 节点 B 的三个子节点的静态估值分别为 2、4 和 3，选择其中最小值倒推，获得节点 B 的值为 2。按照同样的方法，可得 MIN 节点 C 的值为−3，MIN 节点 D 的值为 0。对于 MAX 来说，它们中具有最大值的节点 B 是最佳选择，因此接下来选择其中最大值倒推，得到上一层 MAX 节点 A 的值为 2，其值表示了节点 A 所对应局面对于 MAX 的有利程度。

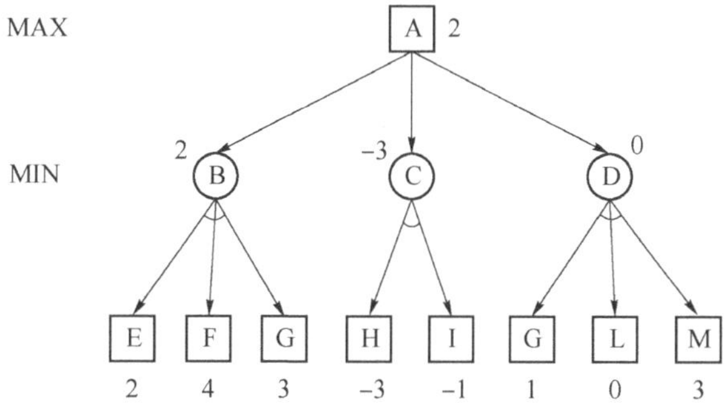

图 4.27　两层博弈树

极小极大策略实际上考虑的是 MAX 有可能面临的最坏情况，它假设 MIN 采取对己方最有利的走步。然而，存在着这样一个问题：当 MIN 未选用己方最优走步时情况会如何。事实上，在这种情况下通常会使 MAX 具有更好的表现。有一些其他策略可能在对付非最优化对手方面做得比极小极大策略好，但是在对付最优化对手时效果往往会变差。

2. 极小极大算法实现

极小极大搜索算法可以采用递归的方法实现。如图 4.28 所示，算法的主函数为 MinMax(s)，它按极小极大策略实现端节点静态估值的倒推，最后返回的是当前节点 s 下的最佳走步。其中 Actions(s)表示节点 s 下允许采取的所有走步的集合；Result(s,a)表示当前节点 s 下采取走步 a 的行动结果（即它所得到的子节点）。MinMax(s)函数主要是通过对其子函数 Min_Value(s)和 Max_Value(s)的交替递归调用实现，其中 Min_Value(s)和 Max_Value(s)的功能是当节点 s 分别为 MIN 节点和 MAX 节点时，通过取最小值和最大值法倒推得到节点 s 的值。在这两个函数中，当 Terminal(s)返回值为真时表示节点 s 为端节点，此时需要通过 Value(s)计算它的静态估值。上述递归算法可看作是经历了两个过程：首先是自上而下逐步前进至搜索树的端节点；获得端节点的静态估值后，再按递归调用的反向顺序将倒推得到的极小极大值回传。

```
function MinMax(s)
    return argmax_{a ∈ Actions(s)} Min_Value(Result(s,a))
end
---------------------------------------------------------
function Min_Value(s)
    if Terminal(s) then return Value(s)
    v ← ∞
    for each a ∈ Actions(s) do
        v ← min (v,Max_Value(Result(s,a)))
    end
    return v
end
---------------------------------------------------------
function Max_Values(s)
    if Terminal(s) then return Value(s)
    v ← -∞
    for each a ∈ Actions(s) do
        v ← max (v,Min_Value(Result(s,a)))
    end
    return v
end
```

图 4.28　极小极大算法

4.6.3　α-β 剪枝

极小极大搜索虽然只需每次根据当前节点生成部分搜索树,但是对于复杂的博弈问题需要考虑的节点数仍然很多。为提高搜索效率,可以考虑剪掉搜索树中一些无用的分枝。为此,麦卡锡等人提出了 α-β 剪枝方法,它在搜索时能够剪掉那些不会影响决策的分枝,返回与原极小极大算法同样的结果。

接下来仍以图 4.27 所示的博弈树为例,说明该剪枝方法的原理。

图 4.29 给出了在图 4.27 博弈树上进行深度优先搜索的一些关键步骤。其中,在每一节点旁边标示出了它们不同时刻估值的取值范围。假定按深度优先搜索规则首先到达 MIN 节点 B 下面的一个端节点,且该端点的值为 2(图 4.29(a)),则此时可以断定 MIN 节点 B 的值至多为 2。如图 4.29(b)所示,当进一步得到节点 B 下面三个子节点的值后,可确定节点 B 的值为 2,此时还可断定 MAX 节点 A 的值至少为 2。接下来由 MIN 节点 C 向下进行搜索,如图 4.29(c)所示,获得它下面第一个端节点的值为-3,则此时可知 MIN 节点 C 的值至多为-3。由于该值是节点 C 值的上界,且它比 MAX 节点 A 值的下界(即 2)还低,所以可以断定 MAX 肯定不会选择节点 C 所在分枝,因此该分枝可以被剪去而不用继续搜索。同理,如图 4.29(d)所示,在确定了 MIN 节点 D 可能取值的上界为 1 后,也可以提前将其所在分枝剪掉。

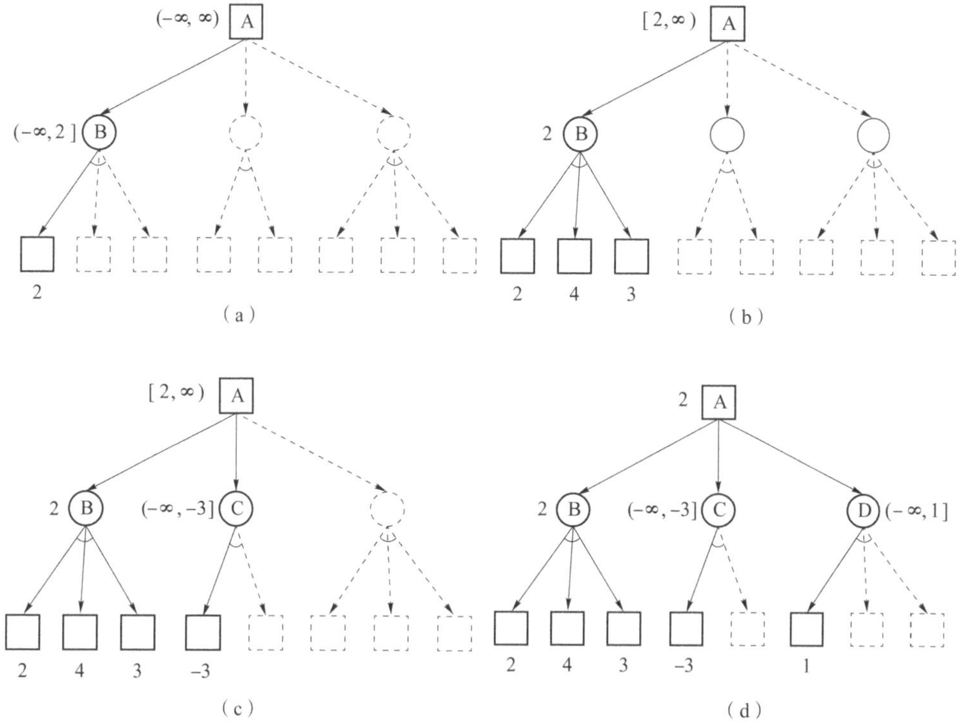

图 4.29　博弈树的深度优先搜索过程

理解了上述剪枝原理，接下来不难归纳 α-β 剪枝方法的一般规则。在 α-β 剪枝方法中，α 指的是目前所求得的 MAX 节点的下界值，而 β 则是 MIN 节点的上界值。α-β 剪枝方法的一般规则可描述如下：

(1) α 剪枝：若某一 MIN 节点的 β 值小于或等于它先辈 MAX 节点的 α 值，则可停止搜索该 MIN 节点以下的分枝。

图 4.29 给出的例子就属于这种剪枝方式。类似地，还可以得到下面另一条规则。

(2) β 剪枝：若某一 MAX 节点的 α 值大于或等于它先辈 MIN 节点的 β 值，则可停止搜索该 MAX 节点以下的分枝。

上述两种情况下可以剪枝的条件均为 $\alpha \geqslant \beta$，但是其中节点关系不同：在 α 剪枝中为 α(后继节点) $\geqslant \beta$(先辈节点)；而在 β 剪枝中为 α(先辈节点) $\geqslant \beta$(后继节点)。需要注意的是，先辈节点指的并不只是父辈节点，若节点间跨越不止一代也可以通过这种比较来判别是否可以剪枝。另外，在搜索过程中同一节点的 α 值或 β 值可能会被不断更新。下面通过一个例子进一步说明 α-β 剪枝过程。

图 4.30 给出了一个博弈树及其 α-β 剪枝结果。如图 4.30(b)所示，从初始节点开始，按有界深度优先搜索规则首先到达指定深度的节点 L 和节点 M，此时可得

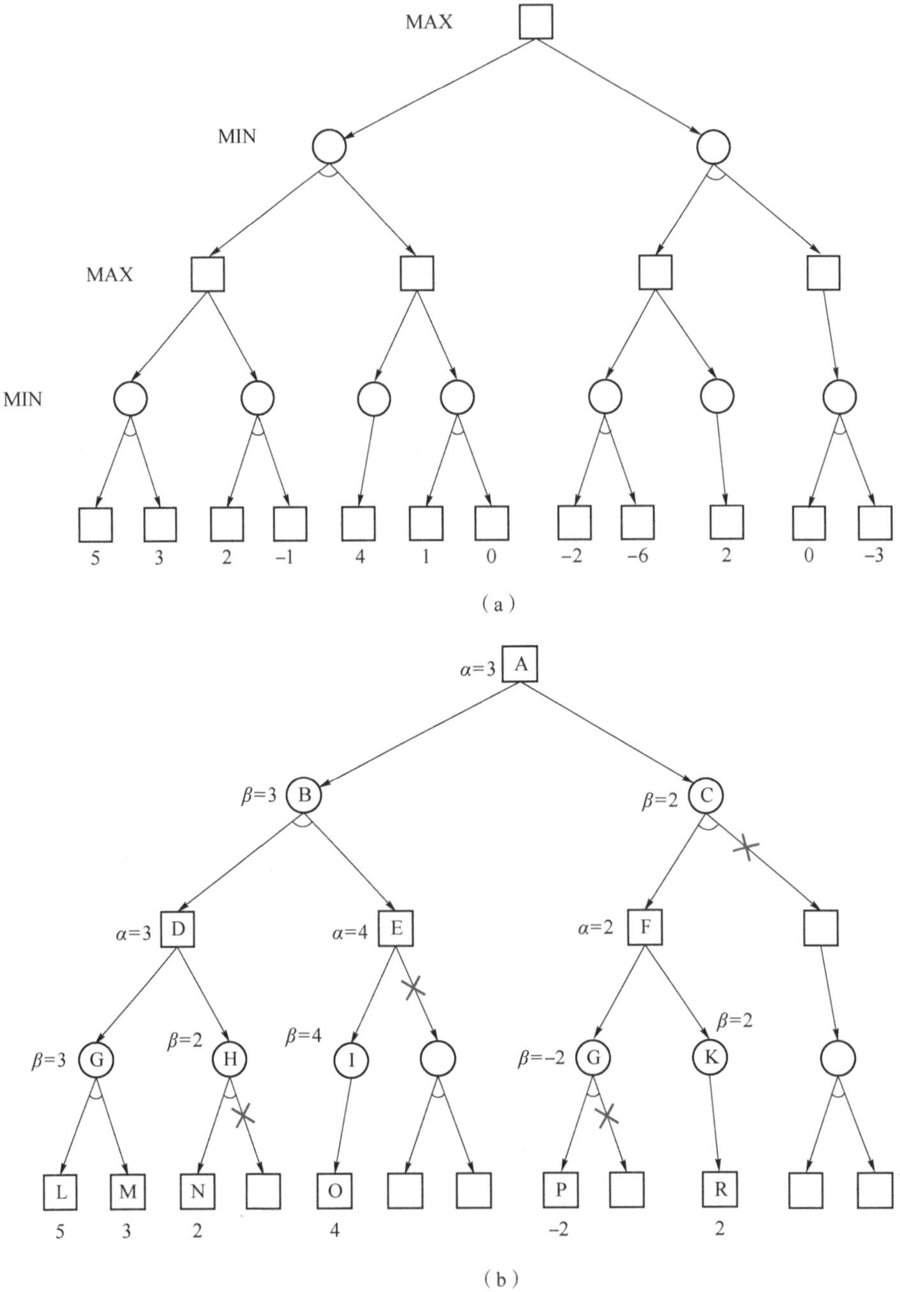

图 4.30　博弈树的 α–β 剪枝

(a)剪枝前的博弈树;(b)α–β 剪枝结果

上一层 MIN 节点 G 的值为 3,同时其 β 值也可以确定为 3。进一步地,还可知再上一层的 MAX 节点 D 的值至少为 3,即其 α 值为 3。由于节点 G 以下都搜索完毕,沿节点 D 的另一子节点 H 继续搜索,假设首先到达节点 N。由节点 N 的值可知 MIN 节点 H 的值至多为 2,即其 β 值为 2。由于 MIN 节点 H 的 β 值小于 MAX 节点 D 的 α 值,根据 α 剪枝规则停止搜索节点 H 以下分枝。

往上回溯到 MIN 节点 B,由节点 D 的 α 值 3 可知节点 B 的值至多为 3,即 $\beta=3$。接下来,由其子节点 E 往下搜索,经节点 I 到达指定深度的节点 O。此时,由节点 O 的值可倒推得到 MIN 节点 I 的 β 值为 4,进一步还可得到上一层 MAX 节点 E 的 α 值也为 4。由于节点 E 的 α 值大于节点 B 的 β 值,根据 β 剪枝规则可将节点 E 的其他子节点分枝剪掉。

接下来,再向上回溯到节点 A,此时由 MIN 节点 B 的 β 值可倒推得到 MAX 节点 A 的 α 值也为 3。沿节点 A 的另一子节点 C 继续往下搜索,直至到达指定深度的节点 P。此时,由节点 P 的值可确定其上一层 MIN 节点 G 的 β 值为 -2。由于该值小于其先辈 MAX 节点 A 的 α 值,因此可将节点 G 的另一子节点分枝剪掉。虽然此时可通过节点 G 的 β 值求出 MAX 节点 F 值的一个下界,即可令其 α 值为 -2,但是运用该值无法确定是否可以剪去节点 F 以下的其他分枝。因此,还需要沿节点 F 的其他子节点再往下搜索。

如图 4.30(b)所示,经节点 F 的子节点 K 到达指定深度的节点 R 后,运用节点 R 的值进行倒推,可确定节点 F 的值为 2。于是,进一步可得到其上一层 MIN 节点 C 当前的 β 值为 2。该值小于 MAX 节点 A 的 α 值,因此可将节点 C 以下其他子节点分枝剪掉。

4.6.4　α-β 剪枝应用实例

图 4.31 给出了采用递归方式实现的 α-β 剪枝搜索算法,其中算法主函数为 Alpha_Beta(s)。它是在图 4.28 描述的极小极大算法基础上略作修改得到。具体地，在函数 Min_Value( ) 和 Max_Value( ) 中考虑了 α 和 β 值，并在算法开始运行时将它们分别初始化为 $-\infty$ 和 ∞，然后在每检查完一个分枝后判断是否要对它们进行更新。一旦发现满足 α 或 β 剪枝条件，则通过在 for 循环中提前返回 v 值来中止对某一节点以下分枝的搜索（可结合图 4.29或图 4.30 中的剪枝步骤分析算法的具体实现过程）。在函数 Alpha_Beta(s) 运行过程中，节点 s 的各个子节点将通过倒推方式获得各自的值，该函数最终将返回使生成的子节点具有最大倒推值的最优走步。

下面以简单的一字棋实例具体展示如何通过 α-β 剪枝搜索完成博弈过程。

在九宫格棋盘上，两位选手每次轮流摆上各自的一枚棋子（分别用“×”和“○”表示），谁先取得三子连成一线即获胜。在该一字棋游戏中，可以定义一种启发函数对每种可能的棋局进行静态估值。如图 4. 32 所示，可通过比较棋局上双方的“赢线”来进行估值。对于图中棋局，执“×”棋子一方可能占据的三子一线（即“赢线”）有 5 条，另一方“○”棋子的赢线有 2 条，从执“×”棋子的一方来看，可认为该棋局的静态估值为 5-2=3。

```
function Alpha_Beta(s)
    v←Max_Value(s,-∞,∞)
    return Actions(s)中倒推值为 v 的走步
end
--------------------------------------------------
function Max_Value(s,α,β)
    if Terminal(s) then return Value(s)
    v←-∞
    for each a ∈ Actions(s) do
        v←max (v,Min_Value(Result(s,a),α,β))
        if v≥β then return v
        α←max (α,v)
    end
   return v
end
--------------------------------------------------
function Min_Value(s,α,β)
    if Terminal(s) then return Value(s)
    v←∞
    for each a ∈ Actions(s) do
        v←min (v,Max_Value(Result(s,a),α,β))
        if v≤α then return v
        β←min (β,v)
    end
   return v
end
```

图 4. 31 α-β 剪枝搜索算法

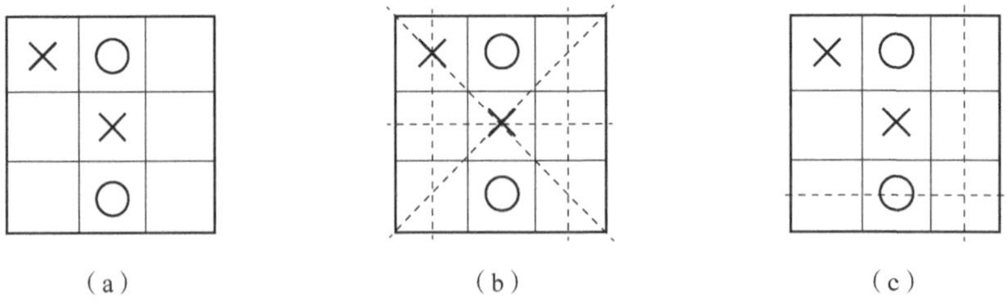

图 4. 32 棋局的启发函数计算

（a）棋局；（b）“×”赢线数为 5；（c）“○”赢线数为 2

对弈时假设执“×”棋子一方为 MAX，并且它首先落子，同时限定 α-β 剪枝时每次搜索的最大深度为 2。如图 4.33（a）所示，考虑到棋盘的对称性，第一步 MAX 实际上只有三种落子方式。接下来考查不同情况下 MIN 可能采取的走步，并返回相应棋局的静态估值。图 4.33（a）给出了由静态估值倒推得到的各节点 α 或 β 值以及剪枝结果，MAX 最后将选择其中子节点具有最大倒推值的最优走步（图中粗线箭头所示）。

在 MAX 走完第一步后，假设 MIN 也选择了它的走步，并使当前棋局变为图 4.33（b）中所示的初始状态。此时，又轮到 MAX 做决策。图 4.33（b）给出了此轮 α-β 剪枝结果和 MAX 选择的最优走步，其中最后一层有将近三分之二的子节点分枝被剪掉。

假设当 MIN 完成走步后，当前棋局又变为了图 4.33（c）所示的初始状态。图 4.33（c）显示了接下来的剪枝和搜索结果，其中值为 $-\infty$ 的端节点表示 MIN 将会获胜的棋局。观察 MAX 最优走步后的所有可能棋局容易发现，MAX 选择当前最优走步即可锁定胜局，MIN 不论如何应对最终结果都会输。

α-β 剪枝搜索的效率虽然与节点检查的顺序有关，但是实践证明该方法一般至少能剪掉原搜索树一半的分枝，能够处理较为复杂的博弈问题。IBM 研制的国际象棋程序“深蓝”就使用了 α-β 剪枝算法，曾战胜了国际象棋冠军卡斯帕罗夫。

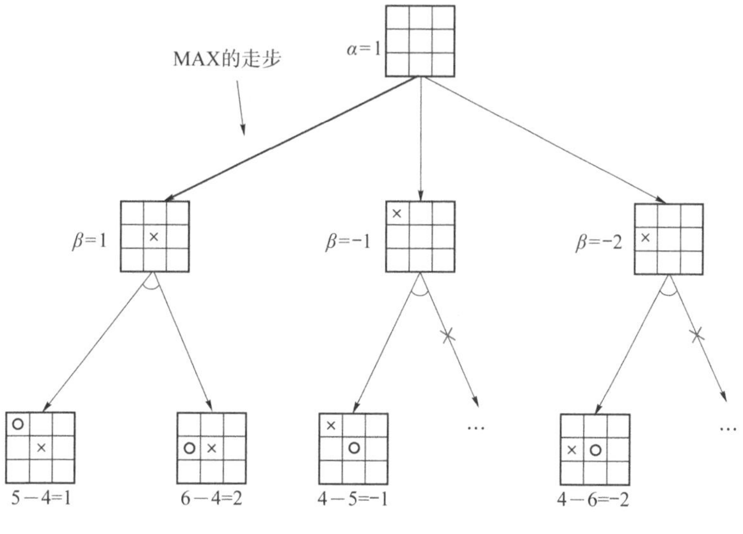

（a）

图 4.33　一字棋对弈过程中的 α-β 剪枝搜索

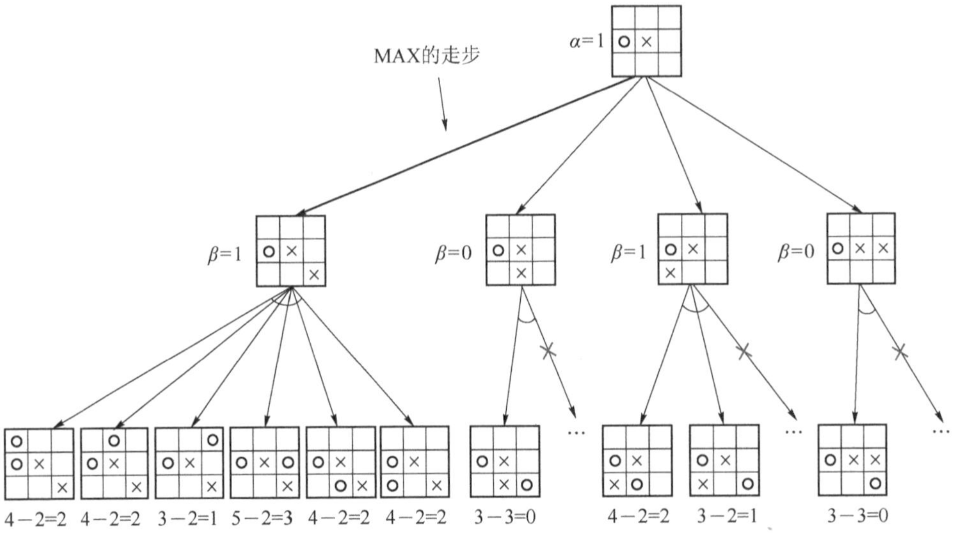

（b）

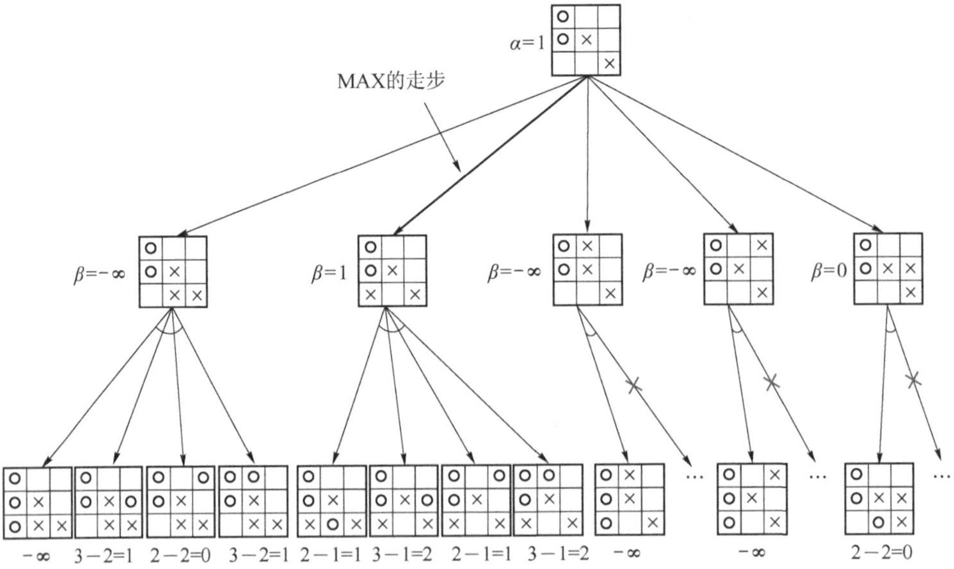

（c）

图 4.33　一字棋对弈过程中的 α-β 剪枝搜索（续）

习　题

4.1　在人工智能中为什么要采用搜索求解策略？一般可用于解决哪些问题？

4.2　什么是盲目搜索？宽度优先搜索与深度优先搜索在算法实现上有何不同？各自有什么优缺点？

4.3　为什么要采用启发式搜索？它与盲目搜索有何不同？

4.4　在 A 搜索算法中估价函数如何定义？A^* 搜索算法与 A 搜索算法的区别是什么？A^* 算法有何特点？

4.5　如何确定某个 A 搜索算法属于 A^* 算法？对于同一问题如何比较两个 A^* 搜索算法的效率？

4.6　与或树的结构是什么样的？它有何作用？简述与或树的启发式搜索过程。

4.7　说明博弈树搜索过程中极小极大搜索的原理，有什么方法可提高搜索效率？

4.8　简述 α-β 剪枝方法的原理、作用及剪枝搜索过程。

4.9　试采用 A^* 搜索算法解决下面的八数码问题，并画出搜索树。

初始状态

7	3	2
4		1
8	6	5

⟹

目标状态

1	2	3
8		4
7	6	5

4.10　试编程实现 α-β 剪枝搜索算法，用于解决一字棋对弈问题。

第 5 章
机器学习理论与方法

5.1 机器学习概述

5.1.1 机器学习的概念

人类智能的一个重要表现是具有学习能力，通过学习可以达到发现规律、增长知识、提高能力、自我改进及适应环境等目的。对于机器学习目前并无一个标准统一的定义，但从直观上理解，机器学习就是使机器（计算机）像人类一样具备学习能力，能够通过学习完成特定任务或改善系统自身性能。

机器学习作为人工智能领域的核心研究内容之一，是人工智能发展到一定阶段的产物。人工智能学科的重要奠基人之一西蒙认为，学习就是系统在不断重复工作中对本身能力的增强或改进，使得系统在下一次执行同样任务或类似任务时，会比现在做得更好或效率更高。机器学习领域的奠基人之一、卡内基梅隆大学教授米切尔（T. Mitchell）认为机器学习是计算机科学和统计学的交叉，他将机器学习定义为“利用经验改善计算机系统自身的性能”，其中“经验”一般对应于历史数据，“性能”通常则指机器学习模型对于新数据的处理和预测能力，这种观点反映了现代统计机器学习的思路。由于“经验”在计算机系统中主要是以数据的形式存在，因此这种情况下机器学习主要就是针对数据进行智能分析和建模，然后估计模型的参数，进而从数据中挖掘出有价值的信息。

从知识获取的角度看，机器学习也是从经验中获取新知识和新技能的过程，从而改善系统自身的性能或提升其问题求解能力。机器学习与数据挖掘、模式识别、计算机视觉、语音识别及自然语言处理等领域有着很深的联系，并为这些领域问题的解决提供重要方法和手段。其中，在数据挖掘领域，通常利用机器学习手段从大量数据中找出有用的知识；模式识别大多是采用机器学习方法对输入数据隐含的模式进行分类。计算机视觉领域的大部分问题（如目标识别、图像/视频分析和解译等）都是转化为关于视觉图像数据的机器学习问题来解决；在语音识别和自然语言处理中同样也是如此，只是面向的数据和具体任务目标有所不同。

数据挖掘、模式识别、计算机视觉和自然语言处理等都可看作是机器学习具体及重要的应用领域，且机器学习方法是通用的，并不局限于某些具体领域或针对某些具体数据类型。目前人工智能所取得的成就很大程度上得益于机器学习理论和技术的进步，未来以机器学习为代表的人工智能技术也将继续给人类社会生产和生活带来更深的变革。

5.1.2　机器学习的发展

20 世纪七八十年代起，机器学习被作为是突破知识工程瓶颈的重要手段。这段时期很大一部分机器学习研究沿着符号主义路线进行，其中在人工智能发展过程中的“推理期”和“知识期”，人们习惯使用符号知识表示和推理技术，因此在机器学习中这类方法也很自然地受到青睐。归纳逻辑程序设计是该方面的一种代表性技术，不仅可以利用领域知识辅助学习，还可以从给定知识和具体事例中归纳概括出一般性规则，便于学习和描述对象或数据的关系。然而，归纳逻辑程序设计技术也有很大局限性，由于其表示能力很强以及学习过程所面临的假设空间太大，对较复杂问题很难进行有效学习。另外，这段时期机器学习研究的一个重要目的也是模拟人类的概念学习过程，通过分析一些概念的正例和反例构造出这些概念的符号表示，但是这类方法往往只能学习单一概念，作用也较为有限。决策树作为符号主义学习的一项代表性技术，直接模拟了人类基于概念和规则进行判定的树形流程，由于其简单易用、便于理解和解释及计算速度快等特点，至今仍是机器学习中的常用技术之一。

1980 年，在美国卡内基梅隆大学召开了第一届机器学习研讨会，相关方面的研究受到更多的关注。1983 年，卡内基梅隆大学的米切尔教授等人联合编写了《机器学习：一种人工智能途径》(*Machine Learning*: *An Artificial Intelligence Approach*)，从人工智能视角对当时的机器学习研究工作进行了总结和介绍。1986 年，第一本国际机器学习专业期刊 *Machine Learning* 创刊，开始迎来机器学习研究的蓬勃发展时期。机器学习的重要里程碑之一是概率统计与机器学习的融合，在人工智能领域机器学习真正兴起和走向实用化，主要得益于 20 世纪 90 年代中期开始占据主流舞台的统计学习技术。实际上，早在 20 世纪六七十年代人们就已为统计学习理论研究奠定了一些重要基础。其中，俄罗斯统计学家万普尼克在 1963 年提出了“支持向量”的概念，并随后与其合作者一起提出 VC 维和结构风险最小化原则等。然而，直到 20 世纪 90 年代中期统计学习才成为机器学习的主流技术，其中一个重要原因是统计学习中有效实用的支持向量机算法直到 20 世纪 90 年代才由万普尼克等人提出，其优越的性能也是 20 世纪 90 年代中期在字符识别和文本分类应用中才得以显现。统计机器学习相关方面的其他重要成果还包括哈佛大学瓦利恩特（L. Valiant）教授提出的计算学习理论及其概率近似正确（PAC）学习模型，以及加州大学洛杉矶分校珀尔（J. Pearl）教授提出的概率图模型和因果推理模型等，二人分别于 2010 年和 2011 年获得图灵奖。

基于神经网络的连接主义学习尽管研究起步较早，但其发展过程历尽波折。20 世纪 80 年代中后期由于误差反向传播算法等方面的进展，连接主义学习曾得到短暂复兴，但是由于多层神经网络学习的难点问题没有彻底解决，其优势并未得到显现，而此时以支持向量机为代表的统计学习技术取得更好效果，使得人们将目光更多地转向了统计学习。21 世纪后，在以多伦多大学辛顿教授为代表的人工智能学者努力下，层数较多的深度神经网络学习问题得以突破，由此迎来了深度学习时代。尽管在深度学习背景下，基于神经网络的连接主义学习展现出比传统统计学习更大的优势，但实际上连接主义学习与统计学习也有着较为密切的联系，在其中很多方面统计学习理论仍然适用。为更好地理解人工智能中的机器学习方法，本章将着重介绍传统机器学习中的一些基础理论和技术。

5.1.3 机器学习的主要类型

机器学习按照不同的分类标准有多种分类方式，下面按学习方式的不同重点介绍监督学习、无监督学习、弱监督学习、迁移学习和强化学习这几种主要类型。

1. 监督学习

机器学习是在数据基础上进行学习，数据分为有标注数据和无标注数据，其中有标注数据给出了输入输出的对应关系。监督学习（Supervised learning）就是基于有标注数据进行的学习，在已知一部分输入输出的对应关系情况下训练出一个模型，当给模型一个新的输入时能预测出对应的输出。监督学习本质上是基于有标注数据学习输入到输出的映射规律。

监督学习是目前机器学习中使用最为广泛的一类学习方式，已经发展出大量不同的方法，占据了目前机器学习算法的绝大部分。

2. 无监督学习

大量数据的标注一般较为耗时耗力，为此无监督学习（Unsupervised learning）方法直接利用无标注的数据进行学习。由于无标注数据是未经人类标注、自然得到的数据，无监督学习本质上主要是学习数据中的统计规律或潜在结构。经典的无监督学习主要包括聚类和降维等，其中聚类是基于给定的数据样本，按一定的准则将数据自动分成几种不同类别，同一类别的数据特征具有较高相似性；降维是基于数据样本的学习，将数据从高维空间变换到低维空间进行表示，常用的方法包括主成分分析（PCA）、局部线性嵌入（LLE）等。另外，一部分无监督学习虽然未采用人为标注信息，但可利用数据自身构造监督信息，这类无监督学习通常也称为“自监督学习（Self-supervised learning）”。常用的自监督学习方法包括自编码器、对比学习等。

无监督学习目前在多数情况下还无法获得与监督学习同样的效果，但无监督学习的优势在于不需要人类对数据进行标注，是机器学习未来重点发展的方向之一。

3. 弱监督学习

监督学习通过对大量有标注数据的学习构建预测模型，通常能够取得较好的效果，但数据标注往往需要耗费大量的人力、物力，且很多领域数据的标注需要专业知识；而无监督学习由于完全缺乏标注信息，其性能往往存在局限。为此，人们提出了“弱监督学习（Weakly unsupervised learning）”的概念，通过利用标注不完全、不准确或只有粗粒度标注信息的训练数据进行学习。弱监督学习更接近于人类的学习方式，因为人类日常一般只需少量监督信息就可获得很好的学习效果。

联合运用部分有标注数据和无标注数据进行的学习，通常也称为“半监督学习（Semi-supervised learning）”。半监督学习注重在部分有标注数据基础上，自动开发利用无标注数据以提升学习性能。与之类似的还有主动学习，但主动学习通常是算法选择较有用的未标注数据交由人工标注以达到提升性能的目的，而半监督学习不依赖外界干预。

4. 迁移学习

在机器学习中，人们还希望在一个场景学习到的内容可以迁移应用到另一场景，以帮助新场景中的学习任务，这种学习方式称为“迁移学习（Transfer learning）”。对于人类来说，迁移学习就是一种举一反三的学习能力，如人们学会了骑自行车，再学骑摩托车就相对容易；学会了打羽毛球，也有助于学习打网球。现实中有不少场景或领域难以获得足够的训练数据，或虽然有数据但缺乏标注。在这种情况下若某一相似场景或领域可获得大量标注数据，则可利用迁移学习方法将在该场景或领域（通常称为“源域”）学习到的信息、知识或模型迁移到目标场景或领域，以提高目标学习任务性能。

典型的迁移学习方法包括基于实例的迁移、基于参数的迁移和基于特征的迁移以及领域自适应方法等，目前迁移学习已成为机器学习中一个重要的分支领域。

5. 强化学习

强化学习（Reinforcement learning）通过与环境进行交互获得奖赏或惩罚信号来进行学习，其目标是在交互过程中学习到一种行为策略，以最大化获得的累积奖励。与监督学习对每个输入模式都有一个正确的目标输出不同，在强化学习中外界对系统的行为只给出奖赏或惩罚信号，而不会告诉系统具体应该做出哪种行为，只能在训练过程中不断尝试，通过外界的反馈对行为进行不断调整。强化学习允许反馈存在延迟，即可能需要经过很多步骤后才能得到反馈结果，而在监督学习中训练数据一般给出的是输入输出之间的即时映射，能够立刻修正学习时的错误。

强化学习算法理论的形成可以追溯到 20 世纪七八十年代，但直到最近一些年才引起广泛关注，特别是 DeepMind 利用强化学习训练 AlphaGo 程序，在 2016—2017 年间多次击败人类围棋世界冠军。伴随着深度学习的兴起，强化学习算法常与深度学习模型相结合，形成深度强化学习。

5.2 基础概念与相关知识

下面以监督学习为例介绍机器学习的基础概念和相关知识。监督学习基于给定的数据进行学习，可简单理解为是为了得到反映系统输入输出之间映射关系的模型。例如，对于某未知系统，若分别独立地输入 I 组数据（图 5.1）：

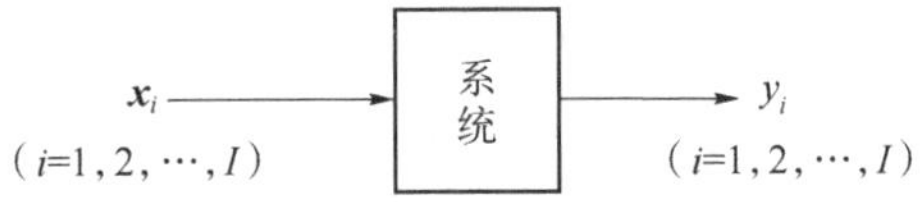

图 5.1　未知系统的输入输出

$$\boldsymbol{X}=[\boldsymbol{x}_1,\boldsymbol{x}_2,\cdots,\boldsymbol{x}_I]^{\mathrm{T}}$$

它们对应的输出为

$$\boldsymbol{Y}=[y_1,y_2,\cdots,y_I]^{\mathrm{T}}$$

该系统的真实输入输出映射关系 $y=f(\boldsymbol{x})$ 实际上未知，上面只是提供了一组输入输出的观测结果。在这种情况下，机器学习算法（有监督）的目的是在给定 I 组输入-输出数据集

$$T=\{(\boldsymbol{x}_1,y_1),(\boldsymbol{x}_2,y_2),\cdots,(\boldsymbol{x}_I,y_I)\}$$

的基础上，通过学习（或训练）得到一个描述上述未知系统输入输出关系的模型（即函数$f(\boldsymbol{x})$），使得当遇到任一新的输入 $\boldsymbol{x}^*$ 时，模型能预测系统的输出结果 y^*。

训练过程中所使用的数据集 T 称为“训练集（Training set）”，其中的每一个输入输出对称为“训练样本（Training sample）”。在不考虑特征提取过程的情况下，可认为每一个输入 $\boldsymbol{x}_i$ 即是一个特征向量，反映了事物或对象在某方面的特征、性质或表现等。

对于包含有限样本的训练集，通常会有多个模型能够描述给定样本的输入输出关系。例如，对于图 5.2 中的给定样本点，x 与 y 之间的关系既可以采用某二次曲线进行拟合，也可以用其他高次曲线来拟合。所有满足要求的模型集合称为“假设空间（Hypothesis space）”。

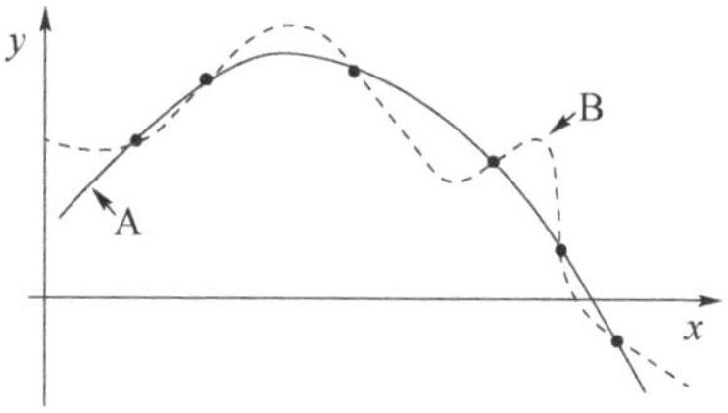

图 5.2 存在多条曲线能够拟合输入输出关系

上面所指的“未知系统”可以是一个具有输入和输出的实体系统，更多情况下它是为反映变量 $\boldsymbol{x}$ 和 y 之间联系而设想的一个抽象系统；“未知”指的是并不清楚变量 $\boldsymbol{x}$ 和 y 之间联系的具体规律。

5.2.1 模型选择与过拟合

当假设空间包含不同复杂度（例如，不同的参数个数或阶次）的模型时，就要面临“模型选择”的问题。在模型选择时需要注意的是，不能一味追求在训练集上拟合能力好的模型，应该关注所选择模型的泛化能力（Generalization ability），即对于不在训练集中的新数据的预测能力。毕竟针对新的数据 $\boldsymbol{x}^*$，能够正确地预测出它对应的结果 y^*，才是学习算法的最终目的。

当一个模型对所有训练样本拟合得过好时，它对新数据的预测能力（即泛化能力）反而会降低，这种现象称为“过拟合”。例如，图 5.3 中的四次曲线对每一样本点（图中小圆圈）拟合得都非常好，而输入输出实际上呈现的是二次曲线关系。因此，四次曲线模型在新数据点上必然很容易给出错误的预测结果（例如，相对于图中“★”代表的某个真实数据点）。

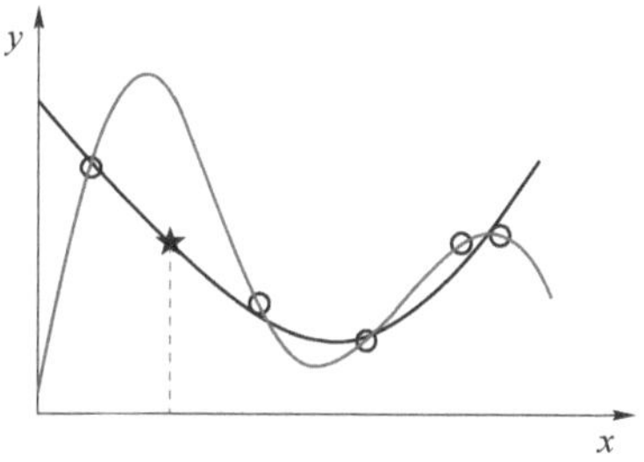

图 5.3 过拟合现象

实际中，我们希望得到的是在新数据上能表现很好的模型。从一般意义上来说，学习器应该从训练样本中尽可能学出适用于所有潜在样本的“普遍规律”，这样才能在遇到新数据时作出正确的预测；而当将训练样本学得“太好”时，很可能已经把训练样本自身的一些特点当作了所有潜在样本都会有的一般性质，这样必然导致泛化性能下降。其中一个很明显的问题是，若训练数据含有噪声，过拟合情况下也会把噪声学习进去。

导致过拟合的因素一般是所选模型的复杂度比真实模型高，包含的参数过多，导致学习能力过于强大。可以说，模型选择的目的主要是避免过拟合并尽量提高模型的预测能力。

5.2.2 分类与回归

一般机器学习所处理的问题主要有两大类：分类（Classification）和回归

（Regression）。

在分类问题中，输出量（预测值）y 是取有限个离散值；而在回归问题中，输出量（预测值）y 是连续值。在两种问题情况下，输入量（特征向量）$\boldsymbol{x}$ 可以是离散的，也可以是连续的。

所要解决的是分类问题还是回归问题依具体情况而定。例如，知道了今天的气象特征数据 $\boldsymbol{x}$ 后，要预测明天是晴天、阴天还是雨天，就是一个分类问题。其中，可为 y 定义几个离散值（如数值 1、2、3 等）分别代表不同的天气状况（即不同的类别）。当要预测明天的气温是多少度时，则 y 为代表气温度数的连续值，此时则是一个回归问题。不管是分类问题还是回归问题，其学习都可以采取类似于函数拟合的方式，即通过拟合训练集数据估计出一个模型，使其能很好地预测未知数据。

在分类问题中，当只涉及两个类别（y 只取两个离散值）时，它是一个二分类任务。通常称其中一个类为“正类”，另一个类为“负类”，对应的训练样本分别为“正样本”和“负样本”。当涉及多个类别时，就是一个多分类任务。一般情况下，由二分类很容易推广到多分类。

在训练数据集 $T=\{(\boldsymbol{x}_1,y_1),(\boldsymbol{x}_2,y_2),\cdots,(\boldsymbol{x}_I,y_I)\}$ 中，y_i 称为“标记（Label）”信息（也称“标注”或“标签”），它给出了训练集中不同输入数据 $\boldsymbol{x}_i$ 对应输出的“真实（Ground-truth）”结果。根据训练数据是否有标注信息，对应的学习任务分为监督学习和无监督学习。本书接下来讨论的分类和回归都属于监督学习范畴。

5.2.3 训练误差与测试误差

对于每一样本数据，模型的预测输出与样本给定的真实输出之间的差异称为“误差（Error）”。针对训练集上的所有样本，模型的预测输出与真实输出之间的误差称为“训练误差”。

令 $y=\hat{f}(\boldsymbol{x})$ 表示学习得到的模型结果，训练误差通常采用模型在整个训练集

$$T=\{(\boldsymbol{x}_1,y_1),(\boldsymbol{x}_2,y_2),\cdots,(\boldsymbol{x}_I,y_I)\}$$

上的平均误差，表示为

$$L(\hat{f})=\frac{1}{I}\sum_{i=1}^{I}e(y_i,\hat{f}(\boldsymbol{x}_i)) \tag{5.1}$$

式中，$e(y_i,\hat{f}(\boldsymbol{x}_i))$ 表示每一样本的模型预测输出 $\hat{f}(\boldsymbol{x}_i)$ 与真实输出 y_i 之间的误差，I 为训练集中样本的总数。

为测试模型学习的效果，通常还需准备一个用于测试的数据集（称为“测试集”）：

$$S=\{(\boldsymbol{x}_1,y_1),(\boldsymbol{x}_2,y_2),\cdots,(\boldsymbol{x}_m,y_m)\}$$

将模型 $y=\hat{f}(\boldsymbol{x})$ 应用于测试集，按上述同样方法计算出来的误差称为“测试误差”。

学习的目的是使模型不仅对已知数据而且对未知数据也能有很好的预测能力，学习过程就是利用已知数据（即训练集）进行模型学习，因此其训练误差也称为“经验误差”。学习得到的模型对于所有未知数据的预测误差称为“泛化误差”，它越小代表模型的泛化能力越强；而模型在测试数据集上表现出的预测能力实际上反映的就是对于训练集以外的一部分新数据的预测能力，因此它在一定程度上也代表了模型的泛化能力。所以，测试误差可以用来近似泛化误差，实际中一般用测试误差来评价模型的学习效果。

5.2.4 相关概率知识

概率理论是统计机器学习的重要基础。尽管一部分机器学习算法是通过非概率方式实现的，但其中绝大部分都可以被基于概率的方法所替代。因此基于概率的方法更具有普遍意义，从概率论角度描述和讨论机器学习问题有助于加深理解并形成系统性认识。本节简要介绍一些相关的概率基础知识。

1. 基本概念与知识

1）随机变量

随机变量表示一个具有不确定性的量，它可以是一个随机试验的结果（如抛硬币试验），也可以是现实世界中观测到的一些具有波动特性的量。随机变量的各个取值都有一定的概率，这种特性可由随机变量的概率分布 $P(x)$ 来刻画。

随机变量可以是离散的，也可以是连续的。例如，若随机变量 x 表示掷骰子得到的点数，则它是离散的。图 5.4 表示投一种不均匀的六面骰子出现不同点数的概率分布（用柱状图表示）。

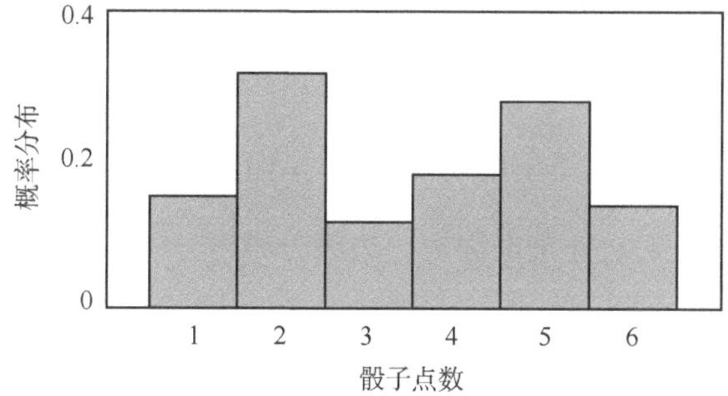

图 5.4　离散随机变量（骰子点数）的概率分布 $P(x)$

连续型随机变量的概率分布则是通过概率密度函数（Probability Density Function，PDF）来描述。例如，图 5.5 给出了某一地区成年女性身高（连续型变量）的概率密度。

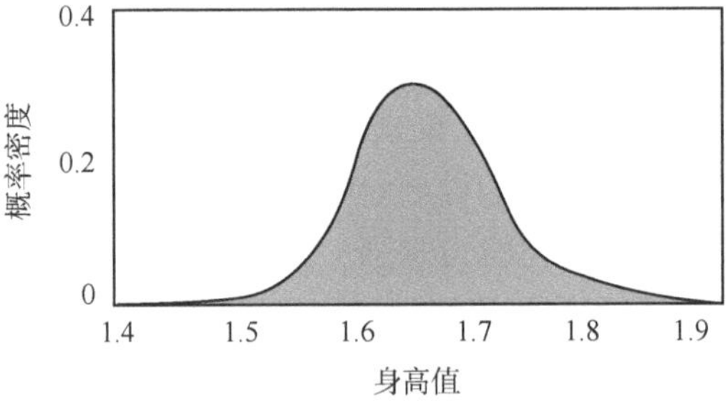

图 5.5　有关某一地区成年女性身高的概率密度

2）联合概率

对于两个随机变量 x 和 y，若观察 x 与 y 取值成对出现的情况，可能发现其中不同取值组合出现的概率不一样，这种情况下的概率分布用 x 与 y 的联合概率分布 $P(x,y)$ 来表示。一个联合概率分布中所涉及的随机变量可能全是离散型变量，或全是连续型变量，抑或两者都有。图 5.6 给出了一个关于两个连续随机变量的联合概率分布图。类似地，多个随机变量之间也存在联合概率。

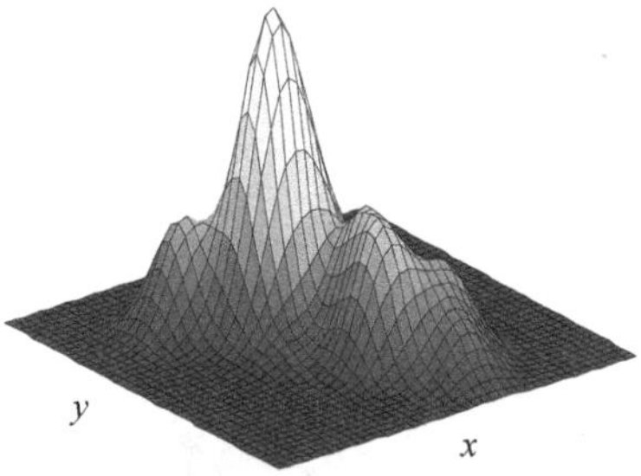

图 5.6　变量 x 和 y 的联合概率分布

3）边缘化

任意单变量的概率分布都可以通过在联合概率分布上针对其他变量求和（离散情况下）或积分（连续情况下）而得到。例如，若变量 x 和 y 是连续的，并且 $P(x,y)$ 已知，则通过如下计算可分别得到概率分布 $P(x)$ 和 $P(y)$：

$$P(x)=\int P(x,y)\,\mathrm{d}y$$

$$P(y)=\int P(x,y)\,\mathrm{d}x \tag{5.2}$$

通过上述方式计算得到的分布也称为“边缘分布”。

4）条件概率

条件概率 $P(x\mid y=y^*)$ 表示在随机变量 y 取值为 y^* 的条件下，随机变量 x 的概率分布。条件概率分布可以通过联合概率分布计算得到：

$$P(x\mid y=y^*)=\frac{P(x,y=y^*)}{\int P(x,y=y^*)\,\mathrm{d}x}=\frac{P(x,y=y^*)}{P(y=y^*)}$$

通常并不具体指定 $y=y^*$，而是写成下面的一般形式：

$$P(x \mid y)=\frac{P(x,y)}{P(y)} \tag{5.3}$$

或

$$P(x,y)=P(x \mid y)P(y) \tag{5.4}$$

当具有两个以上变量时，可以将联合概率分解并表示为不同条件概率的乘积形式：

$$\begin{aligned} P(\omega,x,y,z) &= P(\omega,x,y \mid z)P(z) \\ &= P(\omega,x \mid y,z)P(y \mid z)P(z) \\ &= P(\omega \mid x,y,z)P(x \mid y,z)P(y \mid z)P(z) \end{aligned} \tag{5.5}$$

5）贝叶斯公式

由上述条件概率与联合概率的关系可以得到

$$P(y \mid x)P(x)=P(x \mid y)P(y) \tag{5.6}$$

重新整理后得到

$$\begin{aligned} P(y \mid x) &= \frac{P(x \mid y)P(y)}{P(x)} \\ &= \frac{P(x \mid y)P(y)}{\int P(x,y)\,\mathrm{d}y} \\ &= \frac{P(x \mid y)P(y)}{\int P(x \mid y)P(y)\,\mathrm{d}y} \end{aligned} \tag{5.7}$$

上面即贝叶斯（Bayesian）公式，其中第一行至第三行给出了右边项不同的表达形式。

贝叶斯公式中的每一项都有特定的意义。等号左边的 $P(y \mid x)$ 称为“后验概率（Posterior）”，它可解释为：观测到变量 x 取某个值后，对需要预测的变量 y 的各种取值可能性（即概率分布）的判断。相反，$P(y)$ 称为“先验概率（Prior）”，它表示在未有任何关于 x 的信息时，只依据先验知识（或信息）得出的变量 y 的概率分布。$P(x \mid y)$ 称为“似然（Likelihood）”，表示给定变量 y 的某一结果，反过来看此时变量 x 取值的可能性。上式分母中的 $P(x)$ 可看作主要起归一化作用，使得变量的后验概率之和为 1。

联系到前面 5.2 节例子中给出的定义：x 为输入数据，y 为需要预测的输出（图 5.1），此时后验概率 $P(y \mid x)$ 表示给定数据 x 后，对输出值 y 的概率分布的预测（其中概率最大的值是最有可能的输出值）。在贝叶斯公式中，这种预测是通过似然和先验概率计算得到的。

6）独立性

变量 x、y 具有独立性，意味着从变量 x 不能获得变量 y 的任何信息（反之亦然），可以表示为

$$P(x \mid y)=P(x)$$
$$P(y \mid x)=P(y) \tag{5.8}$$

独立变量的联合概率 $P(x,y)$ 是边缘概率 $P(x)$ 和 $P(y)$ 的乘积：

$$P(x,y)=P(x)P(y) \tag{5.9}$$

2. 几种典型的概率分布模型

1）伯努利（Bernoulli）分布

伯努利分布是一种包含两种状态的离散分布模型（图 5.7），即随机变量 $x \in \{0,1\}$，分别代表“失败”和“成功”两种随机试验结果。伯努利分布只有一个参数 $\lambda \in [0,1]$，它给出了试验“成功”（$x=1$）的概率。

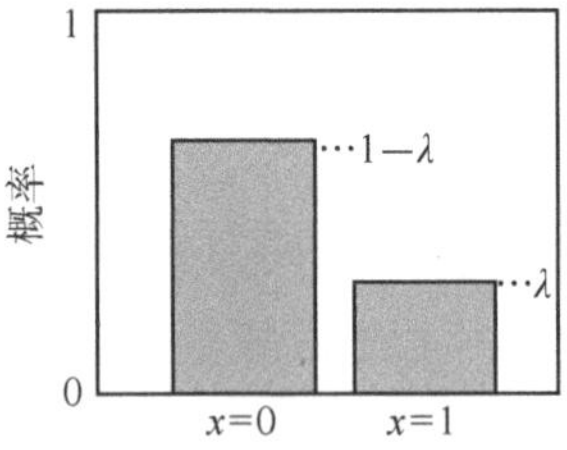

图 5.7　伯努利分布

伯努利分布可完整地表示为

$$\begin{cases} P(x=0)=1-\lambda \\ P(x=1)=\lambda \end{cases} \tag{5.10}$$

还可写成如下形式：

$$P(x)=\lambda^{x}(1-\lambda)^{1-x} \tag{5.11}$$

本书中将伯努利分布简写为

$$P(x)=\mathrm{Bern}_{x}(\lambda) \tag{5.12}$$

2）分类分布

分类分布也是一个离散分布，它表达的是 k 类可能结果的概率（图 5.8）。显然，伯努利分布是一种仅有两种结果的特殊分类分布。分类分布在计算机视觉中用得比较多。例如，要对视频图像中的车辆进行识别分类，可分别用不同的离散值代表小汽车、摩托车、卡车等不同车辆类别，通过分类分布给出当前车辆属于每种类别的概率。

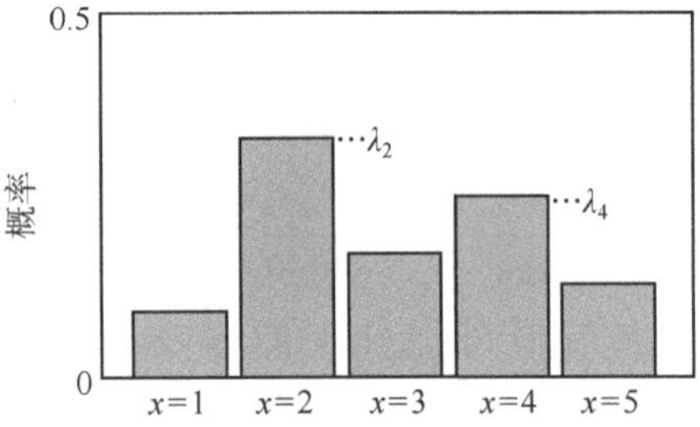

图 5.8　分类分布

在分类分布中，采用 k 维参数向量 $\boldsymbol{\lambda}=[\lambda_1,\lambda_2,\cdots,\lambda_k]$ 保存所有可能结果的概率，其中 $\lambda_k \in [0,1]$，$\sum_{k=1}^{K}\lambda_k=1$。具体地，分类分布可表示为

$$P(x=k)=\lambda_k \tag{5.13}$$

3）一元正态分布

一元正态分布（也称“一元高斯分布”）是一个关于单个连续变量 $x \in (-\infty,\infty)$ 的概率分布模型，它包含两个参数：均值 μ 和方差 σ^2。其中，μ 可取

任意实数，它决定该分布峰值的位置；σ^2 大于零，决定分布的宽度（图 5.9）。

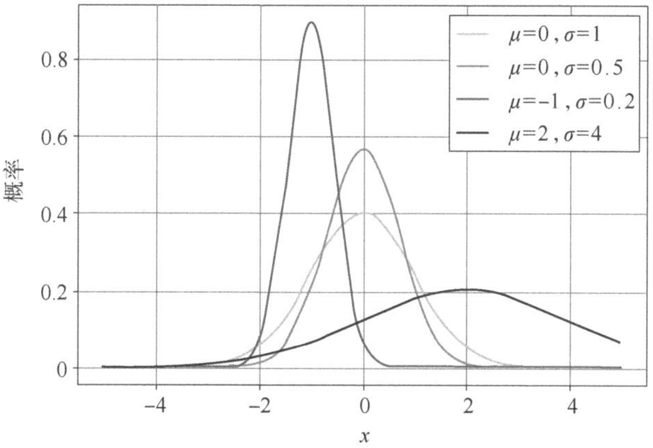

图 5.9　不同参数取值下的一元正态分布

一元正态分布表示为

$$P(x)=\frac{1}{\sqrt{2\pi\sigma^2}}\exp(-0.5(x-\mu)^2/\sigma^2) \tag{5.14}$$

可将其简写为

$$P(x)=\mathrm{Norm}_x(\mu,\sigma^2) \tag{5.15}$$

4）多元正态分布

多元正态分布（也称“多元高斯分布”）是一个关于 $D(D>1)$ 维连续变量的概率分布模型。其中，一元正态分布可看作是仅有一个变量的多元正态分布。

多元正态分布包含两个参数：均值 $\boldsymbol{\mu}$ 和协方差 $\boldsymbol{\Sigma}$。其中，$\boldsymbol{\mu}$ 为 $D\times1$ 维向量，决定该分布在 D 维空间的峰值位置；协方差 $\boldsymbol{\Sigma}$ 是对称的 $D\times D$ 维正定矩阵（这样可使得对任意 $D\times1$ 维实向量 $\boldsymbol{x}$，$\boldsymbol{x}^{\mathrm{T}}\boldsymbol{\Sigma}\boldsymbol{x}$ 恒为正），它决定分布的形状。例如，图 5.10 给出了某二元正态分布（图中区域越亮的部分代表概率值越高），该分布的等值线是椭圆，椭圆的中心位置由 $\boldsymbol{\mu}$ 决定，具体形状由 $\boldsymbol{\Sigma}$ 决定。

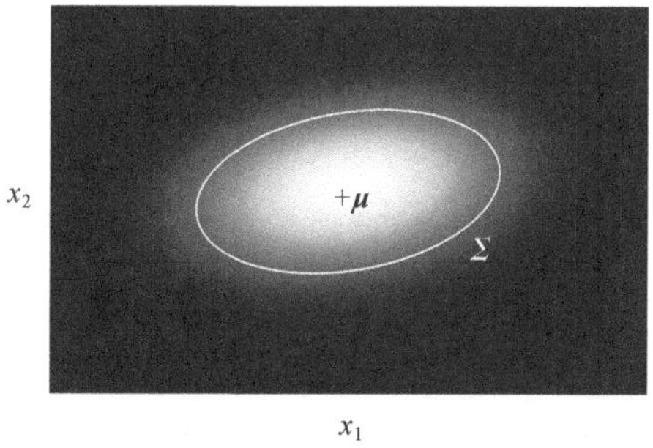

图 5.10　二元正态分布

多元正态分布的概率密度函数为

$$P(\boldsymbol{x})=\frac{1}{(2\pi)^{D/2}|\boldsymbol{\Sigma}|^{1/2}}\exp(-0.5(\boldsymbol{x}-\boldsymbol{\mu})^{\mathrm{T}}\boldsymbol{\Sigma}^{-1}(\boldsymbol{x}-\boldsymbol{\mu})) \tag{5.16}$$

可简写为

$$P(\boldsymbol{x})=\mathrm{Norm}_{\boldsymbol{x}}(\boldsymbol{\mu},\boldsymbol{\Sigma})$$

现实世界中很多连续随机变量的概率分布都可采用一元或多元正态分布来近似描述。

5.3 概率模型拟合

对于一个机变量 $\boldsymbol{x}$，它可能取什么值是由其概率分布决定的。例如，若 $\boldsymbol{x}=\boldsymbol{x}_k$ 的概率 $P(\boldsymbol{x}=\boldsymbol{x}_k)$ 很大，则它有很大的可能性取值为 $\boldsymbol{x}_k$。因此，知道了某个变量的概率分布，就可以对它可能取值的情况进行预测。然而，对于大多数随机变量，事先并不知道它的概率分布。为此，可利用变量 $\boldsymbol{x}$ 的一组观测数据 $\{\boldsymbol{x}_i\}_{i=1}^{I}$（$I$ 表示其中的数据个数）来对它的概率分布进行估计。显然，其中出现频率高的数据取值，它的概率一般也要更大。

本节讨论如何基于给定的观测数据 $\{\boldsymbol{x}_i\}_{i=1}^{I}$，通过拟合估计出变量 $\boldsymbol{x}$ 的概率模型。拟合的过程是首先假定概率模型的基本形式（如伯努利分布、正态分布等），然后寻找能够拟合数据 $\{\boldsymbol{x}_i\}_{i=1}^{I}$ 分布的概率模型参数 $\boldsymbol{\theta}$（即完成模型参数的估计）。例如，假设变量 $\boldsymbol{x}$ 的概率分布属于正态分布，则此时需要估计的模型参数就是 $\boldsymbol{\theta}=\{\boldsymbol{\mu},\boldsymbol{\Sigma}\}$，参数确定后就可以得到变量 $\boldsymbol{x}$ 的拟合概率分布 $P(\boldsymbol{x})=\mathrm{Norm}_{\boldsymbol{x}}(\boldsymbol{\mu},\boldsymbol{\Sigma})$。

通过利用观测数据 $\{\boldsymbol{x}_i\}_{i=1}^{I}$ 进行概率模型拟合，从而估计得到其模型参数 $\boldsymbol{\theta}$ 的过程也是一种学习过程（属于无监督学习），其中 $\{\boldsymbol{x}_i\}_{i=1}^{I}$ 为训练数据集。本节也将讨论如何计算新数据 $\boldsymbol{x}^*$ 在最终模型下的概率，即基于模型学习结果作出预测。注意，概率模型拟合的最终目的也是能够针对新数据进行预测。

下面分别介绍三种概率模型拟合方法：最大似然法、最大后验法和贝叶斯方法。

5.3.1 最大似然法

利用观测数据 $\{\boldsymbol{x}_i\}_{i=1}^{I}$ 进行概率模型拟合时，需要估计得到的是在某种概率模型（如正态分布模型等）假设下，能够拟合该数据概率分布的最佳模型参数 $\hat{\boldsymbol{\theta}}$。在已知模型参数 $\boldsymbol{\theta}$ 的情况下，通过模型可计算得到每一观测数据 $\boldsymbol{x}_i$ 的概率，记为 $P(\boldsymbol{x}_i|\boldsymbol{\theta})$。从另一个角度，$P(\boldsymbol{x}_i|\boldsymbol{\theta})$ 也可看作一个给定观测据 $\boldsymbol{x}_i$ 时关于参数变量 $\boldsymbol{\theta}$ 的函数［称为“似然函数（Likelihood function）”］。最大似然法

（Maximum Likelihood，简写为 ML）就是寻找使观测数据集$\{\boldsymbol{x}_i\}_{i=1}^{I}$所对应的似然函数$P(\boldsymbol{x}_{1\dots I}\mid\boldsymbol{\theta})$取最大值的模型参数$\boldsymbol{\theta}$。

假设每一数据点都是从原分布中独立抽样得到的，则数据集$\{\boldsymbol{x}_i\}_{i=1}^{I}$的似然函数$P(\boldsymbol{x}_{1\dots I}\mid\boldsymbol{\theta})$就是各个数据点似然函数$P(\boldsymbol{x}_i\mid\boldsymbol{\theta})$的乘积。因此，模型参数$\boldsymbol{\theta}$的最大似然估计表示为

$$\hat{\boldsymbol{\theta}}=\underset{\boldsymbol{\theta}}{\operatorname{argmax}}(P(\boldsymbol{x}_{1\dots I}\mid\boldsymbol{\theta}))=\underset{\boldsymbol{\theta}}{\operatorname{argmax}}\left(\prod_{i=1}^{I}P(\boldsymbol{x}_i\mid\boldsymbol{\theta})\right) \tag{5.17}$$

式中，$\underset{\boldsymbol{\theta}}{\operatorname{argmax}}f(\boldsymbol{\theta})$表示返回使函数$f(\boldsymbol{\theta})$最大化的$\boldsymbol{\theta}$值。

最大似然法可以这样理解：$P(\boldsymbol{x}_i\mid\boldsymbol{\theta})$表示从模型参数为$\boldsymbol{\theta}$的分布中抽样得到数据点$\boldsymbol{x}_i$的可能性（即“似然（Likelihood）”），而当前已通过I次抽样得到数据点集合$\{\boldsymbol{x}_i\}_{i=1}^{I}$；最大似然估计就是反过来寻找一种原数据的概率分布（由参数$\boldsymbol{\theta}$决定），使出现当前抽样结果的可能性最大（即认为已经出现的结果，其原本概率应该是最大的）。

得到最大似然估计参数$\hat{\boldsymbol{\theta}}$后，为了预测某个新数据点$\boldsymbol{x}^*$的概率，只需将该数据输入对应的概率模型，计算得到$P(\boldsymbol{x}^*\mid\hat{\boldsymbol{\theta}})$即可。

5.3.2　最大后验法

在最大后验（Maximum A Posteriori，简写为 MAP）拟合中，引入了参数$\boldsymbol{\theta}$的先验信息。已有的经验也许会为可能的参数取值提供一些信息。例如，若已知某随机变量的概率分布通常具有零均值，则该信息也将有助于其概率模型参数的估计。

最大后验估计是通过最大化参数的后验概率$P(\boldsymbol{\theta}\mid\boldsymbol{x}_{1\dots I})$，对参数进行估计：

$$\begin{aligned}\hat{\boldsymbol{\theta}}&=\underset{\boldsymbol{\theta}}{\operatorname{argmax}}(P(\boldsymbol{\theta}\mid\boldsymbol{x}_{1\dots I}))\\&=\underset{\boldsymbol{\theta}}{\operatorname{argmax}}\left(\frac{P(\boldsymbol{x}_{1\dots I}\mid\boldsymbol{\theta})P(\boldsymbol{\theta})}{P(\boldsymbol{x}_{1\dots I})}\right)\\&=\underset{\boldsymbol{\theta}}{\operatorname{argmax}}\left(\frac{\prod_{i=1}^{I}P(\boldsymbol{x}_i\mid\boldsymbol{\theta})P(\boldsymbol{\theta})}{P(\boldsymbol{x}_{1\dots I})}\right)\end{aligned} \tag{5.18}$$

上式中后两行运用了贝叶斯公式，并假设各数据$\boldsymbol{x}_i$具有独立性，其中$P(\boldsymbol{\theta})$表示参数$\boldsymbol{\theta}$的先验概率分布。上式分母与参数$\boldsymbol{\theta}$无关，因此可以将分母去掉而不影响最优参数值的求取，即得到

$$\hat{\boldsymbol{\theta}}=\underset{\boldsymbol{\theta}}{\operatorname{argmax}}\left(\prod_{i=1}^{I}P(\boldsymbol{x}_i\mid\boldsymbol{\theta})P(\boldsymbol{\theta})\right) \tag{5.19}$$

将上式与最大似然法的参数估计表达式进行对比，可以发现它多考虑了一个先验概率 $P(\boldsymbol{\theta})$，其余都相同。因此，最大似然法可看作是最大后验法在先验信息未知情况下的一个特例。

同样，对任一新数据 $\boldsymbol{x}^*$ 概率的预测，也是在拟合得到的概率模型下通过 $P(\boldsymbol{x}^* \mid \hat{\boldsymbol{\theta}})$ 计算得到。

5.3.3 贝叶斯方法

在贝叶斯方法中，对参数 $\boldsymbol{\theta}$ 不再试图估计单点的值（即点估计），而是认为 $\boldsymbol{\theta}$ 的其他可能取值对于模型估计和对新数据的预测也是有用的，只是它们的贡献（即能够拟合数据 $\{\boldsymbol{x}_i\}_{i=1}^{I}$ 的可能性）不一样。具体地，每一参数值的可能性由如下基于贝叶斯公式计算得到的后验概率来表示：

$$P(\boldsymbol{\theta} \mid \boldsymbol{x}_{1\cdots I}) = \frac{\prod_{i=1}^{I} P(\boldsymbol{x}_i \mid \boldsymbol{\theta}) P(\boldsymbol{\theta})}{P(\boldsymbol{x}_{1\cdots I})} \tag{5.20}$$

在计算新数据 $\boldsymbol{x}^*$ 的概率时，不仅考虑最大后验概率对应的模型（其参数为 $\hat{\theta}$），还考虑其他参数下模型给出的预测结果，即

$$P(\boldsymbol{x}^* \mid \boldsymbol{x}_{1\cdots I}) = \int P(\boldsymbol{x}^* \mid \boldsymbol{\theta}) P(\boldsymbol{\theta} \mid \boldsymbol{x}_{1\cdots I}) \mathrm{d}\boldsymbol{\theta} \tag{5.21}$$

式中，$P(\boldsymbol{x}^* \mid \boldsymbol{\theta})$ 表示某一参数 $\boldsymbol{\theta}$ 下模型的预测结果，不同参数模型的概率由后验概率 $P(\boldsymbol{\theta} \mid \boldsymbol{x}_{1\cdots I})$ 决定，最终的预测结果则是不同参数下模型预测结果的加权和（连续情况下为计算积分），其中权重是各个参数的后验概率。

综上所述，贝叶斯方法实质上是综合了所有可能参数的模型拟合概率分布，这样做的一个明显好处是不会忽略其他参数情况，特别是当后验概率分布较为平坦、没有明显的峰值，或是有多个相近的峰值时，能得到更为准确的结果。

例 5.1 假定某一维随机变量 x 满足一元正态分布：

$$P(x) = \frac{1}{\sqrt{2\pi\sigma^2}} \exp\left(-\frac{(x-\mu)^2}{2\sigma^2}\right)$$

简写为

$$P(x) = \mathrm{Norm}_x(\mu, \sigma^2)$$

现基于观测数据 $\{x_i\}_{i=1}^{I}$ 进行概率模型拟合，即估计上述概率模型中的两个参数：均值 μ 和方差 σ^2，下面分别采用不同方法完成概率模型的估计。

1）最大似然法

在给定模型参数 $\boldsymbol{\theta}(\boldsymbol{\theta} = \{\mu, \sigma^2\})$ 时，观测数据 $\{x_i\}_{i=1}^{I}$ 对应的似然函数 $P(x_{1\cdots I} \mid$

μ,σ^2)可通过下式计算得到：

$$
\begin{aligned}
P(x_{1\dots I}|\mu,\sigma^2) &= \prod_{i=1}^{I} P(x_i|\mu,\sigma^2) \\
&= \prod_{i=1}^{I} \mathrm{Norm}_{x_i}(\mu,\sigma^2) \\
&= \frac{1}{(2\pi\sigma^2)^{I/2}} \exp\left(-0.5\sum_{i=1}^{I}\frac{(x_i-\mu)^2}{\sigma^2}\right)
\end{aligned} \tag{5.22}
$$

最大似然法通过求取使似然函数 $P(x_{1\dots I}|\mu,\sigma^2)$ 最大化的参数 $\{\hat{\mu},\hat{\sigma}^2\}$ 来完成概率模型拟合。将上式的 $P(x_{1\dots I}|\mu,\sigma^2)$ 视为关于变量 $\{\mu,\sigma^2\}$ 的二维函数，则最大似然估计结果 $\{\hat{\mu},\hat{\sigma}^2\}$ 出现在该二维函数所定义曲面的峰值位置。

由于对数函数具有单调性，函数 $P(x_{1\dots I}|\mu,\sigma^2)$ 的最大值位置与其对数函数 $L(\mu,\sigma^2) = \ln(P(x_{1\dots I}|\mu,\sigma^2))$ 的最大值位置是一致的。其中，L 也称为“对数似然函数”。为更便于计算，可通过求取使对数似然函数最大化的参数值，得到最大似然估计结果。具体表示为

$$
\begin{aligned}
\hat{\mu},\hat{\sigma}^2 &= \underset{\mu,\sigma^2}{\mathrm{argmax}}\left(\sum_{i=1}^{I}\ln(\mathrm{Norm}_{x_i}(\mu,\sigma^2))\right) \\
&= \underset{\mu,\sigma^2}{\mathrm{argmax}}\left(-0.5I\ln(2\pi\sigma^2) - 0.5\sum_{i=1}^{I}\frac{(x_i-\mu)^2}{\sigma^2}\right)
\end{aligned} \tag{5.23}
$$

为了求取 $\hat{\mu}$，可计算对数似然函数关于 μ 的偏导数，并令其为零：

$$
\frac{\partial L}{\partial \mu} = \sum_{i=1}^{I}\frac{(x_i-\mu)}{\sigma^2} = 0 \tag{5.24}
$$

通过上式计算得到

$$
\hat{\mu} = \frac{\sum_{i=1}^{I} x_i}{I} \tag{5.25}
$$

类似地，可计算得到 σ^2 的最大似然估计结果：

$$
\hat{\sigma}^2 = \sum_{i=1}^{I}\frac{(x_i-\hat{\mu})^2}{I} \tag{5.26}
$$

图 5.11 给出了不同模型参数下的概率分布曲线，其中图（c）的概率分布模型所对应的似然函数值最大，此时也比较符合实际的观测数据点分布情况（数据点在均值 μ 两侧位置分布较为均匀，数据点的散布情况也较为符合方差 σ^2 所定义的分布宽度）。

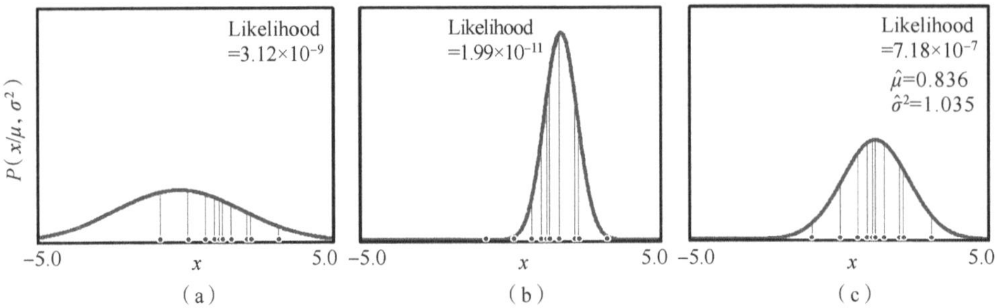

图 5.11　不同模型参数下的正态概率分布①

2）最大后验法

采用最大后验法的参数估计表示为

$$\hat{\boldsymbol{\theta}} = \underset{\boldsymbol{\theta}}{\operatorname{argmax}}\left(\prod_{i=1}^{I} P(x_i \mid \boldsymbol{\theta}) P(\boldsymbol{\theta})\right) \tag{5.27}$$

本例中 $\boldsymbol{\theta}=\{\mu,\sigma^2\}$，似然函数为如下一元正态分布函数：

$$P(x \mid \mu,\sigma^2) = \operatorname{Norm}_x(\mu,\sigma^2) = \frac{1}{\sqrt{2\pi\sigma^2}}\exp\left(-\frac{(x-\mu)^2}{2\sigma^2}\right) \tag{5.28}$$

另外，可采用如下正态逆伽马（Normal Inverse Gamma）分布来表示参数 $\{\mu,\sigma^2\}$ 的先验概率分布：

$$P(\mu,\sigma^2) = \frac{\sqrt{\gamma}}{\sqrt{2\pi}\,\sigma}\frac{\beta^{\alpha}}{\Gamma(\alpha)}\left(\frac{1}{\sigma^2}\right)^{\alpha+1}\exp\left(-\frac{2\beta+\gamma\,(\delta-\mu)^2}{2\sigma^2}\right) \tag{5.29}$$

上述分布具有 4 个参数 $\{\alpha,\beta,\gamma,\delta\}$，可简写为

$$P(\mu,\sigma^2) = \operatorname{NormInvGam}_{\mu,\sigma^2}(\alpha,\beta,\gamma,\delta)$$

通过采用不同的参数值，正态逆伽马分布可描述 $\{\mu,\sigma^2\}$ 的各种先验概率分布情况。由于先验概率分布已知，上述参数 $\{\alpha,\beta,\gamma,\delta\}$ 也是确定的。选择正态逆伽马分布模型描述先验概率分布的原因在于它与正态分布具有共轭关系，将极大方便后续计算。

于是，参数 $\{\mu,\sigma^2\}$ 的最大后验估计结果 $\{\hat{\mu},\hat{\sigma}^2\}$ 可表示为

$$\begin{aligned}\hat{\mu},\hat{\sigma}^2 &= \underset{\mu,\sigma^2}{\operatorname{argmax}}\left(\prod_{i=1}^{I} P(x_i \mid \mu,\sigma^2) P(\mu,\sigma^2)\right)\\ &= \underset{\mu,\sigma^2}{\operatorname{argmax}}\left(\prod_{i=1}^{I} \operatorname{Norm}_{x_i}(\mu,\sigma^2)\ \operatorname{NormInvGam}_{\mu,\sigma^2}(\alpha,\beta,\gamma,\delta)\right)\end{aligned} \tag{5.30}$$

① 该图例源自文献“Prince S J D. Computer vision: models, learning, and inference [M]. Cambridge University Press, 2012”，其他来自该文献的还包括：图 5.12、图 5.14~图 5.19、图 5.22、图 5.23。

与最大似然估计类似，可通过最大化后验概率函数的对数来求解最优参数值，最终得到（具体计算过程略）：

$$\hat{\mu} = \frac{\sum_{i=1}^{I} x_i + \gamma\delta}{I + \gamma} \tag{5.31}$$

$$\hat{\sigma}^2 = \frac{\sum_{i=1}^{I} (x_i - \hat{\mu})^2 + 2\beta + \gamma(\delta - \hat{\mu})^2}{I + 3 + 2\alpha} \tag{5.32}$$

其中，均值 $\hat{\mu}$ 的计算式可写成如下更容易理解的形式：

$$\hat{\mu} = \frac{I\bar{x} + \gamma\delta}{I + \gamma} \tag{5.33}$$

上式可看作是两项的加权和，其中第一项是数据均值 $\bar{x}$，其权重取决于训练样本数量 I；第二项为 δ，其值由先验分布给定，该项权重由先验分布的参数 γ 决定。由上式可知，在有大规模训练数据情况下（即 I 值很大），最大后验估计得到的 $\hat{\mu}$ 将非常接近最大似然估计结果；对于中等数量的数据，$\hat{\mu}$ 是数据预测结果和先验值的加权平均；若数据量非常小，则估计结果主要由先验值决定。类似地，对于方差 σ^2 的最大后验估计也是如此。由此可见，最大后验估计通过引入先验信息或知识可以一定程度上弥补数据量不足的问题，而当数据量足够大时则可全交由数据进行估计。

3）贝叶斯方法

在贝叶斯方法中，首先需要利用贝叶斯公式计算后验概率分布 $P(\mu, \sigma^2 \mid x_{1\cdots I})$：

$$\begin{aligned} P(\mu, \sigma^2 \mid x_{1\cdots I}) &= \frac{\prod_{i=1}^{I} P(x_i \mid \mu, \sigma^2) P(\mu, \sigma^2)}{P(x_{1\cdots I})} \\ &= \frac{\prod_{i=1}^{I} \mathrm{Norm}_{x_i}(\mu, \sigma^2)\ \mathrm{NormInvGam}_{\mu,\sigma^2}(\alpha, \beta, \gamma, \delta)}{P(x_{1\cdots I})} \\ &= \mathrm{NormInvGam}_{\mu,\sigma^2}(\tilde{\alpha}_i, \tilde{\beta}, \tilde{\gamma}, \tilde{\delta}) \end{aligned} \tag{5.34}$$

式中，由于正态分布与正态逆伽马分布具有共轭关系，它们的乘积结果最终也是一个正态逆伽马分布，其中 $\{\tilde{\alpha}, \tilde{\beta}, \tilde{\gamma}, \tilde{\delta}\}$ 表示这一正态逆伽马分布的参数值。

利用贝叶斯方法预测新数据 x^* 的概率时，需考虑模型所有可能的参数取值情况，计算所有参数下模型预测值的加权平均值，其中权重为对应参数的后验概率，具体计算公式如下：

$$P(x^* \mid x_{1\cdots I}) = \iint P(x^* \mid \mu, \sigma^2) P(\mu, \sigma^2 \mid x_{1\cdots I}) \mathrm{d}\mu \mathrm{d}\sigma$$
$$= \iint \mathrm{Norm}_{x^*}(\mu, \sigma^2)\ \mathrm{NormInvGam}_{\mu,\sigma^2}(\tilde{\alpha}, \tilde{\beta}, \tilde{\gamma}, \tilde{\delta}) \mathrm{d}\mu \mathrm{d}\sigma \tag{5.35}$$

利用正态分布与正态逆伽马分布之间的共轭关系，可进一步得到上式计算结果。具体数学计算此处不过多涉及。

图 5.12 显示了在不同数据量情况下，分别采用贝叶斯和最大后验估计方法预测得到的概率分布。当具有 50 个数据点时，最大后验估计得到的概率分布与贝叶斯方法结果较为相似（图 5.12（a））；而当只有 5 个数据点和 1 个数据点时（图 5.12（b）和（c）），贝叶斯方法预测的概率分布相比于最大后验估计结果会有一个明显的长尾，变得较为平坦。这是典型的贝叶斯解的特征，即贝叶斯方法的预测更稳健、适中，体现了训练数据量较小情况下无法做出高置信度的预测，而在最大后验估计中片面地提交模型参数的单点估计结果，导致了在预测中过分的自信（即概率分布较为集中）。

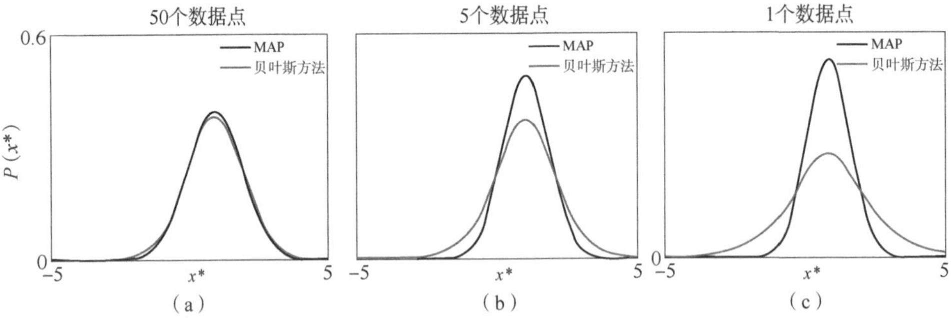

图 5.12　不同训练数据量下，贝叶斯和最大后验估计方法分别预测得到的概率分布

5.4　判别模型与生成模型

监督学习的任务是学习一个反映输入 $\boldsymbol{x}$ 与输出 y 关系的模型，使得对于给定的新数据 $\boldsymbol{x}^*$，能够预测相应的输出。为更便于理解，接下来将 $\boldsymbol{x}$ 不再简单地称为输入数据，而是作为观测数据或特征量；y 不再是输出，而是代表需要预测的状态或属性等，此时将 y 记为 ω。例如，在人脸识别中，计算机要通过一张人脸图像识别出是哪一个人，其中图像数据（或从中提取的其他图像特征）就是观测量 $\boldsymbol{x}$，ω 代表人的身份信息；在天气预报中，当前的气象数据是 $\boldsymbol{x}$，接下来的天气或气温是需要预测的状态 ω。

在基于概率的机器学习算法中，模型所表达的观测数据 $\boldsymbol{x}$ 与状态 ω 之间的关联最直接地可表示为 $P(\omega \mid \boldsymbol{x})$，它代表在观测到某数据 $\boldsymbol{x}$ 的情况下，对应的各种不同状态的概率。由前面概率模型拟合部分的知识可知，可先假定概率模型的基本形式，然后利用一系列成对训练数据 $\{\boldsymbol{x}_i, \omega_i\}$ 来估计模型的参数 $\boldsymbol{\theta}$，这一过程也称为“模型学习”。学习得到模型参数 $\boldsymbol{\theta}$ 后，对于任一新数据 $\boldsymbol{x}^*$，就可通过概率分布 $P(\omega \mid \boldsymbol{x}^*, \boldsymbol{\theta})$ 预测它对应最有可能的状态，这一过程也称为“推理”。

为完成推理目的，建立数据 $\boldsymbol{x}$ 与状态 ω 之间关系的模型实际上有两种，分别为“判别（discriminative）模型”和“生成（generative）模型”。

5.4.1 判别模型

判别模型是已知观测数据情况下判断其对应状态可能性的概率模型，即 $P(\omega \mid \boldsymbol{x})$。为了建立概率模型 $P(\omega \mid \boldsymbol{x})$，需要根据实际情况选定概率分布的合适形式。例如，若状态 ω 是连续的，则可以考虑采用正态分布模型并估计其参数。最终的模型不仅与观测数据 $\boldsymbol{x}$ 有关，还取决于模型参数 $\boldsymbol{\theta}$，因而其更完整的形式可表示为 $P(\omega \mid \boldsymbol{x}, \boldsymbol{\theta})$。

学习过程就是利用成对训练数据 $\{\boldsymbol{x}_i, \omega_i\}_{i=1}^{I}$，通过概率模型拟合估计参数 $\boldsymbol{\theta}$。具体地，可采用上一节介绍的最大似然、最大后验或贝叶斯方法。推理的目标是对于新数据 $\boldsymbol{x}^*$，预测其对应的最有可能状态。具体地，通过计算 $P(\omega \mid \boldsymbol{x}^*, \boldsymbol{\theta})$ 得到状态 ω 的一个概率分布，该分布中最大概率值对应的状态即为最有可能状态。

5.4.2 生成模型

生成模型是关于给定状态下会产生什么样的观测数据的概率模型，即 $P(\boldsymbol{x} \mid \omega)$。为了建立概率模型 $P(\boldsymbol{x} \mid \omega)$，同样需要选定其概率分布的合适形式。例如，若 $\boldsymbol{x}$ 是离散值，则可为其建立一个分类分布模型，并估计模型参数。最终的模型 $P(\boldsymbol{x} \mid \omega)$ 不仅与状态 ω 有关，还需要给定具体参数，因而可表示为 $P(\boldsymbol{x} \mid \omega, \boldsymbol{\theta})$。

学习时也是利用成对训练数据 $\{\boldsymbol{x}_i, \omega_i\}_{i=1}^{I}$ 通过概率模型拟合得到其参数 $\boldsymbol{\theta}$。与判别模型方法可直接利用学习到的模型进行预测不同，采用生成模型进行推理时，需要给定状态的先验概率分布 $P(\omega)$ 并应用贝叶斯公式计算得到后验概率 $P(\omega \mid \boldsymbol{x})$（为书写简单，式中省略了模型参数 $\boldsymbol{\theta}$）：

$$P(\omega \mid \boldsymbol{x}) = \frac{P(\boldsymbol{x} \mid \omega) P(\omega)}{\int P(\boldsymbol{x} \mid \omega) P(\omega) \mathrm{d}\omega} \tag{5.36}$$

上述两种方法采用不同方式建立 $\boldsymbol{x}$ 与 ω 之间的关系模型，即分别对后验概率分布 $P(\omega \mid \boldsymbol{x})$ 和似然分布 $P(\boldsymbol{x} \mid \omega)$ 进行建模①。两种模型的推理过程不同，其中

---

① 生成模型也可看作是对联合概率分布 $P(\boldsymbol{x}, \omega)$ 建模。

判别模型可以直接进行推理计算，生成模型需要应用贝叶斯公式。两种模型各有优势，具体采用何种模型更好要根据实际情况而定。尽管生成模型的推理计算有时会变得较为复杂，但该方法在某些情况下也会有模型学习更简单、学习收敛速度更快等优点，常见的生成模型包括朴素贝叶斯模型、隐马尔可夫模型等。

为进一步说明如何使用判别和生成模型，下面给出一个线性回归算例。

例 5.2 考虑一元线性回归情况，即通过一维连续观测值 x 来预测一维连续状态 ω。如图 5.13 所示，一个简单例子是通过图像中地面汽车的大小（以像素数目衡量）来预测当前与汽车的距离，显然在相机焦距固定情况下距离越远，汽车将变得越小，通过训练数据可学习它们之间的关系并完成预测任务。下面分别介绍如何采用判别模型和回归模型方法解决类似的回归问题。

图 5.13 基于车辆大小进行距离预测

1）判别模型

在判别模型中，需要计算的是 $P(\omega \mid x, \boldsymbol{\theta})$。为此，首先定义状态 ω 概率分布模型的基本形式，并且将模型参数 $\boldsymbol{\theta}$ 表示为 x 的函数。具体地，由于状态 ω 是一维连续型变量，可采用一元正态分布模型。其中，假设方差 σ^2 为常值，并将均值 μ 表示为观测数据 x 的线性函数，即令 $\mu=\phi_0+\phi_1 x$，于是有

$$P(\omega \mid x, \boldsymbol{\theta}) = \mathrm{Norm}_{\omega}(\phi_0+\phi_1 x, \sigma^2) \tag{5.37}$$

其中 $\boldsymbol{\theta}=\{\phi_0, \phi_1, \sigma^2\}$ 为模型的未知参数，上式给出的即为一种线性回归模型。

学习时是利用成对训练数据 $\{x_i, \omega_i\}_{i=1}^{I}$ 估计上述模型参数 $\boldsymbol{\theta}$，若采用最大后验估计，则按下式进行计算：

$$\begin{aligned}\hat{\boldsymbol{\theta}} &= \underset{\boldsymbol{\theta}}{\mathrm{argmax}}(P(\boldsymbol{\theta} \mid \omega_{1\cdots I}, x_{1\cdots I})) \\ &= \underset{\boldsymbol{\theta}}{\mathrm{argmax}}(P(\omega_{1\cdots I} \mid x_{1\cdots I}, \boldsymbol{\theta})P(\boldsymbol{\theta})) \\ &= \underset{\boldsymbol{\theta}}{\mathrm{argmax}}\left(\prod_{i=1}^{I} P(\omega_i \mid x_i, \boldsymbol{\theta})P(\boldsymbol{\theta})\right)\end{aligned} \tag{5.38}$$

上述计算过程假设 I 对训练数据 $\{x_i, \omega_i\}_{i=1}^{I}$ 相互独立，并且先验概率 $P(\boldsymbol{\theta})$ 已知。

在给定训练数据的情况下，通过上式可计算出模型参数 $\boldsymbol{\theta}(\boldsymbol{\theta}=\{\phi_0, \phi_1, \sigma^2\})$ 的最大后验估计结果 $\hat{\boldsymbol{\theta}}$（具体的数学计算此处不过多涉及）。学习得到模型参数后就可按式（5.37）计算具体的概率分布模型，图 5.14 给出了基于一组样本点学习得到的模型结果，图中亮度越高的部分代表相应的概率值 $P(\omega \mid x)$ 越高。由图中结果

可见，样本数据总体上符合模型参数$\{\phi_0,\phi_1\}$所定义的线性关系；此外，基于参数σ还可给出不同数据点的概率值，越远离当前分布均值点，其概率值越低。

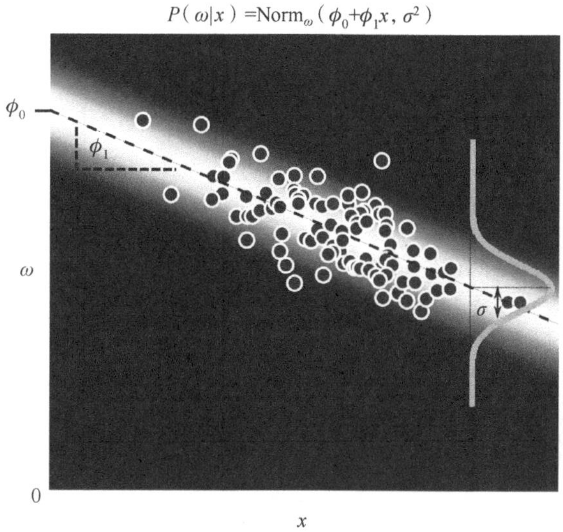

图 5.14 判别模型 $P(\omega \mid x)$ 的学习结果

推理时，利用学习得到的概率分布模型可以预测任一新数据x^*对应的可能状态，对于图 5.13 的例子则是通过某一图像中的汽车大小预测当前与汽车的距离值，其中对应的概率最大的距离值置信度最高。

2）生成模型

生成模型需要计算的是$P(x \mid \omega,\boldsymbol{\theta})$，并假设其中的模型参数$\boldsymbol{\theta}$是状态$\omega$的函数。由于$x$是一维连续型变量，可采用一元正态分布模型。与上面判别模型方法类似，令方差σ^2为常值，并且均值μ为状态ω的线性函数$\mu=\phi_0+\phi_1\omega$。因此有

$$P(x \mid \omega,\boldsymbol{\theta})=\mathrm{Norm}_x(\phi_0+\phi_1\omega,\sigma^2) \tag{5.39}$$

在学习过程中，利用成对训练数据$\{x_i,\omega_i\}_{i=1}^{I}$通过概率模型拟合可估计上述生成模型的参数$\boldsymbol{\theta}(\boldsymbol{\theta}=\{\phi_0,\phi_1,\sigma^2\})$。推理时则需要运用贝叶斯公式计算状态$\omega$的后验概率分布$P(\omega \mid x)$（下式中省略了模型参数$\boldsymbol{\theta}$）：

$$P(\omega \mid \boldsymbol{x})=\frac{P(\boldsymbol{x} \mid \omega)P(\omega)}{\int P(\boldsymbol{x} \mid \omega)P(\omega)\mathrm{d}\omega} \tag{5.40}$$

假设状态ω的先验概率$P(\omega)$也为正态分布，其参数为$\{\mu_p,\sigma_p^2\}$，具体表示如下：

$$P(\omega)=\mathrm{Norm}_{\omega}(\mu_p,\sigma_p^2) \tag{5.41}$$

显然，利用样本中的纯状态数据$\{\omega_i\}_{i=1}^{I}$，通过概率模型拟合也可估计出上述正态分布的参数$\{\mu_p,\sigma_p^2\}$。图 5.15 分别给出了基于给定样本数据的生成模型 $P(x\mid\omega)$ 及先验概率 $P(\omega)$ 学习结果。

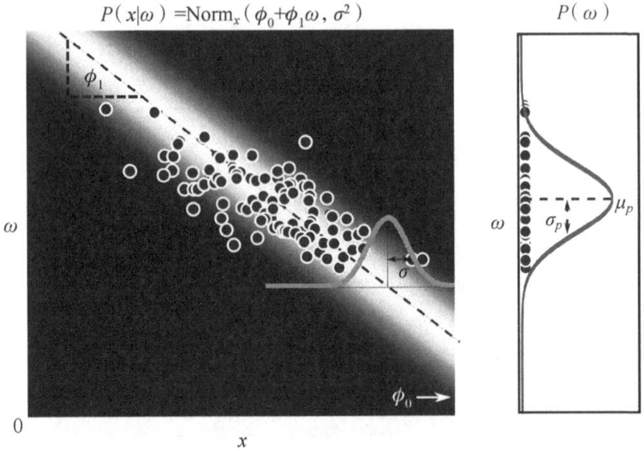

图 5.15　生成模型 $P(x\mid\omega)$ 及先验概率分布 $P(\omega)$ 的学习结果

在式（5.40）所示的推理计算过程中，$P(x\mid\omega)$与$P(\omega)$的乘积得到的是变量 x 与 ω 的联合概率分布 $P(x,\omega)$（图 5.16（a）），基于联合概率分布可进一步得到推理计算结果。因此，生成模型方法有时也选择直接对联合概率分布进行建模。图 5.16（b）给出了按式（5.40）最终计算得到的后验概率分布 $P(\omega\mid x)$。由图中结果可见，采用生成模型方法也能得到与判别模型类似的结果。

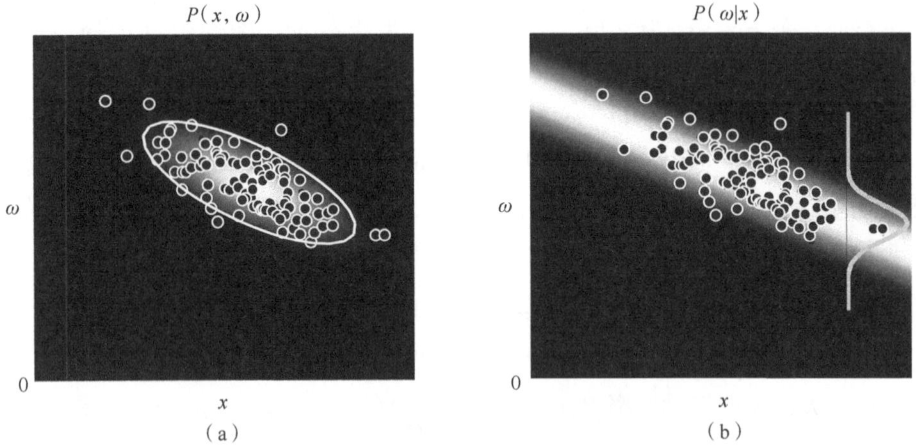

图 5.16　生成模型推理计算得到的联合概率分布和后验概率分布

（a）联合概率分布 $P(x,\omega)$；（b）后验概率分布 $P(\omega\mid x)$

5.5　回归问题的概率模型

本节重点讨论回归问题的模型学习与推理，其中主要考虑这样一类回归问题，其目标是基于 D 维观测数据（或特征向量）$\boldsymbol{x}$ 估计一元连续状态 ω，且只讨论判别模型方法。现实中有很多问题是回归问题，如计算机视觉中的人体姿态估计和手势交互，其中需要估计人体或手部各个关节/部位的相对位置和角度（均为连续型变量）。下面分别介绍几种不同的回归问题模型学习方法。

5.5.1　线性回归

上节例 5.2 已给出基于判别模型的线性回归方法，其中假定 $P(\omega \mid \boldsymbol{x})$ 服从正态分布，且模型参数 $\boldsymbol{\theta}$ 依赖于输入的观测数据 $\boldsymbol{x}$。具体地，在线性回归中将正态分布的均值 μ 表示为观测数据 $\boldsymbol{x}$ 的线性函数 $\phi_0+\boldsymbol{\phi}^{\mathrm{T}}\boldsymbol{x}$（令方差 σ^2 为常量）。于是，对于每一样本 $\{\boldsymbol{x}_i,\omega_i\}$，对应的概率 $P(\omega_i \mid \boldsymbol{x}_i,\boldsymbol{\theta})$ 可表示为

$$P(\omega_i \mid \boldsymbol{x}_i,\boldsymbol{\theta})=\mathrm{Norm}_{\omega_i}(\phi_0+\boldsymbol{\phi}^{\mathrm{T}}\boldsymbol{x}_i,\sigma^2) \tag{5.42}$$

式中，$\boldsymbol{\theta}=\{\phi_0,\boldsymbol{\phi},\sigma^2\}$，其中参数 ϕ_0 可看作是由函数 $y=\phi_0+\boldsymbol{\phi}^{\mathrm{T}}\boldsymbol{x}$ 在 D 维空间所定义的超平面在 y 轴的截距，$\boldsymbol{\phi}=[\phi_1,\phi_2,\cdots,\phi_D]^{\mathrm{T}}$ 表示其在各维方向上的梯度（参考 $\boldsymbol{x}$ 为一维或二维，即 $D=1$ 或 2 时的特殊情形）。

为方便表示，下面统一将常量 1 作为观测数据向量中的一个元素，即令 $\boldsymbol{x}_i\leftarrow[1,\boldsymbol{x}_i^{\mathrm{T}}]^{\mathrm{T}}$，并相应地令 $\boldsymbol{\phi}\leftarrow[\phi_0,\boldsymbol{\phi}^{\mathrm{T}}]^{\mathrm{T}}$，上式于是可写为

$$P(\omega_i \mid \boldsymbol{x}_i,\boldsymbol{\theta})=\mathrm{Norm}_{\omega_i}(\boldsymbol{\phi}^{\mathrm{T}}\boldsymbol{x}_i,\sigma^2) \tag{5.43}$$

式中，$P(\omega_i \mid \boldsymbol{x}_i,\boldsymbol{\theta})$ 也可看作给定样本数据 $\{\boldsymbol{x}_i,\omega_i\}$ 时的似然函数。由于各样本之间相互独立，可将整个训练数据集 $\{\boldsymbol{x}_i,\omega_i\}_{i=1}^{I}$ 的似然函数表示为如下形式：

$$P(\boldsymbol{\omega} \mid \boldsymbol{X},\boldsymbol{\theta})=\prod_{i=1}^{I}\mathrm{Norm}_{\omega_i}(\boldsymbol{\phi}^{\mathrm{T}}\boldsymbol{x}_i,\sigma^2)=\mathrm{Norm}_{\boldsymbol{\omega}}(\boldsymbol{X}^{\mathrm{T}}\boldsymbol{\phi},\sigma^2\boldsymbol{I}) \tag{5.44}$$

式中，$\boldsymbol{X}=[\boldsymbol{x}_1,\boldsymbol{x}_2,\cdots,\boldsymbol{x}_I]$ 为由所有观测数据向量 $\{\boldsymbol{x}_i\}_{i=1}^{I}$ 组成的矩阵（$\boldsymbol{x}_i$ 构成矩阵的每一列）；$\boldsymbol{\omega}=[\omega_1,\omega_2,\cdots,\omega_I]^{\mathrm{T}}$ 为对应的状态向量，$\boldsymbol{I}$ 为单位矩阵（$I\times I$ 维）。上式的似然函数 $P(\boldsymbol{\omega} \mid \boldsymbol{X},\boldsymbol{\theta})$ 最终表示为一个具有对角协方差矩阵的 I 元正态分布函数。

学习时是利用训练数据集 $\{\boldsymbol{x}_i,\omega_i\}_{i=1}^{I}$ 估计模型参数 $\boldsymbol{\theta}(\boldsymbol{\theta}=\{\boldsymbol{\phi},\sigma^2\})$，若采用最大似然估计方法，则按下式进行计算：

$$\hat{\boldsymbol{\theta}}=\underset{\boldsymbol{\theta}}{\mathrm{argmax}}(P(\boldsymbol{\omega} \mid \boldsymbol{X},\boldsymbol{\theta}))=\underset{\boldsymbol{\theta}}{\mathrm{argmax}}(\ln P(\boldsymbol{\omega} \mid \boldsymbol{X},\boldsymbol{\theta})) \tag{5.45}$$

上式是通过最大化对数似然函数来求解最优参数。将式（5.44）所示似然函数的具体表达式代入上式，可得到最优参数值 $\hat{\boldsymbol{\phi}}$ 和 $\hat{\sigma}^2$ 的具体计算式：

$$\hat{\boldsymbol{\phi}},\hat{\sigma}^2=\underset{\boldsymbol{\phi},\sigma^2}{\operatorname{argmax}}\left(-0.5I\ln(2\pi\sigma^2)-\frac{(\boldsymbol{\omega}-\boldsymbol{X}^{\mathrm{T}}\boldsymbol{\phi})^{\mathrm{T}}(\boldsymbol{\omega}-\boldsymbol{X}^{\mathrm{T}}\boldsymbol{\phi})}{2\sigma^2}\right) \tag{5.46}$$

最后，通过分别计算对数似然函数关于 $\boldsymbol{\phi}$ 和 σ^2 的偏导数并令它们均为零，得到如下模型参数估计结果：

$$\hat{\boldsymbol{\phi}}=(\boldsymbol{X}\boldsymbol{X}^{\mathrm{T}})^{-1}\boldsymbol{X}\boldsymbol{\omega}$$
$$\hat{\sigma}^2=\frac{(\boldsymbol{\omega}-\boldsymbol{X}^{\mathrm{T}}\boldsymbol{\phi})^{\mathrm{T}}(\boldsymbol{\omega}-\boldsymbol{X}^{\mathrm{T}}\boldsymbol{\phi})}{I} \tag{5.47}$$

5.5.2 贝叶斯线性回归

当训练数据较少时，基于最大似然估计方法进行模型学习，将会导致模型的预测过于自信。为此，可考虑采用贝叶斯方法。在利用贝叶斯方法解决线性回归问题时，首先需要计算模型参数 $\boldsymbol{\phi}$ 的后验概率分布（为简单起见，假设另一参数 σ^2 已知），然后以后验概率作为权重，计算不同参数下模型预测结果的加权平均值。

为计算参数 $\boldsymbol{\phi}$ 的后验概率分布，需要给定其先验概率分布。由于 $\boldsymbol{\phi}$ 为表示 $y=\boldsymbol{\phi}^{\mathrm{T}}\boldsymbol{x}$ 各方向梯度的多元连续型变量，不妨假设其先验 $P(\boldsymbol{\phi})$ 是一个均值为零、具有对角协方差矩阵的正态分布：

$$P(\boldsymbol{\phi})=\mathrm{Norm}_{\boldsymbol{\phi}}(\boldsymbol{0},\sigma_p^2\boldsymbol{I}) \tag{5.48}$$

其中假设 $\boldsymbol{\phi}$ 中的各变量相互独立，且方差均为 σ_p^2。σ_p^2 反映了初始时 $\boldsymbol{\phi}$ 的不确定程度，在先验信息较弱的情况下可将 σ_p^2 设定为一个较大的值。

给定训练数据集 $\{\boldsymbol{x}_i,\omega_i\}_{i=1}^{I}$，参数 $\boldsymbol{\phi}$ 的后验概率分布 $P(\boldsymbol{\phi}\mid\boldsymbol{X},\boldsymbol{\omega})$ 可采用如下贝叶斯公式进行计算：

$$P(\boldsymbol{\phi}\mid\boldsymbol{X},\boldsymbol{\omega})=\frac{P(\boldsymbol{\omega}\mid\boldsymbol{X},\boldsymbol{\phi})P(\boldsymbol{\phi})}{P(\boldsymbol{\omega}\mid\boldsymbol{X})} \tag{5.49}$$

其中，式（5.44）给出了上式中似然函数 $Pr(\boldsymbol{\omega}\mid\boldsymbol{X},\boldsymbol{\phi})$ 的具体表达式，即

$$P(\boldsymbol{\omega}\mid\boldsymbol{X},\boldsymbol{\phi})=\mathrm{Norm}_{\boldsymbol{\omega}}(\boldsymbol{X}^{\mathrm{T}}\boldsymbol{\phi},\sigma^2\boldsymbol{I})$$

结合式（5.48）定义的先验概率分布 $P(\boldsymbol{\phi})$，最终可推导得出参数 $\boldsymbol{\phi}$ 的后验概率分布（具体计算过程略）：

$$P(\boldsymbol{\phi}\mid\boldsymbol{X},\boldsymbol{\omega})=\mathrm{Norm}_{\boldsymbol{\phi}}\left(\frac{1}{\sigma^2}\boldsymbol{A}^{-1}\boldsymbol{X}\boldsymbol{\omega},\boldsymbol{A}^{-1}\right) \tag{5.50}$$

其中

$$\boldsymbol{A}=\frac{1}{\sigma^2}\boldsymbol{X}\boldsymbol{X}^{\mathrm{T}}+\frac{1}{\sigma_p^2}\boldsymbol{I} \tag{5.51}$$

为针对新数据 $\boldsymbol{x}^*$ 预测其对应状态 ω^* 的概率分布，考虑所有可能参数下模型

的预测结果 $P(\omega^*|\boldsymbol{x}^*,\boldsymbol{\phi})$，具体计算过程如下：

$$
\begin{aligned}
P(\omega^*|\boldsymbol{x}^*,\boldsymbol{X},\boldsymbol{\omega}) &= \int P(\omega^*|\boldsymbol{x}^*,\boldsymbol{\phi})P(\boldsymbol{\phi}|\boldsymbol{X},\boldsymbol{\omega})\mathrm{d}\boldsymbol{\phi} \\
&= \int \mathrm{Norm}_{\omega^*}(\boldsymbol{\phi}^{\mathrm{T}}\boldsymbol{x}^*,\sigma^2)\ \mathrm{Norm}_{\boldsymbol{\phi}}\left(\frac{1}{\sigma^2}\boldsymbol{A}^{-1}\boldsymbol{X}\boldsymbol{\omega},\boldsymbol{A}^{-1}\right)\mathrm{d}\boldsymbol{\phi} \\
&= \mathrm{Norm}_{\omega^*}\left(\frac{1}{\sigma^2}\boldsymbol{x}^{*\mathrm{T}}\boldsymbol{A}^{-1}\boldsymbol{X}\boldsymbol{\omega},\boldsymbol{x}^{*\mathrm{T}}\boldsymbol{A}^{-1}\boldsymbol{x}^*+\sigma^2\right)
\end{aligned}
\tag{5.52}
$$

上面即为训练数据 $\{\boldsymbol{X},\boldsymbol{\omega}\}$ 基础上通过贝叶斯方法得到的预测结果，其中预测得到的状态 ω^* 的概率分布仍为正态分布，但其均值和方差均随给定的输入数据 $\boldsymbol{x}^*$ 的变化而变化。图 5.17给出了基于有限几个样本点的贝叶斯线性回归结果。从图中可以看出，贝叶斯线性回归的预测结果在数据点远离样本点集中心时置信度均明显降低，而在其中某些位置原线性回归可能会盲目地给出高置信度预测。

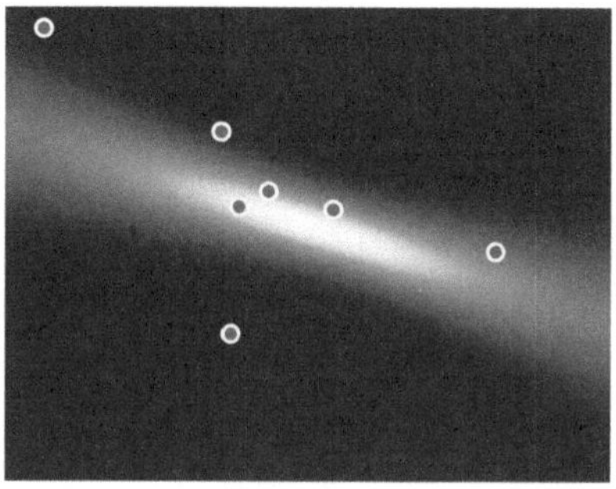

图 5.17 贝叶斯线性回归结果示例

式（5.52）需要计算逆矩阵 $\boldsymbol{A}^{-1}$，该逆矩阵可进一步表示为如下形式（应用 Woodbury 恒等式）：

$$
\boldsymbol{A}^{-1}=\left(\frac{1}{\sigma^2}\boldsymbol{X}\boldsymbol{X}^{\mathrm{T}}+\frac{1}{\sigma_p^2}\boldsymbol{I}\right)^{-1}=\sigma_p^2\boldsymbol{I}-\sigma_p^2\boldsymbol{X}\left(\boldsymbol{X}^{\mathrm{T}}\boldsymbol{X}+\frac{\sigma^2}{\sigma_p^2}\boldsymbol{I}\right)^{-1}\boldsymbol{X}^{\mathrm{T}} \tag{5.53}
$$

将上式代入式（5.52）中，得到

$$
P(\omega^*|\boldsymbol{x}^*,\boldsymbol{X},\boldsymbol{\omega})=\mathrm{Norm}_{\omega^*}\left(\frac{\sigma_p^2}{\sigma^2}\boldsymbol{x}^{*\mathrm{T}}\boldsymbol{X}\boldsymbol{\omega}-\frac{\sigma_p^2}{\sigma^2}\boldsymbol{x}^{*\mathrm{T}}\boldsymbol{X}\left(\boldsymbol{X}^{\mathrm{T}}\boldsymbol{X}+\frac{\sigma^2}{\sigma_p^2}\boldsymbol{I}\right)^{-1}\boldsymbol{X}^{\mathrm{T}}\boldsymbol{X}\boldsymbol{\omega},\sigma_p^2\boldsymbol{x}^{*\mathrm{T}}\boldsymbol{x}^*-\sigma_p^2\boldsymbol{x}^{*\mathrm{T}}\boldsymbol{X}\left(\boldsymbol{X}^{\mathrm{T}}\boldsymbol{X}+\frac{\sigma^2}{\sigma_p^2}\boldsymbol{I}\right)^{-1}\boldsymbol{X}^{\mathrm{T}}\boldsymbol{x}^*+\sigma^2\right) \tag{5.54}
$$

注意到，上式中涉及数据 $\boldsymbol{X}$（或 $\boldsymbol{x}^*$）时，都是计算这些数据向量之间的内积（例如，$\boldsymbol{X}^{\mathrm{T}}\boldsymbol{x}^*$ 和 $\boldsymbol{X}^{\mathrm{T}}\boldsymbol{X}$ 等）。接下来将贝叶斯线性回归方法推广到非线性回归情形时将充分利用这一特征。

5.5.3 非线性回归

线性回归模型只限于学习和描述数据之间的线性关系，当它们存在非线性关系时无法进行有效学习和正确推理。为解决非线性回归问题，同时保持线性模型处理和计算的方便性，可首先将每个样本中的观测数据 $\boldsymbol{x}_i$ 通过某一非线性变换 $\boldsymbol{z}_i=\boldsymbol{f}(\boldsymbol{x}_i)$，创建一个通常比原数据维数更高的新数据向量 $\boldsymbol{z}_i$。随后的处理与前面介绍的线性回归一样，将概率模型 $P(\omega_i \mid \boldsymbol{x}_i)$ 的均值 μ 表示为变换后数据的线性函数 $\boldsymbol{\phi}^{\mathrm{T}}\boldsymbol{z}_i$，得到

$$P(\omega_i \mid \boldsymbol{x}_i,\boldsymbol{\theta})=\mathrm{Norm}_{\omega_i}(\boldsymbol{\phi}^{\mathrm{T}}\boldsymbol{z}_i,\sigma^2) \tag{5.55}$$

例如，考虑下面的一维多项式非线性回归：

$$P(\omega_i \mid x_i)=\mathrm{Norm}_{\omega_i}(\phi_0+\phi_1 x_i+\phi_2 x_i^2+\phi_3 x_i^3,\sigma^2) \tag{5.56}$$

该模型可看作是将原数据 x_i 首先进行如下非线性变换，得到新数据向量 $\boldsymbol{z}_i$：

$$\boldsymbol{z}_i=\boldsymbol{f}(x_i)=[f_1(x_i),f_2(x_i),f_3(x_i),f_4(x_i)]^{\mathrm{T}}=[1,x_i,x_i^2,x_i^3]^{\mathrm{T}} \tag{5.57}$$

然后再构造线性函数 $\boldsymbol{\phi}^{\mathrm{T}}\boldsymbol{z}_i$，从而最终得到上述非线性回归模型。

1. 基于最大似然估计的非线性回归

与 5.5.1 节介绍的线性回归一样，为了求解式（5.55）非线性回归模型参数 $\boldsymbol{\theta}$ 的最大似然估计结果，需首先计算似然函数 $P(\boldsymbol{\omega} \mid \boldsymbol{X},\boldsymbol{\theta})$。类似于式（5.44），在非线性回归时似然函数可表示为

$$P(\boldsymbol{\omega} \mid \boldsymbol{X},\boldsymbol{\theta})=\mathrm{Norm}_{\omega}(\boldsymbol{Z}^{\mathrm{T}}\boldsymbol{\phi},\sigma^2\boldsymbol{I}) \tag{5.58}$$

其中，矩阵 $\boldsymbol{Z}$ 的每一列分别由非线性变换后得到的数据向量 $\boldsymbol{z}_i(i=1,2,\cdots,I)$ 构成。按照 5.5.1 节相同的计算过程，可得到模型参数的最大似然估计结果：

$$\begin{gathered}\hat{\boldsymbol{\phi}}=(\boldsymbol{Z}\boldsymbol{Z}^{\mathrm{T}})^{-1}\boldsymbol{Z}\boldsymbol{\omega}\\ \hat{\sigma}^2=\frac{(\boldsymbol{\omega}-\boldsymbol{Z}^{\mathrm{T}}\boldsymbol{\phi})^{\mathrm{T}}(\boldsymbol{\omega}-\boldsymbol{Z}^{\mathrm{T}}\boldsymbol{\phi})}{I}\end{gathered} \tag{5.59}$$

显然，上述参数表达式与前面线性回归模型的参数表达式（见式（5.47））形式上完全相同，只需将原表达式中的观测数据项 $\boldsymbol{X}$ 替换为非线性变换后的数据项 $\boldsymbol{Z}$ 即可得到上式结果。

图 5.18 给出了一个非线性回归示例，其中通过一组径向基函数对原数据 x 进行非线性变换，得到新数据向量 $\boldsymbol{z}$：

$$\boldsymbol{z}=\begin{bmatrix}z_0(x)\\z_1(x)\\z_2(x)\\z_3(x)\\z_4(x)\\z_5(x)\\z_6(x)\end{bmatrix}=\begin{bmatrix}1\\ \exp[-(x-\alpha_1)^2/\lambda]\\ \exp[-(x-\alpha_2)^2/\lambda]\\ \exp[-(x-\alpha_3)^2/\lambda]\\ \exp[-(x-\alpha_4)^2/\lambda]\\ \exp[-(x-\alpha_5)^2/\lambda]\\ \exp[-(x-\alpha_6)^2/\lambda]\end{bmatrix} \tag{5.60}$$

具体地，上式的径向基函数为高斯函数形式，其中的参数 $\alpha_k(k=1,2,\cdots,6)$

代表每一基函数的中心，λ 是控制宽度的缩放因子。图 5.18（b）显示了该组基函数曲线，它们在空间上呈局部分布。利用这些基函数的线性组合 $\boldsymbol{\phi}^{\mathrm{T}}\boldsymbol{z}$ 几乎可近似得到任意非线性函数。例如，按图 5.18（c）方式进行线性组合可得到图 5.18（a）中的非线性函数曲线，该曲线为基于图中样本点非线性回归得到的正态分布模型的均值曲线。图 5.18（d）给出了具体的非线性回归结果。除利用径向基函数进行非线性变换外，也可选择其他的非线性变换函数，如 Sigmoid 函数、反正切函数等。

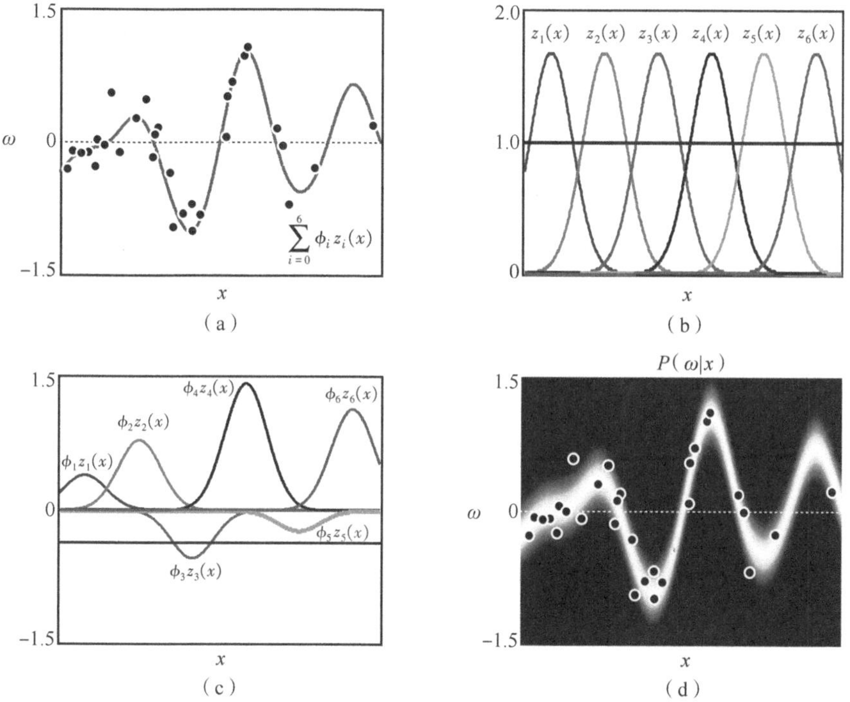

图 5.18　基于径向基函数的非线性回归示例

（a）非线性回归模型的均值曲线；（b）各个径向基函数曲线；
（c）对基函数进行线性组合；（d）非线性回归预测分布

2. 贝叶斯非线性回归

非线性回归时也可采用贝叶斯方法解决预测过于自信的问题。贝叶斯非线性回归的预测结果表达式与贝叶斯线性回归得到的表达式（见式（5.54））形式完全相同，只需将其中的观测数据矩阵 $\boldsymbol{X}$ 替换为非线性变换后的观测数据矩阵 $\boldsymbol{Z}$，将需要预测的新数据 $\boldsymbol{x}^*$ 替换为 $\boldsymbol{z}^*$，即可得到相应的预测分布表达式：

$$P(\omega^*|z^*,\boldsymbol{X},\boldsymbol{\omega})=\mathrm{Norm}_{\omega^*}\left(\frac{\sigma_p^2}{\sigma^2}z^{*\mathrm{T}}\boldsymbol{Z}\boldsymbol{\omega}-\frac{\sigma_p^2}{\sigma^2}z^{*\mathrm{T}}\boldsymbol{Z}\left(\boldsymbol{Z}^{\mathrm{T}}\boldsymbol{Z}+\frac{\sigma^2}{\sigma_p^2}\boldsymbol{I}\right)^{-1}\boldsymbol{Z}^{\mathrm{T}}\boldsymbol{Z}\boldsymbol{\omega},\sigma_p^2z^{*\mathrm{T}}z^*-\sigma_p^2z^{*\mathrm{T}}\boldsymbol{Z}\left(\boldsymbol{Z}^{\mathrm{T}}\boldsymbol{Z}+\frac{\sigma^2}{\sigma_p^2}\boldsymbol{I}\right)^{-1}\boldsymbol{Z}^{\mathrm{T}}z^*+\sigma^2\right)$$

由图 5.19 可以看到，在样本点较为稀少的区域，贝叶斯方法要比最大似然法模型的预测置信度低。

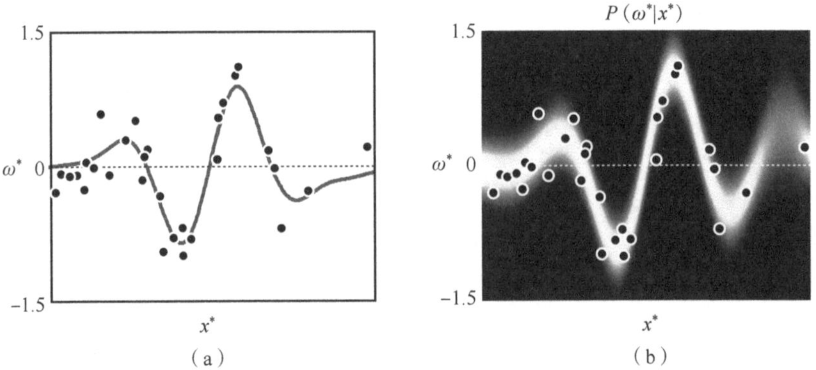

图 5.19　基于径向基函数的贝叶斯非线性回归

(a) ω 与 x 呈现非线性关系；(b) 非线性回归预测分布

5.5.4　核技巧

上述贝叶斯非线性回归的预测分布表达式中需要计算非线性变换后数据之间的内积项（如 $z^{*\mathrm{T}}z^*$，$z^{*\mathrm{T}}\boldsymbol{Z}$、$\boldsymbol{Z}^{\mathrm{T}}\boldsymbol{Z}$ 等）。为计算每个内积项 $z_i^{\mathrm{T}}z_j$，需显式地计算 $z_i=\boldsymbol{f}(\boldsymbol{x}_i)$ 和 $z_j=\boldsymbol{f}(\boldsymbol{x}_j)$，然后再计算内积 $z_i^{\mathrm{T}}z_j$。显然，当需要非线性变换到高维空间（即向量 z 的维数很高）时，这样计算的成本很大。

为解决上述问题，可以直接定义一个核函数 $\kappa(\boldsymbol{x}_i,\boldsymbol{x}_j)$ 来替换原操作 $\boldsymbol{f}(\boldsymbol{x}_i)^{\mathrm{T}}\boldsymbol{f}(\boldsymbol{x}_j)$。当变换 $\boldsymbol{f}(\cdot)$ 中包含大量基函数时，直接计算核函数要比先对原数据变换然后计算内积高效得多。定义核函数的另一个好处是只需计算 $\kappa(\boldsymbol{x}_i,\boldsymbol{x}_j)$，而无须考虑对应变换 $\boldsymbol{f}(\cdot)$ 得到的向量 z 的维数，这样甚至允许定义一个核函数将数据映射到超高维甚至是无限维空间中。这种利用核函数直接计算的方法也称为“核技巧”。

显然，定义的核函数必须能够实质上等价于先对原数据向量进行某种非线性变换，然后再计算变换后向量的内积，这种情况下核函数才是有效的。下面是几种常用的核函数：

(1) 线性核：$\kappa(\boldsymbol{x}_i,\boldsymbol{x}_j)=\boldsymbol{x}_i^{\mathrm{T}}\boldsymbol{x}_j$。

（2）多项式核：$\kappa(\boldsymbol{x}_i,\boldsymbol{x}_j)=(\boldsymbol{x}_i^{\mathrm{T}}\boldsymbol{x}_j+1)^d$，$d$ 为最高次项的次数。

（3）高斯核：$\kappa(\boldsymbol{x}_i,\boldsymbol{x}_j)=\exp\left(\dfrac{(\boldsymbol{x}_i-\boldsymbol{x}_j)^{\mathrm{T}}(\boldsymbol{x}_i-\boldsymbol{x}_j)}{2\lambda^2}\right)$。

（4）Sigmoid 核：$\kappa(\boldsymbol{x}_i,\boldsymbol{x}_j)=\tanh(\alpha\boldsymbol{x}_i^{\mathrm{T}}\boldsymbol{x}_j+\gamma)$，其中 α、γ 为可调参数。

对于上述高斯核函数，可以证明它等价于将原数据通过非线性变换映射到无限维空间后再计算内积。通过结合两个或多个已有核函数可构建新的核函数。例如，两个核函数的线性组合也是核函数。

5.5.5　高斯过程回归

利用核函数，可将原贝叶斯非线性回归得到的预测分布表达式：

$$\begin{aligned}&P(\omega^*|\boldsymbol{z}^*,\boldsymbol{X},\boldsymbol{\omega})\\&=\mathrm{Norm}_{\omega^*}\left(\frac{\sigma_p^2}{\sigma^2}\boldsymbol{z}^{*\mathrm{T}}\boldsymbol{Z}\boldsymbol{\omega}-\frac{\sigma_p^2}{\sigma^2}\boldsymbol{z}^{*\mathrm{T}}\boldsymbol{Z}\left(\boldsymbol{Z}^{\mathrm{T}}\boldsymbol{Z}+\frac{\sigma^2}{\sigma_p^2}\boldsymbol{I}\right)^{-1}\boldsymbol{Z}^{\mathrm{T}}\boldsymbol{Z}\boldsymbol{\omega},\sigma_p^2\boldsymbol{z}^{*\mathrm{T}}\boldsymbol{z}^*-\right.\\&\left.\sigma_p^2\boldsymbol{z}^{*\mathrm{T}}\boldsymbol{Z}\left(\boldsymbol{Z}^{\mathrm{T}}\boldsymbol{Z}+\frac{\sigma^2}{\sigma_p^2}\boldsymbol{I}\right)^{-1}\boldsymbol{Z}^{\mathrm{T}}\boldsymbol{z}^*+\sigma^2\right)\end{aligned}\tag{5.61}$$

通过将其中的内积项替换为核函数，改写成如下形式：

$$\begin{aligned}&P(\omega^*|\boldsymbol{x}^*,\boldsymbol{X},\boldsymbol{\omega})\\&=\mathrm{Norm}_{\omega^*}\left(\frac{\sigma_p^2}{\sigma^2}\boldsymbol{K}(\boldsymbol{x}^*,\boldsymbol{X})\boldsymbol{\omega}-\frac{\sigma_p^2}{\sigma^2}\boldsymbol{K}(\boldsymbol{x}^*,\boldsymbol{X})\left(\boldsymbol{K}(\boldsymbol{X},\boldsymbol{X})+\frac{\sigma^2}{\sigma_p^2}\boldsymbol{I}\right)^{-1}\boldsymbol{K}(\boldsymbol{X},\boldsymbol{X})\boldsymbol{\omega},\right.\\&\left.\sigma_p^2\kappa(\boldsymbol{x}^*,\boldsymbol{x}^*)-\sigma_p^2\boldsymbol{K}(\boldsymbol{x}^*,\boldsymbol{X})\left(\boldsymbol{K}(\boldsymbol{X},\boldsymbol{X})+\frac{\sigma^2}{\sigma_p^2}\boldsymbol{I}\right)^{-1}\boldsymbol{K}(\boldsymbol{X},\boldsymbol{x}^*)+\sigma^2\right)\end{aligned}\tag{5.62}$$

式中，矩阵 $\boldsymbol{K}(\boldsymbol{X},\boldsymbol{X})$ 的每一元素 (i,j) 为核函数 $\kappa(\boldsymbol{x}_i,\boldsymbol{x}_j)$。上述模型也称为“高斯过程回归（Gaussian process regression）”，实际中常采用这种基于核函数的方法进行贝叶斯非线性回归。

5.6　分类问题的概率模型

本节讨论分类问题，主要关注分类的判别模型，即根据观测数据 $\boldsymbol{x}$ 和对应的离散状态 $\omega\in\{1,2,\cdots,k\}$，直接对后验概率分布 $P(\omega|\boldsymbol{x})$ 建模。具体地，考虑 ω 是二值的情况，即二分类问题。

如图 5.20 所示，图像（或视频）中的人脸检测是一个典型的二分类问题，绝大多数手机或数码相机等成像设备都具备自动人脸检测功能。在传统的人脸检测算法中，通常用一个与人脸尺寸大小相当的窗口在图像平面上滑动，判断每一位置处窗口内的图像块是否为人脸。实际计算时是从图像块中提取出特征向量 $\boldsymbol{x}$，然后针对特征向量进行二分类，其中 $\omega\in\{0,1\}$ 代表“是否是人脸”的两种不同状态。利用一系列训练样本$\{\boldsymbol{x}_i,\omega_i\}_{i=1}^{I}$完成分类模型学习后，即可通过滑动窗口实现人脸检测，其中分类结果为$\omega=1$的图像块即为人脸。

图 5.20　典型的二分类问题——图像人脸检测

5.6.1　逻辑回归

由于状态$\omega\in\{0,1\}$是二值的，因此采用伯努利分布对后验概率$P(\omega|\boldsymbol{x})$进行建模，并使模型参数与观测数据$\boldsymbol{x}$相关联。伯努利分布只有一个参数λ，它表示成功（$\omega=1$）的概率，即$P(\omega=1|\boldsymbol{x})=\lambda$。

首先令λ为$\boldsymbol{x}$的函数，与前面介绍的线性回归一样，可考虑建立关于$\boldsymbol{x}$的线性函数$\phi_0+\boldsymbol{\phi}^{\mathrm{T}}\boldsymbol{x}$。然而，由于$\lambda$代表概率值，还需保证它满足约束：$0\leqslant\lambda\leqslant1$。为此，可通过 Sigmoid 函数$\mathrm{sig}(a)=1/(1+\exp(-a))$将线性函数的返回值从$(-\infty,\infty)$映射到$(0,1)$，即令$\lambda=\mathrm{sig}(\phi_0+\boldsymbol{\phi}^{\mathrm{T}}\boldsymbol{x})$，得到

$$\begin{aligned}P(\omega|\boldsymbol{x})&=\mathrm{Bern}_{\omega}(\lambda)=\mathrm{Bern}_{\omega}(\mathrm{sig}(\phi_0+\boldsymbol{\phi}^{\mathrm{T}}\boldsymbol{x}))\\&=\mathrm{Bern}_{\omega}\left(\frac{1}{1+\exp(-\phi_0-\boldsymbol{\phi}^{\mathrm{T}}\boldsymbol{x})}\right)\end{aligned}\tag{5.63}$$

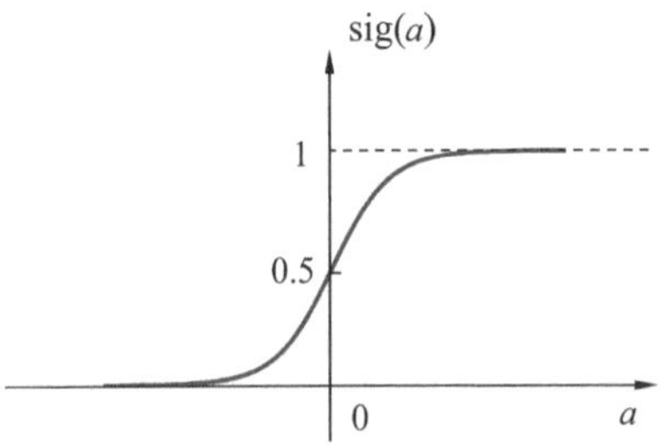

图 5.21　Sigmoid 函数

Sigmoid 函数曲线如图 5.21 所示，上述伯努利分布最终转变成一个由参数$\lambda=\mathrm{sig}(\phi_0+\boldsymbol{\phi}^{\mathrm{T}}\boldsymbol{x})$决定的 S 形分布（图 5.22）。

显然，当$\phi_0+\boldsymbol{\phi}^{\mathrm{T}}\boldsymbol{x}=0$时$\lambda=\mathrm{sig}(\phi_0+\boldsymbol{\phi}^{\mathrm{T}}\boldsymbol{x})=0.5$，即$P(\omega=1|\boldsymbol{x})=0.5$，此时$\omega=1$和$\omega=0$的概率相等。当$\phi_0+\boldsymbol{\phi}^{\mathrm{T}}\boldsymbol{x}>0$时，$\omega$取值为 1 的概率较大；反之，当$\phi_0+\boldsymbol{\phi}^{\mathrm{T}}\boldsymbol{x}<0$时，$\omega$取值为 0 的概率较大。因此，$\phi_0+\boldsymbol{\phi}^{\mathrm{T}}\boldsymbol{x}=0$定义了一个分类问题的线性决策边界，它将数据空间分为

两部分，分别对应于不同的类别。

如图 5.22 所示，对于一维数据 x，决策边界是由 $\phi_0+\phi x=0$ 所确定的数据空间中的一个点来划定（图 5.22（a）中竖线所在位置），以通过相应的概率值最大限度地将两类样本点分开，其中参数 ϕ 决定了图中 S 形分布曲线的斜率。当 $\boldsymbol{x}$ 为二维时（图 5.22（b）），决策边界是由 $\phi_0+\boldsymbol{\phi}^{\mathrm{T}}\boldsymbol{x}=0$ 定义的一条直线。同样地，离边界越远分类置信度（即 ω 取值为 1 或 0 的概率）越高，其变化率和方向由决策边界的法向量 $\boldsymbol{\phi}$ 决定。类似的结论也可推广到 $\boldsymbol{x}$ 是多维数据的情形，此时线性决策边界是一个平面或超平面。

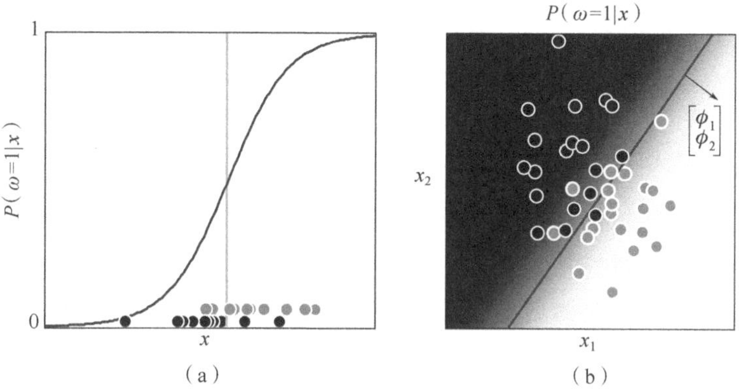

图 5.22　一维和二维数据的逻辑回归示例（灰色为正样本点，黑色为负样本点）

上述分类模型实质上是通过利用 Sigmoid 函数产生一个由伯努利分布参数 $\lambda=\mathrm{sig}(\phi_0+\boldsymbol{\phi}^{\mathrm{T}}\boldsymbol{x})$ 决定的 S 形分布来拟合得到分类问题的概率模型，采用类似于回归的方式解决分类问题，该方法通常也称为“逻辑回归（Logistic regression）”。

为方便表示，下面令 $\boldsymbol{x}\leftarrow[1,\boldsymbol{x}^{\mathrm{T}}]^{\mathrm{T}}$，$\boldsymbol{\phi}\leftarrow[\phi_0,\boldsymbol{\phi}^{\mathrm{T}}]^{\mathrm{T}}$，上述逻辑回归模型可写为

$$P(\omega\mid\boldsymbol{x},\boldsymbol{\phi})=\mathrm{Bern}_{\omega}\left(\frac{1}{1+\exp(-\boldsymbol{\phi}^{\mathrm{T}}\boldsymbol{x})}\right) \tag{5.64}$$

式中，$\boldsymbol{\phi}$ 为模型参数。

学习时，通过利用训练数据集 $\{\boldsymbol{x}_i,\ \omega_i\}_{i=1}^{I}$ 估计模型参数 $\boldsymbol{\phi}$。若采用最大似然法，则由于各样本相互独立，似然函数可表示为

$$\begin{aligned}P(\boldsymbol{\omega}\mid X,\boldsymbol{\phi})&=\prod_{i=1}^{I}\lambda^{\omega_i}(1-\lambda)^{1-\omega_i}\\&=\prod_{i=1}^{I}\left(\frac{1}{1+\exp(-\boldsymbol{\phi}^{\mathrm{T}}\boldsymbol{x}_i)}\right)^{\omega_i}\left(\frac{\exp(-\boldsymbol{\phi}^{\mathrm{T}}\boldsymbol{x}_i)}{1+\exp(-\boldsymbol{\phi}^{\mathrm{T}}\boldsymbol{x}_i)}\right)^{1-\omega_i}\end{aligned} \tag{5.65}$$

为方便计算，可采用如下对数似然函数：

$$L = \sum_{i=1}^{I} \omega_i \ln\left(\frac{1}{1+\exp(-\boldsymbol{\phi}^{\mathrm{T}}\boldsymbol{x}_i)}\right) + \sum_{i=1}^{I}(1-\omega_i)\ln\left(\frac{\exp(-\boldsymbol{\phi}^{\mathrm{T}}\boldsymbol{x}_i)}{1+\exp(-\boldsymbol{\phi}^{\mathrm{T}}\boldsymbol{x}_i)}\right) \tag{5.66}$$

最后，通过最大化对数似然函数 L 可求解得到参数 $\boldsymbol{\phi}$ 的最大似然估计值，具体求解过程此处不过多涉及。

与前面的线性回归类似，对于分类问题，逻辑回归也存在一些局限性，主要表现在：

（1）当训练数据较少时，基于最大似然法得到的预测结果会过于自信。

（2）只能得到线性决策边界，无法解决数据的非线性可分问题。

5.6.2 贝叶斯逻辑回归

为解决上面逻辑回归预测过于自信的问题，可采用贝叶斯逻辑回归方法，综合所有可能的模型进行预测。

首先，在未有关于模型参数 $\boldsymbol{\phi}$ 的合适先验信息情况下，可假设其先验概率分布是一个均值为零且方差较大的多元正态分布：

$$P(\boldsymbol{\phi}) = \mathrm{Norm}_{\boldsymbol{\phi}}(\boldsymbol{0}, \sigma_p^2 \boldsymbol{I}) \tag{5.67}$$

然后，通过贝叶斯公式计算参数 $\boldsymbol{\phi}$ 的后验概率分布：

$$P(\boldsymbol{\phi} \mid \boldsymbol{X}, \boldsymbol{\omega}) = \frac{P(\boldsymbol{\omega} \mid \boldsymbol{X}, \boldsymbol{\phi}) P(\boldsymbol{\phi})}{P(\boldsymbol{\omega} \mid \boldsymbol{X})} \tag{5.68}$$

其中，$P(\boldsymbol{\omega} \mid \boldsymbol{X}, \boldsymbol{\phi})$ 的表达式已由式（5.65）给出。实际情况下很难通过上式直接计算得到 $P(\boldsymbol{\phi} \mid \boldsymbol{X}, \boldsymbol{\omega})$ 的闭式表达式，需采用近似计算方法，具体计算过程不过多讨论。

最后在推理时，针对新观测数据 $\boldsymbol{x}^*$ 预测其状态 ω^* 的概率分布：

$$P(\omega^* \mid \boldsymbol{x}^*, \boldsymbol{X}, \boldsymbol{\omega}) = \int P(\omega^* \mid \boldsymbol{x}^*, \boldsymbol{\phi}) P(\boldsymbol{\phi} \mid \boldsymbol{X}, \boldsymbol{\omega}) \mathrm{d}\boldsymbol{\phi} \tag{5.69}$$

上面积分式同样难以直接计算，一般也需利用近似计算方法。

5.6.3 非线性逻辑回归

上面讨论的逻辑回归只能得到类间的线性决策边界，对于非线性可分问题，难以很好地将不同类别分开，需要构建非线性逻辑回归模型。为此，可采用与 5.5.3 节类似的方法将原线性模型推广到非线性模型，即首先对数据 $\boldsymbol{x}$ 进行非线性变换，得到新的数据向量 $\boldsymbol{z}=\boldsymbol{f}(\boldsymbol{x})$；然后用 $\boldsymbol{z}$ 取代 $\boldsymbol{x}$ 构造逻辑回归模型。通过这种方法即可得到如下非线性逻辑回归模型：

$$P(\omega \mid \boldsymbol{x},\boldsymbol{\phi})=\mathrm{Bern}_{\omega}(\mathrm{sig}(\boldsymbol{\phi}^{\mathrm{T}}\boldsymbol{z}))=\mathrm{Bern}_{\omega}(\mathrm{sig}(\boldsymbol{\phi}^{\mathrm{T}}\boldsymbol{f}(\boldsymbol{x}))) \tag{5.70}$$

其中，$\boldsymbol{f}(\boldsymbol{x})$中包含一组非线性变换函数。该方法背后的一个基本思想是：任意非线性函数可以用一组非线性基函数的线性组合来表示。

图 5.23 给出了针对一组二维数据样本点的非线性逻辑回归结果示例，通过采用反正切函数进行非线性变换，最终得到如图所示的非线性决策边界。从另一角度看，$\boldsymbol{z}=\boldsymbol{f}(\boldsymbol{x})$实质上是将原数据 $\boldsymbol{x}$ 通过非线性变换映射到一个新的数据空间（通常维度更高），在该空间中新数据 $\boldsymbol{z}$ 变得线性可分，从而可在此基础上采用原线性逻辑回归方法通过线性决策边界进行分类。显然，将线性决策边界映射回原数据空间就可得到对应的非线性决策边界。

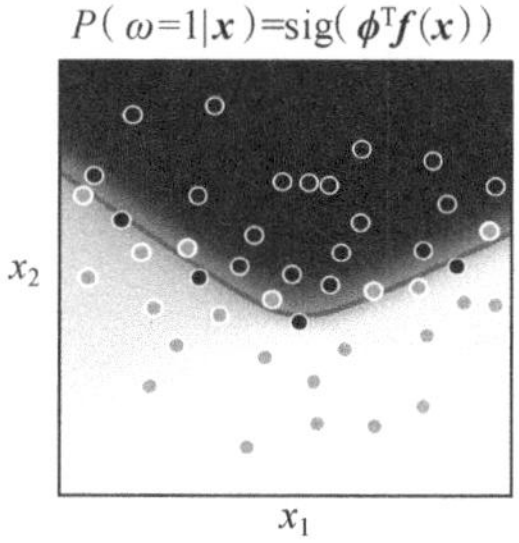

图 5.23　二维数据的非线性逻辑回归示例

5.6.4　对偶逻辑回归

逻辑回归还存在一个潜在的问题：在原线性模型中，模型参数 $\boldsymbol{\phi}$ 的维数取决于观测数据 $\boldsymbol{x}$ 的维数；而当将其扩展到非线性模型时，$\boldsymbol{\phi}$ 的维数又与非线性变换后得到的新数据 $\boldsymbol{z}$ 的维数相同。若 $\boldsymbol{x}$ 的维数很高，模型将会有很多参数。特别是在非线性模型中，通常需要将原数据 $\boldsymbol{x}$ 变换到更高维空间，以使不同类别样本点在新数据空间中能够被很好地分开，这种情况下显然会产生更多的参数。大量的参数将给计算带来很大负担。

为了解决上述问题，可采用原模型的对偶表示形式，即将模型参数 $\boldsymbol{\phi}$ 表示为样本集中所有观测数据向量的线性组合：

$$\boldsymbol{\phi}=\boldsymbol{X}\boldsymbol{\psi} \tag{5.71}$$

其中，矩阵 $\boldsymbol{X}$ 由各观测数据向量 $\boldsymbol{x}_i(i=1,2,\cdots,I)$ 按列构成，$\boldsymbol{\psi}$ 是一个由线性组合系数构成的 I 维列向量。将模型参数 $\boldsymbol{\phi}$ 表示为上述形式后，向量 $\boldsymbol{\psi}$ 就取代 $\boldsymbol{\phi}$ 变为新的模型参数，这一过程也称为“对偶参数化（Dual parameterization）”。这样可使模型参数量等于样本数据量 I，而不再依赖于观测数据的维数，从而更有利于处理超高维数据分类问题。

如图 5.24 所示，由于原模型中的 $\boldsymbol{\phi}$ 实际上代表了垂直于线性分类超平面的法向量，且正负样本点分别散布于超平面两侧，实际中几乎总能找到某个权值向量 $\boldsymbol{\psi}$，使得按式（5.71）基于观测数据向量能够合成得到向量 $\boldsymbol{\phi}$。

将上述模型参数 $\boldsymbol{\phi}$ 的表达式代入原线性逻辑回归模型，即可得出如下以 $\boldsymbol{\psi}$ 为参数的对偶逻辑回归模型：

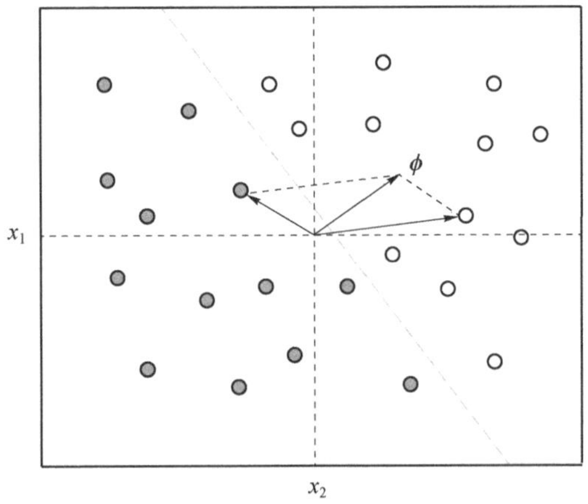

图 5.24 模型参数可表示为观测数据的线性组合（只用两个数据点的特殊情况）

$$P(\omega \mid \boldsymbol{x},\boldsymbol{\psi}) = \mathrm{Bern}_{\omega}\left(\mathrm{sig}(\boldsymbol{\phi}^{\mathrm{T}}\boldsymbol{x})\right) = \mathrm{Bern}_{\omega}\left(\mathrm{sig}\left(\boldsymbol{\psi}^{\mathrm{T}}\boldsymbol{X}^{\mathrm{T}}\boldsymbol{x}\right)\right) \tag{5.72}$$

其学习和推理方法与原逻辑回归模型相似，故不再讨论。

通常，在逻辑回归中对偶模型得到的结果与原模型结果非常相近，但是由于参数量更少，对偶模型在高维数据上拟合更快。

5.6.5 核逻辑回归

由式（5.72）可看出，在对偶模型中关于数据的计算都是以内积形式（即 $\boldsymbol{X}^{\mathrm{T}}\boldsymbol{x}$）进行的，若将其进一步扩展到非线性模型，则以非线性变换后新数据的内积 $\boldsymbol{Z}^{\mathrm{T}}\boldsymbol{z}$ 取代原模型中的 $\boldsymbol{X}^{\mathrm{T}}\boldsymbol{x}$，得到

$$P(\omega \mid \boldsymbol{x},\boldsymbol{\psi}) = \mathrm{Bern}_{\omega}\left(\mathrm{sig}(\boldsymbol{\psi}^{\mathrm{T}}\boldsymbol{Z}^{\mathrm{T}}\boldsymbol{z})\right) \tag{5.73}$$

上式意味着通过对偶模型可引入核函数，从而构建如下基于核函数的非线性逻辑回归模型：

$$P(\omega \mid \boldsymbol{x},\boldsymbol{\psi}) = \mathrm{Bern}_{\omega}\left(\mathrm{sig}\left(\boldsymbol{\psi}^{\mathrm{T}}\boldsymbol{K}(\boldsymbol{X},\boldsymbol{x})\right)\right) \tag{5.74}$$

式中，$\boldsymbol{K}(\boldsymbol{X},\boldsymbol{x})$代表由核函数 $\kappa(\boldsymbol{x}_i,\boldsymbol{x}) = z_i^{\mathrm{T}}z$ 构成的列向量（$\kappa(\boldsymbol{x}_i,\boldsymbol{x})$为向量的第 i 个元素）。采用核函数的优势是计算简便，避免了直接对原数据进行非线性变换并计算内积。

上述模型的学习与推理方法与原逻辑回归模型也类似，此处不再讨论。图 5.25 给出了采用高斯核函数并分别基于最大似然法和贝叶斯方法得到的逻辑回归结果。可以看出，核逻辑回归能够很好地解决非线性可分问题。通过比较图 5.25（a）和（b）还可看到，相对于贝叶斯方法，最大似然法得到的结果显得过于自信。

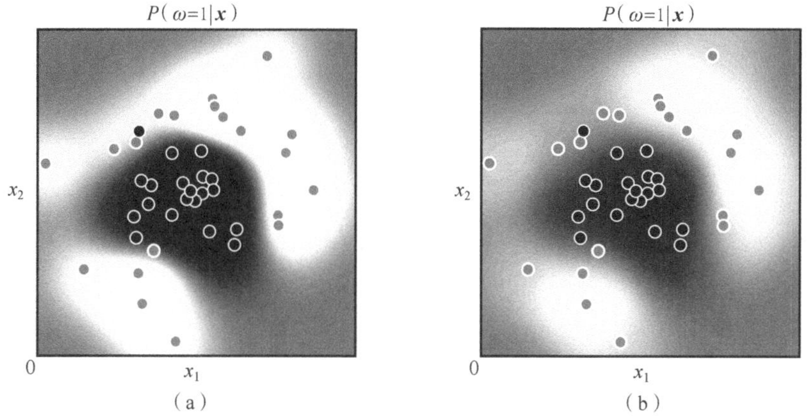

图 5.25　基于高斯核函数的非线性逻辑回归示例

(a) 最大似然法结果；(b) 贝叶斯方法结果

5.7　支持向量机

上两节讨论了回归和分类问题的概率模型。对于分类问题，实际中还存在很多常用的非概率模型或算法，如支持向量机（Support vector machine）、Adaboost 等。前面之所以重点讨论相关的概率算法，主要原因在于：相比于一些特殊的非概率算法，概率模型一般并不存在明显不足；概率模型不仅能完成分类或回归任务，还能很自然地通过概率形式给出其结果的置信度；逻辑回归可直接扩展应用于多分类任务，而非概率算法一般需将多分类问题转化为多个二分类问题进行解决；此外，概率模型有着较为完整的理论体系，有利于系统性理解。

本节讨论一种广泛应用的非概率模型——支持向量机，它的核心是通过间隔最大化（Margin maximization）来寻找到一个最优分类超平面。

5.7.1　支持向量机模型

给定训练集 $T=\{(\boldsymbol{x}_1,y_1),(\boldsymbol{x}_2,y_2),\cdots,(\boldsymbol{x}_l,y_l)\}$，与前面不同，此处令 $y_i\in\{-1,1\}$。如图 5.26 所示，解决分类问题最基本的目标就是找到一个分类超平面，使它能够将不同类别的样本点分开（“+”代表正样本，“○”代表负样本）。当训练数据线性可分时，一般会存在很多这样的超平面（如图中的各条虚线及实线所示），接下来的问题是如何选择一个最优分类超平面。

从图 5.26 中可直观地得出一个结论：应选择位于两类样本点“正中间”的分类超平面（图中实线所示），它相对于距其最近的任何一类样本点都有较大的距离裕量，能够更好地适应未知数据，这种情况下分类器一般也会有更强的泛化

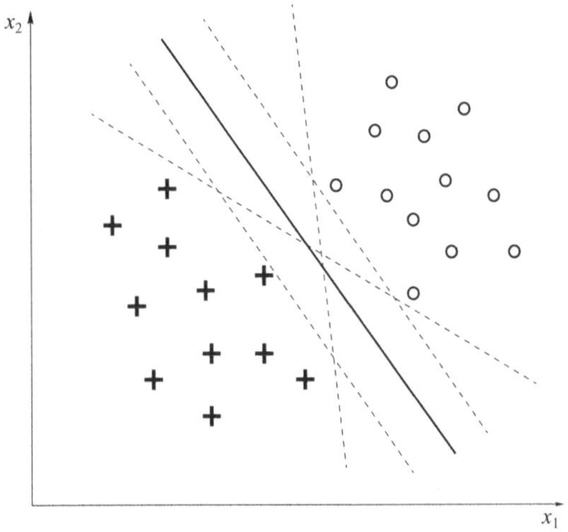

图 5.26　存在多条决策边界（分类超平面）可将正负样本点分开

能力。换言之，需要找到这样一个分类超平面，它与两类最近样本点的距离都要尽可能大。

进一步地，如图 5.27 所示，若位于“正中间”的分类超平面分别向两类样本点方向平移，将首先分别到达距其最近的样本点，从而得到如图中虚线所示的两个边界，它们与分类超平面的间隔相等。容易看出，该间隔的大小会随着分类超平面方向的变化而变化。支持向量机模型学习的目标就是要找到一个使间隔最大化的最优分类超平面。

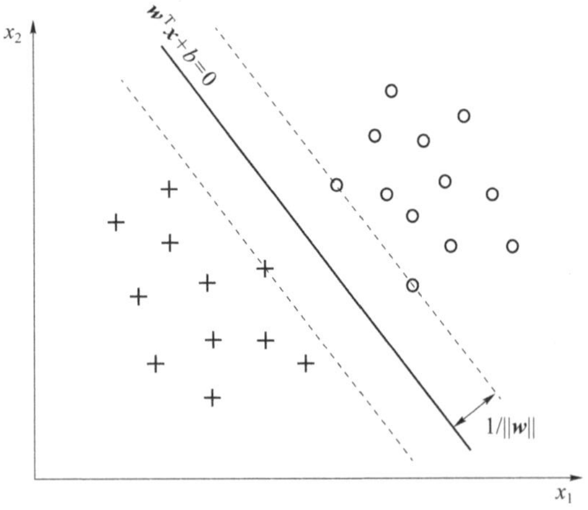

图 5.27　两类间的最优分类超平面

对于线性可分问题，分类超平面可由如下线性方程描述：

$$\boldsymbol{w}^{\mathrm{T}}\boldsymbol{x}+b=0 \tag{5.75}$$

式中，$\boldsymbol{w}$ 为垂直于超平面的法向量，b 为位移项。分类超平面由其参数$\{\boldsymbol{w},b\}$唯一决定（类似于逻辑回归模型参数$\{\boldsymbol{\phi},\phi_0\}$），对于任一$(\boldsymbol{x}_i,y_i)\in T$，应当满足：若 $y_i=1$，则$\boldsymbol{w}^{\mathrm{T}}\boldsymbol{x}+b>0$；若 $y_i=-1$，则$\boldsymbol{w}^{\mathrm{T}}\boldsymbol{x}+b<0$。相应地，将其分别向两类样本点方向平移所到达的正类和负类边界分别表示为$\boldsymbol{w}^{\mathrm{T}}\boldsymbol{x}+b=r_1$，$\boldsymbol{w}^{\mathrm{T}}\boldsymbol{x}+b=-r_2$。由于分类超平面应位于两个边界正中间，于是可令 $r_1=r_2=r$，即正类和负类边界可分别表示为 $\boldsymbol{w}^{\mathrm{T}}\boldsymbol{x}+b=r$ 和 $\boldsymbol{w}^{\mathrm{T}}\boldsymbol{x}+b=-r(r>0)$。

对于任意样本点 i，它到分类超平面$\boldsymbol{w}^{\mathrm{T}}\boldsymbol{x}+b=0$ 的距离为

$$\frac{|\boldsymbol{w}^{\mathrm{T}}\boldsymbol{x}_i+b|}{\|\boldsymbol{w}\|} \tag{5.76}$$

其中，$\|\boldsymbol{w}\|$表示参数向量 $\boldsymbol{w}$ 的 L_2 范数。显然，由于距离超平面最近的任一类样本点 k 都处于正类或负类边界上，它们与分类超平面的间隔 m 可按下式进行计算：

$$m=\frac{|\boldsymbol{w}^{\mathrm{T}}\boldsymbol{x}_k+b|}{\|\boldsymbol{w}\|}=\frac{y_k(\boldsymbol{w}^{\mathrm{T}}\boldsymbol{x}_k+b)}{\|\boldsymbol{w}\|}=\frac{r}{\|\boldsymbol{w}\|} \tag{5.77}$$

注意到，当分类超平面表达式 $\boldsymbol{w}^{\mathrm{T}}\boldsymbol{x}+b=0$ 中的参数$\{\boldsymbol{w},b\}$同时以相同的尺度任意缩放时，该超平面将保持不变。例如，令 $\boldsymbol{w}'=\lambda\boldsymbol{w}$，$b'=\lambda b$（$\lambda\neq0$），显然超平面保持不变且间隔 m 表示为

$$m=\frac{|\boldsymbol{w}'^{\mathrm{T}}\boldsymbol{x}_k+b'|}{\|\boldsymbol{w}'\|}=\frac{\lambda r}{\lambda\|\boldsymbol{w}\|} \tag{5.78}$$

此时间隔 m 也保持不变。因此，同一间隔下存在无数可能的超平面参数$\{\boldsymbol{w},b\}$，无法唯一确定。为此，可固定参数$\{\boldsymbol{w},b\}$的尺度，使得$|\boldsymbol{w}^{\mathrm{T}}\boldsymbol{x}_k+b|=r=1$，于是间隔 m 表示为

$$m=\frac{1}{\|\boldsymbol{w}\|} \tag{5.79}$$

此时，可唯一地求解出参数 $\boldsymbol{w}$。同时，正类和负类边界分别为 $\boldsymbol{w}^{\mathrm{T}}\boldsymbol{x}+b=1$，$\boldsymbol{w}^{\mathrm{T}}\boldsymbol{x}+b=-1$，即对于距离超平面最近的任一类样本点 k，都应满足

$$y_k(\boldsymbol{w}^{\mathrm{T}}\boldsymbol{x}_k+b)=1 \tag{5.80}$$

而对于除最近样本点之外的其他样本点应满足

$$\begin{cases}\boldsymbol{w}^{\mathrm{T}}\boldsymbol{x}_j+b>1, & y_j=1\\ \boldsymbol{w}^{\mathrm{T}}\boldsymbol{x}_j+b<-1, & y_j=-1\end{cases} \tag{5.81}$$

上两式可合并为如下形式：

$$y_i(\boldsymbol{w}^{\mathrm{T}}\boldsymbol{x}_i+b)\geqslant1,\quad i=1,2,\cdots,I \tag{5.82}$$

即分类超平面参数$\{\boldsymbol{w},b\}$应满足上式条件约束。

于是，寻找具有最大间隔的分类超平面问题就可描述为：在式（5.82）约束

下寻找超平面参数$\{\boldsymbol{w},b\}$，使得式（5.79）所示的间隔最大化，即

$$\max_{\boldsymbol{w},b}\frac{1}{\|\boldsymbol{w}\|} \tag{5.83}$$

$$\text{s.t. } y_i(\boldsymbol{w}^{\mathrm{T}}\boldsymbol{x}_i+b)\geqslant 1,\quad i=1,2,\cdots,I$$

最大化上式的间隔$1/\|\boldsymbol{w}\|$等价于最小化$\|\boldsymbol{w}\|^2$，于是上式的最优化问题可重写为

$$\min_{\boldsymbol{w},b}\frac{1}{2}\|\boldsymbol{w}\|^2 \tag{5.84}$$

$$\text{s.t. } y_i(\boldsymbol{w}^{\mathrm{T}}\boldsymbol{x}_i+b)\geqslant 1,\quad i=1,2,\cdots,I$$

上式即支持向量机模型的基本型。其中，所有满足$y_i(\boldsymbol{w}^{\mathrm{T}}\boldsymbol{x}_i+b)=1$的样本点（即所有距离超平面最近的样本点）称为“支持向量”。由以上过程可以看出，在支持向量机模型中，最终的分类超平面仅与支持向量有关。

5.7.2 支持向量机的学习算法

求解出式（5.84）所示支持向量机模型的最优参数$\{\hat{\boldsymbol{w}},\hat{b}\}$，即可得到使间隔最大化的分类超平面$\hat{\boldsymbol{w}}^{\mathrm{T}}\boldsymbol{x}+\hat{b}=0$。式（5.84）的最优化问题属于凸二次规划（Convex quadratic programming）问题，实际中可采用对偶算法进行求解，该算法应用拉格朗日对偶性，通过求解对偶问题（Dual problem）获得原问题的最优解。这种方法的优点在于：对偶问题一般更容易求解，并且接下来可以看到，有关样本数据$\boldsymbol{x}_i$的计算都转化成了内积形式，因此便于引入核函数以解决非线性分类问题。

首先，针对式（5.84）中的每一项约束引入拉格朗日乘子$\alpha_i\geqslant 0(i=1,2,\cdots,I)$，构建该优化问题的拉格朗日函数：

$$L(\boldsymbol{w},b,\boldsymbol{\alpha})=\frac{1}{2}\|\boldsymbol{w}\|^2+\sum_{i=1}^{I}\alpha_i(1-y_i(\boldsymbol{w}^{\mathrm{T}}\boldsymbol{x}_i+b)) \tag{5.85}$$

式中，$\boldsymbol{\alpha}=(\alpha_1,\alpha_2,\cdots,\alpha_I)^{\mathrm{T}}$为拉格朗日乘子向量。根据拉格朗日对偶性，式（5.84）的最优化问题等价为如下的极大极小问题：

$$\max_{\boldsymbol{\alpha}}\min_{\boldsymbol{w},b}L(\boldsymbol{w},b,\boldsymbol{\alpha}) \tag{5.86}$$

接下来通过以下步骤完成对上述问题的求解：

（1）首先求解$\min\limits_{\boldsymbol{w},b}L(\boldsymbol{w},b,\boldsymbol{\alpha})$。为此，分别计算$L(\boldsymbol{w},b,\boldsymbol{\alpha})$关于$\boldsymbol{w}$和$b$的偏导数，并令它们为零：

$$\frac{\partial L(\boldsymbol{w},b,\boldsymbol{\alpha})}{\partial\boldsymbol{w}}=\boldsymbol{w}-\sum_{i=1}^{I}\alpha_i y_i\boldsymbol{x}_i=0$$

$$\frac{\partial L(\boldsymbol{w},b,\boldsymbol{\alpha})}{\partial b}=\sum_{i=1}^{I}\alpha_i y_i=0$$

于是，得到

$$\boldsymbol{w} = \sum_{i=1}^{I} \alpha_i y_i \boldsymbol{x}_i \tag{5.87}$$

$$\sum_{i=1}^{I} \alpha_i y_i = 0 \tag{5.88}$$

将式（5.87）代入拉格朗日函数中，得到

$$\min_{\boldsymbol{w},b} L(\boldsymbol{w},b,\boldsymbol{\alpha}) = \frac{1}{2}\sum_{i=1}^{I}\sum_{j=1}^{I} \alpha_i \alpha_j y_i y_j \boldsymbol{x}_i^{\mathrm{T}} \boldsymbol{x}_j + \sum_{i=1}^{I} \alpha_i \left(1 - y_i\left(\sum_{j=1}^{I} \alpha_j y_j \boldsymbol{x}_j^{\mathrm{T}} \boldsymbol{x}_i + b\right)\right)$$

再利用式（5.88），最终可将拉格朗日函数中的 $\boldsymbol{w}$ 和 b 都消去，得到

$$\min_{\boldsymbol{w},b} L(\boldsymbol{w},b,\boldsymbol{\alpha}) = \sum_{i=1}^{I} \alpha_i - \frac{1}{2}\sum_{i=1}^{I}\sum_{j=1}^{I} \alpha_i \alpha_j y_i y_j \boldsymbol{x}_i^{\mathrm{T}} \boldsymbol{x}_j$$

（2）在上述结果基础上进一步求解 $\max\limits_{\boldsymbol{\alpha}} \min\limits_{\boldsymbol{w},b} L(\boldsymbol{w},b,\boldsymbol{\alpha})$，即

$$\max_{\boldsymbol{\alpha}} \left(\sum_{i=1}^{I} \alpha_i - \frac{1}{2}\sum_{i=1}^{I}\sum_{j=1}^{I} \alpha_i \alpha_j y_i y_j \boldsymbol{x}_i^{\mathrm{T}} \boldsymbol{x}_j \right) \tag{5.89}$$

$$\text{s. t.} \sum_{i=1}^{I} \alpha_i y_i = 0$$

$$\alpha_i \geqslant 0, \quad i=1,2,\cdots,I$$

上式即需要求解的对偶问题，其中第一个约束条件是由式（5.88）给定的，第二个是拉格朗日乘子自身必须满足的条件。上述对偶问题也是一种二次规划问题，可采取相应算法进行求解，最终得到该问题中 $\boldsymbol{\alpha}$ 的最优值 $\hat{\boldsymbol{\alpha}}=(\hat{\alpha}_1,\hat{\alpha}_2,\cdots,\hat{\alpha}_I)^{\mathrm{T}}$，具体求解过程此处不作讨论。需要指出的是，在式（5.84）的不等式约束下，上述基于拉格朗日乘子法的求解过程还满足如下一个 KKT 互补条件：

$$\hat{\alpha}_i(1-y_i(\hat{\boldsymbol{w}}^{\mathrm{T}}\boldsymbol{x}_i+\hat{b}))=0 \tag{5.90}$$

求解得到 $\hat{\boldsymbol{\alpha}}$ 后就可利用式（5.87）计算最优分类超平面参数 $\hat{\boldsymbol{w}}$：

$$\hat{\boldsymbol{w}} = \sum_{i=1}^{I} \hat{\alpha}_i y_i \boldsymbol{x}_i \tag{5.91}$$

由式（5.90）可知，对于任一训练样本 $(\boldsymbol{x}_i, y_i)$，相应地总有 $\hat{\alpha}_i=0$ 或 $y_i(\hat{\boldsymbol{w}}^{\mathrm{T}}\boldsymbol{x}_i+\hat{b})=1$。显然，若 $\hat{\alpha}_i>0$ 则必有 $y_i(\hat{\boldsymbol{w}}^{\mathrm{T}}\boldsymbol{x}_i+\hat{b})=1$，对应的样本点处于正类或负类边界上，也即该样本点是一个支持向量；若 $\hat{\alpha}_i=0$，则利用式（5.91）计算 $\hat{\boldsymbol{w}}$ 时无须利用到对应的样本点数据。选择任一 $\hat{\alpha}_i>0$ 所对应的样本数据 $(\boldsymbol{x}_i, y_i)$，根据 $y_i(\hat{\boldsymbol{w}}^{\mathrm{T}}\boldsymbol{x}_i+\hat{b})=1$ 可计算出最优分类超平面的另一参数 $\hat{b}$：

$$\hat{b}=y_i-\hat{\boldsymbol{w}}^{\mathrm{T}}\boldsymbol{x}_i \tag{5.92}$$

从上面计算过程可看到，最终模型的参数值 $\{\hat{\boldsymbol{w}},\hat{b}\}$ 仅与支持向量对应的数据有关，这与前一节的分析一致，也体现了“支持向量机”这一方法名称的由来。

给定训练集 $T=\{(\boldsymbol{x}_1,y_1),(\boldsymbol{x}_2,y_2),\cdots,(\boldsymbol{x}_I,y_I)\}$，其中 $y_i\in\{-1,1\}$，支持向

量机模型学习的主要过程如下：

（1）构造并求解如下最优化问题：

$$\max_{\boldsymbol{\alpha}} \sum_{i=1}^{I} \alpha_i - \frac{1}{2}\sum_{i=1}^{I}\sum_{j=1}^{I} \alpha_i \alpha_j y_i y_j \boldsymbol{x}_i^{\mathrm{T}} \boldsymbol{x}_j$$

$$\text{s.t.} \sum_{i=1}^{I} \alpha_i y_i = 0$$

$$\alpha_i \geqslant 0, \quad i=1,2,\cdots,I$$

求得 $\boldsymbol{\alpha}$ 的最优值 $\hat{\boldsymbol{\alpha}}=(\hat{\alpha}_1,\hat{\alpha}_2,\cdots,\hat{\alpha}_I)^{\mathrm{T}}$。

（2）通过下式计算 $\hat{\boldsymbol{w}}$：

$$\hat{\boldsymbol{w}} = \sum_{i=1}^{I} \hat{\alpha}_i y_i \boldsymbol{x}_i$$

选择 $\hat{\boldsymbol{\alpha}}$ 的一个正分量 $\hat{\alpha}_k>0$ 所对应的样本数据 $(\boldsymbol{x}_k, y_k)$，计算得到最优参数值 $\hat{b}$：

$$\hat{b}=y_k-\hat{\boldsymbol{w}}^{\mathrm{T}}\boldsymbol{x}_k$$

（3）得到使间隔最大化的最优分类超平面：$\hat{\boldsymbol{w}}^{\mathrm{T}}\boldsymbol{x}+\hat{b}=0$。

推理时，以 $\hat{\boldsymbol{w}}^{\mathrm{T}}\boldsymbol{x}+\hat{b}=0$ 作为决策边界对输入数据 $\boldsymbol{x}^*$ 进行分类，当 $\hat{\boldsymbol{w}}^{\mathrm{T}}\boldsymbol{x}^*+\hat{b}>0$ 时为正类，反之为负类。

5.7.3 非线性支持向量机

上面的支持向量机模型只能解决线性可分问题。如同 5.5 节和 5.6 节所采用的方法，可通过对输入数据 $\boldsymbol{x}$ 进行非线性变换将原模型转化为非线性模型，以解决非线性可分问题。通常，引入合适的非线性变换 $\boldsymbol{z}=\boldsymbol{f}(\boldsymbol{x})$ 将原数据 $\boldsymbol{x}$ 映射到更高维空间后，可使它们变得线性可分（图 5.28），接下来的任务则是在新数据空间中寻找分类超平面：$\boldsymbol{w}^{\mathrm{T}}\boldsymbol{z}+b=\boldsymbol{w}^{\mathrm{T}}\boldsymbol{f}(\boldsymbol{x})+b=0$。

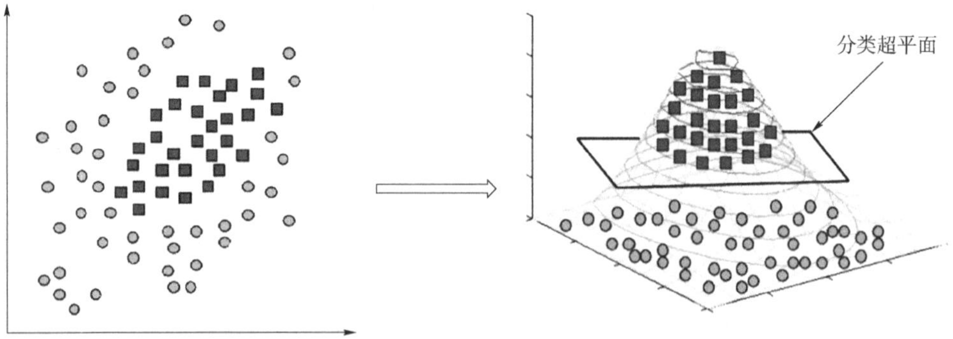

图 5.28　2D-3D 非线性映射使得数据变得线性可分

与线性支持向量机模型类似，寻找使间隔最大化的最优分类超平面问题可转化为解决如下最优化问题：

$$\min_{\boldsymbol{w},b} \frac{1}{2}\|\boldsymbol{w}\|^2 \tag{5.93}$$

$$\text{s.t.}\ \ y_i(\boldsymbol{w}^{\mathrm{T}}\boldsymbol{f}(\boldsymbol{x}_i)+b)\geqslant 1,\quad i=1,2,\cdots,I$$

上述问题又可转化为下面的对偶问题进行求解：

$$\max_{\boldsymbol{\alpha}} \sum_{i=1}^{I}\alpha_i - \frac{1}{2}\sum_{i=1}^{I}\sum_{j=1}^{I}\alpha_i\alpha_j y_i y_j \boldsymbol{f}(\boldsymbol{x}_i)^{\mathrm{T}}\boldsymbol{f}(\boldsymbol{x}_j) \tag{5.94}$$

$$\text{s.t.}\ \ \sum_{i=1}^{I}\alpha_i y_i = 0$$

$$\alpha_i\geqslant 0,\quad i=1,2,\cdots,I$$

上两式与式（5.84）和式（5.89）形式一致，区别在于将原式中的每一数据项 $\boldsymbol{x}_i$ 替换为了非线性变换结果 $\boldsymbol{f}(\boldsymbol{x}_i)$。因此可沿用原式的求解方法，此处不再赘述。

注意到，在对偶问题中有关数据项的计算已转化为内积形式，因此可引入核函数 $\kappa(\boldsymbol{x}_i,\boldsymbol{x}_j)$ 代替对 $\boldsymbol{f}(\boldsymbol{x}_i)^{\mathrm{T}}\boldsymbol{f}(\boldsymbol{x}_j)$ 的计算，于是上面的对偶问题可改写为

$$\max_{\boldsymbol{\alpha}} \sum_{i=1}^{I}\alpha_i - \frac{1}{2}\sum_{i=1}^{I}\sum_{j=1}^{I}\alpha_i\alpha_j y_i y_j \kappa(\boldsymbol{x}_i,\boldsymbol{x}_j) \tag{5.95}$$

$$\text{s.t.}\ \ \sum_{i=1}^{I}\alpha_i y_i = 0$$

$$\alpha_i\geqslant 0, i=1,2,\cdots,I$$

求得上述问题的最优参数 $\hat{\boldsymbol{\alpha}}$ 后，由［参考式（5.91）］

$$\hat{\boldsymbol{w}} = \sum_{i=1}^{I}\hat{\alpha}_i y_i \boldsymbol{f}(x_i)$$

可计算得到最优非线性决策边界：

$$\hat{\boldsymbol{w}}^{\mathrm{T}}\boldsymbol{f}(\boldsymbol{x}) + \hat{b} = \sum_{i=1}^{I}\hat{\alpha}_i y_i \boldsymbol{f}(\boldsymbol{x}_i)^{\mathrm{T}}\boldsymbol{f}(\boldsymbol{x}) + \hat{b} = \sum_{i=1}^{I}\hat{\alpha}_i y_i \kappa(\boldsymbol{x}_i,\boldsymbol{x}) + \hat{b} = 0$$

5.7.4　软间隔最大化

以上讨论都是假定分类超平面将所有训练样本都正确分类，然而现实中并不完全能够做到。一方面，实际数据可能比较复杂或存在噪声等影响因素；另一方面，将所有样本（特别是分类边界附近的样本）绝对分开也会有过拟合风险。为此，可允许支持向量机模型在少量样本上出错，这相当于将原来的“硬间隔”最大化改为“软间隔”最大化。如图 5.29 所示，在软间隔中允许某些样本不满足约束条件 $y_i(\boldsymbol{w}^{\mathrm{T}}\boldsymbol{x}_i+b)\geqslant 1$。

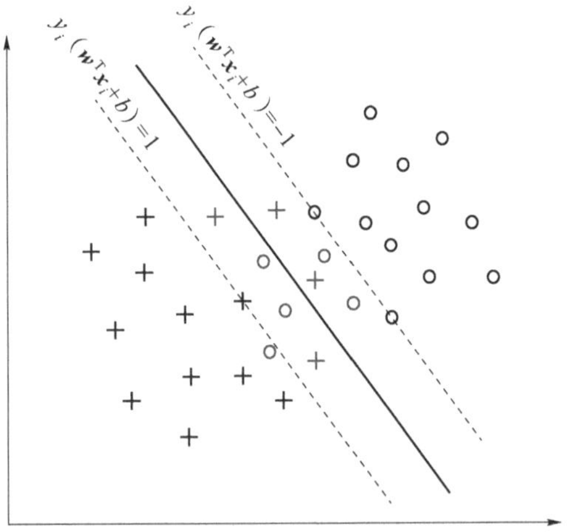

图 5.29　软间隔允许某些训练样本被错误分类

软间隔最大化可通过如下优化目标来实现：

$$\min_{\boldsymbol{w},b}\frac{1}{2}\|\boldsymbol{w}\|^2+C\sum_{i=1}^{I}L_{0-1}(y_i(\boldsymbol{w}^{\mathrm{T}}\boldsymbol{x}_i+b)-1) \tag{5.96}$$

式中，C 为惩罚参数，$L_{0-1}(\cdot)$ 为 0-1 损失函数：

$$L_{0-1}(a)=\begin{cases}0, & a\geqslant 0\\1, & a<0\end{cases}$$

上述优化目标一方面使间隔最大化，另一方面使不满足约束 $y_i(\boldsymbol{w}^{\mathrm{T}}\boldsymbol{x}_i+b)\geqslant 1$ 的样本尽可能少。参数 C 用于软间隔调节，其值越小将会有更多的样本不满足约束。显然，当它为无穷大时所有样本均应满足约束，此时上述优化目标就转化为硬间隔最大化。

上述 0-1 损失函数具有非凸、非连续的数学性质，使得式（5.96）不易求解。为此，实际中常用其他一些类似的函数作为替代损失函数。例如，可将 0-1 损失函数替代为 hinge 损失函数 $L_{\mathrm{hinge}}(a)=\max(0,1-a)$，式（5.96）于是变为

$$\min_{\boldsymbol{w},b}\frac{1}{2}\|\boldsymbol{w}\|^2+C\sum_{i=1}^{I}\max(0,1-y_i(\boldsymbol{w}^{\mathrm{T}}\boldsymbol{x}_i+b)) \tag{5.97}$$

引入松弛变量 ξ_i，可将上式改写为如下约束最优化问题：

$$\begin{aligned}&\min_{\boldsymbol{w},b}\frac{1}{2}\|\boldsymbol{w}\|^2+C\sum_{i=1}^{I}\xi_i\\&\text{s. t. } y_i(\boldsymbol{w}^{\mathrm{T}}x_i+b)\geqslant 1-\xi_i\\&\qquad \xi_i\geqslant 0,\quad i=1,2,\cdots,I\end{aligned} \tag{5.98}$$

上式中的每个样本 i 都有一个对应的松弛变量 ξ_i，用以表征该样本不满足约束的

程度。上述问题的求解与式（5.84）所示的硬间隔最大化的约束最优化问题类似，可以采用拉格朗日乘子法，然后转化为对偶问题进行求解，此处不再赘述。需要指出的是，在上述软间隔最大化下，支持向量是那些满足 $y_i(\hat{\boldsymbol{w}}^{\mathrm{T}}\boldsymbol{x}_i+\hat{b})=1-\xi_i(\xi_i\geqslant 0)$ 的数据。若 $\xi_i=0$，则对应的样本点正好处在最大间隔边界上（即图 5.29 中的虚线）；若 $0<\xi_i\leqslant 1$，则对应的样本点落在最大间隔的内部；若 $\xi_i>1$，则该样本被错误分类。最终的模型仍然只与支持向量有关。

实际中，也可以利用其他一些损失函数来替代式（5.96）中的 0-1 损失函数。例如，可采用如下的对率损失（Logistic loss）函数：

$$L_{\ln}(y_i(\boldsymbol{w}^{\mathrm{T}}\boldsymbol{x}_i+b))=\ln(1+\exp(-y_i(\boldsymbol{w}^{\mathrm{T}}\boldsymbol{x}_i+b))) \tag{5.99}$$

可以证明，最小化上述对率损失等价于最大化逻辑回归模型学习中所用到的对数似然函数（式（5.66））。实际上，支持向量机与逻辑回归的优化目标相近，它们的性能通常也相当。逻辑回归的一个优势在于它的输出具备自然的概率意义；此外，逻辑回归模型经扩展后可直接用于多分类任务，采用支持向量机则一般需将多分类问题分解为一系列二分类问题进行解决。

支持向量机的一大特点是模型只依赖于少量的样本。实际上，前面讨论的逻辑回归模型也能够做到这一点。在 5.6.4 节的对偶逻辑回归中，模型参数 $\boldsymbol{\phi}$ 被表示成训练样本数据向量的加权和（即 $\boldsymbol{\phi}=\boldsymbol{X\psi}$）。当在学习过程中引入惩罚函数迫使权值向量 $\boldsymbol{\psi}$ 变得稀疏时（即其中大部分元素为 0），最终模型也将变成仅与少量样本相关，并且也可以直接引入核函数以处理非线性分类问题。这种方法与支持向量机相比，两者的分类性能基本相当。

5.8 决　策　树

与前面所讨论的模型不同，决策树（Decision tree）被认为是符号主义推理和学习的代表性方法之一。决策树模型呈树形结构，直接模拟了人类基于概念和规则进行判定的树形流程。决策树通常既可以用于解决分类问题，也可以用于解决回归问题。本节主要讨论用于分类的决策树，其中经典的算法包括 ID3、C4.5 和 CART 等，对于每一具体算法此处并不作详细讨论，主要关注的是此类算法的一般原理和步骤。决策树的主要优点是模型易于理解和解释，分类速度快，训练数据无须太多预处理，至今仍是机器学习中的常用技术之一。

5.8.1 决策树模型

前面讨论的模型在处理分类问题时都依赖于某一线性或非线性决策边界。与这些模型不同，决策树模型通过树形结构来逐步完成对分类问题的决策，类似于人类在面临决策问题时所采用的一种自然的处理机制。例如，图 5.30 给出了一个简单的有关四类海洋动物（海豚、海豹、虎鲸和大白鲨）识别的决策树。该决策树首先从动物的体型特征上进行识别，根据体型的大小分成两类；然后再从两类中分别根据是否长有毛和是否能产奶两种属性，判断出是海豚还是海豹，以及是虎鲸还是大白鲨。

具体地，决策树由一系列节点和有向边构成。节点分为“内部节点（Internal node）”和“叶节点（Leaf node）”，其中叶节点对应于决策结果（即图 5.30 中表示“海豹”“海豚”等动物类别的节点），内部节点对应于每一步决策依据的属性或特征。针对每一个输入的实例，决策树从根节点开始进行属性测试，根据测试结果将实例分配到其子节点；然后再根据该子节点对应的属性进行下一步的测试和子节点分配。如此进行下去，直至到达叶节点得出最终决策结果为止。例如，图 5.30 决策树根节点对应的是动物“体型”属性测试，若输入的实例是一只海豹，则该测试结果为“体型小”，于是该实例被分配到“是否有毛”对应的子节点进行下一步属性测试，根据其测试结果最终可以识别出是海豚。

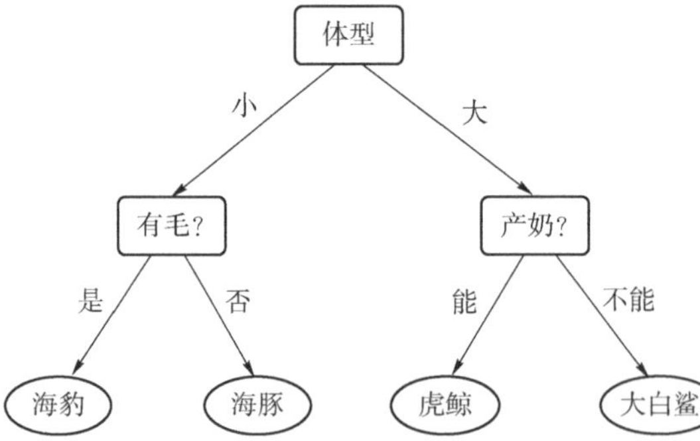

图 5.30　一个简单的四类海洋动物识别的决策树

可以将决策树看作是 if-then 规则的集合，其中每一条规则都对应于由根节点到叶节点的一条路径，路径上的内部节点给定规则的条件，而叶节点给出规则的结论。例如，图 5.30 所示的决策树对应着如下规则：

规则 1：IF　体型小 ∧ 有毛　THEN　该动物是海豹

规则 2：IF　体型小 ∧ 无毛　THEN　该动物是海豚

规则 3：IF　体型大 ∧ 能产奶　THEN　该动物是虎鲸

规则 4：IF　体型大 ∧ 不能产奶　THEN　该动物是大白鲨

上述规则集合相当于给定了一个用于决策推理的知识库，但与第 3 章中人为构造的知识库不同，它可由决策树学习得到。接下来讨论如何进行决策树学习，其目的可看作是通过学习来获得决策树推理所需的规则和知识库。

5.8.2　决策树学习

决策树也是通过大量的样例进行学习。决策树学习中的训练集同样可表示为

$$T=\{(\boldsymbol{x}_1,y_1),(\boldsymbol{x}_2,y_2),\cdots,(\boldsymbol{x}_n,y_n)\}$$

式中，$\boldsymbol{x}_i=[x_1^i,x_2^i,\cdots,x_m^i]^{\mathrm{T}}$ 为输入实例的特征向量，m 为特征（或属性）的个数；$y_i\in\{1,2,\cdots,K\}$ 表示类别标记，K 为类别的总数。决策树学习本质上是从一堆训练样例中归纳出一组分类规则。与很多其他方法一样，决策树模型也是通过拟合训练集数据来获得学习结果，使所生成的决策树将所有样例尽量正确分开。

1. 划分选择

在决策树模型的树形结构中，每一个内部节点对应一个属性测试，它需要将不同类别的样例尽量划分到不同的子节点。通过这样不断的属性测试和划分，最后使每一叶节点仅分配得到同一类样例，从而使训练集数据最终按类别分开。因此，从根节点开始，如何为每一节点选择合适的属性进行划分是学习的关键。直观上，选择的属性或特征应具有较好的分类能力，能够使同一类样例尽量集中到同一个子节点，也即划分到每一节点的样例在类别上具有较高的“纯度(Purity)”。因此，在决策树学习过程中，各节点应选择那些使划分后“纯度”能得到最大提升的最优属性。

1）信息增益

为了能够每次都选择最优属性进行划分，需要对各节点所包含样例的“纯度”进行度量。在概率统计和信息论中，“熵（Entropy）”是一种反映随机变量不确定性的度量。令 X 表示一个具有有限个取值的离散随机变量，其概率分布为

$$P(X=x_i)=p_i,\quad i=1,2,\cdots,m$$

则随机变量 X 的熵 $H(X)$ 可按如下公式计算：

$$H(X)=-\sum_{i=1}^{m}p_i\log_2 p_i \tag{5.100}$$

熵 $H(X)$ 与 X 的取值无关，只依赖于 X 的分布，其值越大随机变量的不确定性越大。例如，当随机变量只有两个取值时，令 $P(X=1)=p$，$P(X=0)=1-p$，则 $H(X)=-p\log_2 p-(1-p)\log_2(1-p)$。图 5.31 给出了不同概率分布下（由 p 决定）熵 $H(X)$ 的变化曲线。显然，当 $p=0$ 或 $p=1$ 时，$H(X)=0$，随机变量 X 不存在不确定性；当 $p=0.5$ 时，$H(X)$ 的值最大，随机变量的不确定性也最大。不确定性也反映了当前关于变量 X 的信息量大小。显然，当相关信息量较大时，对于变量的不确定程度就会降低。

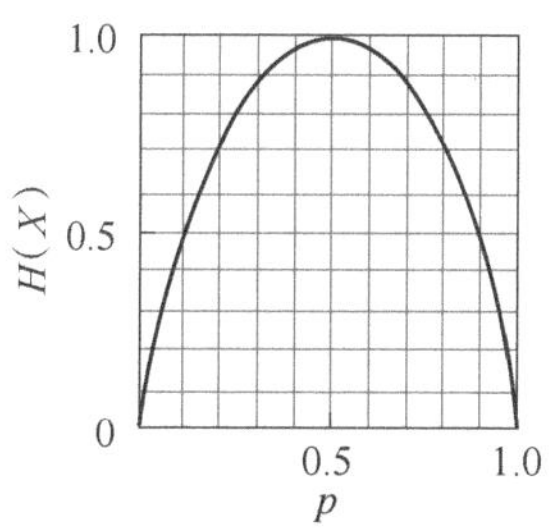

图 5.31　伯努利分布下熵 $H(X)$ 随 p 变化的曲线

对于样例集合 D，可以利用熵度量其“纯度”。在这种情况下，熵一方面可理解为集合中不同类别样例的混杂程度，另一方面也可认为是反映了当前分类问题的不确定性。具体地，令当前样例集合 D 中第 k 类样例所占的比率为 $p_k=|C_k|/|D|(k=\{1,2,\cdots,K\})$，其中 C_k 表示 D 中第 k 类样例集合，$|C_k|$ 表示 C_k 中样例的数量，$|D|$ 表示 D 中样例总数。按式（5.100）方法，可计算出集合 D 的熵 $H(D)$：

$$H(D)=-\sum_{k=1}^{K}\frac{|C_k|}{|D|}\log_2\frac{|C_k|}{|D|} \tag{5.101}$$

假设基于属性 A 对样例集 D 进行划分，根据属性 A 取值 $\{a_1,a_2,\cdots,a_V\}$ 的不同划分出 V 个子集 $\{D_1,D_2,\cdots,D_V\}$。例如，在图 5.30 中属性“体型”存在“大”和“小”两种取值，因而在学习时该属性可将当前样例集划分为两个子集，并分别分配到两个子节点。利用式（5.101）可针对每一子集 D_v，计算得到 $H(D_v)$。运用属性 A 进行划分之后得到的熵记为 $H(D|A)$，它为所有子集熵的加权和：

$$H(D|A)=\sum_{v=1}^{V}\frac{|D_v|}{|D|}H(D_v) \tag{5.102}$$

$H(D|A)$ 反映了获得属性 A 信息之后分类问题的不确定性。于是，可计算出属性 A 对样例集 D 的“信息增益（Information gain）”：

$$g(D,A)=H(D)-H(D|A) \tag{5.103}$$

上式反映了由于考虑了属性 A 而使分类不确定性降低的程度。

对每一属性计算出信息增益 $g(D,A)$ 后，接下来就可依据信息增益来选择当前节点的最优划分属性。经典的 ID3 决策树学习算法就是根据信息增益最大化准则来进行划分属性的选择。下面以表 5.1 给出的样例数据为例进行说明。

表 5.1 贷款申请样本数据集①

编号	年龄	有无工作	有无自己房屋	信贷情况	类别
1	青年	有	有	好	是
2	青年	有	有	一般	是
3	中年	有	有	好	是
4	中年	无	有	非常好	是
5	中年	无	有	非常好	是
6	老年	无	有	非常好	是

① 此例源自文献“李航．统计学习方法［M］．第 2 版．北京：清华大学出版社，2019”。

续表

编号	年龄	有无工作	有无自己房屋	信贷情况	类别
7	老年	无	有	好	是
8	老年	有	无	好	是
9	老年	有	无	非常好	是
10	青年	无	无	一般	否
11	青年	无	无	好	否
12	青年	无	无	一般	否
13	中年	无	无	一般	否
14	中年	无	无	好	否
15	老年	无	无	一般	否

表 5.1 给出了一个由 15 个样例组成的有关贷款申请的样本数据集。数据中包括贷款申请人的“年龄”“有无工作”“有无自己房屋”“信贷情况” 4 种特征(属性)。其中，年龄特征有 3 个可能取值：{青年，中年，老年}；“有无工作”和“有无自己房屋”可能取值均为 {有，无}；信贷情况有 3 个可能取值：{一般，好，非常好}。最后一列为类别，表示是否同意贷款，可能取值为 {是，否}。可通过上述数据学习一个有关贷款申请的决策树，当有新客户提出贷款申请时，能够根据申请人的特征对其进行分类，决定是否批准贷款申请。

首先针对训练样例集 D 计算 $H(D)$：

$$H(D)=-\frac{9}{15}\log_2\frac{9}{15}-\frac{6}{15}\log_2\frac{6}{15}=0.971$$

令A_1、A_2、A_3、A_4 分别表示申请人的“年龄” “有无工作” “有无自己房屋”“信贷情况” 4 种属性，根据式（5.103）可计算出每种属性对样例集 D 的信息增益 $g(D,A_i)(i=1,2,3,4)$。以 $g(D,A_1)$的计算过程为例，首先根据属性A_1（即“年龄”）的 3 种不同取值将 D 划分成 3 个子集D_1，D_2，D_3，并分别计算 $H(D_1)$，$H(D_2)$，$H(D_3)$：

$$H(D_1)=-\frac{2}{5}\log_2\frac{2}{5}-\frac{3}{5}\log_2\frac{3}{5}=0.971$$

$$H(D_2)=-\frac{3}{5}\log_2\frac{3}{5}-\frac{2}{5}\log_2\frac{2}{5}=0.971$$

$$H(D_3)=-\frac{1}{5}\log_2\frac{1}{5}-\frac{4}{5}\log_2\frac{4}{5}=0.722$$

于是，可得信息增益 $g(D,A_1)$的计算结果：

$$g(D,A_1)=H(D)-\left(\frac{5}{15}H(D_1)+\frac{5}{15}H(D_2)+\frac{5}{15}H(D_3)\right)$$

$$=0.971-\left(\frac{5}{15}\times 0.971+\frac{5}{15}\times 0.971+\frac{5}{15}\times 0.722\right)=0.083$$

类似地，可计算得到 $g(D,A_2)=0.324$，$g(D,A_3)=0.420$，$g(D,A_4)=0.363$。由于属性A_3（即“有无自己房屋”）所获得的信息增益最大，所以应选A_3 作为最优划分属性。

接下来，根据属性A_3 将样例集 D 划分为两个子集D_1（A_3 值为“有”）和D_2（A_3 值为“无”），并对应地生成两个子节点。由于D_1 中的样例均属于同一类，对应的子节点是一个叶节点，其类别标记为“是”（同意贷款）。样例集合D_2 被划分到另一子节点，对其则需再选择其他属性进行进一步划分。为此，首先需要分别计算属性A_1、A_2、A_4 对集合D_2 的信息增益。按上面同样的计算方法，可得到

$$g(D_2,A_1)=H(D_2)-H(D_2\mid A_1)=0.251$$
$$g(D_2,A_2)=H(D_2)-H(D_2\mid A_2)=0.918$$
$$g(D_2,A_3)=H(D_2)-H(D_2\mid A_3)=0.474$$

于是，选择A_2（即“有无工作”）作为当前子节点的划分属性，并根据属性取值的不同进一步引出两个子节点：其中一个子节点（对应于“有工作”）从D_2 中划分得到 3 个样例，它们的类别均为“是”（同意贷款），因此该节点是一个叶节点，类别标记为“是”；另一节点包含 6 个样例，且都属于同一类，所以得到的也是一个叶节点，类别标记为“否”。最终生成的决策树如图 5.32 所示，该决策树只利用两个属性即完成分类任务。

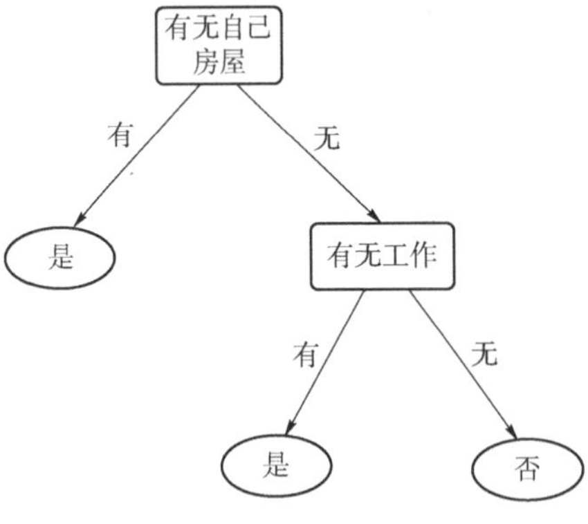

图 5.32　通过学习生成的决策树

2）信息增益率

信息增益准则的一个缺陷是会偏好于取值数目较多的属性。例如，对于表 5.1 所示的数据，若将编号也作为一种属性，则其可取值的数目有 15 个，将产生 15 个子节点，且每个子节点样例的纯度已达最高。这说明信息增益的大小会受到属性取值数目的影响，因此基于信息增益准则也将偏向于选择取值数目较多的属性，不利于得到那些与分类问题具有更本质联系的属性或特征，影响所生成决策树的泛化能力。为解决这种问题，C4.5 决策树学习算法改为使用“信息

增益率（Information gain ratio）”（也称“信息增益比”）来选择最优划分属性。信息增益率定义为

$$g_R(D,A)=\frac{g(D,A)}{H_A(D)} \tag{5.104}$$

式中

$$H_A(D)=-\sum_{i=1}^{n}\frac{|D_i|}{|D|}\log_2\frac{|D_i|}{|D|} \tag{5.105}$$

上式中$D_i(i=1,2,\cdots,n)$为根据属性 A 的不同取值对 D 进行划分得到的各个子集。通常，属性 A 的可能取值数目越多，$H_A(D)$的值越大。

3）基尼指数

经典的 CART（Classification and Regression Tree，分类与回归）决策树算法采用“基尼指数（Gini index）”选择最优属性。该算法每次仅根据所选属性分出两个子节点，通过这种方式最终建立起一个二叉决策树。对于分类问题，假设总共有 K 个类，训练集 D 中任一样例属于第 k 类的概率为p_k，此时基尼指数定义为

$$\mathrm{Gini}(D)=\sum_{k=1}^{K}p_k(1-p_k)=1-\sum_{k=1}^{K}p_k^2 \tag{5.106}$$

直观上，基尼指数表示从集合中随机抽取出两个样例，它们不属于同一类的概率。其中，$p_k(1-p_k)$表示的是第一次抽取出第 k 类，而第二次抽取出其他类的概率。两次抽取得到的类别不一致的概率即反映了集合中数据的纯度。显然，$\mathrm{Gini}(D)$越小，集合 D 的纯度越高。

实际中，基尼指数 $\mathrm{Gini}(D)$通常按下式进行计算：

$$\mathrm{Gini}(D)=1-\sum_{k=1}^{K}\left(\frac{|C_k|}{|D|}\right)^2 \tag{5.107}$$

式中，C_k表示 D 中第 k 类样例集合。假设利用属性 A 可将样例集 D 划分成两个子集D_1 和D_2，此时则采用下式计算相应的基尼指数：

$$\mathrm{Gini}(D,A)=\frac{|D_1|}{|D|}\mathrm{Gini}(D_1)+\frac{|D_2|}{|D|}\mathrm{Gini}(D_2) \tag{5.108}$$

在 CART 决策树学习算法中，每次选择的是使上述基尼指数最小的属性。

2. 学习算法的基本过程

从上面的讨论可以看出，在决策树的学习算法中，决策树的生成是一个不断为当前节点选择最优划分属性并产生分支节点的递归过程。给定训练集 D 和属性集$\mathbb{A}=\{A_1,A_2,\cdots,A_m\}$，并令集合 $\tilde{D}$ 表示当前节点所包含的样例。首先在根节点处有 $\tilde{D}=D$，从根节点开始，决策树学习的递归算法基本过程如下：

```
function TreeGenerate(D̃,𝔸)
    if D̃ 中的所有样例都属于同一类
      将当前节点 n 标记为叶节点，其类别标记为这些样例所属的类;
      return 由节点 n 构成的单节点树;
    end
    if 𝔸=∅ or D̃ 中所有样例在当前任何可选属性上取值都相同
      将当前节点 n 标记为叶节点，其类别标记为 D̃ 中样例数最多的类;
      return 由节点 n 构成的单节点树;
    end
    从当前属性集𝔸中选择最优划分属性A_b;
    根据属性取值的不同将 D̃ 划分为若干子集 D̃_i，并生成相应的子节点 n_i;
    𝔸← 𝔸-{A_b};          /* 通过删除所选定的属性 A_b 更新当前属性集
    for 每一子集 D̃_i do
      if D̃_i=∅
        对应的子节点 n_i 标记为叶节点，其类别标记为 D̃ 中样例数最多的类;
      else
        调用 TreeGenerate(D̃_i,𝔸)，通过递归方式生成以当前子节点 n_i 为根
        节点的子树;
      end
    end
    return 当前生成的以 n 为根节点的子树;
end
```

在上述决策树学习基本算法中，决策树的生成是一个递归地调用函数 TreeGenerate($\tilde{D}$,$\mathbb{A}$)的过程，其中以下几种情形会导致递归返回：

(1) 当前节点包含的样例都属于同一类别，此时无划分，函数将返回以当前节点为叶节点的单节点树。

(2) 当前属性集为空，或是 $\tilde{D}$ 中所有样例在当前任何可选属性上取值都相同，此时无法划分，因此将当前节点作为叶节点，函数返回由该节点构成的单节点树。

(3) 当前所有子节点 n_i 都逐一处理完毕，函数将返回以当前节点 n 为根节点的子树（由递归过程生成得到）。

在 CART 决策树算法中，由于每次都是生成两个分支节点，上述步骤中不但要选择属性，还要选择属性的某个取值作为切分点。例如，若选择属性 A 且以它的某个取值 a 作为切分点，则 $\tilde{D}$ 被划分成两个子集 $\tilde{D}_1$ 和 $\tilde{D}_2$，其中属性 A 的值为 a 的样例被划分到 $\tilde{D}_1$，属性 A 为其他值的样例被划分到 $\tilde{D}_2$。CART 决策树算法是从所有可选属性 A 以及它们所有可能的切分点 a 中，选择基尼指数最小的最优属

性及切分点。同时，在 CART 决策树算法中，同一属性可被多个不同节点所用。

上面讨论的都是基于离散属性生成决策树。在很多学习任务中也经常会用到连续属性。由于连续属性的可取值不再是离散的且数目不再有限，不能像离散属性一样直接根据属性的可取值来对节点进行划分。为此，可采用二分法对连续属性进行处理。假定 $\tilde{D}$ 中有 I 个样例，它们在属性 A 上的取值相应地也有 I 个。将这些值从小到大排列，记为 $\{a_1, a_2, \cdots, a_I\}$，则可以将其中相邻属性值的平均值作为划分点。这样总共存在 $I-1$ 个可能的划分点，其中第 i 个划分点表示为：$t_i=(a_i+a_{i+1})/2$。显然，根据样例在属性 A 上的取值是否大于 t_i 可将 $\tilde{D}$ 划分成两个子集。于是，在决策树学习算法中需要针对所有可选属性及其可能的划分点选择出一个最优划分。具体地，在划分选择时 C4.5 决策树算法通常采用信息增益率最大化原则，而 CART 采用基尼指数最小化原则。

5.8.3　剪枝处理

决策树学习算法通过递归过程深入每一个可能的子节点，直到不能进行划分为止。这样虽然可使决策树模型对于训练数据本身具有较高的准确性，但也可能造成过拟合，导致泛化能力不佳。如前面所讨论的，缓解过拟合问题的一种有效措施是设法降低模型复杂度。对于决策树模型，通常可通过剪枝来降低模型的复杂度，从而提高其泛化能力。

具体地，剪枝是指裁剪掉决策树中一些过于细分的叶节点，使其回退到父节点或父节点以上的节点。如图 5.33 所示，若欲裁剪掉图中决策树内部节点⑤以下的叶节点，则需将节点⑤改作叶节点（图中椭圆形表示叶节点），以取代原决策树中以节点⑤为根节点的子树，剪枝后新叶节点的类别标记为节点⑤所包含样例中其数量最多的类别。

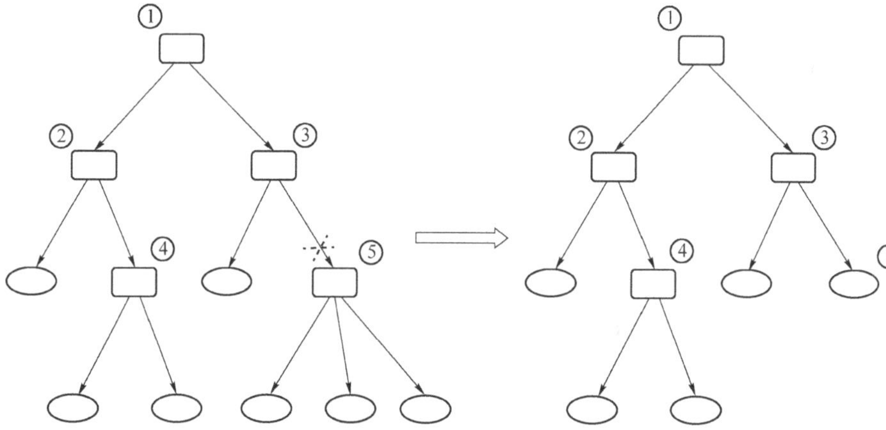

图 5.33　决策树的剪枝

一般先通过学习算法生成出整个决策树，然后再对已生成的树从叶节点开始自底向上地进行剪枝。这意味着在剪枝过程中，当某个内部节点变为叶节点后，它还可能在接下来进一步被裁剪掉。在每一次剪枝时，需要判断当前剪枝是否有助于提高模型的泛化能力。为此，在训练数据集之外通常还需准备一个“验证集”，其中的数据未参与决策树模型的训练。若通过当前剪枝能够使决策树在验证集上的分类误差减小，则执行此次剪枝，否则寻找其他可剪枝的节点。这种剪枝一般是一个自底向上的递归处理过程，与从根节点开始的自上而下的决策树生成过程正好相反。

上述先生成整个决策树而后再剪枝的策略也称为“后剪枝”。与此对应，也可以在决策树生成的过程中就考虑剪枝问题，这也称为“预剪枝”。通常的做法是在对节点进行划分时，就利用验证集评估划分前后决策树模型的泛化能力，若有利于提高泛化能力则执行相应划分。一般情况下，采用预剪枝策略能够降低整个训练过程的时间开销，但也会面临欠拟合风险。相比之下，后剪枝策略欠拟合的风险较小，并且最终决策树模型的泛化能力也较好。

多个决策树也可以集成在一起，以提高模型整体的分类（或回归）性能。其中的一个代表性方法是随机森林（Random forest），它通过“Bagging”方法集成多个决策树来完成学习和推理任务，每个决策树都作为个体学习器并在训练过程中引入随机属性选择。类似这种将多个学习器集成在一起的方法通常称为“集成学习（Ensemble learning）”。集成学习通过综合多个学习器的结果进行决策，能够获得整体泛化能力的大幅度提升。集成学习中的另一类代表性方法是“Boosting”，它通过训练一系列“弱学习器”并进行集成，提升得到一个“强学习器”，其中较为著名的算法包括AdaBoost，GBDT和XGBoost等。对于这些集成学习方法，本书不做深入讨论。

习　题

5.1　什么是机器学习？简述监督学习、无监督学习和弱监督学习的区别。

5.2　什么样的机器学习方式属于迁移学习？强化学习与一般的监督学习有何不同？

5.3　模型选择的目的是什么？在机器学习中为什么要避免模型过拟合？

5.4　通常可采用哪些方法进行概率模型拟合或概率模型参数估计？说明这些方法的原理、特点及其更为适用的场合。

5.5　简述判别模型和生成模型的区别；若学习时是基于生成模型，如何利用学习结果进行推理？

5.6　对于图像人脸检测问题，应该为其建立分类还是回归模型？说明理由并给出一种待估计的概率分布模型（假设有 I 对训练样本 $\{\boldsymbol{x}_i,\omega_i\}_{i=1}^{I}$），指出模型学习需要估计哪些参数，并描述学习和推理的基本过程。

5.7　假设有 I 对训练样本 $\{\boldsymbol{x}_i,\omega_i\}_{i=1}^{I}$，需要运用机器学习技术完成对新数据 $\boldsymbol{x}^*$ 输入结果的预测，针对该任务解答以下问题：

（1）当 ω 为连续值时，该机器学习问题属于什么类型问题？简述如何建立概率模型并完成模型参数的学习。

（2）若 $\boldsymbol{x}$ 与 ω 之间为非线性关系，如何建立合适的模型及进行模型学习？

（3）分析和简述机器学习中核方法的作用和优势。

5.8　在基于核函数的分类或回归方法中，核函数通常也包含参数，如高斯核函数 $\kappa[\boldsymbol{x}_i,\boldsymbol{x}_j]=\exp[-0.5(\boldsymbol{x}_i-\boldsymbol{x}_j)^{\mathrm{T}}(\boldsymbol{x}_i-\boldsymbol{x}_j)/\lambda^2]$ 中包含参数 λ。核函数参数取值的不同也会影响模型学习结果。试简述如何在训练时估计核函数的最佳参数。

5.9　试证明：最小化式（5.99）所示的对率损失等价于最大化逻辑回归模型学习中的对数似然函数（式（5.66））。

5.10　简述支持向量机的基本原理和学习过程，它与逻辑回归等概率模型方法有何不同？

5.11　决策树与支持向量机、逻辑回归等机器学习模型有何区别？简述决策树学习的过程，并说明如何提升决策树模型的泛化能力。

第 6 章

仿生智能计算

智能的一个重要表现是在问题求解能力上，由上一章内容可知，很多问题的求解本质上是在解空间中搜索找到最优解。然而对于较为复杂的问题，其解空间可能变得非常庞大，采用通常的搜索优化方法难以在有限的时间和计算资源条件下找到最优解。经过千百万年的演化，大自然在处理各种问题上展现出了令人惊奇的智慧，自然界的很多生物或生态系统都具有自适应、自组织和自学习等特征，人们逐渐认识到可以从中寻找解决问题的灵感和方法。例如，生物进化本质上是一种在自然选择条件下不断优化的过程，对于解决人工智能中的搜索优化问题具有直接的借鉴意义；蚁群、鸟群和蜂群等自然界生物群体可以通过相互协作很好地完成觅食、搬家或筑巢等复杂任务，研究和模拟这些群体智能行为有利于解决复杂的优化问题。对自然界各种生物系统、生态系统包括人类社会系统的研究，促使人们提出了各种仿生智能计算方法。目前，仿生智能计算在解决组合优化、规划设计、机器人控制、模式识别和智能决策等问题上已展现出优异的性能和较好的潜力。

6.1 进化计算

进化计算（Evolutionary computation）是受自然界生物进化过程启发的一类优化计算方法。自然界的物种在繁衍生息的过程中，通过不断繁殖、遗传变异、自然选择及优胜劣汰使自身品质得到不断改良，以更好地适应生存环境。生物进化本质上是一种优化过程，它使生物种群得到不断发展和完善，最终达到对环境极高的适应程度。

遗传是生物繁殖进化的基础，生物的遗传信息包含在生物细胞的染色体上，其中所含的脱氧核糖核酸（DNA）是存储、传递遗传信息的主要物质基础。这些具备遗传效应的物质也称为遗传基因，生物的各种不同性状受相应基因控制。在繁殖和遗传过程中个体间基因的重组保证了生物的多样性，同时由于内外因素的影响基因也可能发生突变，进一步造成不同个体的差异。这为自然选择和生物进化提供了可能，其中更加适应环境的个体将更容易生存和繁衍下去。进化也是在不断竞争和适应环境的过程中表现出来的，通过繁殖、竞争和变异等过程的不断循环往复，使自身的环境适应能力得到不断提高。

早在 20 世纪五六十年代，人们就意识到可借鉴自然界的生物进化规律，建立起一类强大的能够进行自动问题求解的智能算法。20 世纪 60 年代初美国学者福格尔（L. J. Fogel）博士首次研究和提出“进化规划（Evolutionary programming）”算法，致力于建立一套基于模拟进化（Simulated evolution）的人工智能方法。他与合作者还创建了专门的技术公司以将进化规划应用于解决各种实际问题，并在空战模拟训练、任务规划和生产调度等各方面得到成功应用。几乎与此同时，德国学者瑞兴博格（I. Rechenberg）等人发明了被称为“进化策略（Evolution strategy）”的算法，成功帮助解决了机翼气动设计等复杂工程问题。20 世纪 70 年代美国密歇根大学心理学和计算机科学教授霍兰德（J. H. Holland）系统性地给出了遗传算法（Genetic algorithm），他于 1975 年所发表的著作 *Adaptation in Natural and Artificial Systems* 使遗传算法成为模拟生物进化领域的一种具有重要影响力的算法。

不管是进化规划、进化策略还是遗传算法，彼此之间均存在很大的相似性，即它们都是模拟进化机制提出的优化计算方法。这类方法从 20 世纪 90 年代起被统称为“进化计算”，此后进化计算在国际上正式成为一个独立和重要的研究领域。其中，遗传算法是进化计算的杰出代表，也是影响最为广泛的仿生智能计算方法之一，在其基础上还有学者进一步给出了遗传规划算法。大部分的进化计算本质上是一种基于遗传和自然选择等生物进化机制的启发式随机搜索，能够不受问题性质限制，有效地处理传统优化算法难以解决的复杂问题。

6.2　遗传算法

遗传算法（Genetic algorithm）是模拟达尔文生物进化论和生物遗传学机理的一种进化计算模型。它从初始种群出发，通过模拟“适者生存、优胜劣汰”的自然选择机制以及遗传基因的重组和变异等过程，搜索问题的最优解。

6.2.1　遗传算法基本原理

自然界中的大多数高等生物物种主要通过自然选择和有性繁殖实现进化过程。这种进化是通过生物种群的形式进行的，种群中的每个个体对其生存环境有不同的适应能力。按照达尔文生物进化论，“适者生存、优胜劣汰”的自然选择是生物进化的动力，只有适应生存环境的个体才更有可能在自然界生存斗争中保留下来，并将其优良基因遗传给后代。同时，同一种群中的个体存在一定的遗传变异，发生有利变异的个体更容易在自然选择中胜出，而不具有有利变异的个体将逐渐被淘汰，从而使种群中的个体得到不断优化。

除自然选择外，遗传算法还注重遗传物质在生物进化中的作用。其中染色体是生物遗传物质的载体，遗传算法将问题搜索空间中每个可能的解编码成“染色体”，每个染色体是一个固定长度的编码串，编码串中的每一位则代表一个基因。得到种群中每一个体的染色体后，遗传算法通过染色体基因的交叉（重组）产生新的染色体，以模仿自然界生物个体之间的交配繁殖过程，其中得到的每一个新染色体代表一个子代个体。此外，染色体中的某些基因还以一定的概率发生变化，以模仿生物个体基因的突变（变异）过程，通过这种变异操作可进一步增强种群的多样性，提高遗传算法的局部随机搜索能力。

每一代种群中的每个个体对其生存环境有不同的适应能力，这种适应能力称为个体对环境的适应度。遗传算法运用选择操作来模拟自然选择过程，从当前种群中选择具有较高环境适应度的个体，淘汰环境适应度较低的个体。通过不断循环地执行选择、交叉和变异操作，可以模拟生物种群的逐代进化过程，最终寻找到对环境具有最佳适应度的个体。最后，通过对相应的染色体进行解码可得到问题的解。

6.2.2 遗传算法一般流程

图 6.1 给出了遗传算法的一般流程，其主要步骤如下：

(1) 根据具体问题确定合适的编码策略，以将问题搜索空间中可能的解编码成染色体结构。

(2) 根据问题求解目标定义适应度函数，用来评价不同个体的优劣。

(3) 确定选择、交叉和变异操作方法，并确定算法中的种群规模、交叉概率和变异概率等相关参数。

(4) 根据编码策略随机生成初始种群，其中每个染色体对应一个个体。

(5) 运用适应度函数计算种群中每个个体的适应度。

(6) 判断算法终止条件是否满足，若满足则输出搜索得到的最佳解，否则继续执行下面的步骤。

(7) 根据适应度进行选择操作，保留被选中的个体。

(8) 个体间按一定的概率执行交叉操作，得到下一代个体。

(9) 对每个个体按一定的概率执行变异操作，得到某些个体变异结果。

(10) 经上述操作后得到新的种群，转到步骤（5）继续进行处理。

在上述步骤中，选择操作的目的是从当前群体中选择优良的个体，使它们有机会参与到下一代的繁殖过程中。交叉是按照一定的概率和策略对来自两个染色体的基因进行交叉重组，得到它们的子代个体。交叉操作使得子代有可能继承和结合父代的优良基因，同时又与父代中的任何一个个体不完全一样。变异是以一定的概率使染色体中的某些基因发生变化，从而产生新的个体。同生物界一样，遗传算法中变异发生的概率很低，但仍然有机会使算法突破当前搜索获得更好的结果。

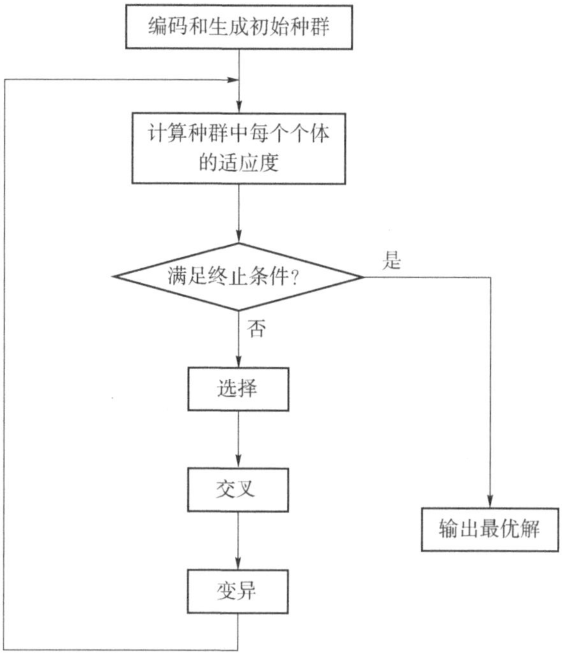

图 6.1　遗传算法的一般流程

6.2.3　遗传算法的主要操作

1. *编码*

经典遗传算法常采用二进制编码方法，通过使用二进制符号 0 和 1 编码组成一个固定长度的二进制位串。每个二进制位串代表一个染色体，同时也代表了问题解空间中的一个点。二进制编码首先要确定二进制位串的长度，它决定了所求问题的计算精度，并且与变量的定义域有关。例如，若要在定义域[0,4]内通过遗传算法搜索函数$f(x)=x^2-4x$ 的最小值点，计算精度要求为10^{-4}，则至少需将[0,4]分成 40 000 个等长的小区间。由于$2^{15}<40\ 000<2^{16}$，二进制位串的长度至少为 16。遗传算法将随机生成的一系列长度为 16 的二进制位串作为初始种群，然后从种群出发通过不断的遗传操作（包括选择、交叉和变异）寻找代表问题最优解的二进制位串。

二进制编码的优点是模拟了生物染色体的碱基排列结构，便于仿照生物遗传学机理进行交叉、变异等操作。在二进制编码中，相邻的二进制数之间可能存在较大的汉明（Hamming）距离，即两个二进制字符串之间对应位置不同字符的个数较多。例如，31 和 32 的二进制分别表示为 011111 和 100000，虽然两数是相邻的，但是它们之间有 6 个对应位置的字符不相同，从其中一个编码变为另一个相邻的编码需要改变所有的位。这种较大的汉明距离会降低遗传算法的搜索效率。

可以采用格雷编码（Gray encoding）解决相邻编码数汉明距离较大的问题。格雷编码是在二进制基础上进行变换的一种编码方法，令$\langle b_1,b_2,\cdots,b_n\rangle$表示二进制编码串，对应的格雷编码串为$\langle g_1,g_2,\cdots,g_n\rangle$，则其中的每一位由二进制编码到格雷编码的变换为

$$g_k=\begin{cases} b_1, & k=1 \\ b_{k-1}\oplus b_k, & k>1 \end{cases} \tag{6.1}$$

式中，“$\oplus$”为异或运算符号。例如二进制位串 011111 和 100000 的格雷编码结果分别为 010000 和 110000。从格雷编码到二进制编码的反变换也较为简单：

$$b_k=\begin{cases} g_1, & k=1 \\ b_{k-1}\oplus g_k, & k>1 \end{cases} \tag{6.2}$$

除上述编码外，还有实数编码、符号编码等其他编码方法。其中实数编码是个体的基因值采用某一范围的实数（浮点数）来表示的编码方法，符号编码是采用一系列代表一定含义的符号进行编码的方法。

2. 选择

选择的目的是保留种群中具有较高适应度的个体，然而若每次总挑选适应度最高的一些个体，种群容易很快收敛到局部最优。遗传算法希望寻找到的是全局最优解，而不仅是在局部区域最优。另外，若只作随机选择，则遗传算法将变成完全的随机搜索，需要很长时间才能找到最优解。因此，选择操作既要使得种群能够较快收敛，也要一定程度上维持种群的多样性。遗传算法一般按概率进行选择，其中适应度较高的个体被选中的概率较大。

轮盘赌选择法是遗传算法中经常采用的一种选择方法。它是设想根据每个个体的选择概率 p_i，将一个可转动的圆盘分成 M 个扇区（图 6.2），其中每个扇区的大小与个体的选择概率成正比。设想在圆盘中心轴上再固定一个指针，圆盘经转动后其中心指针将在圆盘静止时随机指向一个扇区。显然，扇区越大其被指向的概率也越大。在轮盘赌选择中，每个个体的选择概率 p_i 与其适应度 f_i 成正比：

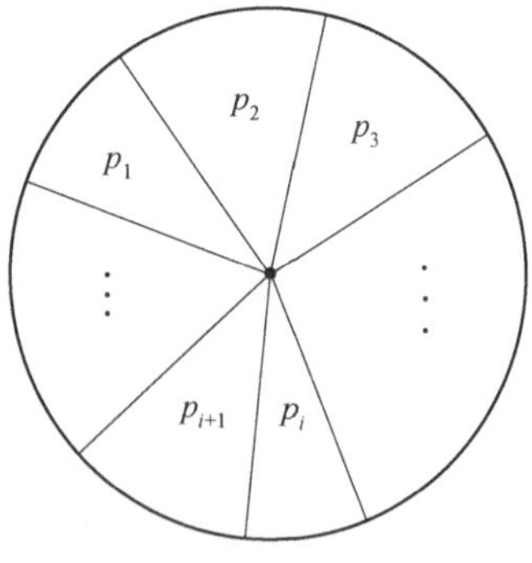

图 6.2　轮盘赌选择原理示意图

$$p_i = \frac{f_i}{\sum_{k=1}^{M} f_k} \tag{6.3}$$

式中，M 为种群中个体的数量。

在实际计算时，可以按照个体顺序计算出每个个体的累积概率 $a_i = \sum_{k=1}^{i} p_k$，然后使计算机在区间[0,1]内产生一个均匀分布的随机数 r，它的值落入累积概率的哪个区间就选择相应的哪个个体。例如，若 $a_{j-1} < r \leqslant a_j$，则说明当前随机数落入累积概率中由第 j 个个体选择概率所构成的区间，于是选择第 j 个个体。这种计算方法实现了按轮盘赌方式对个体进行选择，通过多次重复这种计算过程可选择出多个个体。

除轮盘赌选择方法外，还存在锦标赛选择、精英选择等其他选择策略。其中，精英选择是将当前种群中适应度最高的一个或多个个体不进行交叉而直接复制到下一代种群中，以保证遗传算法结束时得到的结果一定是历代出现的具有最高适应度的个体。在使用其他选择方法时，一般可同时结合精英选择策略以保证算法不丢失最优个体。

3. 交叉

交叉是对两个父代染色体中的部分基因进行重组，从而形成新的个体。交叉操作的基本实现方式是将两个父代染色体中对应位置的部分基因进行互换，生成两个新个体。对于二进制编码，常用的交叉操作有单点交叉、两点交叉、多点交叉以及均匀交叉。

单点交叉是在两个编码串中随机地选择一个交叉点，然后对交叉点前面或后面部分的基因进行互换。例如，对于编码串 10110010 和 01101001，假设当前随机交叉点为左起第 4 位，则通过将两个编码串中第 4 位右侧的基因互换，得到 10111001 和 01100010 两个新个体。两点交叉是随机确定两个交叉点，然后将交叉点之间的基因进行互换。例如，对于上述两个编码串，若随机确定的两个交叉点分别为 3 和 6，则将第 3 位和第 6 位之间的基因（假定含第 6 位）进行互换，得到 10101010 和 01110001。

类似于两点交叉，多点交叉是随机生成多个交叉点，然后再分段地进行部分基因互换，最后生成两个子代新个体。均匀交叉是在交叉过程中，每一位都会以相同的概率被交换。

二进制编码的交叉操作也适用于实数编码方式，除了交换个体编码向量之中的部分分量值外，实数编码还可以采用算术交叉运算方式。例如，对于两个个体编码向量中对应的分量 x_1、x_2，可通过线性组合方式分别计算得到 $x'_1 = \alpha_1 x_1 + \alpha_2 x_2$ 和 $x'_2 = \alpha_1 x_2 + \alpha_2 x_1$（$\alpha_1$、$\alpha_2$ 为线性组合系数），作为两个新个体编码向量中的对应分量。不管是二进制编码还是实数编码等其他编码方式，随机选择的两个个体是否要进行交叉产生新个体是由交叉概率决定的。实际计算时，可以运用计算机生成一个在 0 和 1 之间均匀分布的随机数，若该随机数的值低于所设定的交叉概率，则对当前所选择的两个个体执行交叉操作，否则不进行交叉。在遗传算法中，交叉操作是产生子代个体的主要方式，因此一般采用较大的交叉概率，而变异概率较小。

4. 变异

变异在生物进化中同样具有重要作用，偶然发生的一些有利变异能够增强个体的生存能力和环境适应力，使其在自然选择中保留下来并将相关基因遗传给后代。随着遗传和自然选择的不断进行，后代种群将朝着这些有利变异的方向发展。

在遗传算法中，变异操作是按一定的概率将个体编码中的一些基因进行随机变化，有利于增加群体的多样性，帮助算法跳出局部最优。对于二进制编码，可以随机地选择一个或多个变异位，然后按一定的概率将变异位置上的值由“0”变为“1”或由“1”变为“0”。除此之外，也可以采用不同变异位置的值互换、改变某部分基因的次序等其他变化方式。对于实数编码，也可采用类似的变异操作。

6.2.4 遗传算法应用简例

利用遗传算法解决函数优化问题，即求解如下函数的最小值：

$$f(x,y) = -20\times e^{-0.2\times\sqrt{0.5\times(x^2+y^2)}} - e^{\frac{\cos(2\pi x)+\cos(2\pi y)}{2}} + 20 + e \tag{6.4}$$

上述函数为 Ackley 函数，其中包含 x 和 y 两个变量，该函数在 $(0,0)$ 处取得最小值 0。图 6.3 给出了函数在 $x\in[-2,2]$，$y\in[-2,2]$ 区间内的曲面图，下面给出利用遗传算法在该区间内寻找函数最小值点的具体过程。

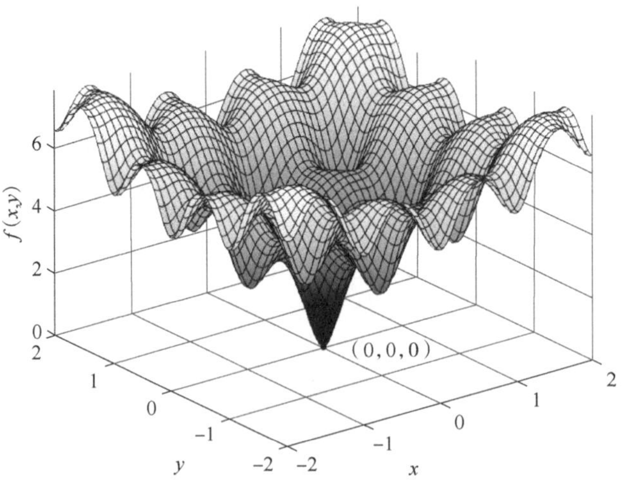

图 6.3 函数曲面图

1. 编码和生成初始种群

首先采用二进制编码方法对上述区间内可能的 x 和 y 值进行编码。对于某区间$[a,b]$内的实数，当采用 n 位二进制编码表示时，要求最大误差不超过 ε，即应满足

$$\frac{b-a}{2^n-1}<\varepsilon \tag{6.5}$$

于是，可得

$$n>\log_2\left(\frac{b-a}{\varepsilon}+1\right) \tag{6.6}$$

通过上式可确定满足精度要求的二进制编码长度。

本例中 x 和 y 的取值区间均为$[-2,2]$，假设要求编码误差不超过 $\varepsilon=10^{-4}$，则所需的二进制编码长度至少为 16。因此，分别采用 16 位二进制位串对两个变量进行编码，即种群中的每个个体都分别以一对 16 位二进制位串来表示。通过对每一位随机置“1”和“0”可随机产生一个个体，该过程重复 M 次即可得到个体数量为 M 的初始种群。

2. 解码和适应度计算

问题求解目标是寻找函数$f(x,y)$的最小值点，因此使得函数值越小的个体其适应度越高。为此，本例中可将适应度函数定义为：$\exp(-\alpha f(x,y))$，其中 $\alpha(\alpha>0)$ 为控制适应度函数变化率的因子。

为计算适应度函数，需要将代表个体的二进制位串进行解码，得到对应的 x、y 值。解码是将二进制位串转化为对应的实数，令 c 表示长度为 n 的二进制数，对它进行如下解码计算可得到对应的实数（所在区间为$[a,b]$）：

$$d=a+(b-a)\frac{c}{2^n-1} \tag{6.7}$$

按照上述方法，对每个个体中的一对 16 位二进制位串分别进行解码，得到对应的 x、y 值后可通过适应度函数计算得到个体适应度。

3. 选择、交叉及变异操作

按照适应度，采用轮盘赌选择方法对种群中的个体进行选择。在每一次轮盘赌选择中，适应度较高的个体将有较高的概率被选中。通过对整个种群重复进行 M 次轮盘赌选择可得到 M 个个体，其中适应度较高的个体有可能被多次选中，即结果中可能保留多个相同个体。

将选择得到的种群个体按顺序进行两两配对交叉，即第一和第二个、第三和第四个分别进行交叉，以此类推。其中在个体数量 M 为奇数的情况下，不能形成配对的个体直接保留。每对个体分别按给定的交叉概率随机决定是否进行交叉操作，若不进行交叉则将两个个体直接保留，否则交叉产生的两个新个体将替代

原个体。具体地，本例中采用单点交叉方式分别对每一对个体中对应的 16 位二进制位串进行随机交叉操作。

最后，对经交叉操作得到的（包括直接保留下来的）个体进行变异操作。对于每个个体中的每一个 16 位二进制位串，按给定的变异概率随机决定是否进行变异，若不进行变异则将其直接复制，否则随机选择其中的变异点位，将其值取反（即由“0”变为“1”或由“1”变为“0”）。

经选择、交叉和变异操作后得到下一代新的种群，按同样方法计算种群中每个个体的适应度，并记录每代中适应度最高的个体。上述过程不断进行循环迭代，直至达到预设的迭代次数。本例中种群大小设置为 100，交叉概率为 0.8，变异概率为 0.15，迭代总次数为 100。图 6.4 给出了遗传算法搜索到的函数最小值随迭代次数变化的曲线，由图可见算法可较快地收敛于函数真实的最小值 0，最终得到的最小值点为（0.00009，0.00009）。

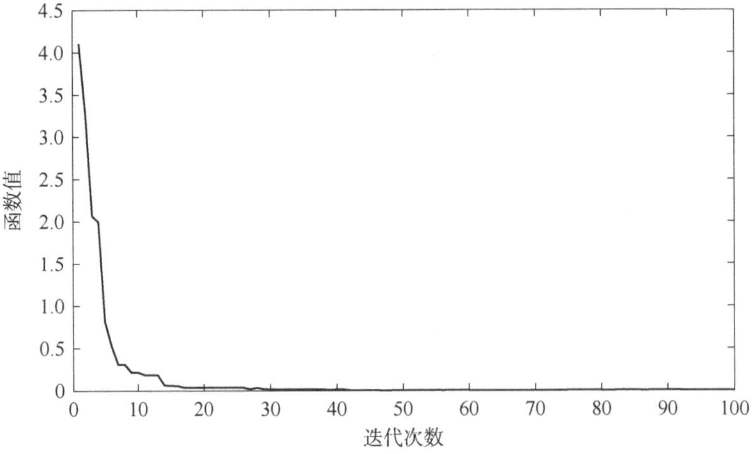

图 6.4 遗传算法搜索到的函数最小值变化曲线

6.2.5 其他改进遗传算法

在基本遗传算法的基础上还存在很多改进的遗传算法。例如，多种群遗传算法同时利用多个种群进行进化，其中每个种群既分别执行选择、交叉和变异操作，同时不同种群的优秀个体之间也会进行交换或交叉，从而实现多种群协同进化，提高算法的搜索效率和全局搜索能力。

遗传算法的交叉概率和变异概率是影响算法搜索效率和收敛速度的重要参数，虽然交叉概率越大越容易产生新个体，但也容易破坏群体中已形成的优良模式，降低一些优良个体保留的概率，而概率值过小则会导致搜索过程较为缓慢；当变异概率过大时，算法容易变成纯粹的随机搜索，而变异概率过小则不容易产生变异的新个体。为此，自适应遗传算法根据每代种群中个体的适应度情况自适应地调整交叉和变异概率，能够在保持种群多样性的同时确保算法收敛性能。

通过将遗传算法与其他优化方法进行组合也可增强算法的性能。遗传算法往往善于发现良好的全局解，但在此基础上进一步通过局部搜索获得精确最优解的能力较差，通过结合爬山算法进行局部寻优可有效克服这一缺点。另外，遗传算法还可与模拟退火等其他优化方法相结合，以达到避免陷入局部最优、提高算法搜索效率和精度等目的。

6.3　人工免疫算法

生物免疫系统是一个复杂和高度进化的自适应系统，它能够区分外部有害抗原（如病原微生物等）和自身组织，并对入侵的抗原及其他有害物质进行准确有效的清除；免疫系统也能识别自身细胞是否发生有害突变，进行及时处理以免诱发疾病，同时还能通过免疫调节维持系统环境的动态平衡。随着医学及生物免疫学的发展，人们对它的认识得到不断深化和完善。从计算角度看，生物免疫系统是一个高度并行、分布、自适应和自组织的系统，具有很强的学习、记忆和识别能力。

生物免疫系统机制为仿生智能计算提供了许多新的思路。早在 20 世纪 80 年代美国学者法梅尔（J. D. Farmer）等人就研究探讨了免疫系统的动态模型及其用于智能计算的可能性。20 世纪 90 年代起，在其他学者的努力下相继提出了一系列可实际应用的人工免疫算法。1996 年在国际上首次举行了有关“人工免疫系统”的专题研讨会，使基于人工免疫系统的仿生智能计算成为一个重要研究领域。此后人工免疫计算方法得到不断发展，2008 年孟菲斯大学智能计算领域著名学者达斯古普塔（D. Dasgupta）与其合作者出版了 *Immunological Computation: Theory and Applications*（《免疫计算：理论与应用》）一书，系统介绍了免疫计算相关的理论和实际应用。

6.3.1　人工免疫算法原理

学者们根据生物免疫系统机理提出了许多算法，包括基于免疫网络学说的人工免疫网络模型、基于免疫特异性的否定选择算法、克隆选择算法以及免疫进化算法等。下面重点介绍一种常用的基于免疫应答原理的人工免疫算法。

免疫应答是指机体受抗原刺激后，免疫细胞针对抗原分子进行识别，然后通过细胞的活化、增殖和分化，产生免疫物质发生特异性免疫效应的过程。在机体免疫应答过程中，淋巴细胞起着重要作用，其中的 T 细胞和 B 细胞能够识别抗原并在抗原刺激下产生抗体，从而将抗原清除。抗原是刺激 T 细胞和 B 细胞进行特异性免疫应答的病原体，通过特异性免疫效应可将它们清除。免疫应答的基本过程包括：

（1）抗原识别阶段：T 细胞和 B 细胞分别通过各自受体对抗原进行识别，其中 T 细胞识别的抗原需要相应的辅助细胞来呈递。

（2）细胞活化增殖阶段：识别抗原后的淋巴细胞发生活化、增殖和分化，产生大量免疫效应细胞和抗体分子，以破坏和清除抗原。

（3）抗原清除阶段：免疫效应细胞和抗体分子发挥作用将抗原灭活并从体内清除，也称为效应阶段。

抗体通过与抗原结合形成抗原复合物，将抗原灭活及清除。免疫细胞与抗原的结合强度也称为亲和度，亲和度越高的免疫细胞对抗原作用的能力越强。免疫识别也是一个适应学习的过程，其基本原理是克隆选择。只有那些具有足够亲和度，能够识别抗原的细胞才能被免疫系统保留下来，并进行活化和增殖。细胞完全活化后会以很高频率分裂和变异，其中具有高亲和度突变的细胞有生长繁殖的优先权，从而使得细胞亲和度逐步提高，这一现象也称为亲和度成熟。在此过程中，变异后的低亲和度克隆体则会被抑制。

人工免疫算法将待优化问题视作入侵的抗原，优化问题的可行解对应免疫应答中的抗体，可行解质量代表免疫细胞与抗原的亲和度，这样就可以将优化问题的寻优过程与免疫系统识别抗原并使抗体不断进化的过程对应起来。表 6.1 给出了人工免疫算法与生物免疫系统之间的概念及机理对应关系。人工免疫算法通过循环地执行“免疫选择”“个体克隆”“高频变异”和“克隆抑制”等操作不断更新抗体群，最终得到具有极高亲和度的抗体。

表 6.1　人工免疫算法与生物免疫系统之间的概念及机理对应关系

生物免疫系统	人工免疫算法
抗原	优化问题
抗体	优化问题的可行解
亲和度	可行解质量
细胞活化	免疫选择
细胞分化	个体克隆
亲和度成熟	变异
克隆抑制	克隆抑制
动态维持平衡	种群刷新

6.3.2　人工免疫算法流程

人工免疫算法流程如图 6.5 所示，具体实现步骤如下：

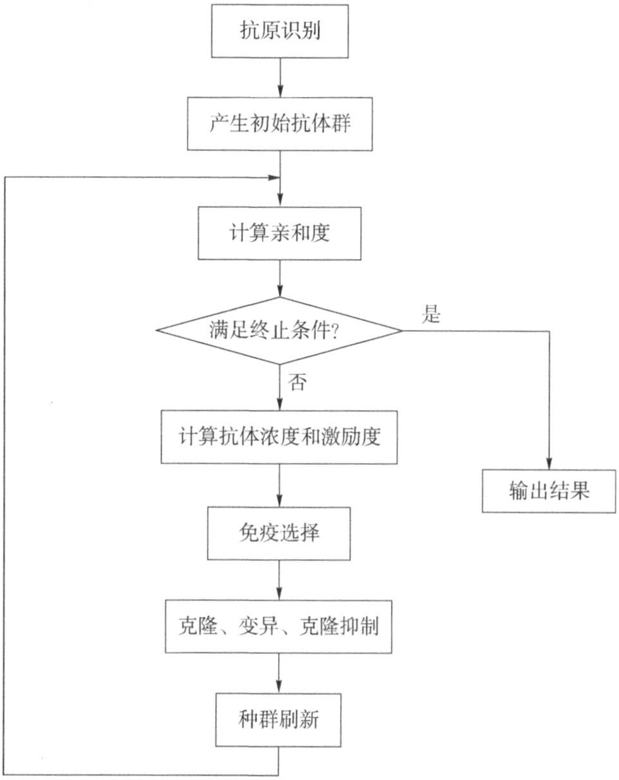

图 6.5　人工免疫算法流程

（1）抗原识别，即对待优化问题及其解的特性进行分析，确定可行解的表达形式并构造合适的亲和度函数。

（2）通过编码把问题的可行解表示成解空间中的抗体，并在解空间内随机产生一个初始抗体群。

（3）计算种群中每一个抗体的亲和度，用于评价对应的可行解质量。

（4）判断算法终止条件是否满足，若满足则输出所得到的最优解，否则继续执行下面的步骤。

（5）计算抗体浓度和激励度。

（6）免疫选择：根据抗体激励度选择种群中一部分优质抗体，使其活化。

（7）进行克隆、变异和克隆抑制操作。其中克隆是对活化的抗体进行克隆复制，得到若干副本；变异是对克隆得到的副本进行变异操作，使其发生亲和度突变；克隆抑制是对克隆和变异结果进行再选择，抑制其中亲和度低的个体，保留亲和度高的变异结果。

（8）随机生成一部分新抗体替代种群中激励度较低的抗体，完成种群刷新并转到步骤（3）继续进行处理。

上述人工免疫算法与遗传算法有着大致相同的算法结构，区别主要表现在个体的评价、选择及产生方式上。遗传算法通过计算个体适应度来进行个体的评价，个体适应度是进行个体选择的唯一标准；免疫算法则是通过计算抗体与抗原之间的亲和度实现个体评价，个体的选择也是以亲和度为基础进行的，同时也考虑了抗体浓度指标，反映了免疫系统中个体的多样性特点。

遗传算法通过交叉和变异产生新个体，而在免疫算法中新个体的产生主要借助于变异和种群刷新，其中变异发生的概率要远高于遗传算法，对于新个体产生发挥了更大作用。免疫算法对于不同抗体分别具有促进和抑制机制，体现了免疫系统很强的免疫反应和调节能力，通过动态调节还保证了抗体的多样性，使得算法具有更好的全局搜索能力。

6.3.3 人工免疫算法主要算子

与遗传算法类似，人工免疫算法的寻优过程也要通过一系列算子来实现，下面介绍其中的一些主要算子。

1. 亲和度评价

在免疫算法中，亲和度表征抗体与抗原的结合强度，其作用与遗传算法中的适应度类似。抗体亲和度一般通过亲和度函数进行计算，该函数可表示为 $aff(x):S \to R$，其中 S 为问题的可行解区间，R 为实数域，x 为输入的抗体（可行解）。亲和度评价与所要优化的具体问题有关，针对不同的优化问题，应该在分析和理解问题的优化目标及其可行解特性的基础上定义合适的亲和度函数。

2. 抗体浓度评价

抗体浓度用来评价种群中抗体的多样性，抗体浓度过高意味着种群中存在大量的相似抗体，这种情况下搜索容易集中在解空间中的局部区域，不利于寻找到全局最优解。为保证种群个体的多样性，算法需要对其中浓度过高的个体进行抑制。抗体浓度具体定义为种群中相似抗体所占的比例：

$$den(x_i) = \frac{1}{M}\sum_{j=1}^{M} st(x_i, x_j) \tag{6.8}$$

式中，M 为种群中个体的数量，x_i 为种群中的第 i 个抗体，函数 $st(x_i, x_j)$ 的取值由抗体 x_i 与抗体 x_j 的相似度决定。一般地，当抗体相似度大于某一阈值时令其值为 1，否则为 0。

3. 激励度计算

抗体激励度综合考虑了抗体亲和度和抗体浓度，其中亲和度较大且浓度较低的抗体具有较高的激励度。种群中只有达到一定激励度的抗体才能够被激活，然后进行下一步的克隆、变异等操作。抗体激励度的计算公式如下：

$$\mathrm{sim}(x_i)=\alpha \cdot aff(x_i)-\beta \cdot den(x_i) \tag{6.9}$$

式中，α 和 β 为权重参数，可根据实际情况具体确定。

4. 免疫选择

免疫选择是根据抗体的激励度决定选择哪些抗体使其活化，从而进行下一步的克隆和变异等操作。在抗体群中，激励度较高的个体将优先进行克隆和变异，以确保搜索空间中有潜力的局部区域都得到搜索。

5. 克隆、变异及克隆抑制

克隆算子对活化的抗体进行克隆复制，得到若干副本，变异算子接下来再对克隆得到的副本进行变异操作。变异是实现免疫算法搜索的重要算子，旨在现有基础上产生亲和度更高的新抗体。克隆抑制则是针对经过克隆和变异后的抗体群进行再选择，抑制其中亲和度低的抗体，保留亲和度高的抗体组成新的抗体群。

6. 种群刷新

将随机生成的一部分新抗体替代种群中激励度较低的抗体，使得种群得到进一步更新。这种方式有利于维持种群的多样性，通过探索新的可行解空间区域，增强算法的全局搜索能力。

6.3.4　人工免疫算法应用实例

下面给出人工免疫算法在柔性作业车间调度问题上的应用实例。柔性作业车间调度是生产管理和组合优化领域的重要问题，其具体描述如下：

假定有 n 个工件 $\{J_1,J_2,\cdots,J_n\}$ 和 m 台加工机器 $\{M_1,M_2,\cdots,M_m\}$，每个工件包含一道或多道工序，且工序之间有严格的先后顺序；每道工序有多台不同的加工机器可以选择，而每台机器的加工时间有所不同。调度目标是为每道工序选择最合适的机器，并确定每台机器上各个工件工序的最佳加工顺序以及开工时间，使整个系统的某些性能指标达到最优。柔性作业车间调度主要包含两个子问题，即确定各工件的加工机器，以及确定各个机器上工件加工的先后顺序。

本节案例所解决的柔性作业车间调度问题具体如下：

3 个工件可选择在 8 台不同机器上加工，其中每个工件包含 4 个固定工序。如表 6.2 所示，每个工件的工序均有一些可选的加工机器，且不同机器的加工时间存在差异。调度过程需满足实际生产中的约束条件：①同一台机器在同一时刻只能加工一个工件；②同一工件的同一道工序在同一时刻只能被一台机器加工；③每个工件的每道工序一旦开始加工不能中断。

表 6.2　柔性作业车间调度问题实例

工件	工序	可选择的加工机器（表格内数字为对应的加工时间）							
		M_1	M_2	M_3	M_4	M_5	M_6	M_7	M_8
J_1	O_{11}	—	—	—	5	19	—	15	11
	O_{12}	—	—	18	5	—	—	—	—
	O_{13}	—	—	16	—	—	11	3	18
	O_{14}	—	1	19	—	7	—	2	—
J_2	O_{21}	—	—	16	—	—	11	3	18
	O_{22}	17	—	—	—	—	—	—	—
	O_{23}	—	1	—	13	—	—	—	—
	O_{24}	12	10	14	—	10	—	—	5
J_3	O_{31}	—	—	3	—	5	—	—	—
	O_{32}	—	1	19	—	7	—	2	—
	O_{33}	—	—	18	5	—	—	—	—
	O_{34}	—	—	—	—	6	3	—	—

注：J_i表示工件 i，O_{ij}表示第 i 个工件的第 j 道工序。对应单元格的内容为加工时间，“—”表示此工序不能选择对应的加工机器。

下面以完工时间最短为优化目标，给出基于人工免疫算法解决该问题的具体过程。

1）抗体编码和生成初始抗体群

采用分段编码来表示每个抗体，编码前半部分表示所有工件的工序排列，后半部分为对应工序的加工机器。图 6.6 给出了一个抗体编码，其中工序排列部分包含 12 位，对应所有工件总共 12 个工序。由于每个工件的工序先后顺序是固定的，这部分编码的每一位只需给定每个工序对应的工件编号 $i(i \in \{1,2,3\})$。如图 6.6 所示，i 在编码中从左至右第几次出现即代表是工件 i 的第几道工序。后半部分编码同样包含 12 位，按前面工序顺序分别给出了为对应工序所选择的加工机器的编号。图 6.6 所示的编码不但选定了每一工序的加工机器，而且按从左至右的顺序确定了不同工序加工的优先次序。其中，对于编码中属于不同工件的两个工序，排在后面者在条件允许的情况下，可先于前面工序进行加工，但当二者选择的是同一台机器时，必须先完成前面工序的加工。此外，同一工件的不同工序必须严格按照先后顺序逐个工序进行加工。

抗体群初始化时，随机产生一个工序排列并填入相应工件编号，对于每一工序再从可选加工机器集合中随机选择一台机器，最后可得到一个随机抗体编码。该过程重复 M 次，最终可生成一个包含 M 个抗体的初始种群。

2）亲和度、抗体浓度和激励度计算

由于每一抗体编码指定了各个工序加工的优先次序和相应的加工机器，结合

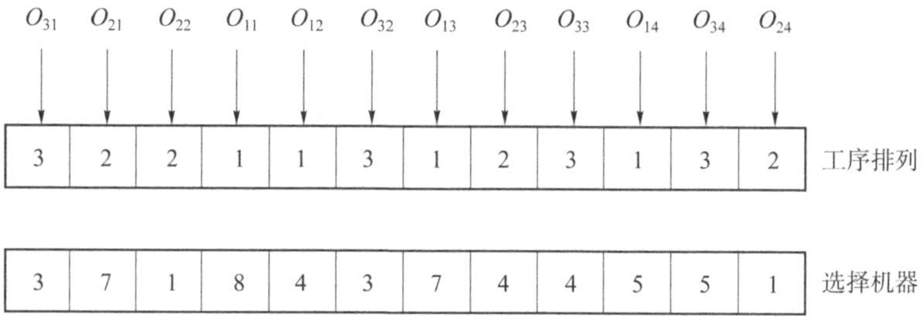

图 6.6　抗体编码方式

表 6.2 给出的加工时间，可计算得出各个工序在相应机器上最早的开工及完工时间，从而得到一个包含所有工件工序加工作业的调度安排，并得出完成所有工件加工所需的时间 t。由于本问题以完工时间最短为优化目标，因此抗体亲和度可定义为 $1/t$。

抗体浓度按式（6.8）进行计算，其中抗体 x_i 与抗体 x_j 的相似度通过计算抗体编码中相同编码位的个数来确定。假设两个抗体之间有 l 个对应编码位相同，则它们的相似度为 $l/24$（24 为编码总长度）。抗体激励度按式（6.9）进行计算，本例中令权重参数 $\alpha=1$，$\beta=0.1$。

3）免疫选择、克隆和变异

完成抗体激励度计算后，选择种群中激励度较高的一部分抗体进行克隆和变异。本例中，选择激励度排名前 50%的抗体进行克隆，由每个抗体复制得到 10 个副本，然后对 10 个副本分别按给定的变异概率执行变异操作。其中，变异操作包含对抗体编码中工序排列次序的变异和对所选择机器的变异。对工序排列次序的变异是在编码中针对不同工件的工序，随机交换它们的位置。由于编码中工序排列部分的改变，加工机器部分也要进行相同的互换操作。对所选择机器的变异是随机改变编码中某一机器编号，其中变化后的机器是从对应工序可选机器集合中随机选取得到。克隆得到的每个抗体均分别随机执行上述两种变异操作。

4）克隆抑制和种群刷新

得到抗体克隆和变异结果后，进一步选择其中亲和度较高的抗体、抑制亲和度较低的抗体。本例从每个抗体经克隆及变异后得到的 10 个抗体中，分别选择亲和度最高的抗体组成一个抗体群。该抗体群与原抗体群进行合并，然后再从中选择亲和度最高的 M 个抗体组成新的抗体群。最后，再随机生成一部分新抗体替代群体中亲和度较低的个体。本例按原群体规模的 10%生成新个体并替代原个体。

经上述操作后得到下一代种群，然后按算法步骤不断进行循环迭代，直至达到预设的迭代次数，期间记录每一代亲和度最高的抗体。本例中种群规模 M 设置为 200，变异概率为 0.7，迭代总次数为 100。图 6.7 给出了各代最高亲和度变化曲线，最终的亲和度值收敛于 0.125。图 6.8 和图 6.9 分别给出了算法第一次迭代和最后一次迭代得到的最佳加工作业安排，最终将完工时间由 31 工时减小到最短的 8 工时。

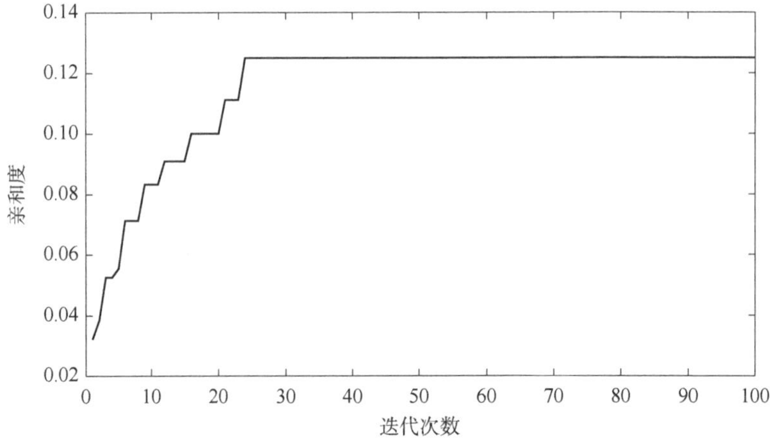

图 6.7　亲和度变化曲线

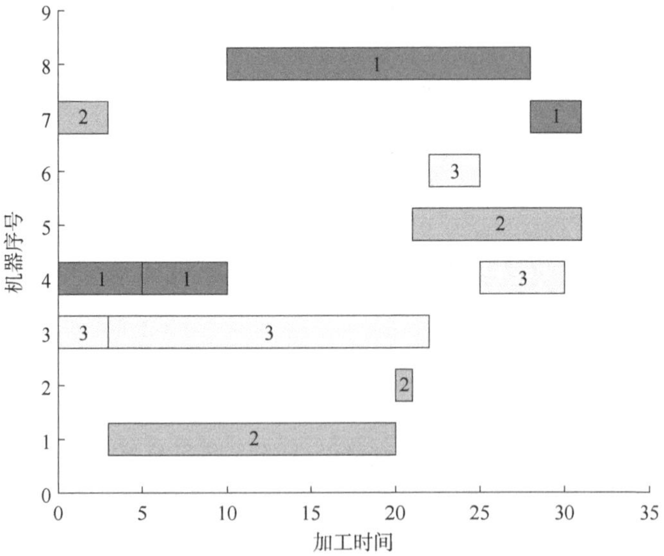

图 6.8　第一次迭代得到的加工作业安排

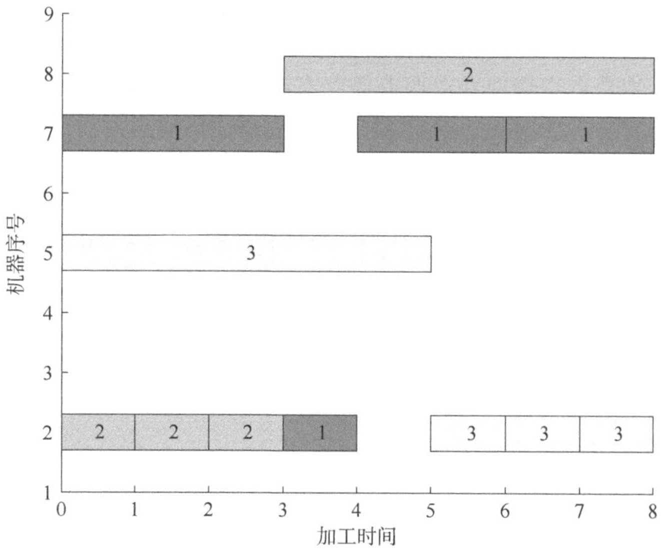

图 6.9 人工免疫算法得到的最优加工作业安排

6.4 群体智能

自然界的很多生物都展现出一些较为复杂的群体智能行为，这种智能并不依赖于其中的每个个体有多聪明，而主要在于群体中众多仅具有简单智能的个体能够通过相互之间的合作来完成某一复杂任务。这些合作通常也可以较为简单，例如鸟群可以快速同步飞行、突然变向或变换整体队形，较小鸟群可以聚集成规模较大的鸟群，在遇到障碍物后立即分开而后又重新合拢，这些看似复杂的群体行为主要源于每一只鸟在飞行中都遵循一些简单的合作规则，如避免碰撞、保持速度一致以及向群体中心聚拢等。

群体智能（Swarm intelligence）是受自然界生物群体行为启发而提出的一类智能计算方法。在这类方法中，尽管群体中的每个智能主体的行为和智能都较为简单，但通过信息共享和相互合作会在群体层面表现出较强的智能水平，使整个群体呈现出很强的自组织和自适应能力。这也使得群体智能算法在进行问题求解时具有很强的寻优能力。不同于进化算法侧重于模拟种群或群体的进化过程，群体智能算法注重对群体中个体之间的交互作用和分布式协同作用进行模拟。下面分别着重介绍群体智能中较为经典的粒子群和蚁群算法。

6.4.1 粒子群算法起源

粒子群优化算法（Particle Swarm Optimization，PSO）是源于对生物社群行

为，特别是对鸟类群体觅食行为及人类决策行为进行研究，而产生出的一种启发式全局优化方法。鸟类在群体觅食过程中，每个个体既自己寻找食物又存在信息共享，个体会结合自身情况并参照群体状态调整飞行轨迹和方向，使整个群体的运动从无序到有序进行演化，最终发挥群体协作优势找到食物地点。

1995年，美国社会心理学家肯尼迪（J. Kennedy）和计算机与电气工程教授埃伯哈特（R. Eberhart）在对鸟类模型进行修正和改进的基础上，提出了粒子群优化算法。由于其简单的数学模型和明确的应用背景，粒子群算法自提出以来便引起很多研究者的关注，并在理论研究、模型改进和算法应用等各方面都取得了不少研究成果。目前粒子群算法已成为最为经典的智能算法之一，在模式识别、多目标优化、生物信息、机器人控制、机械设计、通信、电力及化工系统等很多领域都有应用。

6.4.2 粒子群算法原理

粒子群算法通过群体中个体之间的协作和信息共享来寻找最优解，其中每一个体都被看作是一个粒子，能够在搜索空间中进行移动。粒子群算法不像遗传算法等其他进化计算方法那样通过交叉、变异等操作产生新个体，而是单纯通过群体中粒子的移动进行搜索。每一粒子可看作鸟群中的一个个体，当鸟群进行觅食时，其中的单个个体会参照当前群体所找到的最佳觅食位置和自身可能找到的最佳位置来调整飞行方向。与遗传算法类似，粒子群算法通过适应度来评价不同位置粒子的优劣，最终目标是通过粒子群搜寻到全局最优解。

假设粒子在 n 维空间中进行搜索，令 $\boldsymbol{x}^i=(x_1^i,x_2^i,\cdots,x_n^i)$ 表示粒子 i 的当前位置；$\boldsymbol{v}^i=(v_1^i,v_2^i,\cdots,v_n^i)$ 为粒子 i 的当前飞行速度，$\boldsymbol{p}^i=(p_1^i,p_2^i,\cdots,p_n^i)$ 为粒子 i 当前所经历过的最佳位置，即该个体所达到过的具有最高适应值的位置；整个群体当前所经历过的最佳位置记为 $\boldsymbol{p}^g=(p_1^g,p_2^g,\cdots,p_n^g)$。在每一时刻，各个粒子结合自身和整个群体所发现的最佳位置来调整飞行速度及方向。常用的速度更新计算公式如下：

$$v_j^i(k+1)=\omega\, v_j^i(k)+c_1 r_{1,j}^i(p_j^i(k)-x_j^i(k))+c_2\, r_{2,j}^i(p_j^g(k)-x_j^i(k)) \tag{6.10}$$

式中，下标“j”用于表示对应向量的第 j 维分量；c_1 和 c_2 为加速常数，分别调节粒子向自身所经历过的最佳位置方向和群体所经历过的最佳位置方向飞行，取值通常在[0,2]区间内；$r_{1,j}^i$ 和 $r_{2,j}^i$ 分别为[0,1]内的随机数；ω 为惯性权重，用于决定后一时刻保持前一时刻运动惯性的程度。为了降低粒子飞出搜索空间的可能性，一般将速度大小通过某一阈值 v_m 限定在一定的范围内，即若 $v_j^i>v_m$，令 $v_j^i=v_m$；若 $v_j^i<-v_m$，令 $v_j^i=-v_m$。得到速度更新结果后，对应的位置量更新公式为

$$x_j^i(k+1)=x_j^i(k)+v_j^i(k+1) \tag{6.11}$$

式（6.10）中右边第一项可看作是粒子的“记忆”部分；第二项是粒子自身的“认知”部分，代表粒子基于自身经验所作的决策；第三项是粒子的“社会”部分，代表粒子间的社会信息共享。除记忆部分外，若粒子仅有自身“认

知”部分，没有社会信息共享（即没有式（6.10）中的第三项），则粒子间没有交互，将导致每个粒子单独行动，大大降低寻找到最优解的概率；反过来，若仅有“社会”部分，则粒子将丧失自身“认知”而完全趋从“社会”，导致复杂情况下容易陷入局部最优。上述粒子群算法模型也一定程度上反映了人类的决策行为，即人们在决策过程中既要考虑自身情况和个人经验，也要学习他人的经验和知识，综合两者进行自主决策。

6.4.3　粒子群算法流程

粒子群算法的具体实现步骤如下：

（1）初始化粒子群，包括设定粒子数目，随机产生每个粒子的位置和速度，以及设置算法其他参数。

（2）计算粒子群中每个粒子的适应度。

（3）计算每个粒子所经历的最佳位置 $\boldsymbol{p}^i(k)$ 并得到群体最佳位置 $\boldsymbol{p}^g(k)$。

（4）按式（6.10）、式（6.11）更新每个粒子的速度和位置。

（5）判断是否满足终止条件，若满足则输出所得到的最优解，否则返回步骤（2）继续进行处理。

粒子群算法流程如图 6.10 所示。

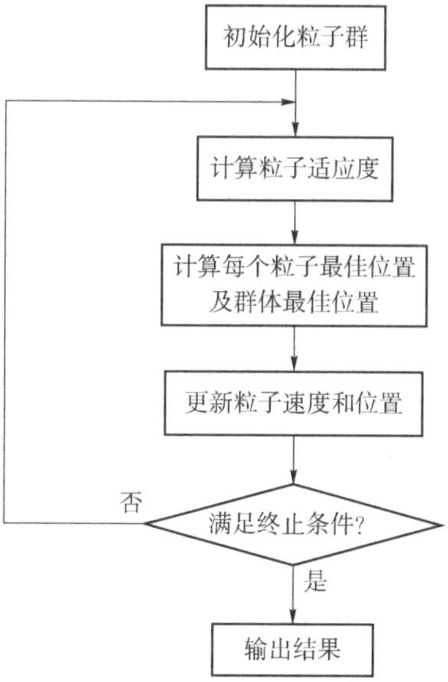

图 6.10　粒子群算法流程

粒子群算法的特点是模型简单、参数较少、易于实现并能获得较高的寻优精度和收敛速度，同时又具有较为深刻的智能背景。这使得它无论是在科学研究还是工程应用方面都有很好的价值。

6.4.4 蚁群算法机制及原理

蚁群算法（Ant Colony Optimization，ACO）是受自然界蚁群行为启发而提出的一种仿生智能优化方法。1991 年意大利学者多里戈（M. Dorigo）首次提出蚁群算法，并应用该算法成功解决了著名的旅行商问题。蚁群算法是一种具有较好的鲁棒性和分布式并行计算机制，且易于与其他方法结合的启发式搜索方法，在很多应用上特别是对于解决组合优化问题具有良好的性能。2000 年，多里戈等人在国际顶尖学术期刊 *Nature* 上发表了蚁群算法的研究综述，使得蚁群算法获得了更为广泛的关注。多里戈及其团队还在蚁群算法基础上对群体智能机器人如何实现复杂协同任务进行了不少研究。

仿生学家研究发现，蚁群总能找到蚁巢和食物源之间的最短路径，这主要依赖于蚂蚁们在路径上释放出的一种特殊分泌物——信息素。当蚂蚁碰到一个新的路口时，它会随机挑选一条路径前进，同时在所走路径上释放出信息素。后来的蚂蚁则会根据信息素量的大小选择路径，其中信息素量较大的路径被选择的概率相对较大。如图 6.11 所示，蚁群在蚁巢 A 与食物源 E 之间的路径来回移动（图 6.11（a）），若突然在路径上添加障碍物（图 6.11（b）），则来往的蚂蚁将随机选择左右两边的路径绕过障碍物继续前行。其中，右边较短路径单位时间内将通过更多的蚂蚁，获得的信息素也会更多，后来的蚂蚁将更倾向于选择右边路径（图 6.11（c）），并使该路径上信息素的浓度不断加大；而左边较长路径上的信息素则会随时间推移逐渐挥发减弱，这样就形成一个正反馈，使得最终蚁群选择较短路径。

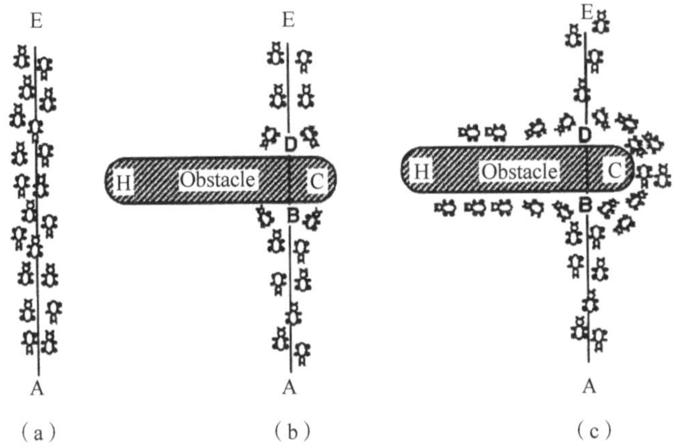

图 6.11 蚁群寻径示例①

① 该图源自参考文献“Dorigo M, Maniezzo V, Colorni A. Ant system: Optimization by a colony of cooperating agents [J]. IEEE Transactions on Systems, Man, and Cybernetics, Part B (Cybernetics), 1996, 26 (1): 29-41”。

6.4.5　蚁群算法数学模型

蚁群算法是模拟蚁群寻找蚁巢与食物源之间最短路径行为而设计的仿生智能算法，它的一个重要应用是解决旅行商（TSP）等组合优化问题。为方便理解，下面以解决 TSP 问题为例介绍蚁群算法模型。

TSP 问题是指旅行商从给定的 n 个城市中的某一城市出发，各个城市必须访问一遍并最后返回到出发城市，要求规划出一种最优路线，使总路程最短（或总费用最少）。令 m 为蚁群算法中蚂蚁的数量，d_{ij}表示城市 i 与城市 j 之间的路径长度，$\tau_{ij}(t)$表示 t 时刻路径(i,j)上残留的信息素浓度。初始时刻，假设各条路径上的信息素浓度相等，并令 $\tau_{ij}(t)=C$（其中 C 为一个较小的正常数）。

每一只蚂蚁 $k(k=1,2,\cdots,m)$在每一时刻 t 根据不同路径上的信息素浓度选择路径，并在 $t+1$ 时刻到达下一城市。具体地，每一只蚂蚁通过计算各自当前时刻的状态转移概率 $P_{ij}^{k}(t)$来进行路径选择（假设当前所在位置为城市 i），其中 $P_{ij}^{k}(t)$定义如下：

$$P_{ij}^{k}(t)=\begin{cases}\dfrac{[\tau_{ij}(t)]^{\alpha}[\eta_{ij}(t)]^{\beta}}{\sum\limits_{s\in \text{allowed}_k}[\tau_{is}(t)]^{\alpha}[\eta_{is}(t)]^{\beta}}, & j\in \text{allowed}_k\\ 0, & \text{其他}\end{cases} \tag{6.12}$$

式中，allowed_k表示蚂蚁 k 下一步允许选择的城市。其中，算法通过禁忌表 tabu_k 存储蚂蚁 k 当前所走过的城市，allowed_k则是指禁忌表以外的城市集合。上式的转移概率除了将信息素浓度作为启发信息外，还考虑了启发函数 $\eta_{ij}(t)$，其表达式为

$$\eta_{ij}(t)=\frac{1}{d_{ij}} \tag{6.13}$$

$\eta_{ij}(t)$将路径长度 d_{ij}作为启发信息，表示当路径(i,j)越短时其被选择的期望度也越大。$P_{ij}^{k}(t)$计算式中的 α、β 分别控制信息素启发信息和局部路径启发信息的作用权重。一般地，α 值越大，则该蚂蚁越倾向于选择其他多数蚂蚁走过的路径，蚁群的协作性越强；β 值越大，蚂蚁在路径选择时将越多地考虑当前局部路径长度。最终蚂蚁根据计算得到的转移概率$P_{ij}^{k}(t)$独立地完成路径选择，概率值越大，相应路径(i,j)被选中的可能性也越大（例如，可根据转移概率采用轮盘赌选择方法）。

每只蚂蚁走完一步或所有 n 个城市都走完一遍后，需要对各条路径上的信息素浓度进行更新。假设蚂蚁每遍历 n 个城市一次为一个循环，完成一次循环后再更新信息素，则经过 n 个时刻完成一次循环后，按如下规则进行信息素更新：

$$\tau_{ij}(t+n)=(1-\rho)\tau_{ij}(t)+\Delta\tau_{ij}(t) \tag{6.14}$$

上式右边第一项代表信息素挥发后的结果，其中 ρ 为信息素挥发系数，其取值在

(0,1)范围内；$\Delta\tau_{ij}=\sum_{k=1}^{m}\Delta\tau_{ij}^{k}$代表本次循环中路径$(i,j)$上的信息素增量，其中$\Delta\tau_{ij}^{k}$表示第$k$只蚂蚁在路径$(i,j)$释放的信息素量。

多里戈提出了如下三种不同模型来计算$\Delta\tau_{ij}^{k}$：

（1）Ant-Cycle 模型：

$$\Delta\tau_{ij}^{k}=\begin{cases}Q/L_k, & \text{当蚂蚁 } k \text{ 在本次循环中经过}(i,j)\\ 0, & \text{其他}\end{cases} \tag{6.15}$$

式中，Q为表示信息素强度的常数，L_k表示第k只蚂蚁在本次循环中所走路径的总长度。

（2）Ant-Quantity 模型：

$$\Delta\tau_{ij}^{k}=\begin{cases}Q/d_{ij}, & \text{当蚂蚁 } k \text{ 在本次循环中经过}(i,j)\\ 0, & \text{其他}\end{cases} \tag{6.16}$$

（3）Ant-Density 模型：

$$\Delta\tau_{ij}^{k}=\begin{cases}Q, & \text{当蚂蚁 } k \text{ 在本次循环中经过}(i,j)\\ 0, & \text{其他}\end{cases} \tag{6.17}$$

上面第一种模型考虑了蚂蚁完成本次循环所走路径的总长度，相比之下第二种模型仅考虑当前路径（i，j）的长度，第三种模型则是保持每条所经路径上的$\Delta\tau_{ij}^{k}$为常量。第一种模型在求解 TSP 问题时具有较好效果，它也通常作为蚁群算法进行信息素更新的基本模型。

6.4.6　蚁群算法基本流程

图 6.12 给出了上述蚁群算法流程，其具体步骤如下：

（1）算法初始化。令初始循环计数$N_c=0$，并设置最大循环次数N_{cmax}；令各条路径(i,j)初始信息素浓度$\tau_{ij}(0)=C$，初始时刻$\Delta\tau_{ij}(0)=0$；将m只蚂蚁随机置于各个城市，初始化各只蚂蚁的禁忌表tabu_k。

（2）循环计数增加 1 次，即$N_c\leftarrow N_c+1$。

（3）初始化蚂蚁编号，即令$k=0$。

（4）蚂蚁编号$k\leftarrow k+1$。

（5）按照式（6.12）计算当前各城市间状态转移概率，并使蚂蚁k依据转移概率选择和转移到下一城市。

（6）修改禁忌表tabu_k，将新转移到的城市添加到禁忌表中。

（7）若蚂蚁k本次循环中已遍历所有城市，则执行步骤（8）（同时清空并初始化禁忌表tabu_k），否则返回步骤（5）继续进行处理。

（8）判断本次循环中是否还有剩余蚂蚁，即是否满足$k<m$，若有则返回步骤（4），否则执行步骤（9）。

（9）按式（6.14）对各条路径信息素浓度进行更新。

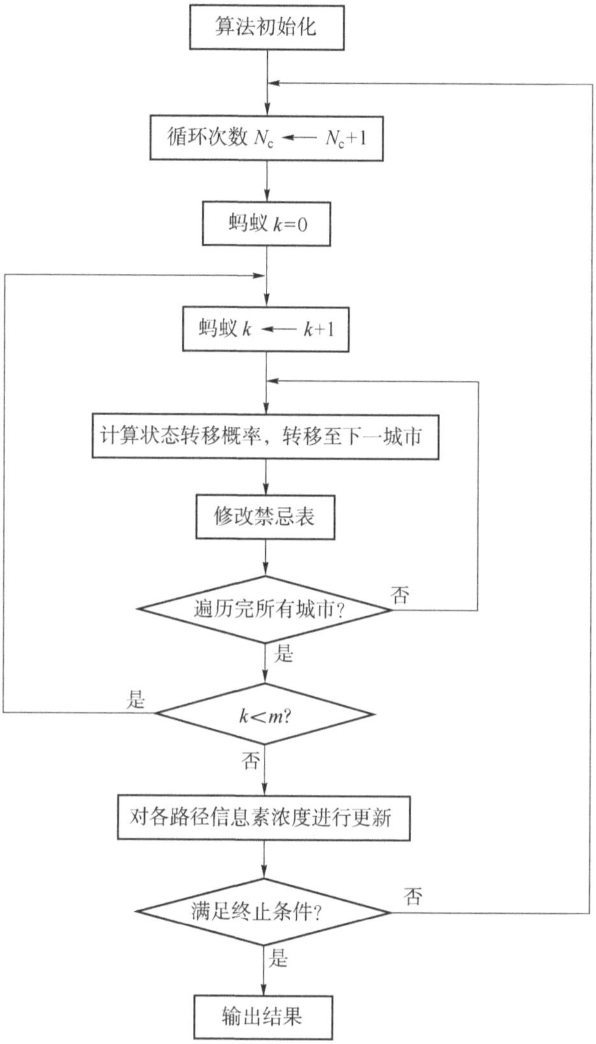

图 6.12　蚁群算法流程

（10）判断是否满足终止条件（即循环计数N_c是否达到最大循环次数），若满足则输出所得到的最优解，否则返回步骤（2）进入下一次循环。

6.5　群体智能算法应用

6.5.1　基于粒子群的移动机器人路径规划

移动机器人路径规划是从给定起始点到目标点为机器人规划出一条移动路径。路径规划是机器人实现自主移动的一个关键环节，通常不仅要求在所选路径上可绕开障碍物，而且到达目标的路程要尽可能短。

在基于粒子群算法的路径规划中，从起始点到目标点的每一条可能路径都可看作是一个粒子。若粒子群中包含 M 个粒子，则代表 M 条可能路径。通过对粒子群中每个粒子的速度和位置进行不断迭代更新，可对最佳路径展开搜索。如图 6.13 所示，假设起始点坐标为（0,0），目标点坐标为（6,9），中间圆形代表障碍物区域，要求在起始点和目标点之间找到路程尽量短的路径。以下给出基于粒子群算法解决该路径规划问题的具体过程。

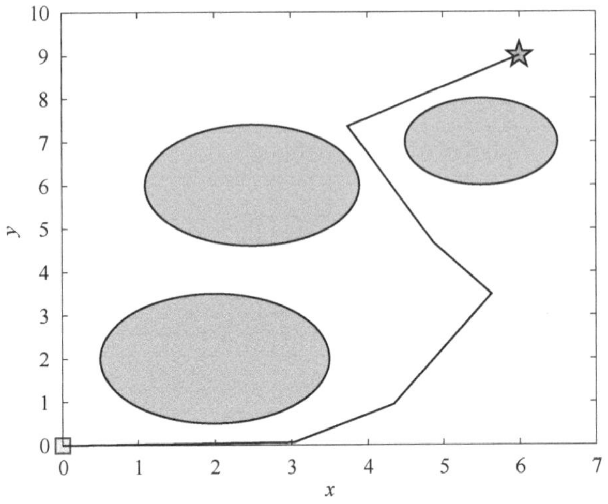

图 6.13　第一次迭代得到的路径规划结果

1）粒子定义

可在起始点与目标点之间设立若干个节点，将起始点与首个节点、中间相邻节点，以及最末节点与目标点之间分别用直线连接，形成一条可能路径。本例采用 5 个节点来定义一条可能路径，其中路径在节点处可发生偏折（图 6.13）。令(x_j,y_j)表示第 j 个节点坐标，每条路径由 5 个坐标点表示，则每个粒子可表示成由对应 5 个坐标点数据组成的一个 10 维向量。

2）初始化粒子群

在起始点与目标点之间的区域随机生成 5 个坐标点数据，可随机产生一个粒子。为保证初始粒子能够代表有效路径，即机器人按相应的路径移动能够绕开障碍物，不会发生碰撞，应保证随机产生的路径中任何一部分都不与障碍物区域有重叠。若发现有重叠则重新随机生成一个新粒子，直到所得到的粒子代表有效路径为止。按照这种方法重复 M 次，可得到包含 M 个粒子的粒子群。

3）适应度计算

粒子代表的路径越短，其适应度越高。除此之外，由于粒子在运动过程中其表示的路径可能与障碍物区域发生重叠，还要考虑这种重叠情况下粒子的适应度计算问题。令 d_i 为粒子 i 所对应路径的长度，o_i 表示该路径与障碍物区域是否有重叠，若有重叠，则 $o_i=0$，否则 $o_i=1$。于是，可将粒子 i 的适应度定义为 o_i/d_i，当路径与障碍物区域有重叠时，适应度值为0；无重叠情况下，路径越短适应度越高。

4）速度和位置更新

根据式（6.10）对各粒子的每一速度分量进行更新，具体如下：

$$v_{x_j}^i(k+1)=\omega v_{x_j}^i(k)+c_1 r_{1,x_j}^i(p_{x_j}^i(k)-x_j^i(k))+c_2\, r_{2,x_j}^i(p_{x_j}^g(k)-x_j^i(k))$$
$$v_{y_j}^i(k+1)=\omega v_{y_j}^i(k)+c_1 r_{1,y_j}^i(p_{y_j}^i(k)-y_j^i(k))+c_2\, r_{2,y_j}^i(p_{y_j}^g(k)-y_j^i(k))$$

式中，x_j^i、y_j^i 表示粒子 i 向量中的第 $j(j=1,2,3,4,5)$ 组坐标数据，$p_{x_j}^i$、$p_{y_j}^i$ 分别表示粒子 i 中对应坐标分量的历史最佳位置，$p_{x_j}^g$、$p_{y_j}^g$ 分别表示对应分量在群体中的历史最佳位置，r_{1,x_j}^i、r_{2,x_j}^i、r_{1,y_j}^i、r_{2,y_j}^i 分别为$[0,1]$之间的随机数。本例中惯性权重 ω 设置为1，加速常数 c_1 设置为2；同时，为避免粒子的多样性很快消失，搜索过早陷入局部最优，将 c_2 设置为比较小的值，即令 $c_2=0.1$。此外，设置速度阈值 $v_m=0.3$，并在初始化时为每个粒子的每一分量随机生成一个在区间$[-v_m, v_m]$内的初始速度。

更新完速度后，按下式完成位置更新：

$$p_{x_j}^i(k+1)=p_{x_j}^i(k)+v_{x_j}^i(k+1)$$
$$p_{y_j}^i(k+1)=p_{y_j}^i(k)+v_{y_j}^i(k+1)$$

本例中粒子群规模设置为100，迭代总次数为1 000，图6.13和图6.14分别给出了算法第一次迭代和最终得到的路径规划结果，从图中可以看到算法寻找到了起始点至目标点之间的近似最佳路径。图6.15给出了最高适应度值随迭代次数的变化曲线。

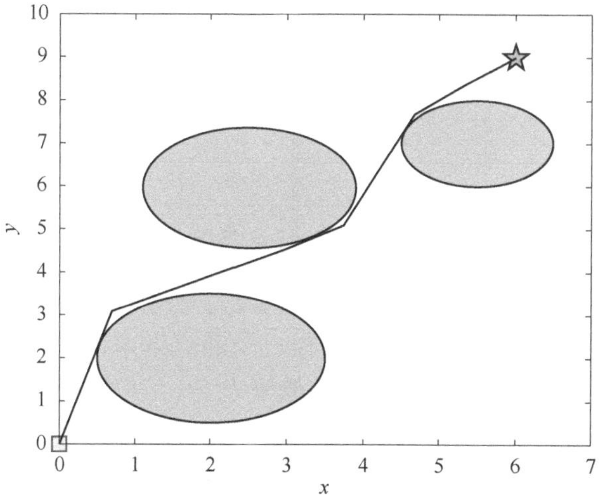

图6.14 粒子群算法得到的最终路径规划结果

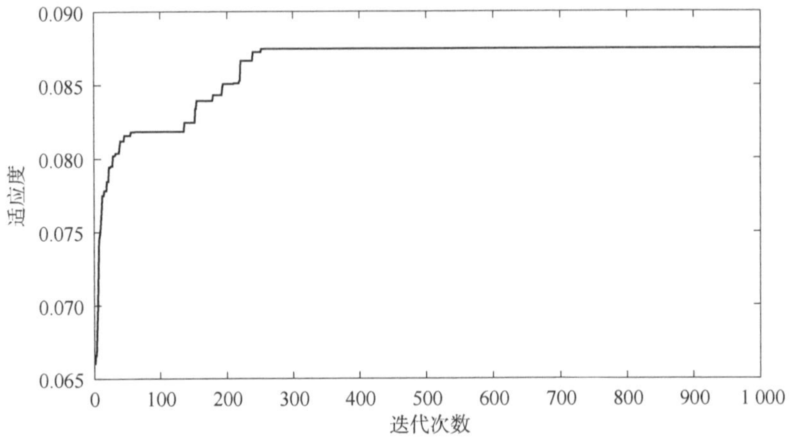

图 6.15　适应度变化曲线

6.5.2　基于蚁群算法求解旅行商问题

下面给出基于蚁群算法解决旅行商问题的具体应用实例，其中包含 18 个城市，各城市具体坐标如表 6.3 所示，要求寻找一条能够遍历这些城市的最短巡回路径。

表 6.3　城市编号及坐标

城市编号	横坐标	纵坐标	城市编号	横坐标	纵坐标
1	85.40	48.67	10	104.38	40.75
2	87.76	33.33	11	106.12	29.54
3	90.87	40.65	12	109.50	33.94
4	92.52	42.78	13	110.75	35.43
5	93.95	45.39	14	113.05	31.89
6	98.25	50.87	15	115.44	33.65
7	99.52	34.10	16	117.47	24.69
8	101.09	43.51	17	119.15	29.00
9	103.02	32.90	18	122.39	27.85

首先依据表 6.3 计算各个城市间的距离 d_{ij}，初始化各城市之间路径的信息素浓度$\tau_{ij}(t)$，并分别为每只蚂蚁随机选择一个起点城市；然后分别按式（6.12）和式（6.13）计算各只蚂蚁的状态转移概率 $P_{ij}^{k}(t)$，并依据相应的状态转移概率进行路径选择，通过这种方法使蚂蚁每次路径选择后移动至下一尚未到达过的城市；当每只蚂蚁将所有城市都遍历一次后，按式（6.14）和式（6.15）对每条路径上的信息素浓度进行更新。上述过程不断进行循环，直至达到预设的循环次数为止，在此过程中每条路径上的信息素浓度得到不断更新和优化，使得蚁群最

终可按信息素浓度找到最优路径。

本例中蚂蚁数量设置为 30，循环次数为 100，状态转移概率计算式中的启发式因子 α、β 分别设置为 1 和 5，初始信息素浓度 $C=0.1$，信息素强度 $Q=1$，信息素挥发系数 $\rho=0.2$。图 6.16 给出了各次循环中蚂蚁所行走路径总距离的平均值以及所得到的最短路线距离。从图中可以看出，随着循环次数的增加，蚂蚁们总体上都选择了总距离不断减小的路线，表明各条路径上的信息素浓度得到不断优化，最终使得蚂蚁们能够逐渐选择得到最优路线。图 6.17 和图 6.18 分别给出了第一次循环得到的总距离最短路线和算法最终得到的最优路线，其中起点城市为每次算法随机选择得到。

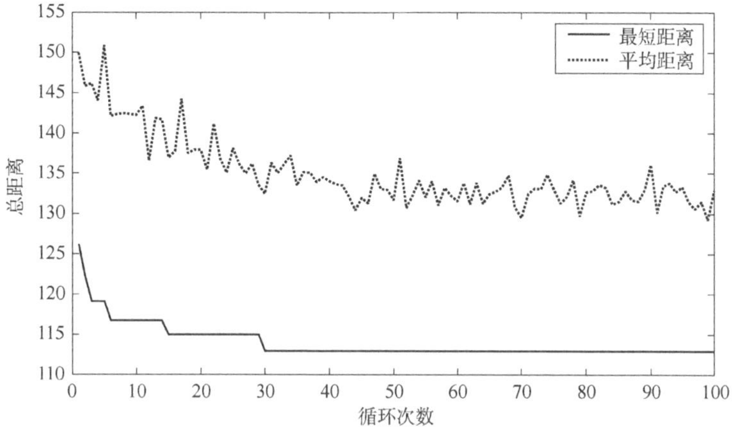

图 6.16　各次循环平均距离以及所得到的最短路线距离

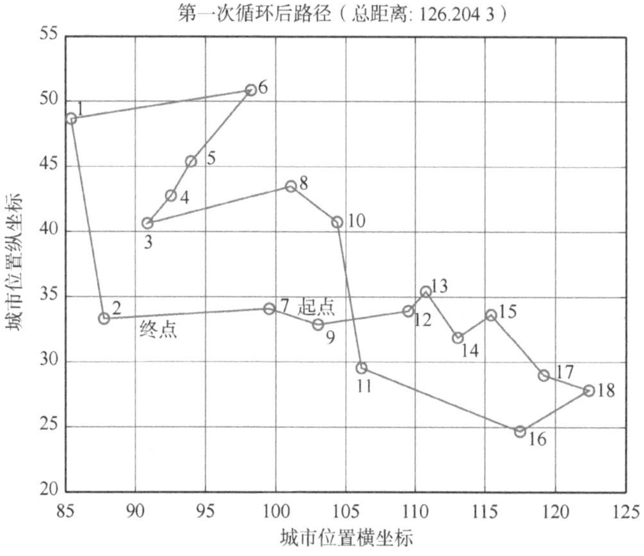

图 6.17　第一次循环得到的总距离最短路线

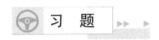

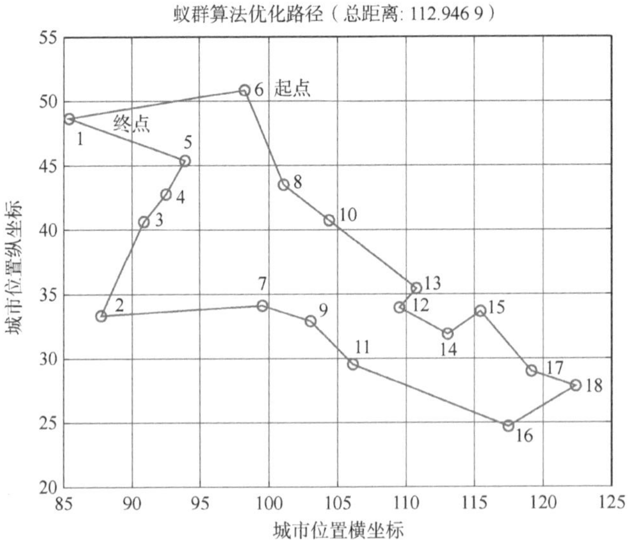

图 6.18　蚁群算法得到的最优旅行商路线

习　题

6.1　仿生智能计算能够解决人工智能领域中的哪些问题？试列举几个实例进行说明。

6.2　简述遗传算法的基本原理，并说明基于该算法的问题求解过程，分析交叉和变异在其中所起的作用。

6.3　试编写遗传算法程序，求解函数 $f(x)=\sin(10\pi x)/x(x\in[1,2])$ 的最小值。

6.4　对比人工免疫算法和遗传算法，分析两者在原理和具体操作上有何相似性和不同点。试编写人工免疫算法程序，求解 6.2.4 节给出的函数优化问题。

6.5　试采用遗传算法程序求解 6.3.4 节给出的柔性作业车间调度问题。

6.6　分析和简述群体智能算法与进化计算方法的异同，并编写粒子群算法程序求解 6.2.4 节给出的函数优化问题。

6.7　分别说明蚁群和粒子群这两种群体智能算法的寻优原理，并比较两者的异同。

6.8　试编写粒子群算法程序，并采用该算法求解 6.5.2 节给出的旅行商问题。

6.9　试采用遗传算法或人工免疫算法求解旅行商问题，并与蚁群算法或粒子群算法进行比较。

6.10　采用蚁群算法能否解决机器人路径规划问题？试结合某个具体的路径规划问题说明如何解决，并编写算法程序进行实现。

6.11　还有哪些其他仿生智能计算方法？试列举一两个并说明其基本原理。

第 7 章

神经网络与深度学习

7.1 人工神经元模型

生物大脑的神经网络由大量的神经元连接而成，神经元是其最基本的组织单元和工作单元。根据神经生理学的研究，生物神经元的工作状态主要有两个：抑制状态与兴奋状态。当神经元处于兴奋状态时，它会将冲动传导给相连接的其他神经元，从而改变这些神经元的膜电位；若某神经元的电位超过一个“阈值”，它就会被激活而处于兴奋状态，从而又将冲动传导给其他神经元。基于这种方式，通过大量彼此连接的神经元就能完成信息传递和处理。

基于上述原理，早在 1943 年神经生理学家麦卡洛克（W. McCulloch）和数理逻辑学家皮茨（W. Pitts）就联合给出了一种神经元的数学模型——McCulloch-Pitts（M-P）神经元模型，成为人工神经网络的重要基础，一直沿用至今。如图 7.1 所示，在该模型中神经元接收来自 n 个其他神经元传递过来的输入信号，每个连接都带有权值，神经元接收到的总输入是所有输入信号的加权和，经与阈值比较后通过激活函数处理得到神经元的输出：

$$y = f\left(\sum_{i=1}^{n} w_i x_i - \theta\right) \tag{7.1}$$

式中，x_i 为来自其他神经元的输入，w_i 为对应的连接权值，θ 为神经元的阈值（也称为“偏置（Bias）”），$f(\cdot)$ 为激活函数。

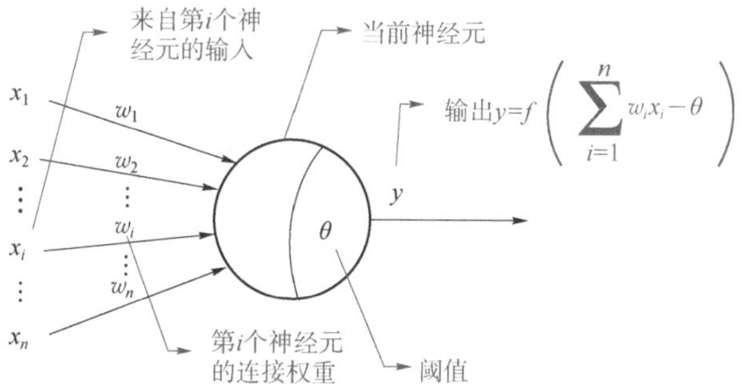

图 7.1　M-P 神经元模型

图 7.2 给出了两种典型的神经元激活函数：阶跃函数和 Sigmoid 函数。它们的表达式分别为：

$$\operatorname{sgn}(x)=\begin{cases}1, & x\geqslant 0\\ 0, & x<0\end{cases} \tag{7.2}$$

$$\operatorname{sig}(x)=\frac{1}{1+e^{-x}} \tag{7.3}$$

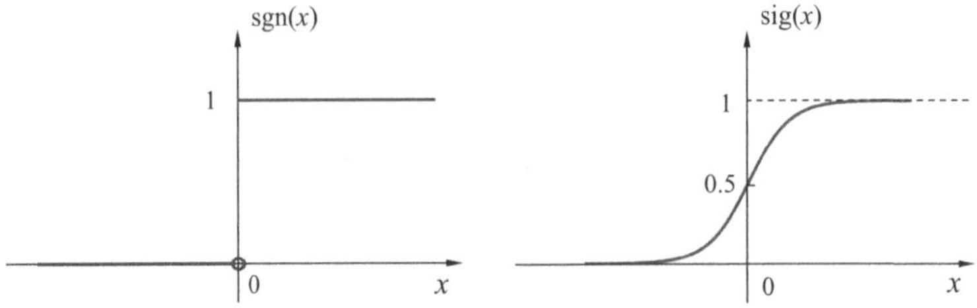

图 7.2　两种典型的神经元激活函数

（a）阶跃函数；（b）Sigmoid 函数

其中，阶跃函数可看作一种最原始的激活函数表示，它表达的含义是若神经元接收到的总输入大于（或等于）阈值 θ，则神经元达到兴奋状态，对应的输出为 1；反之则处于抑制状态，输出为 0。由于阶跃函数不连续，所以实际中常用 Sigmoid 函数取代其作为激活函数。

激活函数的选择不止上述两种，任何类似的非线性函数实际上都有可能作为激活函数来模拟神经网络的输出。从数学上看，激活函数可以看作神经元对输入信号所作的一次非线性变换。将许多这样的神经元按一定的层次结构连接起来，就形成了人工神经网络。在这种情况下，描述神经网络输入输出关系的数学模型由许多个形如 $y_j=f\left(\sum_i w_{ij}x_i-\theta_j\right)$ 函数嵌套而成（例如，若 x_i 为其他神经元输出，表示为 $x_i=f\left(\sum_k w_{ki}z_k-\theta_i\right)$，则将其代入前式可得到输入 z_k 与输出 y_j 之间的关系），由此可以得到复杂度更高、参数更多和表达能力更强的模型。

7.2　感知机与多层前馈网络

20 世纪 50 年代罗森布拉特（F. Rosenblatt）基于 M-P 模型提出了感知机。感知机由两层神经元组成，图 7.3 给出了一个含两个输入神经元的感知机网络结构，其中输入层接收两个输入信号直接传递给输出层。输出层是一个 M-P 神经元，因此该感知机输入输出关系为：$y=f\left(\sum_{i=1}^{2} w_i x_i-\theta\right)$。

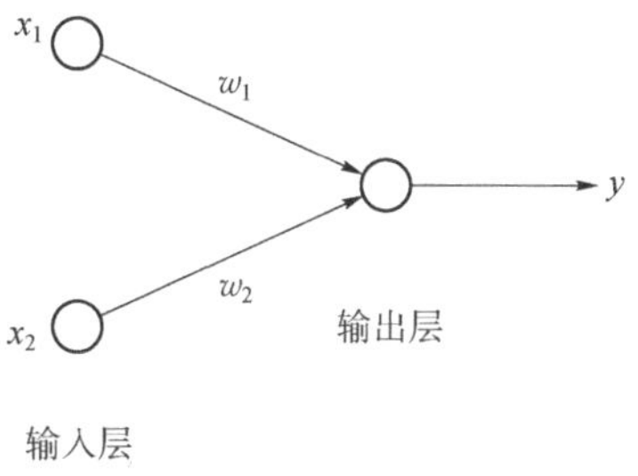

图 7.3　两个输入神经元的感知机网络结构

假定激活函数$f(\cdot)$为阶跃函数，上述感知机模型在采取合适权值和偏置情况下，能够有效表达“与”“或”和“非”逻辑运算：

（1）“与”运算。取$w_1=1$，$w_2=1$，$\theta=1.5$，此时$y=f(x_1+x_2-1.5)$。显然，仅当x_1和x_2都为 1 时，$y=1$；若其中任何一个为 0，则$y=0$。

（2）“或”运算。取$w_1=1$，$w_2=1$，$\theta=0.5$，则有$y=f(x_1+x_2-0.5)$。当$x_1=1$或$x_2=1$时，$y=1$；若$x_1=x_2=0$，$y=0$。

（3）“非”运算。取$w_1=-1$，$w_2=0$，$\theta=-0.5$，此时$y=f(-x_1+0.5)$。当$x_1=1$时，$y=0$，否则$y=1$，因此可以表达对输入x_1的逻辑“非”运算。

对“与”“或”和“非”逻辑运算的表示可以看作是一个线性分类问题。如图 7.4 所示，若将y视作标签，$y=1$对应的输入向量作为正类，$y=0$代表负类，则对于“与”“或”和“非”逻辑运算，均可找到一个由$w_1x_1+w_2x_2-\theta=0$所定义的决策边界将两类分开（图中虚线所示），其中$\{w_1,w_2,\theta\}$为决策边界的参数。

利用感知机模型解决分类或回归问题的关键在于确定连接权值w_i（其中偏置θ可看作是固定输入“-1”所对应的连接权值）。给定训练数据集，权值参数可按一定的规则学习得到。对于训练样本$(\boldsymbol{x},y)$，学习过程一般是通过不断调整每个参数w_i，即$w_i \leftarrow w_i+\Delta w_i$，使得当前模型输出$\hat{y}$与样本实际输出$y$的误差不断减小。其中，每次的调整量$\Delta w_i=\eta(y-\hat{y})x_i$（$\eta\in(0,1)$称为学习率）。若$\hat{y}=y$或误差足够小，则参数值不再改变，此时说明当前模型预测正确，否则将根据误差继续进行调整。

上述感知机模型实际上只有单层神经元进行激活函数处理，总体功能有限。若两类模式是线性可分的，则通过训练感知机一定能获得合适的参数，从而得到一个决策边界将它们分开。但是对于非线性可分问题，这种单层感知机模型无能为力。例如，不论如何都找不到合适的参数，使得感知机解决如图 7.4（d）所示的“异或”逻辑问题，其原因在于“异或”逻辑运算结果是非线性可分的（即找不到一个线性决策边界将两类分开）。实际上，如图 7.5 所示，使用两层感知机才能成功解决“异或”逻辑问题。

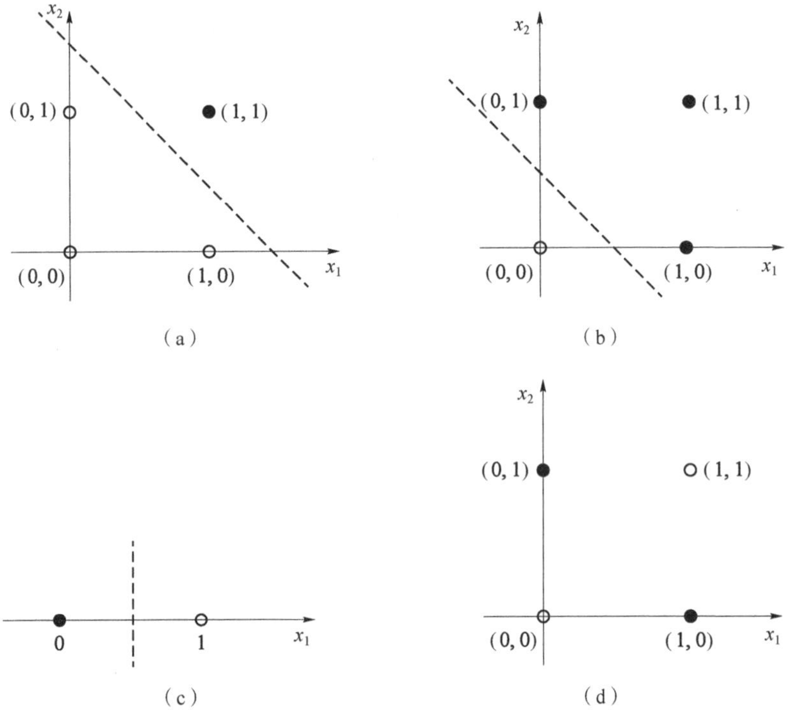

图 7.4　“与”“或”“非”和“异或”问题

(a)“与”逻辑；(b)“或”逻辑；(c)“非”逻辑；(d)“异或”逻辑问题

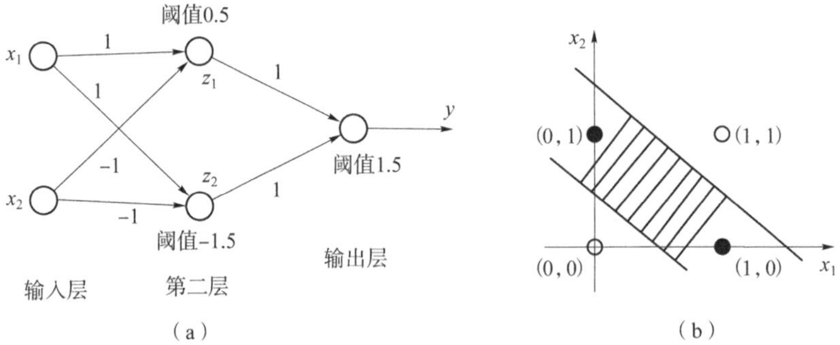

图 7.5　基于两层感知机模型解决“异或”逻辑问题

(a) 两层感知机结构；(b)“异或”结果的分类

相比于图 7.3 所示的单层感知机模型，两层感知机能够解决“异或”问题的主要原因在于模型表达能力的提升。具体地，联系第 5 章的内容，可进一步理解为：网络的第二层实际上是对原始数据 $[x_1, x_2]^T$ 通过激活函数进行非线性变换，得到新的数据$[z_1, z_2]^T$；经变换后原非线性可分问题在新数据空间中变得线性可分，从而使得在最后一层（即输出层）能够被正确分类。由此可见，非线性激活函数在网络功能的发挥上起着重要作用。通过连续多层神经元的激活函数处理，能够完成更复杂的非线性变换，从而有可能解决更复杂的非线性分类和回归问题。

更一般地，图 7.6 给出了包含多层神经元的前馈神经网络。其中，上一层神经元的输出为下一层神经元提供输入。除输入层和输出层外，中间层统称为“隐层”，图 7.6 中显示的分别是包含一个隐层和两个隐层的多层网络结构（其中输入和输出数据的维数均为 4）。设计多层前馈神经网络时，输入和输出层神经元的个数是由具体问题决定的，即取决于当前问题的输入和输出数据维数。隐层的数量和每层神经元个数由设计者指定，经常需要根据实际情况进行调整。理论上可以证明，只需单个隐层包含足够多的神经元，网络模型就能逼近任意的连续函数。

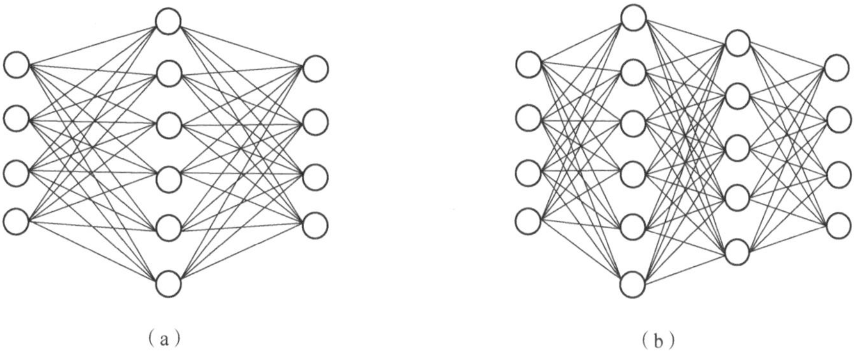

图 7.6　多层前馈神经网络示例

（a）包含一个隐层；（b）包含两个隐层

7.3　多层网络的训练算法

相比于原始的单层感知机，多层神经网络能够解决的问题要复杂得多。然而，多层神经网络的学习要更为困难。在感知机出现后的相当长一段时间内，人工神经网络发展停滞不前的一个重要原因是缺乏通用有效的学习算法。1986 年，鲁姆哈特（D. Rumelhart）、辛顿（G. Hinton）和威廉姆斯（R. Williams）等人在前人工作的基础上发展了误差反向传播（Back Propagation，BP）算法，使其成为能够有效训练多层神经网络的通用算法，采用该算法训练的多层前馈神经网络也常称为“BP 网络”。

7.3.1 梯度下降优化

给定训练样本$(\boldsymbol{x},\boldsymbol{y})$，BP 算法的最基本思想是采用梯度下降法来确定每次参数的调整量Δw_i，不断对参数进行更新：$w_i \leftarrow w_i + \Delta w_i$，使得网络输出$\hat{\boldsymbol{y}}$与样本实际输出$\boldsymbol{y}$的误差不断减小。通过梯度下降法可寻找到函数极小值及其对应参数，以图 7.7 所示简单的一维函数为例，假设需要不断调整w，使得函数$f(w)$的值达到最小，则可以通过计算梯度$\mathrm{d}f/\mathrm{d}w$来估计每一次的调整量Δw。显然，对于w轴上任一点，梯度$\mathrm{d}f/\mathrm{d}w$的方向（沿w轴）是函数值$f(w)$增加的方向；反之，$f(w)$值减小的方向是负梯度方向。例如，图 7.7 中当$w=a$时，$\mathrm{d}f/\mathrm{d}w<0$，梯度方向指向$w$轴的负方向，则在$a$点处函数值$f(w)$减小的方向为$w$轴的正方向（即负梯度方向）；而当$w=b$时，$\mathrm{d}f/\mathrm{d}w>0$，函数值$f(w)$减小的方向则是$w$轴的负方向。因此，只需使$w$每次向当前负梯度方向作适当调整，就能使函数值不断下降。具体地，该过程中参数调整量的计算公式为：$\Delta w=-\eta \mathrm{d}f/\mathrm{d}w(\eta>0)$，其中通过梯度$\mathrm{d}f/\mathrm{d}w$不仅可以指定$w$调整的方向，而且在给定学习率$\eta$的情况下还决定了$\Delta w$的大小。对于多维函数情形，即$f(w_1,w_2,\cdots,w_m)$，为针对每个$w_i(i=1,2,\cdots,m)$确定其调整量$\Delta w_i$，则需计算对应的偏导数$\partial f/\partial w_i$，并令$\Delta w_i=-\eta \partial f/\partial w_i$。

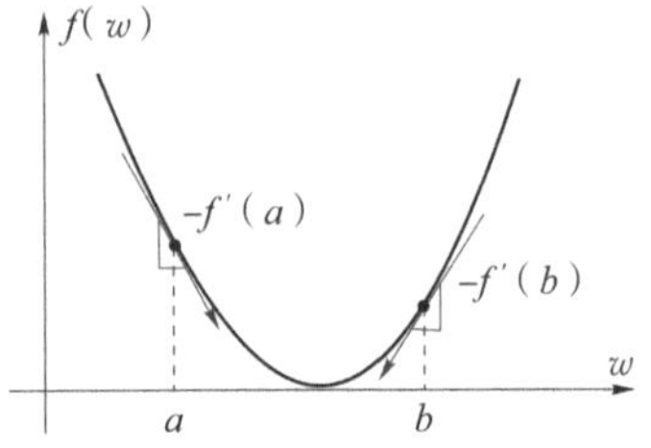

图 7.7 函数值$f(w)$沿负梯度方向减小

7.3.2 误差反向传播算法

对于多层网络的训练，误差反向传播（BP）算法就是利用梯度下降法逐步寻找能使$\hat{\boldsymbol{y}}$与$\boldsymbol{y}$的误差函数$E(\hat{\boldsymbol{y}},\boldsymbol{y})$取得最小值的网络参数。下面以图 7.8 所示的三层网络为例详细说明 BP 算法。该网络具有m个输入神经元、n个输出神经元和q个隐层神经元。以$w_{i,h}$表示输入层第i个神经元与隐层第h个神经元之间的连接权值；$v_{h,j}$表示隐层第h个神经元与输出层第j个神经元之间的连接权值。于是，给到隐层第h个神经元的总输入（考虑该神经元偏置）可表示为

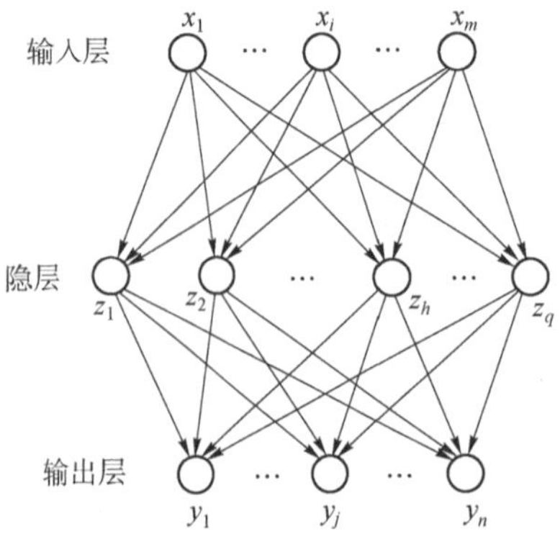

图 7.8 三层前馈神经网络

$$a_h = \sum_{i=1}^{m+1} w_{i,h} x_i \tag{7.4}$$

式中，x_{m+1}取固定值“-1”，$w_{m+1,h}$表示隐层

第 h 个神经元的偏置。给到输出层第 j 个神经元的总输入（考虑该神经元偏置）表示为

$$b_j = \sum_{h=1}^{q+1} v_{h,j} z_h \tag{7.5}$$

式中，$z_h(h=1,2,\cdots,q)$ 为隐层各神经元的输出，$z_{q+1}=-1$；$v_{q+1,j}$ 代表输出层第 j 个神经元的偏置。假设隐层和输出层神经元的激活函数都采用如图 7.2（b）所示的 Sigmoid 函数。

对于给定训练样本$(\boldsymbol{x},\boldsymbol{y})$，假定在输入 $\boldsymbol{x}$ 下当前神经网络的输出为 $\hat{\boldsymbol{y}}=[\hat{y}_1,\hat{y}_2,\cdots,\hat{y}_n]^{\mathrm{T}}$，其中 $\hat{y}_j=f(b_j)$（$f(\cdot)$为 Sigmoid 激活函数），并将 $\hat{\boldsymbol{y}}$ 与 $\boldsymbol{y}$ 间的误差函数 $E(\hat{\boldsymbol{y}},\boldsymbol{y})$ 定义为

$$E(\hat{\boldsymbol{y}},\boldsymbol{y}) = \frac{1}{2}\sum_{j=1}^{n}(\hat{y}_j - y_j)^2 \tag{7.6}$$

根据梯度下降法，为了使误差 $E(\hat{\boldsymbol{y}},\boldsymbol{y})$ 不断减小，网络参数 $w_{i,h}$ 和 $v_{h,j}$ 每次的调整量 $\Delta w_{i,h}$ 和 $\Delta v_{h,j}$ 分别为

$$\Delta w_{i,h} = -\eta \frac{\partial E(\hat{\boldsymbol{y}},\boldsymbol{y})}{\partial w_{i,h}} \quad (i=1,2,\cdots,m+1;h=1,2,\cdots,q) \tag{7.7}$$

$$\Delta v_{h,j} = -\eta \frac{\partial E(\hat{\boldsymbol{y}},\boldsymbol{y})}{\partial v_{h,j}} \quad (h=1,2,\cdots,q+1;j=1,2,\cdots,n) \tag{7.8}$$

注意到，在 $E(\hat{\boldsymbol{y}},\boldsymbol{y})$ 中 $\boldsymbol{y}$ 值是给定的，利用权值参数 $v_{h,j}$ 可首先通过 $b_j = \sum_{h=1}^{q+1} v_{h,j} z_h$（式（7.5））计算得到输出层各神经元的输入，然后再通过激活函数得到各神经元输出 $\hat{y}_j$（即 $\hat{y}_j=f(b_j)$）。因此，根据函数求导的链式法则可得

$$\frac{\partial E(\hat{\boldsymbol{y}},\boldsymbol{y})}{\partial v_{h,j}} = \frac{\partial E(\hat{\boldsymbol{y}},\boldsymbol{y})}{\partial \hat{y}_j} \cdot \frac{\partial \hat{y}_j}{\partial b_j} \cdot \frac{\partial b_j}{\partial v_{h,j}} \tag{7.9}$$

上式可看作通过 $\partial E(\hat{\boldsymbol{y}},\boldsymbol{y})/\partial \hat{y}_j \to \partial \hat{y}_j/\partial b_j \to \partial b_j/\partial v_{h,j}$ 的反向过程计算得到梯度 $\partial E(\hat{\boldsymbol{y}},\boldsymbol{y})/\partial v_{h,j}$，即通过这种方式可以将误差反向传播至待调整参数 $v_{h,j}$，从而确定相应的调整量 $\Delta v_{h,j}$。

在式（7.9）中，

$$\frac{\partial E(\hat{\boldsymbol{y}},\boldsymbol{y})}{\partial \hat{y}_j} = \hat{y}_j - y_j \tag{7.10}$$

由于激活函数为 Sigmoid 函数：$f(x)=1/(1+\mathrm{e}^{-x})$，其导数 $f'(x)=f(x)(1-f(x))$，于是由 $\hat{y}_j=f(b_j)$，可得

$$\frac{\partial \hat{y}_j}{\partial b_j} = f(b_j)(1-f(b_j)) = \hat{y}_j(1-\hat{y}_j) \tag{7.11}$$

根据上面两式，令

$$g_j=\frac{\partial E(\hat{\boldsymbol{y}},\boldsymbol{y})}{\partial b_j}=\frac{\partial E(\hat{\boldsymbol{y}},\boldsymbol{y})}{\partial \hat{y}_j}\cdot\frac{\partial \hat{y}_j}{\partial b_j}=\hat{y}_j(1-\hat{y}_j)(\hat{y}_j-y_j) \tag{7.12}$$

并由$\partial b_j/\partial v_{h,j}=z_h$，最终得到参数$v_{h,j}$的调整量计算式：

$$\Delta v_{h,j}=-\eta\, g_j z_h \tag{7.13}$$

为按式（7.7）计算得到 $\Delta w_{i,h}$，需首先计算梯度$\partial E(\hat{\boldsymbol{y}},\boldsymbol{y})/\partial w_{i,h}$。其中，权值参数 $w_{i,h}$被用于首先通过 $a_h=\sum_{i=1}^{m+1} w_{i,h}x_i$（式（7.4））计算隐层各神经元的输入 a_h，然后再通过激活函数计算得到隐层神经元输出 $z_h=f(a_h)$，接下来再利用 $b_j=\sum_{h=1}^{q+1} v_{h,j}z_h$（式（7.5））计算给到输出层各神经元的输入，最后通过激活函数得到最终输出$\hat{y}_j$。因此，按链式法则有

$$\frac{\partial E(\hat{\boldsymbol{y}},\boldsymbol{y})}{\partial w_{i,h}}=\frac{\partial E(\hat{\boldsymbol{y}},\boldsymbol{y})}{\partial z_h}\cdot\frac{\partial z_h}{\partial a_h}\cdot\frac{\partial a_h}{\partial w_{i,h}} \tag{7.14}$$

式中

$$\frac{\partial E(\hat{\boldsymbol{y}},\boldsymbol{y})}{\partial z_h}=\sum_{j=1}^{n}\frac{\partial E(\hat{\boldsymbol{y}},\boldsymbol{y})}{\partial y_j}\cdot\frac{\partial y_j}{\partial b_j}\cdot\frac{\partial b_j}{\partial z_h}=\sum_{j=1}^{n} g_j\cdot\frac{\partial b_j}{\partial z_h}=\sum_{j=1}^{n} g_j v_{h,j} \tag{7.15}$$

又由

$$\frac{\partial z_h}{\partial a_h}=f(a_h)(1-f(a_h))=z_h(1-z_h),\quad \frac{\partial a_h}{\partial w_{i,h}}=x_i$$

并令

$$\delta_h=\frac{\partial E(\hat{\boldsymbol{y}},\boldsymbol{y})}{\partial a_h}=\frac{\partial E(\hat{\boldsymbol{y}},\boldsymbol{y})}{\partial z_h}\cdot\frac{\partial z_h}{\partial a_h}=z_h(1-z_h)\sum_{j=1}^{n} g_j v_{h,j} \tag{7.16}$$

可得

$$\frac{\partial E(\hat{\boldsymbol{y}},\boldsymbol{y})}{\partial w_{i,h}}=\delta_h x_i$$

于是，参数$w_{i,h}$的调整量计算式可简写为

$$\Delta w_{i,h}=-\eta\delta_h x_i \tag{7.17}$$

注意到，式（7.16）中 δ_h 代表误差基于梯度反向传播到 a_h，它可看作是由其后一层中所有的 g_j（具体表达式见式（7.12））继续反向传播的结果。式（7.13）与式（7.17）中的学习率 η 控制着每一次参数调整的步长，实际中不

同参数也可以采用不同的学习率。一般情况下，学习率太小会导致收敛速度慢，太大又容易产生振荡，需要根据实际情况调整。在整个训练过程中的不同阶段也可适当改变学习率，以加快收敛速度。

7.3.3 基于 BP 算法的训练过程

在训练过程中，BP 算法通过误差反向传播方式不断地对神经网络参数进行调整和更新，以尽量减小训练误差。训练开始前首先需设置参数的初值和学习率，训练时每次的参数更新包括了前向传播和反向传播计算过程，具体如下：

（1）前向传播：接收样本输入 $\boldsymbol{x}$，逐层计算各层输出，直至输出层获得网络最终输出 $\hat{\boldsymbol{y}}$，得到 $\hat{\boldsymbol{y}}$ 与样本实际输出值 $\boldsymbol{y}$ 的误差 $E(\hat{\boldsymbol{y}},\boldsymbol{y})$。

（2）反向传播：通过上节所述的误差反向传播方法，从最后一层开始计算各参数的调整量。

（3）根据计算出的调整量对各参数进行更新。

上面描述的是对各参数进行一次更新的过程，训练时需要不断重复上述过程对参数进行迭代更新，直至达到停止条件，网络训练结束。

上述步骤给出的是基于单个样本的参数更新过程。需要注意的是，模型学习的目标实际上是要最小化总体训练误差，即整个训练集 T 上所有样本的累积误差。假设训练集 T 包含 I 个样本：

$$T=\{(\boldsymbol{x}_1,\boldsymbol{y}_1),(\boldsymbol{x}_2,\boldsymbol{y}_2),\cdots,(\boldsymbol{x}_I,\boldsymbol{y}_I)\}$$

其中，每个训练样本$(\boldsymbol{x}_k,\boldsymbol{y}_k)$中 $\boldsymbol{x}_k=[x_1^k,x_2^k,\cdots,x_m^k]^{\mathrm{T}}$，$\boldsymbol{y}_k=[y_1^k,y_2^k,\cdots,y_n^k]^{\mathrm{T}}$，则累积误差表示为

$$\tilde{E}=\frac{1}{I}\sum_{k=1}^{I}E_k \tag{7.18}$$

式中，E_k表示关于第 k 个样本的误差，若按式（7.6）给出的误差函数，则可表示为

$$E_k=\frac{1}{2}\sum_{j=1}^{n}(\hat{y}_j^k-y_j^k)^2$$

为了在学习过程中最小化总体训练误差，最直接的做法是在上述步骤（1）中按式（7.18）计算累积误差，然后在步骤（2）针对累积误差进行反向传播。实际上，这等价于先输入每个训练样本进行正向传播，得到误差后再反向传播；最后将所有反向传播结果累加计算得到参数调整量，完成一次参数更新。例如，针对某参数$w_{i,h}$，为了计算$\partial\tilde{E}/\partial w_{i,h}$，可针对每个样本先计算 $E_k(k=1,2,\cdots,I)$，反向传播后得到$\partial E_k/\partial w_{i,h}$；然后通过$\partial\tilde{E}/\partial w_{i,h}=\frac{1}{I}\sum_{k=1}^{I}(\partial E_k/\partial w_{i,h})$计算得到$\partial\tilde{E}/\partial w_{i,h}$，从而可完成一次参数更新。接下来的每次迭代都按照上述做法，直至网络收敛。

每次迭代时都读取整个训练集虽然理论上能保证参数朝着使总体训练误差下降的方向进行更新，但是每次计算量过大，并且在实际中当训练误差下降到一定程度后，进一步下降通常会变得较为缓慢。与之对应的是采用随机梯度下降法(Stochastic Gradient Descent，SGD)，即每次迭代时从训练集中随机读取一个样本进行参数更新。这种方法计算速度较快，能够以较高频率进行参数更新，通常也能使误差很快下降，但是由于并不能保证每次更新都朝着正确的方向进行，误差下降过程中容易出现波动。

实际中经常使用的是小批量梯度下降法（Mini-batch gradient descent)，它是上述两种方法的折中，即每次迭代时随机读取训练集 T 中的 $l(l<I)$ 个样本。在这种情况下，一定程度上存在近似关系 $\tilde{E} \approx \sum_{k=1}^{l} E_k/l$，可通过随机选取的小批量数据计算误差的梯度。使用一个小批量数据完成一次更新后，下一次迭代更新时再随机选取另一小批量数据，直至整个训练集数据用完为止，即完成了一个训练迭代期（Epoch)。一个迭代期完成后，接下来再运用整个训练集按同样的方式开始一个新迭代期的训练。如此反复，直至满足训练停止条件。

7.3.4 BP 网络训练中的其他问题

多层神经网络包含更多的参数，具有更为强大的表达能力，但是在训练过程中也更容易过拟合，导致模型的泛化能力变差。有两种常用策略可以缓解网络模型的过拟合，其中一种策略称为“提前停止”，它是将数据集的一部分抽出作为验证集，在用训练集进行网络模型学习的同时，计算模型在验证集上的误差。当训练集误差降低但验证集误差升高或不再降低时，及时停止训练。由于所学模型在验证集上的表现一定程度上反映了其泛化能力，这种策略有利于防止模型在训练过程中发生过拟合。

另一种缓解过拟合的策略是“正则化”，通常的做法是在需要最小化的误差函数（也常称为“损失函数”）中增加一个用于限制网络模型复杂度的正则化项。例如，可将网络训练的损失函数改为

$$L = \frac{1}{I}\sum_{k=1}^{I} E_k + \lambda \|\boldsymbol{w}\|^2 \tag{7.19}$$

式中，$\boldsymbol{w}$ 是由所有模型参数组成的向量。上式右边第二项是限制 $\boldsymbol{w}$ 取值的 L_2 正则化项（λ 为该项权重)，其中 $\|\boldsymbol{w}\|$ 表示 $\boldsymbol{w}$ 的 L_2 范数。该正则化项的作用是使得 $\boldsymbol{w}$ 中的各参数取值较小且尽量均衡，使模型变得更“平滑”，从而降低其复杂度，缓解过拟合。类似地，也可以采用其他类型的正则化项。例如，若正则化项改为采用 L_1 范数 $\|\boldsymbol{w}\|_1$，则 $\boldsymbol{w}$ 将会变得尽量稀疏，即其中很多参数值变为零或接近于零，同样可有效降低模型的复杂度。

注意到，在第 5 章讨论的支持向量机模型中，为实现间隔最大化，需要最小

化$\|\boldsymbol{w}\|^2$；特别是为实现软间隔最大化，对应的损失函数中也同样增加了$\|\boldsymbol{w}\|^2$这一项，其整体函数形式与式（7.19）相似。由此可见，在保证对样本集的分类尽量正确的前提下，支持向量机模型中的间隔最大化实际上也是发挥了正则化功能，可以降低模型的复杂度。

一般来说，网络模型的训练是希望寻找到使损失函数值最小的一组最优参数。然而这在实际中并不容易，主要原因在于由于多层网络模型的复杂性，对应的损失函数经常有多个局部极小值，而在它们之中一般只有一个是我们希望找到的“全局最小”（图 7.9）。由于在函数的局部极小值点处梯度为零，基于梯度下降的参数迭代更新容易在此处停止，从而使当前的参数寻优过程陷于局部极小，无法找到理想的最优参数，也就限制了模型的学习效果。

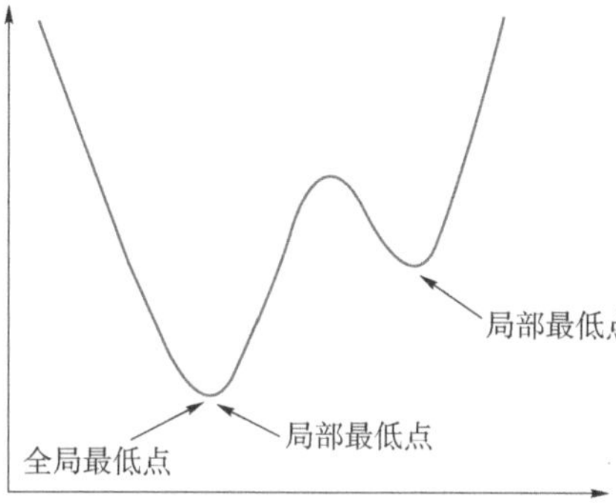

（a）

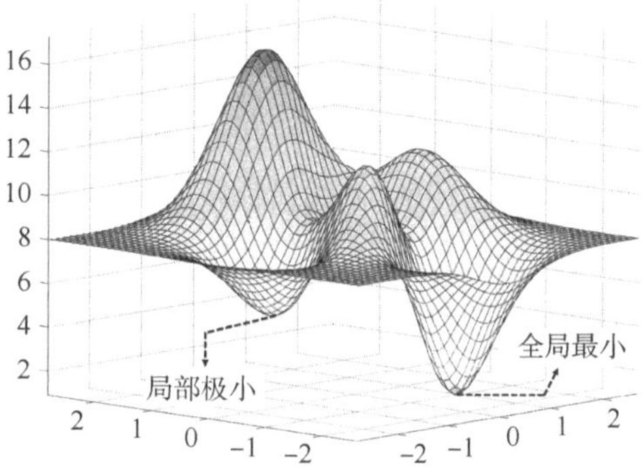

（b）

图 7.9　局部极小值点和全局最小点

（a）一维示例；（b）二维示例

有不少方法可一定程度上帮助解决上述问题，使参数寻优过程跳出局部极小，尽量接近全局最小，以下是一些简单的策略：

（1）由于会陷入哪个局部极小值点具有一定的随机性，与参数搜索的初始点（即初始化参数）也有很大关系，因此可运用多组不同的初始化参数得到不同的参数寻优结果，从中选取损失函数值最小的那组参数，从而获得更接近全局最小的结果。

（2）在梯度计算时加入一些随机因素，使得即便陷入局部极小值点，计算出的梯度仍可能不为零，从而有机会跳出局部极小继续搜索。例如，常采用随机梯度下降法每次随机选取少量样本进行梯度计算。

（3）在训练时结合模拟退火算法，其基本思想是以一定的概率接受一个比当前解更差的结果，从而有机会跳出当前的局部最优解，转而寻找到更好的解。

此外，遗传算法也曾被用于训练多层神经网络以更好地逼近全局最小。需要注意的是，目前多数方法都是启发式的，其参数寻优结果并不能保证一定能找到全局最优解或接近全局最优的解。幸运的是，对于多层神经网络，即使找到的是一些局部最优的参数，只要能够使损失函数值足够小，相应的模型在实际中往往也能发挥很好的效果。

7.4 深度神经网络及深度学习

7.4.1 深度模型的优势

一般地，参数越多的模型复杂度就越高，能够完成更复杂的学习任务。而要提升神经网络模型的复杂度，一般存在两种基本方式：一种是以增加网络的隐层数目为主，网络层数变多后神经元的数目及相应参数就会增多；另一种则主要是增加各隐层上的神经元数目，以此来提升网络模型的复杂度。前者是使神经网络结构往“深度”方向发展，后者是保持网络层数基本不变而使模型主要往“宽度”方向上发展。

尽管上述两种方式都能提升网络模型的表达能力，但是一般来说往“深度”方向上发展而成的“深度神经网络（Deep Neural Network，DNN）”会具有更大的优势。这是因为增加网络隐层数不仅增加了拥有非线性激活函数的神经元数量，还增加了激活函数嵌套的层数；而每层激活函数都是对上层数据做一次非线性变换，将其变换到新数据空间。结合第 5 章内容可知，经过充分多次的非线性变换，有利于将原始数据映射到更便于进行复杂分类和回归等问题处理的新空间。虽然第 5 章介绍的支持向量机通过核技巧可以较好地解决一些非线性分类或回归问题，但它仍属于一种浅层模型，因此其效果很难与深度神经网络模型相比。

从另一个角度看，每一隐层的作用可看作是对输入数据进行加工，得到其特征表示。而通过多隐层堆叠可实现对原始数据的逐层加工和特征变换，从而将“低层”的特征表示逐渐转化为“高层”更复杂或抽象的特征表示。在这种模式下通过网络训练，也能自动学习并获得与输出目标联系紧密的高级特征表示，从而完成复杂的分类或回归等学习任务。这种分层表示通常被认为与人类大脑的认知方式有很多相似之处。例如，人们从图像中识别汽车时，可以由原始的像素、较底层的边缘、纹理和形状等特征开始，逐步组合与抽象出轮子、车身等能够帮助认知的高层语义特征。深度神经网络正是通过构建一个可以由低层（简单）逐步向高层（复杂）发展的层次结构来更好地完成认知任务。

7.4.2 深度学习的特点

基于深度神经网络模型进行的学习，通常即称为“深度学习（Deep learning)”。由于深度学习可通过深度神经网络自动学习到切合不同任务需求的特征表示，所以深度学习又可理解为是在进行“特征学习（Feature learning)”

或“表示学习（Representation learning）”。以往基于机器学习方法处理很多现实任务时（如图像分类、模式识别任务等），所依赖的特征主要靠人工设计，而特征的好坏直接关系到学习算法的实际效果，人工很难设计和提取出符合复杂任务需求的高级和抽象特征。相比之下，深度学习则能根据任务目标自动生成合适的特征，更好地完成相应的学习和推理任务。

神经网络另外一个重要优势是分布式表示（Distributed representation），即网络中不同的神经元或网络分支负责给出不同的特征表示，每个特征表示描述的是目标某一方面的属性，所有特征一齐构成目标的完整描述。例如，假设要区分白猫、黑狗、白狗和黑猫这 4 种不同颜色及类别的动物，则基于分布式表示，我们不必针对每种动物一一描述它们的特征，而是用一部分神经元独立学习和表示颜色属性，另一部分神经元学习和表示类别属性。通过综合这两种隐层神经元给出的属性值即可区分不同动物。分布式表示可使神经网络具有更好的泛化性能，而基于神经网络的深度学习模型更是结合了分布式表示与深层表示的优势。

隐层数达到十多层或几十层的深度神经网络在现实中都很常见，不少网络还经常达到上百层甚至更多。隐层数目的增多给网络训练带来很大困难，单纯采用传统的误差反向传播算法会遇到很多棘手的问题，很难使网络正常收敛或获得良好的泛化性能。深度学习正是在逐步解决这些难题的基础上发展起来的，下节将对深度神经网络难以训练的问题进行分析并介绍一些常用的解决手段和方法。

7.5　深度神经网络的训练

7.5.1　梯度消失问题

深度神经网络的训练仍主要是基于经典的误差反向传播算法，然而由于隐层数和参数较多等原因，会碰到很多问题需要进一步解决。其中一个较大的问题是梯度消失，为更好地理解梯度消失问题以及它为何出现，图 7.10 给出了一个简化的多层网络结构，其中每一层只有一个神经元。

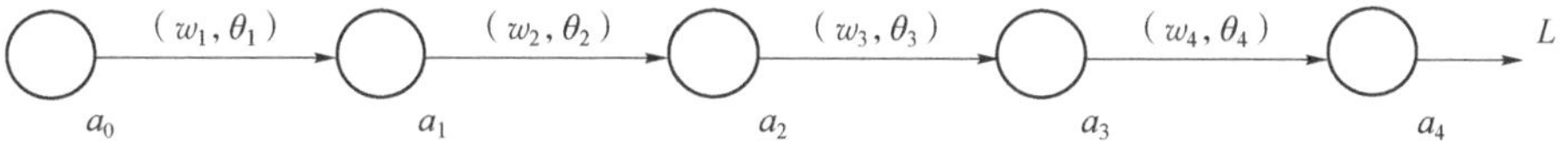

图 7.10　每层只包含单神经元的简化网络结构

在上述网络中，(w_i,θ_i)表示每一层神经元的连接权值和偏置($i=1,2,3,4$)，a_i 为每一层神经元输出（a_0 为网络输入）。令给到每一神经元的输入为 $z_i=w_ia_{i-1}-\theta_i$，则 $a_i=f(z_i)$，其中 $f(\cdot)$ 为 Sigmoid 激活函数。L 为训练时需要最小化的损失函数。

在使用误差反向传播算法对网络进行训练时，需要计算损失函数相对于各个参数的梯度值，以确定每一步训练中参数的调整量。以图 7.10 第一层中的参数 θ_1 为例，根据链式法则有

$$\frac{\partial L}{\partial \theta_1}=\frac{\partial L}{\partial a_4}\cdot\frac{\partial a_4}{\partial z_4}\cdot\frac{\partial z_4}{\partial a_3}\cdot\frac{\partial a_3}{\partial z_3}\cdot\frac{\partial z_3}{\partial a_2}\cdot\frac{\partial a_2}{\partial z_2}\cdot\frac{\partial z_2}{\partial a_1}\cdot\frac{\partial a_1}{\partial z_1}\cdot\frac{\partial z_1}{\partial \theta_1} \tag{7.20}$$

由于在上式中 $\partial a_i/\partial z_i=f'(z_i)$，$\partial z_i/\partial a_{i-1}=w_i$，$\partial z_1/\partial \theta_1=-1$，有

$$\begin{aligned}\frac{\partial L}{\partial \theta_1}&=-\frac{\partial L}{\partial a_4}\cdot f'(z_4)\cdot w_4\cdot f'(z_3)\cdot w_3\cdot f'(z_2)\cdot w_2\cdot f'(z_1)\\&=-\frac{\partial L}{\partial a_4}\cdot f'(z_4)\cdot f'(z_3)\cdot f'(z_2)\cdot f'(z_1)\cdot w_4\cdot w_3\cdot w_2\end{aligned} \tag{7.21}$$

可以看到，上式中包含从 $f'(z_1)$ 到 $f'(z_4)$ 的连续乘积。显然，若 $|f'(z_i)|<1$，这样的连续乘积将使其结果的绝对值变小。事实上，Sigmoid 函数的导数 $f'(\cdot)$ 最大值仅有 0.25（如图 7.11 中虚线所示），而当 z_i 远离零点时导数值 $f'(z_i)$ 将变得更小。在这种情况下，联系到式（7.21）可以想见，当网络层数较多时，随着反向传播过程向前推进，持续加入的乘积项将使计算结果呈指数式衰减（暂不计权值 w_i 对乘积的影响），最终可能使得一些参数的梯度值变得非常小甚至趋近于零，从而出现梯度消失问题。在误差反向传播训练过程中，梯度消失将使得后面的参数不能得到有效更新，导致训练失败。

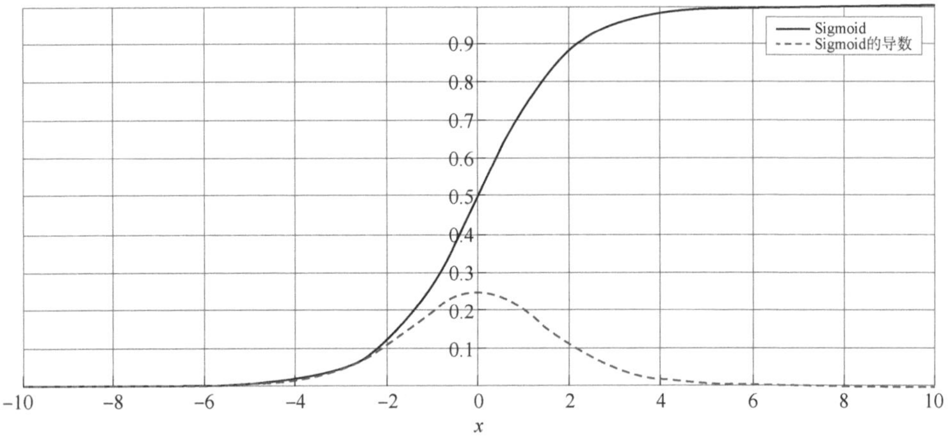

图 7.11　Sigmoid 函数及其导数

上面只是用一个极为简化的网络来帮助直观地理解梯度消失问题，然而实际情况要复杂得多。实际中每层包含很多神经元且连接更复杂；训练过程中神经元激活函数的输入都处在零点附近区域的概率较低，很多输入值会趋向于两端。这使得在实际中梯度消失的问题更加严重。

由梯度消失很容易联想到一种与之相反的问题，即梯度爆炸。它通常是由较

大的权值或某些点处较大的梯度值相乘引起的，使得反向传播过程中一些参数的梯度值激增。梯度爆炸会造成学习过程不稳定，难以收敛。相对于梯度消失，梯度爆炸出现的概率要小，也相对较好处理。对它一般采取梯度截断的方法，即若梯度值超过某个阈值，将超出的部分裁剪掉后再用于参数更新。下面主要讨论梯度消失问题的一些解决途径。

1）改进激活函数

Sigmoid 函数的导数最大值仅为 0.25，并且在远离零点附近时其值将变得非常小，很容易造成梯度消失问题。若使激活函数的梯度始终为 1，则在反向传播训练过程中就可使每层获得稳定的梯度。修正线性单元（Rectified Linear Unit，ReLU）就是这样一种激活函数，第 1 章提到的在视觉识别上取得历史性突破的 AlexNet 正是使用 ReLU 函数，作为帮助网络训练快速收敛的一个有力手段。ReLU 函数的曲线如图 7.12 所示，其表达式可简写为：$f(x)=\max(0,x)$。

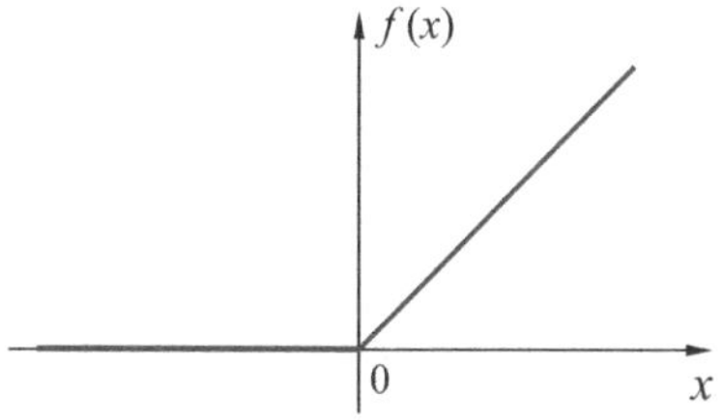

图 7.12　ReLU 激活函数

在 ReLU 函数中，小于 0 的部分直接置 0，大于 0 的部分的输出等于输入。这样既实现了非线性变换，同时使大于 0 的部分梯度为 1。对于需要从输入端传递过去的信息，激活函数的梯度总是 1，在误差反向传播算法中不会因梯度值连续相乘而使计算结果迅速变小，有利于避免梯度消失问题。另外，根据 ReLU 激活函数的定义，信息只能在其输入大于 0 的区域进行传播。这样带来的另外一个好处是稀疏性，即在特定条件下起作用的只是网络中的部分神经元。这种稀疏性有助于提高整个网络的性能，同时它也一定程度上模拟了生物神经网络，因为生物神经网络中的神经元也具有一定的激活率。

ReLU 激活函数也会存在一定的问题，由于输入小于 0 时其梯度即 0，此时即使有很大的梯度传播过来也会到此停止，使相应参数得不到更新。为解决这个问题，有学者提出改进的 Leaky ReLU 函数，其表达式为

$$f(x)=\begin{cases}x, & x\geqslant 0\\ \alpha x, & x<0\end{cases} \tag{7.22}$$

Leaky ReLU 函数曲线如图 7.13 所示，它使小于 0 的部分有一个很小的斜率 α（如设置 $\alpha=0.01$），这样即使输入落入了小于 0 的区域也不至于使梯度的传播完全中断。

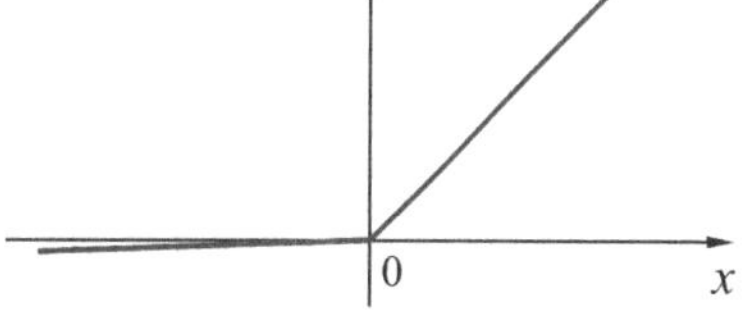

图 7.13　Leaky ReLU 激活函数

此外，还存在其他一些基于 ReLU 改进而来的激活函数，或其他类似的能够帮助解

决梯度消失问题的激活函数。这些激活函数在克服梯度消失问题的同时，也很大程度提高了网络训练时的收敛速度。

2）批归一化

在深度神经网络的训练过程中，当前面层中的参数都发生微小变化时，由于每一层都基于相应的参数进行线性变换（如图 7.10 中 $z_i = w_i a_{i-1} - \theta_i$）和激活函数非线性映射，这些微小变化产生的影响会被逐层累积放大，使得后面层的输入分布发生较大变化。这种情况下，后面层的网络必须不停地适应输入数据分布的变化，这将给网络的训练造成困难，并容易影响到模型训练效果。在每次误差反向传播后，基于梯度对每一参数进行更新时总是假设其他参数保持不变，而实际上各参数都要因更新而发生变化，随着网络层数的加深，当前面参数都发生变化时，网络输出势必发生更大的变化。

上述情况对训练过程将产生负面影响。其中一个重要影响是容易使后面层激活函数的输入值偏移至梯度较小的区域。如图 7.11 所示，Sigmoid 函数的输入值容易偏移至饱和区，使得对应的函数导数趋近于零，这种情况下显然容易引起梯度消失问题。解决这种问题的一个思路是通过归一化方法来调整激活函数的输入分布，以避免陷入两端梯度接近于零的区域。批归一化（Batch normalization）被认为是解决该问题的一种有效手段。

在基于误差反向传播算法的深度学习中，一般采用小批量（mini-batch）训练方式，即每一次参数更新都是基于训练集中小批量数据进行的，批归一化方法正是建立在这种训练方式基础上。它可应用于网络中的任一隐层，对该层所有神经元激活函数的输入分别做归一化处理。令 $\{z_1, z_2, \cdots, z_m\}$ 表示训练过程中读取某一小批量数据后分别计算得到的网络中某一隐层神经元激活函数的输入，针对该神经元利用小批量数据计算结果的批归一化计算过程为

$$\mu_B = \frac{1}{m}\sum_{i=1}^{m} z_i \tag{7.23}$$

$$\sigma_B^2 = \frac{1}{m}\sum_{i=1}^{m} (z_i - \mu_B)^2 \tag{7.24}$$

$$\hat{z}_i = \frac{z_i - \mu_B}{\sqrt{\sigma_B^2 + \varepsilon}} \tag{7.25}$$

式中，ε 为某一极小常数，以防止式中分母为零。上述过程中，首先计算 $\{z_1, z_2, \cdots, z_m\}$ 的均值 μ_B 和标准差 σ_B，然后采用均值和标准差对每一 $z_i(i=1,2,\cdots,m)$ 进行归一化，得到 $\hat{z}_i$。归一化后的数据分布在 0 附近（均值为 0、标准差为 1），可以获得更大的梯度，有利于对抗梯度消失问题。

然而单纯将数据归一化到零均值和标准差为 1 的结果，也会一定程度上降低

该层网络的表达能力。为了进一步恢复网络的特征学习和表达能力，还需按下式进行计算：

$$\tilde{z}_i=\gamma\hat{z}_i+\beta \tag{7.26}$$

式中，γ与β是引入的两个参数，均由训练过程自动学习得到。式（7.25）与式（7.26）给出的两个步骤看似相反和无必要，然而前者重在消除随着层数加深而累积下来的偏移，后者是通过设置新的参数重新学习得到合适的分布。

批归一化方法虽然简单但功能较为强大，不仅有利于解决梯度消失问题，而且能降低网络训练对于学习率等超参数选择和调节的依赖，使网络学习更加稳定的同时提高学习速度；此外，该方法还具有良好的正则化作用，有助于提高模型的泛化能力。

3）捷径连接

在网络中引入捷径连接（Shortcut connection）也有助于克服梯度消失问题。如图7.14所示，$F(x)$代表一个浅层网络模块（其输入输出关系以函数$F(x)$表示），与通常逐层连接不同的是在该模块外还有一个连接直接指向输出端，该连接即捷径连接。引入捷径连接后的输入输出关系可表示为$y=F(x)+x$，此时该网络单元要学习的实际上就是残差$F(x)=y-x$。因此，这样的网络结构也称为残差结构，如图7.15所示，由多个这样的结构单元串联起来就形成了残差网络（ResNet）。残差网络的深度达到上百层仍能很好地进行训练，并解决以往当网络深度达到一定程度后，深度越深性能反而越差的问题，可较为充分地发挥深度神经网络的优势。

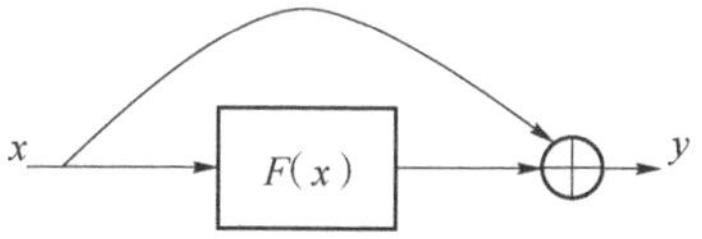

图7.14　残差结构单元

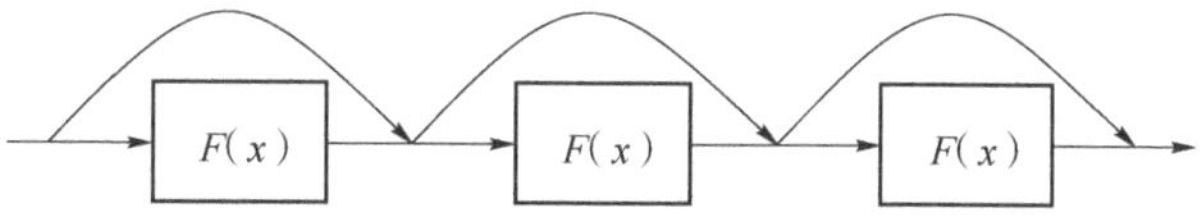

图7.15　包含三个残差结构单元的残差网络

残差网络具有较好性能的其中一部分原因可归结为捷径连接能够抑制梯度消失问题。令x_i为残差网络中第i个单元的输入，x_{i+1}为其输出，则有

$$x_{i+1}=x_i+F(x_i) \tag{7.27}$$

同时，x_{i+1}又为第$i+1$个单元的输入，x_{i+2}为该单元的输出，于是

$$x_{i+2}=x_{i+1}+F(x_{i+1})=x_i+F(x_i)+F(x_{i+1})$$

更一般地，有

$$x_{i+n}=x_i+\sum_{k=0}^{n-1}F(x_{i+k})$$

令L表示损失函数，则在反向传播中梯度的计算公式为

$$\frac{\partial L}{\partial x_i}=\frac{\partial L}{\partial x_{i+n}}\frac{\partial x_{i+n}}{\partial x_i}=\frac{\partial L}{\partial x_{i+n}}\left(1+\frac{\sum_{k=0}^{n-1}\partial F(x_{i+k})}{\partial x_i}\right) \tag{7.28}$$

由上式可以看出，后面层的梯度$\partial L/\partial x_{i+n}$可以作为其中的一个成分直接传过去，具有很好的稳定梯度的作用。仔细观察还可发现，上式中的另一部分变成了梯度相加形式，这也有利于抑制梯度衰减。

实际上，捷径连接不仅有利于抑制梯度消失，还具有加强低层特征的传递和融合等作用。如图 7. 16 所示，基于类似的捷径连接方式可进一步构造稠密连接网络（DenseNet），其中通过引入更多的连接不仅有利于解决梯度消失问题，同时还可加强不同层特征的融合。

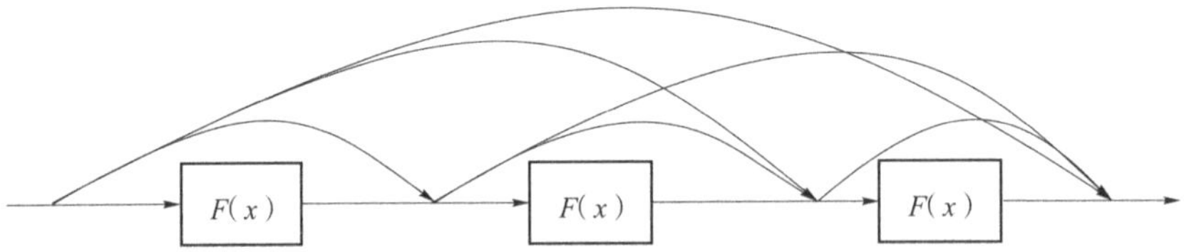

图 7. 16　稠密连接网络

7. 5. 2　正则化和训练策略

深度神经网络包含了大量参数，通常情况下参数越多的模型复杂度越高，也较容易发生过拟合，严重影响模型的泛化能力。如何避免或缓解深度神经网络的过拟合，是深度学习需要解决的另一个重要问题。下面给出一些可缓解过拟合问题的常用策略。

1. 数据增广和提前停止

在机器学习算法中，解决过拟合、提高模型泛化能力最直接的方法是采用更多的数据进行训练。实际中拥有的训练数据量往往是有限的，为此常通过数据增广（Data augmentation）措施来增加训练数据量。数据增广一般是在现有数据基础上通过各种变换方式生成更多的训练数据。例如，对于图像识别任务，可以将现有训练数据集中的图像进行旋转、平移、色彩和亮度等变换，以此来获得更多的图像数据。这种数据增广措施不仅有效增加了训练数据量，而且能够增强模型对于各种变化的适应性。需要注意的是，对数据的变换不能改变它们的原有属性。例如，在字符识别任务中，数字“9”不可进行180°旋转变换而使其变为“6”；字母“b”也要避免水平翻转而使其变为“d”。

训练一个神经网络模型，最终目标并不是为了对训练数据获得尽可能小的误差，而是要使模型对训练数据以外的新数据也能做出正确的预测，即减小对于新数据的预测误差，从而具备较好的泛化能力。由第 5 章内容可知，在模型学习时通常可以将现有一部分数据划分出来作为验证集。同样，对于神经网络模型的学习，验证集中的数据并不作为训练数据，而是用于评估训练所得到的模型的性能，以便选择合适的网络模型超参数，如网络层数、隐层神经元数量、学习率和激活函数等。基于验证集还可以采用 7. 3. 4 节中介绍的“提前停止”策略训练深度神经网络，即训练过程中当在验证集数据上的损失函数值不再下降时即停止训练，并将此时的参数作为最后训练得到的模型参数。这是因为验证集中包含的是训练集以外的数据，模型在验证集上的性能一定程度上能够体现它的泛化能力。

2. L_2 与 L_1 正则化

在深度学习（包括一般的机器学习）中人们设计了很多策略旨在降低模型的泛化误差而非训练误差，实现使模型“正则化”的功能。其中典型的正则化策略是在损失函数中加入对于参数的约束项，如 7. 3. 4 节中介绍的 L_2 和 L_1 参数正则化。

下式表示一个包含 L_2 正则化项的损失函数：

$$\tilde{L}=L+\frac{\lambda}{2}\|\boldsymbol{w}\|^2 \tag{7.29}$$

式中，L 代表原始的损失函数。上述损失函数关于参数 $\boldsymbol{w}$ 的梯度表达式为

$$\frac{\partial\tilde{L}}{\partial\boldsymbol{w}}=\frac{\partial L}{\partial\boldsymbol{w}}+\lambda\boldsymbol{w} \tag{7.30}$$

于是，可得到基于梯度下降的参数更新计算式为

$$\boldsymbol{w}\leftarrow(1-\eta\lambda)\boldsymbol{w}-\eta\frac{\partial L}{\partial\boldsymbol{w}} \tag{7.31}$$

式中，η 为学习率，梯度$\partial L_0/\partial\boldsymbol{w}$ 可以通过反向传播计算得到。

式（7. 31）中除多了一个常数因子（$1-\eta\lambda$）外，其余部分与未加入正则化项的参数更新计算式完全相同。相对于未加入正则化项的情况，因子（$1-\eta\lambda$）可看作是对网络权值 $\boldsymbol{w}$ 进行了额外调整，使其变小。由 L_2 正则化引起的这种调整也称为“权值衰减（Weight decay）”，在训练过程中它倾向于使 $\boldsymbol{w}$ 的各分量取值较小，有利于降低模型的复杂度，从而缓解过拟合问题。可以想见，更小的权值意味着网络的行为不会因为某个输入发生一个较小的变化而产生大的改变，不容易将数据的噪声也学习进去，更有利于学习到数据背后的一般规律。

下式给出了一个引入 L_1 参数正则化的损失函数：

$$\tilde{L}=L+\lambda\|\boldsymbol{w}\|_1 \tag{7.32}$$

此时关于参数 $\boldsymbol{w}$ 的梯度为

$$\frac{\partial\tilde{L}}{\partial\boldsymbol{w}}=\frac{\partial L}{\partial\boldsymbol{w}}+\lambda\,\mathrm{sgn}(\boldsymbol{w}) \tag{7.33}$$

于是，可得到 L_1 正则化下的参数更新计算式：

$$\boldsymbol{w}\leftarrow\boldsymbol{w}-\eta\lambda\,\mathrm{sgn}(\boldsymbol{w})-\eta\frac{\partial L}{\partial\boldsymbol{w}} \tag{7.34}$$

L_1 和 L_2 正则化的效果都是缩小权值，但是它们的方式有所不同。在 L_2 正则化中权值是通过一个常数因子成比例进行缩小；而在 L_1 正则化中权值是减去一个常量（与权值的符号 $\mathrm{sgn}(\boldsymbol{w})$ 有关）。当某个权值的绝对值 $|w_i|$ 已经很小时，L_1 正则化对它缩小的作用要比 L_2 正则化大得多。因此，相比之下 L_1 正则化更倾向于使其中一些权值接近于零。而这将使 $\boldsymbol{w}$ 变得稀疏，使得有效的权值数量变少，从而降低模型复杂度。需要注意的是，不管是 L_1 还是 L_2 正则化项，其中一般都不需要包含神经元的阈值参数，大的阈值在网络中并不会像大的权值那样使神经元对输入太过敏感，而同时对阈值不加以限制也便于在很多情况下调节神经元输出。

3. 集成方法与 Dropout

通过综合多个模型也可以有效提高泛化能力，这种方法称为“集成（Ensemble）”。如图 7.17 所示，其中图（a）、（b）和（c）分别表示三个不同模型在测试数据上的分类结果，并用方框标示出了每一模型的错误分类数据。尽管每个模型都会有一些错误分类，但是它们总体上都是正确的，并且因为模型不同，它们错误的情况也不一样，被某一模型错误分类的数据在其他多数模型中一般都能够被正确分类。因此，可以考虑综合多个模型的结果以提高分类的可靠性。如图 7.17（d）所示，通过三个模型结果的综合可以在测试数据上获得效果更好的分类边界。具体地，可以采取模型平均、多数投票或取中值等不同方式实现不同模型的综合。

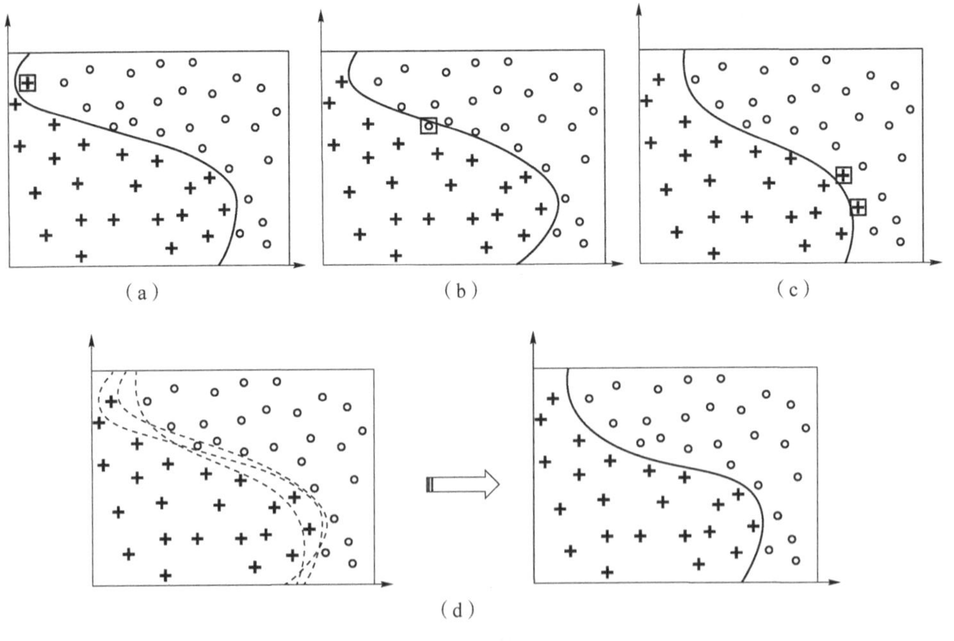

图 7.17　通过集成方法提升分类器性能

假设有 k 个模型，每一模型在测试数据上的误差为ϵ_i，该误差服从均值为零、方差为$\mathbb{E}(\epsilon_i^2)=v$ 的正态分布，不同模型误差之间的协方差为$\mathbb{E}(\epsilon_i\epsilon_j)=c$。通过模型平均得到的预测误差表示为 $(\sum_i \epsilon_i)/k$，该误差平方的期望为

$$\mathbb{E}\left[\left(\frac{1}{k}\sum_i \epsilon_i\right)^2\right]=\frac{1}{k^2}\mathbb{E}\left[\sum_i\left(\epsilon_i^2+\sum_{j\neq i}\epsilon_i\epsilon_j\right)\right]=\frac{1}{k}v+\frac{k-1}{k}c \tag{7.35}$$

由上式可以看出，在不同模型误差完全相关即 $c=v$ 时，上述误差平方的期望仍为 v，此时模型集成并无帮助。而在各模型完全不相关，即 $c=0$ 时，模型集成后最终误差平方的期望将降低到 v/k，这意味着使用多个不同的模型进行集成可有效降低预测误差，并且随着模型数量的增多其效果更明显。

集成方法中的多个模型可以是相同模型结构而其中的参数不同，也可以是几种不同类型的模型，其中前者更为常见。传统的集成学习方法包括 Bagging、Boosting 等。Bagging 方法一般是基于统一的模型结构和训练方法，只是不同模型所采用的训练数据集有所不同。每个数据集都是由从原始数据集中通过有放回地随机抽样出来的样本构成的，其中所含样本的差异最终导致训练得到不同的模型。Boosting 方法是通过结合一系列弱学习器，最终获得性能极大提升的强学习器。

集成方法虽然能够有效提升最终性能，但是它需要构建和训练多个模型，实际推理时也要涉及多个模型的存储和计算，而当每个模型都是一个很大的神经网络时，需要很高的存储和计算代价。对于深度神经网络模型的训练，Dropout 提供了一种性价比相对较高的集成方案，通过采取相应的训练策略能够有效提高模型的泛化能力。在 Dropout 训练中，每次通过前向与反向传播进行参数迭代更新前，随机地选取一部分神经元使它们不参与计算，这相当于在该轮次训练中去掉了这部分神经元，只对原网络的一个子网络进行训练，如示意图 7.18 所示。在此过程中每一神经元（除输出层神经元之外）都以一定的概率 p 不被选择，未被选择的神经元可通过强制使其输出为零或不被激活而不参与训练，相关的参数也不会得到更新。上述过程不断重复，从而使得每次迭代时只基于当前读取的样本针对某一随机的子网络进行训练，通过这种方式可使大量不同的子网络得到训练。训练结束后则采用完整的网络进行预测，但由于训练过程针对的是各个随机子网络，需要将所有网络模型参数乘以因子 $1-p$（或采用其他等效方法）才能保证预测结果的正确。

Dropout 训练策略很大程度上可以认为是遵循 Bagging 集成思想，然而在通常的 Bagging 方法中各模型是完全分开的，而在 Dropout 中不同模型有很大的概率会共享一部分连接和参数，这种参数共享的模式使得最终模型不会过于庞大，同时还能有效发挥集成方法的优势。在 Dropout 中并没有对各个子网络分别进行完整的训练，而是在每步迭代中随机地训练其中某个子网络，参数共享使得所有网络参数最终都得到训练并获得合适的取值。

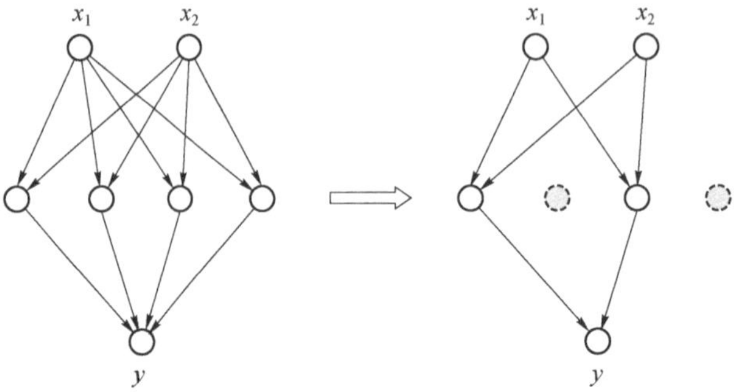

图 7.18　通过去掉原网络中的部分神经元得到一个子网络

Dropout 这种训练方式对于特征学习也是有利的，每次迭代相当于只针对其中一部分特征进行独立训练。例如，对于人脸识别，某次训练可能学习的是如何通过眼睛更好地区分不同的人脸，而其他情况下可能针对的是嘴巴和眉毛等特征。这种方式能够降低学习过程中特征之间的相互影响，达到获得更好特征学习结果和增强模型泛化能力的目的。

7.5.3　训练中的优化算法

与 7.3.4 节所述的情况一样，深度神经网络的训练也是希望找到使损失函数值尽可能小的一组参数，然而深度网络模型一般存在较多的局部极小值，为训练带来很大的困难。幸运的是，实际情况下很多局部极小值也都足够小，而训练过程是不是找到真正的全局最小值点一般并不重要，往往只需在参数空间中找到一个使损失函数值足够小的点即可。尽管如此，训练过程也需要避免陷入其他大量不符合要求的局部极小值点。

除局部极小值点外，在深度网络模型的梯度下降优化中碰到的另一种更为常见的情况是鞍点（Saddle point）。鞍点是多维空间中梯度为零，既非极小值点也非极大值点的一类临界点。在二维空间中，鞍点在某一方向上是极小值点而在该方向垂直方向上是极大值点，因其周围外形像马鞍而得名（如图 7.19 所示）。尽管在鞍点处的梯度为零，但其周围只有一部分点的损失函数值比鞍点处的损失函数值大，而其他点则具有更小的损失函数值。显然，优化过程

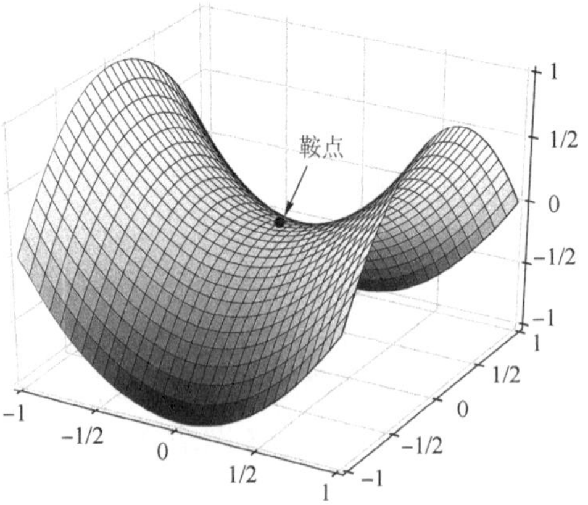

图 7.19　二维鞍点示意图

不应该在鞍点处停滞。另一种因梯度为零而容易使训练停滞之处是局部的平坦区域，若其对应着一个较高的损失函数值，则在此处停止显然无法达到训练目标。上述问题都是梯度下降优化算法需要考虑和解决的。

1. 随机梯度下降法

在基于随机梯度下降法的优化过程中，每一次迭代都随机地选取训练样本。其中，样本选取的随机性为每一步的梯度计算引入了随机因素，即便到达了局部极小值点，基于一些样本计算出的梯度也可能不为零，从而有机会跳出局部极小值点继续进行搜索。随机梯度下降法是深度网络模型训练优化的基本算法，但实际使用时每次通常并不是选取单独的一个样本，而是随机选取一组小批量样本（如 m 个），这种方法也因此称为小批量梯度下降法。

令 $\boldsymbol{\theta}$ 表示网络模型参数，η 为学习率，$\boldsymbol{L}(\cdot)$ 代表损失函数，则小批量梯度下降优化过程中每一步迭代的计算过程如下：

---

① 从训练集中随机抽取 m 个样本，记为 $\{(\boldsymbol{x}_1,\boldsymbol{y}_1),(\boldsymbol{x}_2,\boldsymbol{y}_2),\cdots,(\boldsymbol{x}_m,\boldsymbol{y}_m)\}$；

② 计算梯度：$\boldsymbol{g}=\nabla_{\boldsymbol{\theta}}\left\{\frac{1}{m}\sum_i \boldsymbol{L}(f(\boldsymbol{x}_i,\boldsymbol{\theta}),\boldsymbol{y}_i)\right\}$，其中 $f(\cdot)$ 代表网络模型，$\nabla_{\boldsymbol{\theta}}\{\cdot\}$ 为梯度算子，针对相应的参数 $\boldsymbol{\theta}$ 计算梯度；

③ 参数更新：$\boldsymbol{\theta}\leftarrow\boldsymbol{\theta}-\eta\boldsymbol{g}$。

上述过程不断重复，直到达到循环迭代停止条件为止。

2. 基于动量的梯度下降

随机梯度下降法的学习过程有时会很慢，为了加速学习可在每一次梯度下降过程中引入动量（Momentum）。“动量”这一术语来源于物理学，可以想象从山上滚落一个圆形石块，它从高处往下滚动的过程中会积蓄动量（动量等于质量乘以速度）。动量不但可以加快石块往下滚落的速度，而且可以帮助它冲出所经之处的一些小山坳或局部平坦区域，顺利落到最低点。

在基于动量的梯度下降算法中，给定动量 v 的初始值，每一步迭代的计算过程如下：

---

① 从训练集中随机抽取 m 个样本，记为 $\{(\boldsymbol{x}_1,\boldsymbol{y}_1),(\boldsymbol{x}_2,\boldsymbol{y}_2),\cdots,(\boldsymbol{x}_m,\boldsymbol{y}_m)\}$；

② 计算梯度：$\boldsymbol{g}=\nabla_{\boldsymbol{\theta}}\left\{\frac{1}{m}\sum_i \boldsymbol{L}(f(\boldsymbol{x}_i,\boldsymbol{\theta}),\boldsymbol{y}_i)\right\}$；

③ 动量更新：$\boldsymbol{v}\leftarrow\lambda\boldsymbol{v}-\eta\boldsymbol{g}$，其中 $\lambda(\lambda<1)$ 为衰减系数；

④ 参数更新：$\boldsymbol{\theta}\leftarrow\boldsymbol{\theta}+\boldsymbol{v}$。

上述算法在考虑当前梯度的基础上，还将上一时刻的动量（乘以一个衰减系数 $\boldsymbol{\lambda}$）加入进来，这相当于每次梯度下降时适当地综合考虑了已往时刻的梯度。

当前段时刻梯度向量方向均相同时，下降速度将得到最大限度提升；即使每次方向有所不同，通过综合这些梯度向量也有利于优化当前的寻优路径。

在上述算法基础上，还提出了另一种改进的加速算法，称为 NAG（Nesterov accelerated gradient）算法。在该算法中，上述步骤②的梯度计算式改为

$$\boldsymbol{g}=\nabla_{\boldsymbol{\theta}}\left\{\frac{1}{m}\sum_{i}\boldsymbol{L}(f(\boldsymbol{x}_i,\boldsymbol{\theta}+\lambda\boldsymbol{v}),\boldsymbol{y}_i)\right\}$$

即每次计算梯度时并不是在当前点，而是假设根据前一时刻动量再向前移动一步。这相当于提前对前方梯度情况作预判，用以修正当前的寻优路径和步长。例如，当发现前方坡度很高或梯度方向变化较大时，则提前减速或相应地改变路径方向。

3. AdaGrad 算法

在上面介绍的随机梯度下降算法中，所有参数都采用相同的学习率进行更新。然而通常情况下，损失函数对于不同参数的敏感程度是不一样的，当某些参数已经优化到参数空间的极小值点附近时，其他参数却可能离它还有较大距离。这种情况下很难为不同参数选择一个合适统一的学习率，若学习率太小则会导致收敛很慢，而学习率过大又会造成不易收敛。

针对上述问题需要采取自适应学习率方法，其中 AdaGrad（Adaptive gradient）算法基于历史梯度自适应地确定不同参数的学习率，该算法的每一步迭代计算过程如下：

---

① 从训练集中随机抽取 m 个样本，记为 $\{(\boldsymbol{x}_1,\boldsymbol{y}_1),(\boldsymbol{x}_2,\boldsymbol{y}_2),\cdots,(\boldsymbol{x}_m,\boldsymbol{y}_m)\}$；

② 计算梯度：$\boldsymbol{g}=\nabla_{\boldsymbol{\theta}}\left\{\frac{1}{m}\sum_{i}\boldsymbol{L}(f(\boldsymbol{x}_i,\boldsymbol{\theta}),\boldsymbol{y}_i)\right\}$；

③ 计算梯度平方和：$\boldsymbol{r}\leftarrow\boldsymbol{r}+\boldsymbol{g}\odot\boldsymbol{g}$（“$\odot$”表示矩阵或向量间逐元素相乘）；

④ 参数更新：$\boldsymbol{\theta}\leftarrow\boldsymbol{\theta}-\frac{\eta}{\sqrt{\boldsymbol{r}}+\epsilon}\odot\boldsymbol{g}$（$\epsilon$ 为一个很小的常数以防止分母为 0）。

上述步骤③通过累加方式计算到当前为止所有历史时刻的梯度平方和 $\boldsymbol{r}$（$\boldsymbol{r}$ 中各元素的初始值设为 0），最后在步骤④中使得各参数的学习率与其梯度累加值成反比（其中 η 为全局学习率）。对于每一参数，累加的梯度平方和越大说明在该参数方向上下降越多，因此相应地减小学习率，而下降少的参数则采用的是较大的学习率。

AdaGrad 能够为每个参数自适应地调整学习率，对于某些深度学习模型的训练具有很好的效果。但是由于梯度平方始终大于（或等于）零，其累加值在训练过程中会不断增长，有可能导致学习率过早或过量地减小，使得参数更新最终变得很缓慢或过早停滞。

4. RMSProp 算法

AdaGrad 累积所有历史时刻梯度平方和的做法可能使得学习率过早地变得很小，而 RMSProp 算法则在累加过程中通过引入一个衰减系数逐渐丢弃相距较远的历史梯度信息。具体地，在 RMSProp 算法中上述步骤③变为

$$\boldsymbol{r} \leftarrow \rho \boldsymbol{r} + (1-\rho)\boldsymbol{g} \odot \boldsymbol{g}$$

式中，$\rho(\rho<1)$ 为衰减系数。令 $\boldsymbol{r}_i$ 表示按上式进行累加得到的第 i 时刻结果，则第 $i+1$ 和 $i+2$ 时刻的累加值分别为

$$\boldsymbol{r}_{i+1} = \rho \boldsymbol{r}_i + (1-\rho)\boldsymbol{g}_{i+1} \odot \boldsymbol{g}_{i+1}$$

$$\begin{aligned}\boldsymbol{r}_{i+2} &= \rho \boldsymbol{r}_{i+1} + (1-\rho)\boldsymbol{g}_{i+2} \odot \boldsymbol{g}_{i+2} \\ &= \rho^2 \boldsymbol{r}_i + \rho(1-\rho)\boldsymbol{g}_{i+1} \odot \boldsymbol{g}_{i+1} + (1-\rho)\boldsymbol{g}_{i+2} \odot \boldsymbol{g}_{i+2}\end{aligned}$$

由此类推，第 $i+n$ 时刻的累加值变为

$$\begin{aligned}\boldsymbol{r}_{i+n} = &\rho^n \boldsymbol{r}_i + \rho^{n-1}(1-\rho)\boldsymbol{g}_{i+1} \odot \boldsymbol{g}_{i+1} + \cdots + \\ &\rho(1-\rho)\boldsymbol{g}_{i+n-1} \odot \boldsymbol{g}_{i+n-1} + (1-\rho)\boldsymbol{g}_{i+n} \odot \boldsymbol{g}_{i+n}\end{aligned}$$

显然，由于 $\rho<1$，计算结果中历史时刻的梯度信息随着时间的推移将按指数形式衰减，相当于主要考虑近期一段时间的梯度信息。这种做法能够有效解决学习率过快减小的问题。

RMSProp 算法已被证明是一种较为有效实用的深度神经网络训练优化算法，在该算法基础上还可以进一步引入动量项（如结合 Nesterov 动量方法），以加快收敛速度。此外，还存在另外一种具有类似更新规则的优化算法——AdaDelta，它也是通过衰减系数只考虑最近一段时间的历史梯度信息。但是与 RMSProp 不同，AdaDelta 算法不需要为参数更新过程手动设置一个全局学习率 η，而是通过自适应方式进行确定和调整。

5. Adam 算法

Adam（Adaptive momentum estimation）可认为是一种将 RMSProp 与动量方法相结合的算法，它的每一步迭代计算过程如下：

---

① 从训练集中随机抽取 m 个样本，记为 $\{(\boldsymbol{x}_1,\boldsymbol{y}_1),(\boldsymbol{x}_2,\boldsymbol{y}_2),\cdots,(\boldsymbol{x}_m,\boldsymbol{y}_m)\}$；

② 计算梯度：$\boldsymbol{g} = \nabla_{\boldsymbol{\theta}}\left\{\frac{1}{m}\sum_i \boldsymbol{L}(f(\boldsymbol{x}_i,\boldsymbol{\theta}),\boldsymbol{y}_i)\right\}$；

③ $t \leftarrow t+1$（t 的初始值为 0）；

④ 梯度的一阶矩估计：$\boldsymbol{m} \leftarrow \rho_1 \boldsymbol{m} + (\boldsymbol{1}-\rho_1)\boldsymbol{g}$；

⑤ 梯度的二阶矩估计：$\boldsymbol{r} \leftarrow \rho_2 \boldsymbol{r} + (\boldsymbol{1}-\rho_2)\boldsymbol{g} \odot \boldsymbol{g}$；

⑥ 修正一阶矩和二阶矩：$\hat{\boldsymbol{m}} = \frac{\boldsymbol{m}}{1-\rho_1^t}$，$\hat{\boldsymbol{r}} = \frac{r}{1-\rho_2^t}$；

⑦ 参数更新：$\boldsymbol{\theta} \leftarrow \boldsymbol{\theta} - \frac{\eta}{\sqrt{\hat{\boldsymbol{r}}}+\epsilon} \odot \hat{\boldsymbol{m}}$。

上述步骤④中的一阶矩估计实质上相当于前面的动量（考虑衰减系数 ρ_1）计算，而步骤⑤采用了与 RMSProp 中同样的方法计算历史时刻的梯度平方和（考虑衰减系数 ρ_2）。步骤⑥是对 $\boldsymbol{m}$ 和 $\boldsymbol{r}$ 进行修正，可解决初始阶段它们的值过小的问题。在 Adam 算法中 ρ_1 较佳的设置一般为 0.9，ρ_2 一般默认设置为 0.999，η 一般设置为 0.001 即可。综合来看，Adam 算法吸收了其他算法的优点，实际中往往也能获得较好的效果。

7.6 卷积神经网络

7.6.1 卷积运算

在一维情形下，输入信号 $x(t)$ 与函数 $w(t)$ 的卷积表示为

$$c(\tau) = \int x(t)w(\tau - t)\mathrm{d}t \tag{7.36}$$

上述卷积运算可简写为

$$c(\tau) = (x * w)(\tau) \tag{7.37}$$

式中，“ * ”表示卷积运算符号，其中函数 w 通常称为“卷积核”。

实际中计算机处理的是离散化数据，在这种情况下卷积运算中的积分变为求和：

$$c(n) = \sum_{m=-\infty}^{\infty} x(m)w(n - m) \tag{7.38}$$

式中，m、n 代表每一离散点。根据卷积的交换律，上式可等价地写为

$$c(n) = \sum_{m=-\infty}^{\infty} x(n - m)w(m) \tag{7.39}$$

尽管上式中函数 w 的定义域为$(-\infty, \infty)$，但一般卷积核只在原点附近具有非零取值，而在远离原点处值为零。例如，假设某离散卷积核只有 $w(-1)=1$，$w(0)=2$，$w(1)=1$ 三个非零值，其他离散点处则因其值为零无须考虑；同时，假设离散信号 $x(m)$ 在 $m=1,2,\cdots,8$ 时，其值分别为“2,3,1,4,5,2,1”（其他点处的值为零）。如图 7.20 所示，w 与 x 卷积意味着将 w 中的序列值翻转后（仍为 [1,2,1]）使其相对于 x 由左至右逐一位置移动，在每一位置处计算 w 与 x 对应值的乘积并求和，即每移动到一个位置均以 w 中对应的值为权重计算 x 各个值的加权和。例如，当 $n=1$ 时，$c(1)=x(0)w(1)+x(1)w(0)+x(2)w(-1)=7$。

注意到，式（7.38）所示的卷积运算在计算时对卷积核 w 进行了翻转，若不翻转则计算式变为

$$c(n) = \sum_{m=-\infty}^{\infty} x(n + m)w(m) \tag{7.40}$$

上式实际上实现的是 w 与 x 在每一位置的互相关运算。很多实际应用中并不关心

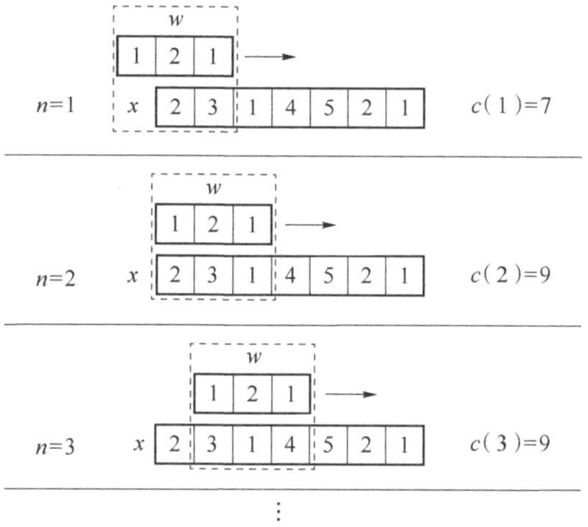

图 7.20　一维卷积运算过程示意图

是否翻转卷积核，因此式（7.40）所示互相关形式的运算在不十分严谨的情形下也被称为卷积，本章接下来所述的卷积也主要指这种形式。

二维情形下的卷积可表示为

$$c(i,j) = \sum_{m=-\infty}^{\infty} \sum_{n=-\infty}^{\infty} x(i+m,j+n)w(m,n) \tag{7.41}$$

如图 7.21 所示，二维卷积可看作是卷积核（图中卷积核大小为 3×3）在二维输入数据 x 上逐一位置移动，在每一位置处以卷积核中各元素为权重对所有对应 x 值计算加权和。图中输入的是 5×5 大小的二维数据，而卷积后的数据变为 3×3。为使卷积后二维数据的尺寸不变，如图 7.22 所示，通常可在输入数据矩阵周围用零填充，使得输出的二维数据仍为 5×5。

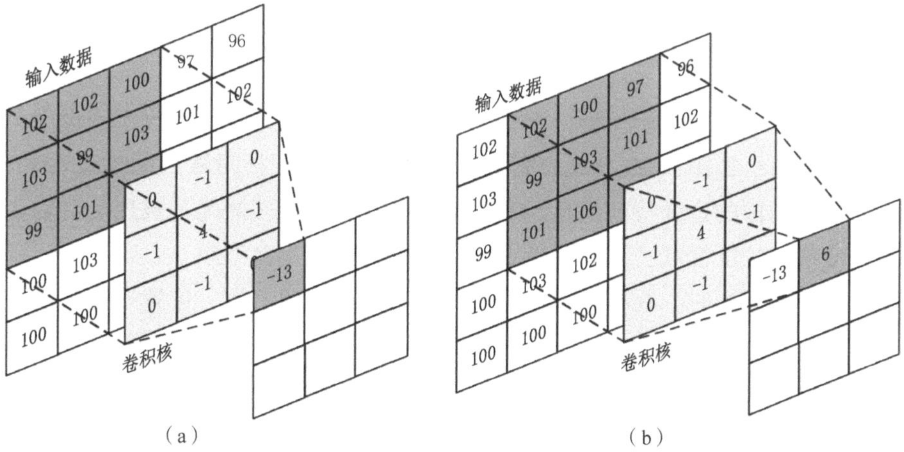

图 7.21　二维卷积示意图

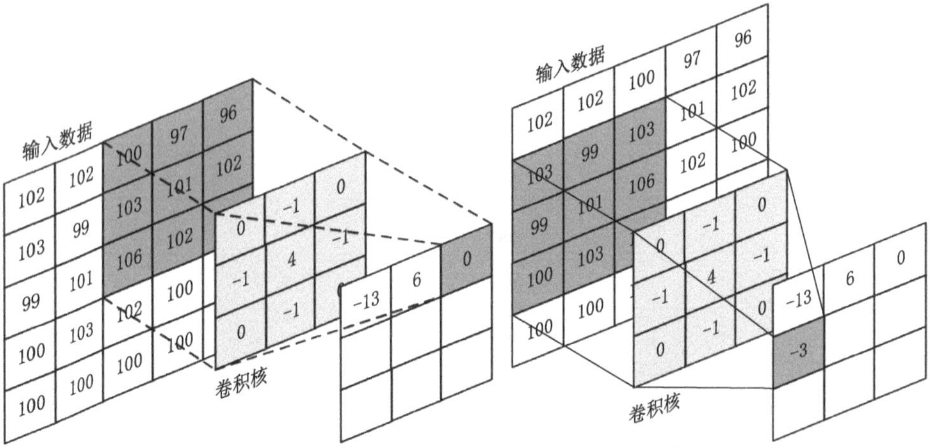

（c）　　　　　　　　　　　　　　（d）

图 7.21　二维卷积示意图（续）

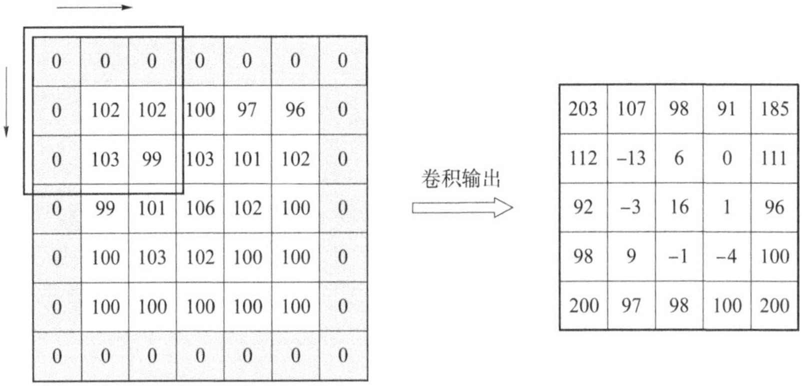

图 7.22　通过零填充获得与输入相同尺寸的卷积输出

特别地，图像就属于一种二维数据，其矩阵的每一元素代表数字图像中各位置处的像素值。如图 7.23 所示，若以图 7.21 中的卷积核对输入图像进行卷积，则可以得到图像的边缘特征信息。实际上，卷积运算很多情况下被用于对输入数据进行变换和特征提取，若改变卷积核所得到的特征也会不同。

实际卷积运算时，卷积核不一定要在输入数据空间上逐一位置进行移动，也可以按照一定的间隔移动，这种间隔通常称为步幅（Stride）。显然，当步幅大于 1 时整个卷积运算量将减小，卷积运算结果的数据量也会变小，起到降采样效果。

图 7.23　通过卷积得到图像的边缘特征

7.6.2　卷积层和特征图

前面介绍的前馈神经网络都是采用全连接方式，即后一层的神经元与前一层中所有的神经元都存在连接，如图 7.24（a）所示。在卷积神经网络中，后一层的每个神经元只与其前一层对应位置周围的部分神经元有连接。例如，在图 7.24（b）中，后一层神经元 h_2 只与前一层中的神经元 x_1、x_2、x_3 相连；h_3 只与前一层中的 x_2、x_3、x_4 连接；h_4 只与前一层中的 x_3、x_4、x_5 连接等。

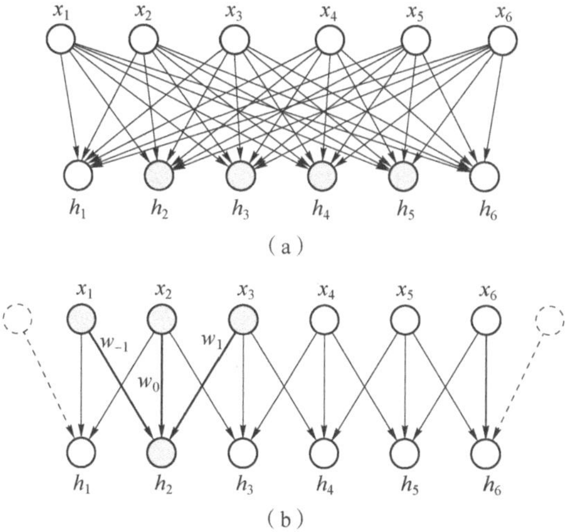

图 7.24　不同连接方式示意图

（a）全连接；（b）卷积层连接

不仅如此，后一层中的每个神经元均采用相同的一组权值参数与前一层进行连接。在图 7.24（b）中，令 w_{-1}、w_0、w_1 分别为 h_2 与 x_1、x_2、x_3 之间的连接权值，则它们同时也是同一层其他神经元（如 h_3、h_4、h_5 等）与前一层的连接权值，即 h_2 与 x_1、x_2、x_3 的连接权值以及 h_3 与 x_2、x_3、x_4 的连接权值等均为 w_{-1}、w_0、w_1。这种形式的连接等价于对前一层进行卷积运算，以此获得后一层每一神经元的输入，其中前一层各神经元所共享的权值即构成了卷积核。例如，令 α_{h_i} 为图 7.24（b）中每一神经元 h_i 的输入，则 $\alpha_{h_i} = \sum_{m=-1}^{1} x_{i+m} w_m$，其中 $[w_{-1}, w_0, w_1]$ 即卷积核。图 7.25 给出了二维卷积层连接，其中每一神经元只负责二维空间中对应位置周围数据的处理，此时后一层神经元与前一层采取的就是二维卷积形式的连接。

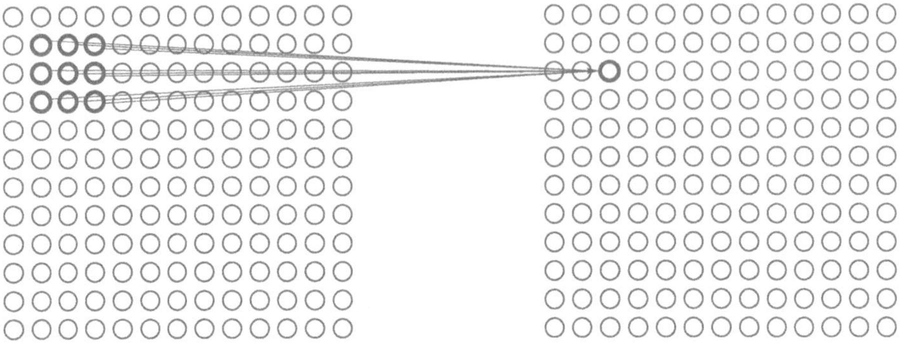

图 7.25　二维卷积层连接

卷积层与全连接最大的不同在于采取了稀疏连接和参数共享方式。在卷积层中，后一层每一神经元只与前一层中的少量神经元相连接，这种稀疏连接方式大幅度减少了网络中的连接数量，不仅能够降低相应的参数量，还提高了大规模网络模型的计算速度。卷积神经网络的每个神经元只接受输入层传递过来的（对应位置周围）部分输入，这些局部位置的输入组成了对应神经元的感受野（Receptive field）。例如，在图 7.25 中，箭头起始端所指的 9 个输入单元（卷积核大小为 3×3）就组成了后一层对应神经元的感受野。在卷积神经网络中，“感受野”这一术语来源于生物视觉领域。研究表明，在生物视觉系统中各层神经元也是负责感受和处理不同范围的局部信息，通过这种方式逐步提取高级视觉特征和获得高层视觉感知能力。

同一层中不同神经元一般具有相同大小的感受野，并且它们采取参数共享的方式与前一层进行连接。参数共享保证了针对不同位置的输入均执行相同的处理，若将卷积层的计算看作是特征提取过程，则基于卷积核的参数共享机制使得其在每一位置上均提取相同的特征。例如，在图 7.23 中基于相应卷积核提取的是图像所有位置处的边缘特征。在卷积神经网络中，卷积层的输出结果通常被称为“特征图（Feature map）”，其中卷积核代表了需要提取哪种形式的特征，而卷积层的输出（包含激活函数处理）得到的则是对于这种形式特征的具体响应值。

不同位置神经元的参数共享同时也带来一个很重要的性质——平移等变性，即当输入信号的位置发生平移后，其特征响应结果保持不变，特征的位置也发生同样的平移。例如，当图像中的某个目标位置移动后，其特征仍然会被检测到并在特征图中也产生相同的移动，这种等变性显然有利于不同位置目标的识别和定位。卷积层参数共享也使得只需为其学习和存储一小组参数，其数量远小于该层神经元数量，不但有效节省了训练开销，还能缓解过拟合并提高计算效率。

7.6.3　卷积神经网络结构

在卷积神经网络中，一个卷积层通常包含多个卷积核，通过每一卷积核及相应的激活函数处理可计算得到一个特征图，每一特征图也通常称为该卷积层输出总特征图的一个通道，每一通道代表不同类型的特征。例如，在图 7.28 中，针对输入层采用了 6 个不同的卷积核（尺寸均为 5×5），则该层输出的是具有 6 个通道的特征图。

除了卷积和激活函数外，池化（Pooling）也是多层卷积神经网络中的重要操作。池化是通过统计方式提取特征图中每一局部区域的特征值，根据提取方式的不同又通常有最大池化（Max-pooling）和平均池化（Average-pooling）等不同方法。图 7.26 显示了对特征图进行最大池化处理得到的结果，其中每一局部区域大小为 2×2，最大池化就是给出这些局部区域中的最大特征值。类似地，平均池化就是计算每一局部区域的平均特征值。

186	225	220	225	223	231
190	215	210	225	221	230
182	151	102	0	5	0
177	50	0	42	0	9
173	134	14	0	16	0
185	220	255	255	174	20

Max-pooling ⇒

225	225	231
182	102	9
220	255	174

图 7.26　池化处理

池化的一个显著作用是降低特征图尺寸（即降采样），从而减小后续计算量及特征图的存储空间。与卷积一样，池化操作也是按一定的步幅进行的（例如，图 7.26 中池化操作的步幅为 2），只有当步幅大于 1 时才能有效减小特征图尺寸。

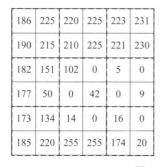

池化的另一重要作用是能够引入一定的局部平移不变性，即当输入发生少量位移时，通过池化得到的特征值仍保持不变。图 7.27 给出了一维情况下的一个简单示例，在输入向右平移一位后（图 7.27（b）），最大池化的结果仍能保持不变。这种局部平移不变性使得特征结果对于局部变形和微小的位置变化不敏感，有利于提高特征的鲁棒性。在基于特征执行分类或识别等任务时，往往更多关注的是相关特征是否出现，而降低对特征精确位置的依赖。例如，在进行图像人脸检测时，由于不同人脸五官的准确位置会有差异，对于特征位置的不敏感性使得检测算法能够适应各种人脸，算法只需在大致的位置上检测到眼睛、鼻子和嘴巴等特征即可。

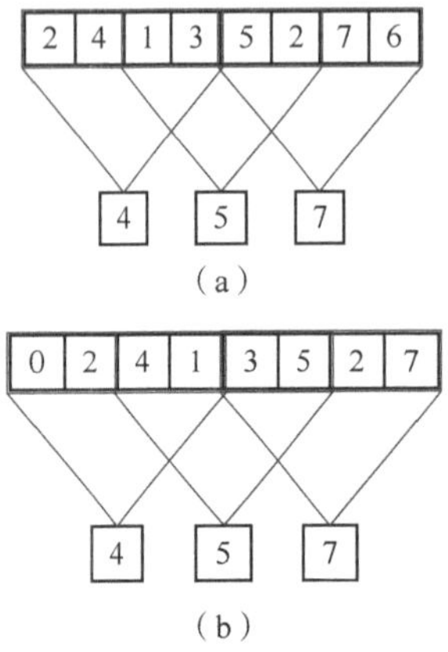

图 7.27　池化的平移不变性

图 7.28 所示的是一种经典的用于手写数字识别的多层卷积神经网络 LeNet-5，其中每一卷积层后面连接池化层，得到池化后尺寸缩小了的特征图，然后再连接卷积层和池化层得到下一层特征，按这种方式构成一个多层卷积神经网络。具体地，网络包含了 2 个卷积层和 2 个池化层，输入的手写数字图像尺寸为 32×32，第一个卷积层得到的是 6 通道尺寸为 28×28 的特征图（采用 5×5 卷积核），然后通过池化层（池化区域大小为 2×2）进一步得到池化处理后的特征图，接下来再通过一个卷积层和池化层得到尺寸为 5×5 的 16 通道特征。最后基于这些特征通过两层全连接输出识别结果，这些全连接层构成了一个分类器，能够对前面卷积和池化层得到的特征进行处理并给出手写数字分类结果（共包含 10 类）。

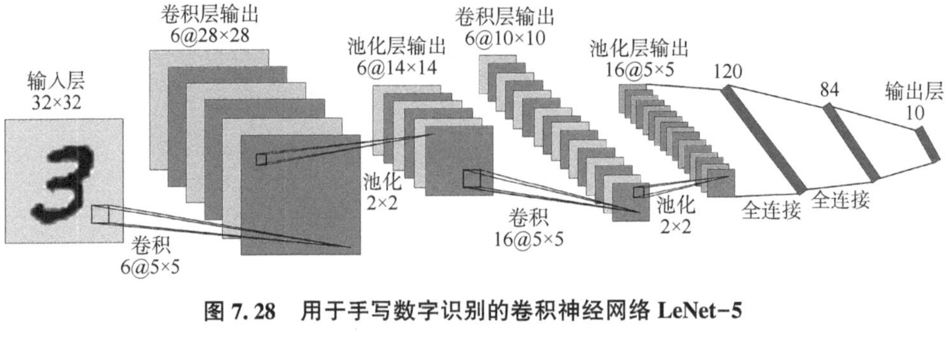

图 7.28　用于手写数字识别的卷积神经网络 LeNet-5

卷积神经网络中每一卷积层后并不一定都要连接池化层，也可以经过多个卷积层后再作池化处理。虽然 LeNet-5 网络较为简单，但它的提出奠定了卷积神经网络的基础，并使得卷积神经网络成为最早的能够实际工作的深度学习模型之一。尽管 LeNet-5 提出较早，但直到 2012 年 AlexNet 网络的提出才使得卷积神经网络和深度学习模型受到广泛关注。AlexNet 针对的是大规模视觉识别和图像分类任务，它的层数和参数量相比于 LeNet-5 有大幅增加。此后的卷积神经网络进一步往深度方向发展，如随后提出的 GoogLeNet、ResNet 等。

7.6.4　卷积神经网络应用

卷积神经网络被大量应用于字符与文字识别、图像分类、视觉目标检测等模式识别和计算机视觉任务。手写数字识别是卷积神经网络最早的应用之一，由于每个人手写的风格和具体数字形态有很大差异（图 7.29），要实现准确的手写数字识别并不十分容易。手写数字识别主要作为一个分类问题来解决（包含 10 个类），通过运用大量手写数字样本对网络模型进行训练，使其能够对每一输入的数字块进行精准分类。

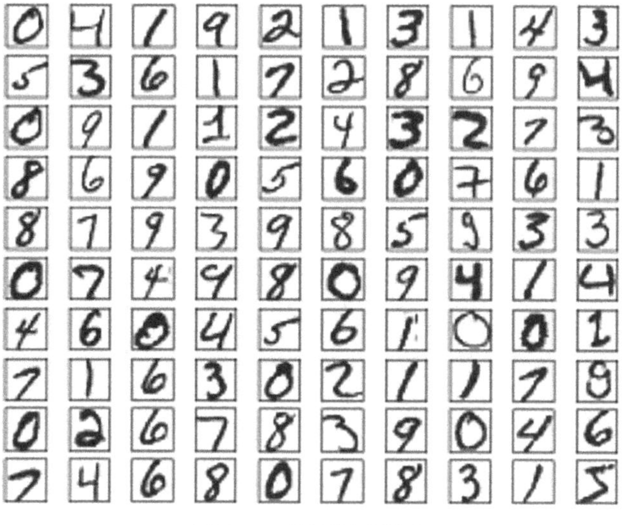

图 7.29　手写数字样本

除网络结构和模型外，损失函数也是具体应用中需重点考虑的问题，它定义了网络模型学习需达到的目标，并在很大程度上影响到训练过程的优化效果。对于手写数字识别等分类问题，可采用普通的均方误差损失函数，然而为获得更好的训练学习效果，交叉熵损失函数一般是更好的选择。

令 x_i 表示第 i 个样本输入，p_i为网络预测输出的类别概率值，y_i 表示样本给定的实际输出值，n 为样本数量。对于二分类问题，网络只需要输出属于正类的概率（负类概率通过$1-p_i$计算），对应的交叉熵损失函数定义为

$$L=-\frac{1}{n}\sum_{i=1}^{n}(y_i\ln p_i+(1-y_i)\ln(1-p_i)) \tag{7.42}$$

显然，当 x_i 实际属于正类时，$y_i=1$，对应样本的损失为 $-\ln p_i$，使其最小化将促使网络预测输出的概率值 $p_i(0\leqslant p_i\leqslant 1)$ 变大，接近实际值 $y_i=1$；当 x_i 属于负类时，$y_i=0$，此时损失变为 $-\ln(1-p_i)$，最小化该损失将使得预测输出概率值 p_i 减小，最终趋近于 0。上述交叉熵损失函数也可以推广到多分类情形，其中对于每一类别网络都相应地预测输出一个概率值。

联系第 5 章的内容不难发现，交叉熵损失函数本质上也是一种对数似然函数，最小化交叉熵损失实则是最大化似然。理论与实践均表明，对于分类问题交叉熵损失函数一般要优于普通的均方误差损失函数，在训练中可具有更快的收敛速度，使网络模型达到更好的学习效果。

卷积神经网络在视觉图像分类和识别应用上也取得巨大的成功，深度学习声名鹊起的一个重要原因正是由于卷积神经网络在 ImageNet 大规模视觉识别挑战赛（ILSVRC）上的惊人表现。ILSVRC 竞赛所使用的 ImageNet 图像数据集中包含多达上千万张图片以及数千个类别（图 7.30 显示了部分图像），其分类和识别任务具有非常大的挑战性。经过不断改进后的卷积神经网络模型已可使计算机在该数据集上的识别能力超过人类。

不同于图像分类仅判别其中的物体或景物类别，目标检测识别还需定位出图像或视频中目标的位置，并通常采用矩形框对各个目标进行标示，如图 7.31 所示。与分类一样，目标位置也是通过利用网络提取的特征进行预测，但目标定位并不属于分类问题，而是一个回归问题。若特征所在位置或其附近存在目标，则可通过特征进行回归来估计目标的具体位置参数，且通常预测的是相对位置偏移。例如在经典的 Faster R-CNN 目标检测算法中，目标矩形框通过 4 个变量 (x,y,w,h) 定义，其中 (x,y) 表示矩形框的位置坐标，w 和 h 分别表示矩形框的宽和高，在回归过程中预测的是关于这 4 个变量的相对位置偏移参数。具体地，根据特征所在位置定义一个初始矩形框 (x_a,y_a,w_a,h_a)，利用特征回归预测的是相对于该初始矩形框的相对位置偏移参数 $t=(t_x,t_y,t_w,t_h)$，具体定义为

$$t_x=(x-x_a)/w_a,\quad t_y=(y-y_a)/h_a$$
$$t_w=\ln(w/w_a),\quad t_h=\ln(h/h_a)$$

其中，宽和高的偏移分别以对数形式表示。真实的相对位置偏移为

$$t_x^*=(x^*-x_a)/w_a,\quad t_y^*=(y^*-y_a)/h_a$$
$$t_w^*=\ln(w^*/w_a),\quad t_h^*=\ln(h^*/h_a)$$

式中，(x^*,y^*,w^*,h^*) 为目标真实矩形框。

图 7.30　ImageNet 图像示例

训练时需定义一个回归损失函数$L_{reg}(t,t^{*})$，使得训练后预测得到的偏移 t 接近于真实偏移t^{*}。该回归过程实际上建立的是特征数据与目标位置偏移量之间的映射关系。显然，相对于目标的偏移量不同，所提取到的特征也会不同，因此可以通过回归建立起特征值与偏移量之间的关系。预测得到偏移量后，即可利用相关参数修正初始矩形框，从而准确定位目标。目标检测识别任务实际上包含分类和回归两个子任务，其中分类用于辨识目标，回归是在目标存在的情况下对其进行准确定位。因此，网络训练的总体损失函数中应同时包含分类和回归损失。

卷积神经网络在场景目标语义分割、人体姿态估计等其他各种计算机视觉任务中也都有重要应用，并取得了优异的效果，有助于提升计算机对场景信息的智能解译和理解能力。例如，基于卷积神经网络可以在实时动态情况下很好地完成人体姿态估计（图 7.32），这是计算机实现对人类动作和行为理解的重要一步。

图 7.31　交通场景目标检测识别

图 7.32　人体姿态估计

卷积神经网络还被大量应用于各种图像处理任务中，运用卷积神经网络不仅可以大幅提升传统图像处理任务效果（如图像去噪、增强、去模糊和超分辨率等），还能实现很多以往计算机无法实现的处理效果。例如，基于卷积神经网络能够实现图像艺术风格转换，如图 7.33 所示将梵高画作的艺术风格赋予一幅普通的图片（图中左上角为梵高画作，右侧为风格转换后的图片结果）。这种处理得益于卷积神经网络能够提取出视觉上的高级和抽象语义特征，从而实现图像语义内容和风格的分离，通过设计合适的损失函数最终实现原画作的艺术风格转移。

卷积神经网络不仅可用于处理视觉图像数据，也可广泛用于处理各种其他类型数据，它在数据处理和特征提取中的一个显著优势在于可充分考虑和建模不同尺度邻域信息。根据输入数据的不同，卷积神经网络还可应用于故障诊断、金融

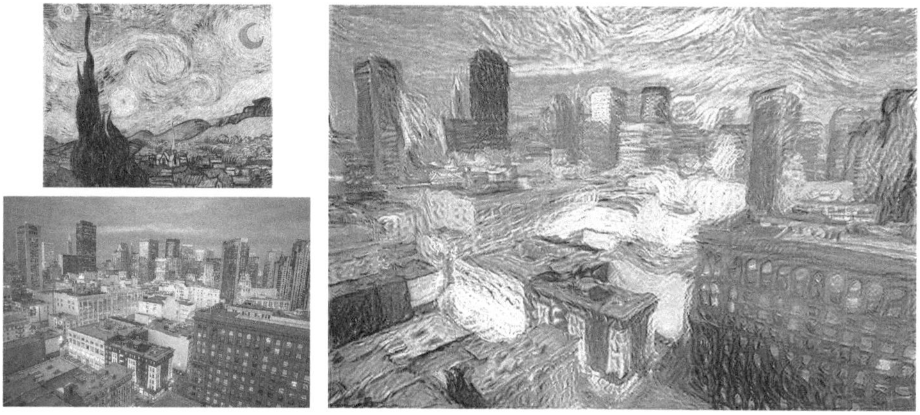

图 7.33　图像风格转换

预测、网络入侵检测以及语音和文本处理等各种不同任务。为处理图结构数据（如社交网络数据、知识图谱数据等），学者们还提出了图卷积网络（Graph Convolutional Network，GCN），它可视为卷积神经网络在图结构数据上的推广。

7.7　其他深度网络模型

除深度卷积网络外，还存在其他多种深度网络模型，它们具有不同特点并适用于不同领域，下面介绍一些经典的网络模型。

7.7.1　深度信念网络

深度信念网络（Deep Belief Network，DBN）是第一批基于深度架构训练的非卷积模型之一。2006 年辛顿等人通过引入深度信念网络开启人工神经网络的再次复兴之路，尝试解决深度网络模型难以训练和优化的问题。

深度信念网络是一种生成模型，在结构上它由多个受限玻尔兹曼机（Restricted Boltzmann Machine，RBM）堆叠而成。如图 7.34（a）所示，受限玻尔兹曼机只有两层神经元，一层为显性单元，另一层为隐性单元，其中显性层反映的是可见数据（图中为 $\boldsymbol{v}=[v_1,v_2,v_3]$）。与一般前馈神经网络的有向连接不同，受限玻尔兹曼机的两层之间是无向连接的（即不同层之间为双向连通）。在原玻尔兹曼机中同一层神经元之间还存在连接，而受限玻尔兹曼机则去掉了层内连接，使得网络相对更容易训练。如图 7.34（b）所示，深度信念网络可看作是由多个 RBM 堆叠而成（$\boldsymbol{v}$-$\boldsymbol{h}^{(1)}$，$\boldsymbol{h}^{(1)}$-$\boldsymbol{h}^{(2)}$，$\boldsymbol{h}^{(2)}$-$\boldsymbol{h}^{(3)}$各为一个 RBM 结构），不同之处在于仅顶部两层之间保持无向连接，其他部分采用由上至下的有向连接，直至最底部的数据层（除最底层外其他层均为隐层）。

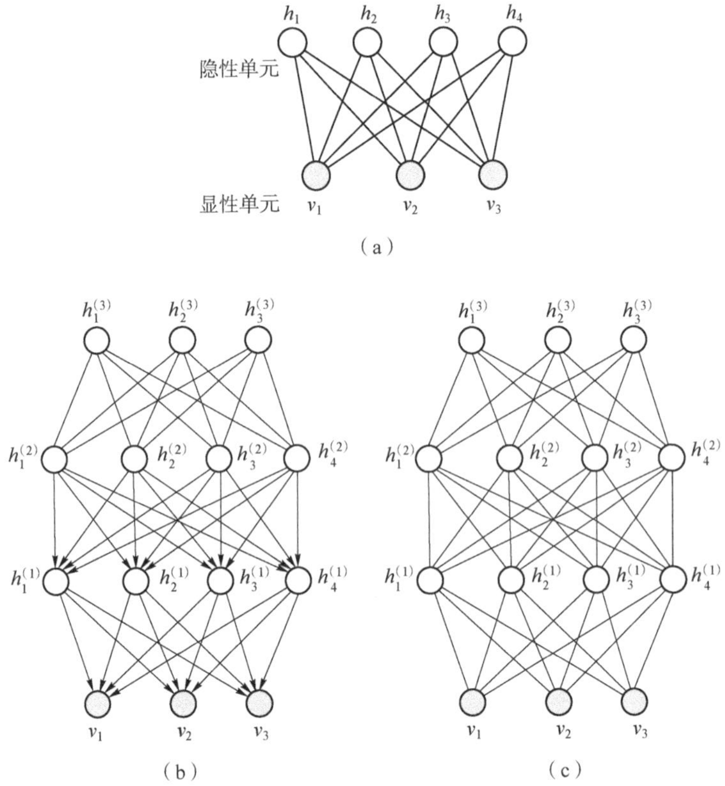

图 7.34　受限玻尔兹曼机及深度信念网络

(a) 受限玻尔兹曼机；(b) 深度信念网络；(c) 深度玻尔兹曼机

作为一种生成模型，深度信念网络可以通过训练使得在数据层能够最大概率地生成给定数据。在这种情况下，网络的隐层实际上发挥了数据特征提取的作用。通过多个隐层，网络模型可以在不同粒度上对输入数据进行特征提取，从而实现数据压缩或降维等功能；另外，也可以基于隐层得到的特征进一步执行数据分类和识别等任务。

深度信念网络可以采用逐层无监督方式进行训练。具体地，首先从下至上无监督地训练第一个 RBM（由 $\boldsymbol{v}$ 和 $\boldsymbol{h}^{(1)}$ 构成），然后将其隐层作为显性层对下一个 RBM（由 $\boldsymbol{h}^{(1)}$ 和 $\boldsymbol{h}^{(2)}$ 构成）进行训练。以此类推，直至整个网络训练完成。这种无监督逐层训练通常也作为一种预训练（Pre-training）或权值初始化过程。一般来说，网络的隐层数越多训练越困难，在未找到有效优化方法的情况下，设置好网络初始权值至关重要，当初始权值较为接近最优（或次优）解时，很容易通过梯度下降获得良好的训练结果。上述逐层训练就可用来作为一种权值初始化过程，通过这种预训练能够使网络获得较好的初始权值参数。逐层训练结束后，还可以采用 BP 算法对整个网络进一步进行“微调（Fine-tuning）”训练，微调的目标函数根据具体任务可以是有监督的，也可以是无监督的。

继深度信念网络之后，还提出了深度玻尔兹曼机（Deep Boltzmann Machine，DBM）模型。与 DBN 不同，DBM 全部采用无向连接（图 7.34（c）），使其变成了一个完全的无向图模型。DBM 也可以采用类似的逐层预训练方法。需要指出的是，尽管逐层训练在深度模型研究的早期发挥了很大作用，但随着深度学习技术的进步，大部分网络已不需要采用这种训练方式。

7.7.2 深度自编码器

自编码器（Autoencoder）是一种特殊的前馈神经网络，它的输出层以重构输入为目标。图 7.35 给出了一个自编码器结构，其内部包含一个隐层，自编码器学习的目的是使得输入数据通过隐层后能被输出层重构。令 $\boldsymbol{x}$ 表示输入数据向量，$\boldsymbol{h}$ 为隐层向量，$\boldsymbol{y}$ 为输出结果，则自编码器网络可以看作由两部分组成：一部分为编码器，它由输入生成隐层向量，该过程可以函数 $\boldsymbol{h}=f(\boldsymbol{x})$ 表示；另一部分为解码器，目的是由隐层向量重构输入，使得输出 $\boldsymbol{y}$（可表示为 $\boldsymbol{y}=g(\boldsymbol{h})$）与输入 $\boldsymbol{x}$ 尽可能相似。为此，用以训练自编码器的损失函数可表示为 $L(\boldsymbol{x},g(f(\boldsymbol{x})))$，其目的是最小化 $\boldsymbol{x}$ 与 $g(f(\boldsymbol{x}))$ 之间的差异。例如，可采用二者的均方误差来表示该损失函数。

自编码器的主要目的是在隐层获得所需的编码向量 $\boldsymbol{h}$，该编码不是输入数据的简单复制，而是要反映数据中的有用特征。通过自编码器提取数据特征的一种方式是使 $\boldsymbol{h}$ 的维数小于输入数据维数（例如，图 7.35 中输入数据的维数为 5，隐层编码向量维数为 3）。显然，若维数相等则学习到的可能是它们的恒等映射，不具有任何意义；而维数较小则可迫使隐层从数据中提炼得到有效特征。这些特征可以表达数据的主要特性，单由它们就能以尽可能大的相似度重建原数据。这种编码维数小于输入维数的自编码器也称为欠完备（Undercomplete）自编码器。

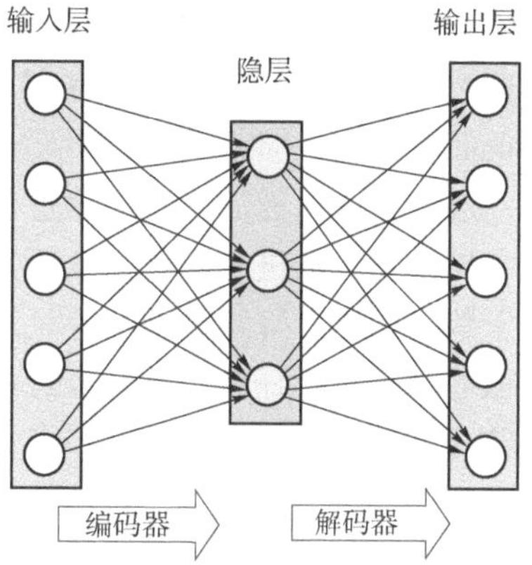

图 7.35　自编码器

在引入额外约束的情况下，自编码器也允许隐层编码维数大于输入维数，即出现过完备（Overcomplete）情况。这些约束可以作为正则化项加入损失函数中，促使自编码器学习特定属性的特征表示。例如，可以加入稀疏性约束得到具有稀疏性质的特征表示。另外，通过在输入数据中添加噪声并保持重建目标仍为无噪声数据，也可学习得到更加鲁棒的编码结果。

当隐层数增加时，自编码器即可变成深度自编码器，对于复杂数据通常能获得更好的编码效果。图 7.36 给出了一个多隐层自编码器，其中每一层中的数字表示该层神经元数目，箭头代表前后两层神经元之间的连接。图中自编码器输入的是 784 维数据，对应于尺寸为 28×28 的数字图像（含有 784 个像素值），输出层数据也为 784 维，得到的是经编码后再重构出的数字图像。其中，编码器最终得到的是一个 32 维编码向量。可以看到，由这 32 维向量可以有效地重构原图，因此它可作为原图的一个有效特征表示。

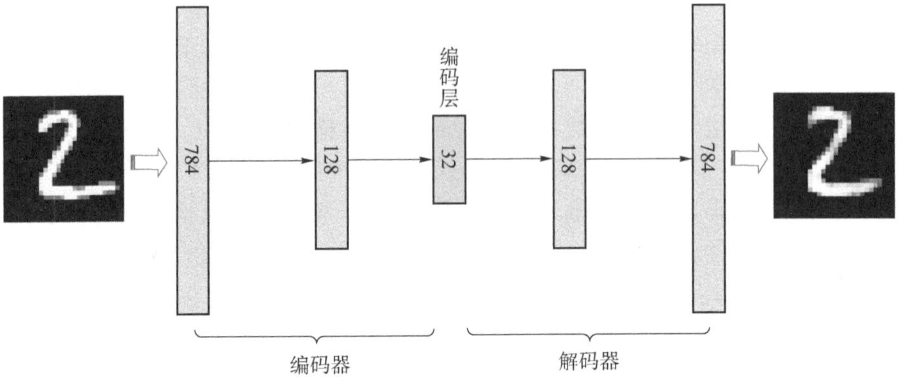

图 7.36　包含多个隐层的自编码器

深度自编码器的学习也属于无监督方式，可基于损失函数采用 BP 算法完成网络的训练。与上面的深度信念网络和深度玻尔兹曼机类似，深度自编码器也可以通过堆叠多个自编码器逐层训练来实现，这种通常也称为栈式自编码器（Stacked autoencoders）。在训练过程中，前一层自编码器学习到的隐层特征作为下一层的输入，然后下一层再进行自编码训练，这样使得每一层特征都是相对于前一层特征数据进行编码，从而完成逐层特征提取任务。深度自编码器不仅能够用于数据压缩、降维和去噪等处理，其无监督方式学习到的特征也可用于文本和图像等信息检索任务，并且经过进一步微调训练还可较好地完成有监督分类和识别等任务。

7.7.3　循环神经网络

循环神经网络（Recurrent Neural Network，RNN）是一种用于处理序列数据的神经网络。序列数据是在不同时刻采集到的具有先后顺序的数据序列，可表示为 $[\boldsymbol{x}^{(1)}, \boldsymbol{x}^{(2)}, \cdots, \boldsymbol{x}^{(\tau)}]$，其中上标表示不同时刻。例如，语音和文本数据都属于序列数据。显然，在对这类数据进行识别和处理时（如语音识别、语言翻译等），并不只利用当前时刻数据，需要结合前面时刻的数据信息。例如，在对语音进行识别和理解时，需要前面时刻数据提供的“语境”，帮助完成当前识别和理解任务。

循环神经网络针对序列数据进行处理，网络中后一时刻输出状态量可表示为前一时刻状态量的函数，并且不同时刻采用相同的网络处理单元，因而可看作是进行一种循环操作。例如，考虑下面一类经典形式的动态系统：

$$\boldsymbol{h}^{(t)}=f(\boldsymbol{h}^{(t-1)};\ \boldsymbol{\theta}) \tag{7.43}$$

式中，$\boldsymbol{h}^{(t)}$为系统状态，$\boldsymbol{\theta}$为系统参数。上式中，后一时刻状态都是由前一时刻状态采用同样方式计算得到，因此上述动态系统是循环的。对于循环神经网络，还要考虑每一时刻的输入 $\boldsymbol{x}^{(t)}$，因此它相当于是一个由外部信号驱动的动态系统：

$$\boldsymbol{h}^{(t)}=f(\boldsymbol{h}^{(t-1)},\ \boldsymbol{x}^{t};\ \boldsymbol{\theta}) \tag{7.44}$$

将上述循环计算式按时间序列进行展开，即可得到如图 7.37 所示的循环网络结构。该网络的输入为有限长度的序列数据，$\boldsymbol{h}$ 为网络的隐藏状态，负责保存对于过去时刻信息的处理结果并将其传递到下一时刻。显然，若按下式方法持续进行递推：

$$\boldsymbol{h}^{(t)}=f(\boldsymbol{h}^{(t-1)},\ \boldsymbol{x}^{(t)};\ \boldsymbol{\theta})=f(f(\boldsymbol{h}^{(t-2)},\ \boldsymbol{x}^{(t-1)};\ \boldsymbol{\theta}),\ \boldsymbol{x}^{(t)};\ \boldsymbol{\theta})=\cdots \tag{7.45}$$

最终可得到如下形式的表达式：

$$\boldsymbol{h}^{(t)}=g(\boldsymbol{x}^{(t)},\ \boldsymbol{x}^{(t-1)},\ \cdots,\ \boldsymbol{x}^{(1)};\ \boldsymbol{\theta}) \tag{7.46}$$

因此，隐藏状态可看作是以历史序列作为输入得到的结果。在隐藏状态基础上可给出网络的输出，根据具体任务的不同，既可以在每个时刻均产生一个输出 $\boldsymbol{y}^{(t)}$（此时输出也为序列数据），也可以在输入整个序列之后产生单个输出。

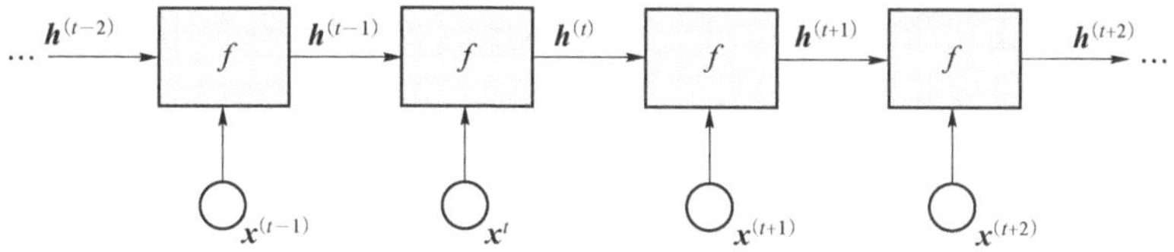

图 7.37　循环网络结构

循环神经网络中最具代表性的一种网络模型是长短期记忆（Long Short-Term Memory，LSTM）网络。实际中，循环网络并不需要使 $\boldsymbol{h}^{(t)}$ 反映时刻 t 前输入序列的所有信息，而将长序列输入映射到维数有限的状态向量（如式（7.46））后也必然要损失信息。因此，循环网络需要选择性地“记忆”有用信息，同时“遗忘”无关信息。如图 7.38 所示，LSTM 采用门控单元通过 $\boldsymbol{c}^{(t)}$ 和 $\boldsymbol{h}^{(t)}$ 两种状态分别进行长短期信息的更新、传递和输出。网络接收上一时刻传递的状态向量 $\boldsymbol{h}^{(t-1)}$ 和当前时刻数据 $\boldsymbol{x}^{(t)}$ 作为输入，这些输入首先通过遗忘门输出得到 $\boldsymbol{z}^{f}$：

$$\boldsymbol{z}^{f}=\mathrm{sig}(\boldsymbol{W}^{f}\boldsymbol{h}^{(t-1)}+\boldsymbol{U}^{f}\boldsymbol{x}^{(t)}+\boldsymbol{b}^{f}) \tag{7.47}$$

式中，$\boldsymbol{W}^f$和 $\boldsymbol{U}^f$为权值矩阵；$\boldsymbol{b}^f$为偏置矩阵；sig(·)表示 Sigmoid 函数，通过该函数使门控输出值在 0 和 1 之间。z^f用来作为遗忘计算的权重向量，与上一时刻得到的另一状态向量 $\boldsymbol{c}^{(t-1)}$逐元素相乘（可表示为：$z^f \odot \boldsymbol{c}^{(t-1)}$），当 z^f中某元素值为 1 时，则 $\boldsymbol{c}^{(t-1)}$中对应值不变；当值为 0 时则清零。z^f体现了对于过去信息的选择性遗忘，并主要取决于上一时刻状态 $\boldsymbol{h}^{(t-1)}$和当前时刻的输入数据 $\boldsymbol{x}^{(t)}$。

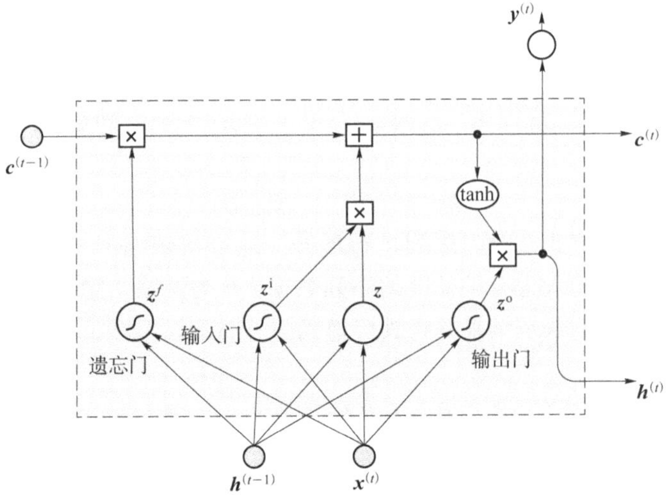

图 7.38　LSTM 网络的内部结构

与此同时还需引入新的信息，具体输入也是由 $\boldsymbol{h}^{(t-1)}$和 $\boldsymbol{x}^{(t)}$计算得到：

$$z=\tanh(\boldsymbol{W}\boldsymbol{h}^{(t-1)}+\boldsymbol{U}\boldsymbol{x}^{(t)}+\boldsymbol{b}) \tag{7.48}$$

上式采用了双曲正切激活函数 tanh(·)，与前面 Sigmoid 函数用来产生门控信息不同，它使 z 的值域调整为$(-1,1)$。在 z 基础上还需有选择性地进行输入，该功能由输入门实现。首先通过输入门计算得到 z^{i}：

$$z^{\mathrm{i}}=\mathrm{sig}(\boldsymbol{W}^{\mathrm{i}}\boldsymbol{h}^{(t-1)}+\boldsymbol{U}^{\mathrm{i}}\boldsymbol{x}^{(t)}+\boldsymbol{b}^{\mathrm{i}}) \tag{7.49}$$

z^{i}反映了哪些信息需要引入以及具体引入量。最终引入的信息则由 z^{i}与 z 通过对应元素相乘得到（表示为 $z^{\mathrm{i}}\odot z$），这一过程可看作是对新信息的选择性记忆。

经过上述遗忘和引入新信息步骤后，即可对状态 $\boldsymbol{c}^{(t-1)}$进行更新：

$$\boldsymbol{c}^{(t)}=z^f\odot \boldsymbol{c}^{(t-1)}+z^{\mathrm{i}}\odot z \tag{7.50}$$

得到的 $\boldsymbol{c}^{(t)}$将进一步传递给下一时刻，按同样方式继续进行处理和传递。

运用更新得到的 $\boldsymbol{c}^{(t)}$，并结合当前时刻网络的输入 $\boldsymbol{h}^{(t-1)}$和 $\boldsymbol{x}^{(t)}$可进一步输出当前状态 $\boldsymbol{h}^{(t)}$，该过程由输出门得到的 z^{o}进行控制：

$$\boldsymbol{h}^{(t)}=z^{\mathrm{o}}\odot\tanh(\boldsymbol{c}^{(t)}) \tag{7.51}$$

$$z^{\mathrm{o}}=\mathrm{sig}(\boldsymbol{W}^{\mathrm{o}}\boldsymbol{h}^{(t-1)}+\boldsymbol{U}^{\mathrm{o}}\boldsymbol{x}^{(t)}+\boldsymbol{b}^{\mathrm{o}}) \tag{7.52}$$

式中，函数 tanh(·)用于将 $\boldsymbol{c}^{(t)}$值映射到区间$(-1,1)$。$\boldsymbol{h}^{(t)}$侧重于表达当前短期

时刻网络状态，在 $\boldsymbol{h}^{(t)}$ 基础上可进一步进行处理以给出当前时刻网络输出 $\boldsymbol{y}^{(t)}$。

LSTM 被广泛地用于语音和文本识别、手写识别、机器翻译和智能问答等不同任务中。除了 LSTM 外，还有其他不同形式的门控循环神经网络被广泛应用。例如，与 LSTM 原理类似的门控循环单元（Gated Recurrent Unit，GRU），由于结构更加简化和易于计算，也成为实际中应用较多的一种循环神经网络。

7.7.4　注意力模型

注意力模型在深度学习各个领域被越来越广泛使用，它是借鉴人类认知过程中的注意力机制所构建的深度网络模型。人类在面对较复杂信息时可以通过选择性地关注其中部分相关信息，来提升自身的信息处理和认知能力。例如，在视觉上人类可以通过视觉注意力获得所观察图像中需要重点关注的目标区域，从而对不同区域及其内部联系进行更有效和准确的分析和处理。借鉴注意力机制构建深度网络模型同样也可使其具备更好的信息处理和识别能力。无论是图像处理、语音识别还是自然语言处理中的各种不同类型任务，都可通过引入注意力模型获得较好的效果。

第一个纯粹由注意力机制构建的深度网络模型被称为“Transformer”，它是谷歌最初专门针对自然语言处理中的序列建模任务而提出的一种网络结构，在对语音和文本等序列数据的处理上完全可以取代 RNN 并获得更好的效果。如图 7.39 所示，Transformer 总体上采用编解码网络结构，其中编码和解码部分分别由多层相同结构的编码器（Encoder）和解码器（Decoder）堆叠而成（图中只给出了一层，而以“$N\times$”代表实际由 N 层堆叠）。针对机器翻译等自然语言处理任务，Transformer 接收序列数据作为输入，然后逐个地给出输出序列数据。例如，在进行中英文翻译时网络输入英文句子，在输出端则是逐词给出中文翻译结果。其中每次结果给出的是一系列概率值，最大概率对应的词语即输出结果。输入时首先将句中的每个单词通过词嵌入（Embedding）算法转换成向量，然后再通过位置编码（Positional encoding）将各个词的位置编码信息添加到对应向量中。

令 $\boldsymbol{x}_1,\boldsymbol{x}_2,\cdots,\boldsymbol{x}_n$ 分别表示每个单词所对应的向量（均为行向量形式），首先对每一词向量分别进行线性变换得到三组新向量：

$$\boldsymbol{q}_i=\boldsymbol{x}_i\boldsymbol{W}^Q,\quad \boldsymbol{k}_i=\boldsymbol{x}_i\boldsymbol{W}^K,\quad \boldsymbol{v}_i=\boldsymbol{x}_i\boldsymbol{W}^V\quad (i=1,2,\cdots,n) \tag{7.53}$$

式中，权重矩阵 $\boldsymbol{W}^Q$，$\boldsymbol{W}^K$ 和 $\boldsymbol{W}^V$ 由网络学习得到。$\boldsymbol{q}_i$，$\boldsymbol{k}_i$ 和 $\boldsymbol{v}_i$ 分别称为“查询（Query）向量”“键（Key）向量”和“值（Value）向量”，这三组向量同时输入网络的注意力模块。

具体地，Transformer 通过自注意力（Self-attention）建立同一句子中当前单词与其他单词的联系，例如要翻译英文语句“The animal didn't cross the street because it was too tired”，计算机并不清楚其中的“it”具体指“street”还是

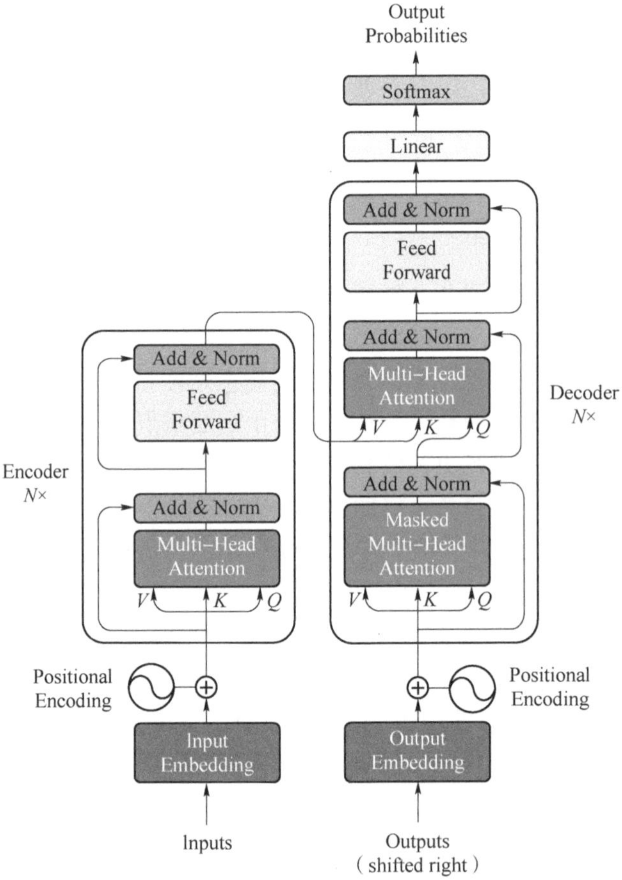

图 7.39　Transformer 网络结构［Vaswani 等，2017］

“animal”，通过自注意力可使“it”与“animal”相联系。自注意力允许模型在输入序列中的其他位置寻找相关词语以帮助更好地编码当前词。例如，当要编码第 i 个词时，首先利用当前词的查询向量 $\boldsymbol{q}_i$ 和其他词的键向量 $\boldsymbol{k}_j(j=1,2,\cdots,n)$，通过向量内积 $\boldsymbol{q}_i\boldsymbol{k}_j^{\mathrm{T}}$ 计算它们的相关度，相关度较大的词将更多地参与到当前词的编码中。实际编码计算时是以相关度作为权重，将各个位置词的值向量 $\boldsymbol{v}_j$ 加权求和得到当前词编码结果：

$$\boldsymbol{z}_i = \sum_{j=1}^{n} \operatorname{softmax}\left(\frac{\boldsymbol{q}_i\boldsymbol{k}_j^{\mathrm{T}}}{\sqrt{d_k}}\right)\boldsymbol{v}_j \tag{7.54}$$

上式的权重中还考虑了向量 $\boldsymbol{k}_j$ 的维数 d_k（$\boldsymbol{q}_i$ 和 $\boldsymbol{k}_j$ 的维数相同），并采用 *softmax* 函数对所有权重进行归一化处理。可以看到，编码结果既考虑了当前的值向量 $\boldsymbol{v}_i$，也考虑了其他的值向量。

上述自注意力编码计算过程可写成如下矩阵形式：

$$Z=\text{Attention}(\boldsymbol{Q},\boldsymbol{K},\boldsymbol{V})=\text{softmax}\left(\frac{\boldsymbol{Q}\boldsymbol{K}^{\mathrm{T}}}{\sqrt{d_k}}\right)\boldsymbol{V} \tag{7.55}$$

式中，

$$\boldsymbol{Q}=\boldsymbol{X}\boldsymbol{W}^{Q},\quad \boldsymbol{K}=\boldsymbol{X}\boldsymbol{W}^{K},\quad \boldsymbol{V}=\boldsymbol{X}\boldsymbol{W}^{V} \tag{7.56}$$

式中，$\boldsymbol{X}$ 表示由输入向量 $\boldsymbol{x}_1,\boldsymbol{x}_2,\cdots,\boldsymbol{x}_n$（均为行向量）所组成的矩阵，矩阵 $\boldsymbol{Z}$ 中的每一行向量则分别对应各个词的编码结果。

实际中，Transformer 并不是采用上面的单个注意力模块，而是采用多头注意力（Multi-Head Attention），即并行执行多个这样的注意力模块。如图 7.39 所示，令 $\boldsymbol{Q}$、$\boldsymbol{K}$、$\boldsymbol{V}$ 表示输入到多头注意力的分别由各个查询向量、键向量和值向量所组成的矩阵。这些向量在多头注意力中分别通过一系列可学习的权重矩阵 $\boldsymbol{W}_i^Q$、$\boldsymbol{W}_i^K$、$\boldsymbol{W}_i^V$ 进行不同的线性变换，从而得到不同注意力头（Attention Head）的编码结果：

$$\text{head}_i=\text{Attention}(\boldsymbol{Q}\boldsymbol{W}_i^Q,\boldsymbol{K}\boldsymbol{W}_i^K,\boldsymbol{V}\boldsymbol{W}_i^V)$$

这样就可获得多组不同的编码向量，捕捉到更加丰富的特征信息，最后再对它们进行合并，得到一组编码向量。如图 7.39 所示，在多头注意力模块之外还采用了类似 ResNet 的残差连接，输入的序列一方面进入注意力模块进行编码，另一方面直接传递到输出端与自注意力编码结果进行叠加，然后对结果再进行归一化。此后每一向量再经过一个包含残差连接的前馈网络模块进行处理，最终得到编码器输出结果。经过连续多层编码器处理后，最后将得到的编码结果送入解码器。

在进行机器翻译任务时，Transformer 通过解码器逐个地给出输入序列中每个单词的翻译结果。解码器在结构上与编码器非常相似，不同之处在于解码器中包含两层注意力模块（图 7.39），其中第一层注意力模块以前面时刻已翻译得到的语句作为输入，经处理后其结果作为第二层注意力模块的查询向量。同时，多层编码器最终得到的输出作为第二层注意力模块的键向量和值向量。第二层处理完成后其结果送入前馈网络，最后得到该层解码器输出。经过连续的多层解码器处理，再采用线性层（全连接）和 softmax 层最终得到每一步翻译结果的预测概率。在逐词翻译的过程中，每一步的翻译输出结果都将添加到前面已翻译得到的语句中，并给到最底层解码器的输入端，通过重复上一步过程解码输出下一步翻译结果。由于每次解码器只允许使用前面时刻的翻译结果信息，在解码器第一层注意力模块加入了掩码（Masking）操作，以屏蔽当前时刻之后的数据。

与 RNN 模型相比，Transformer 更容易捕获句子中长距离的相互依赖特征，并在解码输出过程中能够更充分地利用句中上下文信息。同时，不同于 RNN 是依序列进行输入和计算，Transformer 允许对输入序列进行并行计算，具有更高的计算效率。在 Transformer 基础上发展起来的注意力模型不仅广泛地应用于自然语言处理领域，在图像处理、计算机视觉和信息检索等其他领域都有广泛应用。

7.7.5 生成对抗网络

生成对抗网络（Generative Adversarial Network，GAN）是一种通过博弈对抗过程进行生成模型训练的网络架构，它主要由生成器（Generator）和判别器（Discriminator）两大部分组成。其中的生成器即是网络需要训练的生成模型，判别器是用来判别给定输入是由生成器产生的伪样本还是来自训练集的真实样本。生成器和判别器都分别可以是任一种生成式和判别式网络模型。

图7.40给出了生成对抗网络的一般架构，其中输入生成器的是随机噪声 z（根据实际情况也可以是其他类型输入），生成器 G 的目标是生成与训练样本一样的数据，而判别器 D 用来区分其输入的是真实样本数据 $\boldsymbol{x}$ 还是生成器生成的伪样本数据。生成对抗网络是让生成器和判别器两个网络以相互博弈的方式进行学习，其中生成器在学习过程中力图使其结果能够“欺骗”判别器，同时判别器也最大限度地增强自身辨别真伪样本的能力。当生成器得到的结果足以“以假乱真”，使判别器很容易出错时，则生成器网络获得了良好的学习效果。

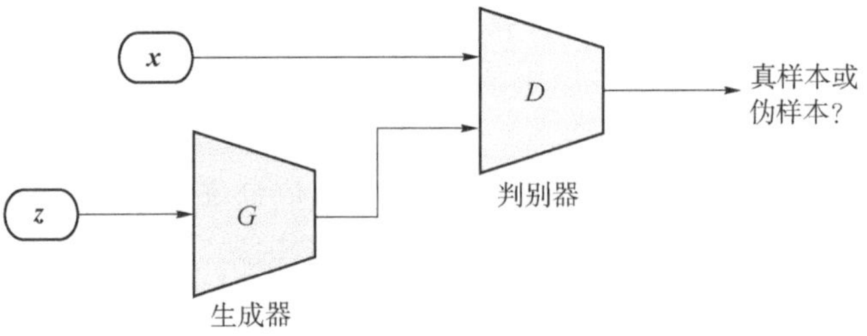

图7.40 生成对抗网络架构

令 $G(z)$ 表示生成器结果，$D(\boldsymbol{x})$ 表示判别器的输出概率值，其值越高代表输入属于真实样本的可能性越大，值越低表示是伪样本的可能性越大。在网络训练时对于判别器来说，它的目标是最大化真实样本的概率输出值 $D(\boldsymbol{x})$，同时最小化生成器结果的概率输出值$D(G(z))$，即最大化$[1-D(G(z))]$；对于生成器来说，它的目标是最小化$[1-D(G(z))]$，从而使得判别器出错的概率最大化。因此，生成对抗网络展现的是一个针对如下价值函数 $V(D, G)$ 的极小极大（Minimax）博弈过程：

$$\min_G \max_D V(D,G)=\mathbb{E}_{\boldsymbol{x}\sim p_{\text{data}}(\boldsymbol{x})}[\ln D(\boldsymbol{x})]+\mathbb{E}_{z\sim p_z(z)}[\ln(1-D(G(Z)))] \tag{7.57}$$

式中，$x\sim p_{\text{data}}(x)$代表 x 是从真实数据分布中的采样，$z\sim p_z(z)$代表 z 是从给定噪声数据分布中的采样，$\mathbb{E}[\cdot]$表示计算数学期望。在实际训练时，根据上式采用

BP 算法对判别器和生成器网络进行交替的迭代优化，直至达到收敛状态。

自生成对抗网络提出以来，已经在其基础上发展出各式各样的网络模型和结构（如 DCGAN、StyleGAN、CycleGAN 和 Age-cGAN 等），在图像生成、图像风格转换和视频合成等各方面都有重要应用。

习　题

7.1　什么是 M-P 神经元模型？写出该模型的数学表达式。

7.2　单层感知机可表达“与”“非”和“或”逻辑，为何无法表达“异或”逻辑？

7.3　如何修改感知机网络结构使其能够解决“异或”逻辑问题？并阐释这样修改之所以行之有效的根本原因。

7.4　阐述误差反向传播算法的基本思想，并简述它的一般计算过程。在神经网络训练过程中，有什么策略可帮助跳出局部极小值点？

7.5　若分别利用单层感知机和逻辑回归方法解决某一二分类问题，其中感知机激活函数采用 Sigmoid 函数，试比较这种情况下感知机模型与逻辑回归模型的异同；若感知机训练采用交叉熵损失函数，逻辑回归模型学习采用最大似然法，试说明上述两种方法是否获得等效的学习结果。

7.6　对于多层前馈神经网络，从增加模型学习和表达能力的角度看，为什么增加隐层的数目（网络往深度方向上发展）一般要比增加隐层神经元的数目更有效？

7.7　试分析论述深度神经网络的训练（深度学习）存在哪些难点问题，可分别采用什么手段解决？

7.8　在深度神经网络训练中，什么是梯度消失和梯度爆炸问题？分析这些问题产生的原因并说明如何解决。

7.9　什么是集成方法？阐述 Dropout 训练策略的原理和作用。

7.10　卷积神经网络在结构上与一般的多层前馈神经网络有何不同？它有什么特性和作用？

7.11　自己编程或从网络上下载一个多层全连接网络和卷积神经网络程序，在 MNIST 数据集上实现手写数字识别，并比较这两种网络的效果。

7.12　分别阐述深度自编码器、循环神经网络和注意力模型的特点、作用和应用场合。

参 考 文 献

[1] Winston P H. Artificial intelligence [M]. 3rd Edition. Addison - Wesley Longman Publishing Co., Inc., 1992.

[2] Schalkoff R J. Intelligent systems: principles, paradigms, and pragmatics [M]. Jones & Bartlett Publishers, 2009.

[3] McCarthy J, Minsky M L, Rochester N, et al. A proposal for the dartmouth summer research project on artificial intelligence, august 31, 1955 [J]. AI magazine, 2006, 27 (4): 12-12.

[4] Russell S J, Norvig P. Artificial intelligence: A modern approach [M]. Fourth Edition. Hoboken, NJ, USA: Pearson Education, Inc., 2021.

[5] 马少平，朱小燕. 人工智能 [M]. 北京：清华大学出版社，2004.

[6] 蔡自兴，刘丽珏，蔡竞峰，等. 人工智能及其应用 [M]. 5 版. 北京：清华大学出版社，2016.

[7] 尼克. 人工智能简史 [M]. 北京：人民邮电出版社，2017.

[8] [德] 托马斯·瑞德. 机器崛起：遗失的控制论历史 [M]. 王飞跃，王晓，郑心湖，译. 北京：机械工业出版社，2017.

[9] 周志华. 关于强人工智能 [J]. 中国计算机学会通讯，2018，14 (1)：45-46.

[10] 李德毅. 人工智能导论 [M]. 北京：中国科学技术出版社，2018.

[11] Rumelhart D E, Hinton G E, Williams R J. Learning representations by back-propagating errors [J]. Nature, 1986, 323 (6088): 533-536.

[12] Hornik K, Stinchcombe M, White H. Multilayer feedforward networks are universal approximators [J]. Neural Networks, 1989, 2 (5): 359-366.

[13] LeCun Y, Boser B, Denker J S, et al. Backpropagation applied to handwritten zip code recognition [J]. Neural Computation, 1989, 1 (4): 541-551.

[14] 王万森. 人工智能原理及其应用 [M]. 4 版. 北京：电子工业出版社，2018.

[15] 刘峡壁. 人工智能导论——方法与系统 [M]. 北京：国防工业出版社，2008.

[16] 王万良. 人工智能导论 [M]. 5 版. 北京：高等教育出版社，2020.

[17] LeCun Y, Bottou L, Bengio Y, et al. Gradient-based learning applied to document

recognition [J]. Proceedings of the IEEE, 1998, 86 (11): 2278-2324.

[18] Hinton G E, Salakhutdinov R R. Reducing the dimensionality of data with neural networks [J]. Science, 2006, 313 (5786): 504-507.

[19] Hinton G E, Osindero S, Teh Y W. A fast learning algorithm for deep belief nets [J]. Neural Computation, 2006, 18 (7): 1527-1554.

[20] Bengio Y, Lamblin P, Popovici D, et al. Greedy layer-wise training of deep networks [J]. Advances in Neural Information Processing Systems, 2006, 19.

[21] Silver D, Huang A, Maddison C J, et al. Mastering the game of Go with deep neural networks and tree search [J]. Nature, 2016, 529 (7587): 484-489.

[22] Silver D, Schrittwieser J, Simonyan K, et al. Mastering the game of go without human knowledge [J]. Nature, 2017, 550 (7676): 354-359.

[23] Vinyals O, Babuschkin I, Czarnecki W M, et al. Grandmaster level in StarCraft II using multi-agent reinforcement learning [J]. Nature, 2019, 575 (7782): 350-354.

[24] 周志华. 机器学习与数据挖掘 [J]. 中国计算机学会通讯, 2007, 3 (12): 35-44.

[25] 山世光, 阚美娜, 刘昕, 等. 深度学习: 多层神经网络的复兴与变革 [J]. 科技导报, 2016, 34 (14): 60-70.

[26] Krizhevsky A, Sutskever I, Hinton G E. ImageNet classification with deep convolutional neural networks [J]. Communications of the ACM, 2017, 60 (6): 84-90.

[27] Hasson U, Nastase S A, Goldstein A. Direct fit to nature: an evolutionary perspective on biological and artificial neural networks [J]. Neuron, 2020, 105 (3): 416-434.

[28] 焦李成, 刘若辰, 慕彩红, 等. 简明人工智能 [M]. 西安: 西安电子科技大学出版社, 2019.

[29] Airoldi E M. Getting started in probabilistic graphical models [J]. PLoS Computational Biology, 2007, 3 (12): e252.

[30] Pearl J. Probabilistic reasoning in intelligent systems [M]. San Mateo: Morgan Kaufmann, 2014.

[31] 朱小燕, 李晶, 郝宇, 等. 人工智能: 知识图谱前沿技术 [M]. 北京: 电子工业出版社, 2020.

[32] Prince S J D. Computer vision: models, learning, and inference [M]. Cambridge University Press, 2012.

[33] 李航. 统计学习方法 [M]. 2 版. 北京: 清华大学出版社, 2019.

[34] 周志华. 机器学习 [M]. 北京：清华大学出版社，2016.

[35] Fogel D B. Artificial intelligence through simulated evolution [M]. Wiley-IEEE Press，1998.

[36] Dasgupta D，Nino F. Immunological computation：theory and applications [M]. Auerbach Publications，2008.

[37] Dorigo M，Maniezzo V，Colorni A. Ant system：optimization by a colony of cooperating agents [J]. IEEE Transactions on Systems，Man，and Cybernetics，Part B (Cybernetics)，1996，26 (1)：29-41.

[38] Bonabeau E，Dorigo M，Theraulaz G. Inspiration for optimization from social insect behaviour [J]. Nature，2000，406 (6791)：39-42.

[39] 段海滨，张祥银，徐春芳. 仿生智能计算 [M]. 北京：科学出版社，2011.

[40] 郁磊，史峰，王辉，等. MATLAB 智能算法 30 个案例分析 [M]. 2 版. 北京：北京航空航天大学出版社，2015.

[41] Nielsen M A. Neural networks and deep learning [M]. San Francisco，CA，USA：Determination press，2015.

[42] 陈建廷，向阳. 深度神经网络训练中梯度不稳定现象研究综述 [J]. 软件学报，2018，29 (7)：2071-2091.

[43] Deng J，Dong W，Socher R，et al. ImageNet：a large-scale hierarchical image database [C]//2009 IEEE Conference on Computer Vision and Pattern Recognition. IEEE，2009：248-255.

[44] Goodfellow I，Bengio Y，Courville A. Deep learning [M]. MIT Press，2016.

[45] 叶韵. 深度学习与计算机视觉：算法原理、框架应用与代码实现 [M]. 北京：机械工业出版社，2018.

[46] Hochreiter S，Schmidhuber J. Long short - term memory [J]. Neural Computation，1997，9 (8)：1735-1780.

[47] Ren S，He K，Girshick R，et al. Faster R-CNN：towards real-time object detection with region proposal networks [J]. Advances in Neural Information Processing Systems，2015，28.

[48] Gatys L A，Ecker A S，Bethge M. Image style transfer using convolutional neural networks [C]//Proceedings of the IEEE Conference on Computer Vision and Pattern Recognition，2016：2414-2423.

[49] Zeiler M D，Fergus R. Visualizing and understanding convolutional networks [C]//European Conference on Computer Vision. Springer，Cham，2014：818-833.

[50] Cao Z，Simon T，Wei S E，et al. Realtime multi-person 2d pose estimation using part affinity fields [C]//Proceedings of the IEEE Conference on Computer

Vision and Pattern Recognition. 2017: 7291-7299.

[51] Artacho B, Savakis A. Unipose: Unified human pose estimation in single images and videos [C]//Proceedings of the IEEE/CVF Conference on Computer Vision and Pattern Recognition. 2020: 7035-7044.

[52] Vaswani A, Shazeer N, Parmar N, et al. Attention is all you need [J]. Advances in Neural Information Processing Systems, 2017, 30: 5998-6008.

[53] Goodfellow I, Pouget-Abadie J, Mirza M, et al. Generative adversarial networks [J]. Communications of the ACM, 2020, 63 (11): 139-144.